A+U高校建筑学与城市规划专业教材

城市生态系统空间形态与规划

毕凌岚 著

中国建筑工业出版社

图书在版编目(CIP)数据

城市生态系统空间形态与规划／毕凌岚著．—北京：
中国建筑工业出版社，2007（2024.10重印）
（A+U 高校建筑学与城市规划专业教材）
ISBN 978-7-112-09165-2

Ⅰ．城…　Ⅱ．毕…　Ⅲ．城市空间－生态环境－空间
规划－高等学校－教材　Ⅳ．TU984.11

中国版本图书馆CIP数据核字（2007）第081133号

本书讲述了以人为核心的城市生态系统的功能与结构、城市生态系统空间建设与利用的基本规律、城市生态系统的物质空间演进案例解析、城市生态系统物质空间系统的子系统、"生态城市"的物质空间建设等问题。

本书适用于高校城市规划专业的所有学生、教师以及对城市规划专业感兴趣的所有从业人员，以及政府管理人员。

责任编辑：杨　虹
责任设计：郑秋菊
责任校对：陈晶晶　孟　楠

A+U高校建筑学与城市规划专业教材
城市生态系统空间形态与规划
毕凌岚　著
*
中国建筑工业出版社出版、发行（北京西郊百万庄）
各地新华书店、建筑书店经销
北京嘉泰利德公司制版
建工社（河北）印刷有限公司印刷
*
开本：787×1092毫米　1/16　印张：$20^3/_4$　字数：381千字
2007年7月第一版　2024年10月第二次印刷
定价：49.00元
ISBN 978-7-112-09165-2
(15829)

自　序

学术要求人们执着，只有足够专注才能耐得住做学问的寂寞。但是，执着并不意味着思路僵化，也只有保持敏锐的观察力和足够的灵活性，好奇心才会驱使每一个执着于研究的人有持续不断的动力在坎坷的研究秘境中探索。所以执着于研究，就千万不能过于固执，僵化的思路和视角不免固步自封。我们必须保持对相关领域研究发展的关注，重视别人新的研究发现可能会对本领域研究的启迪和推动。本书就是在这样的学术研究认识指导下写就的——换一个视角来解析城市生态系统物质空间建构的内在规律。

由于城市物质空间子系统固有的复杂特性提供了如此广泛的研究领域，一直以来对于它的研究就保持着相对持续不断的热度。但是这也使得我们无暇顾及其他相关领域的发展，或者在引入相关研究成果时过度地以本领域为中心，通俗地说就是“连头都舍不得转一下”。这样对新发现、新知识的撷取往往是断章取义，并不能正确地吸收其精髓。生态学就是这样一个对城市物质空间规划建设存在重要影响的领域，但是我们也太多地生吞活剥了该领域的研究成果。本书就尝试着真正地转换认识角度，立足城市生态系统运行来研究物质空间子系统的内在规律，从生命主体与环境系统的关系来看待现实中的各种城市建设活动，并尝试去解开立足人类建设而建设所纠结成的各种矛盾死结。

本书的研究是在全球生态危机日益严重，城市生态系统成为了全球调控中心，它通过错综复杂的网络左右整个地球生命大系统总体平衡的背景下展开的。文章从生态系统运行的视角入手，尝试将生态学领域的城市空间利用和建设规律与现实城市物质空间建设领域的空间建构规律贯穿起来，并找出两者相互影响的内在逻辑，从而弥补长期以来具体的城市物质空间建设实践和城市生态系统演进发展规律的理论脱节。具体有以下创新点：[1]进一步发展了城市物质空间系统等级层次理论，提出了系统螺旋结构的新概念；[2]研究了城市生态系统自然、社会、经济等功能空间与物质实体空间系统之间相互适应影响的内、外整合规律。

本书对于城市生态系统物质空间领域的研究具有重要参考价值；对于进行“生态城市”的具体建设具有指导意义。可以作为城市规划设计、城市环境建设、城市规划管理领域的学生、教师、设计人员的专业参考书。

书中的许多研究内容都得到了本人的博士导师黄光宇先生的悉心点拨，原本已经约好由先生为这本书作序。但是就在此书即将完成的前夕，先生却因积劳成疾猝然仙逝，未能看到此书的完整稿。书中可能的瑕疵也失去了被进一步调校的机会，这不能不说是一种遗憾。现仅以此书献给我最敬爱的光宇先生，学生将在您所开辟的研究领域继续奋斗。

2006年10月25日

目 录

导言　本书的研究思路与关键点

通过四十余年研究，人类找到了造成全球生命系统振荡幅度加大的原因——单纯以经济为中心的发展模式。[①]然而要彻底地改变这种局面，却面临着这一发展模式的巨大惯性。有限改良是不足以在目前严峻的环境现状下扭转全球生态恶化趋势的。但要建立全新的发展模式，既要面临改变传统的巨大阻力，又缺乏成熟的实践与理论体系的有力支持。因此，目前针对全球总体环境的各种发展纲要和大多数具体的生态建设和改善措施都含有一些试验和尝试的成分。

在城市生态系统的建设过程中我们也面临同样的问题。在理论研究领域，不论是对城市生态系统内在运行机制，还是城市生态系统和全球生命系统其他子系统之间的耦合规律，真正为我们所知的都还十分有限。但是迫于时势，建设能够配合全球可持续发展的城市生态系统已经迫在眉睫。

一、研究的关键点

- 全球生命大系统可持续发展的关键在于城市生态系统

城市生态系统在地球生命演进的过程中，已经升级成为地球生命大系统的调控中枢。所以，伴随人类从系统中的一般因素上升为主导因素，城市生态系统作为人类活动的焦点，在地球生命演化发展的现阶段具有突出作用。它是维护整个大系统平衡和进一步演进发展的核心。因此，现阶段全球生命大系统可持续发展的关键在于城市生态系统。

- 城市生态系统可持续发展的关键在于其物质空间子系统

城市是由经济、社会、自然在物质实体空间层面上进行功能整合后，有机结合形成的生态系统。它的演进与成熟是各个构成子系统协同演化发展所共同促成的。任何一个子系统停滞不前都将影响系统的整体发展。城市生态系统的各个相关部分之间只有相互协调成为一个有机整体，才可以充分发挥运作效率，这是功能与形式之间必然的辩证统一。

不同类型的城市空间在城市生态系统运行过程中满足不同城市功能的需要，这些城市空间按照一定的内在规律建构形成城市物质空间子系统。物质空间系统是城市各个功能子系统共同的载体，所有的城市功能系统——城市社会、城市经济、城市自然都必须依托城市物质空间存在。从某种意义上讲，城市物质空间系统也是协调各个功能子系统和谐运行的纽带。城市物质空间系统组织不当、运行不良都将损害城市生态系统本身的有机性、整体性、综合性，因此会造成巨大的资源浪费和效率损失。

综上所述，物质空间系统的变革是促使城市生态系统趋于成熟的关键，城市

---

①单纯以经济为中心的发展模式最大的问题在于其不正确的会计方式——没有计算因为人类的经济模式而损耗的自然资本。在大多数经济体中，自然的资源和服务都被看作免费的。

物质空间子系统的生态建设是城市生态系统良性存在和平稳发展运行的核心。

• 城市生态系统物质空间子系统生态化转变的关键在于其结构

"结构"是一种组织关系，按照这种关系所建构的整体或系统，将具有不同于其各个构件元素功能的新功能。相同的"元件"按不同的"结构"制成成品，也许会具有完全不同的功能和作用。因此，"结构"才是赋予事物相应功能的真正原因。

城市渐趋成熟稳定的发展历程，其根本是城市结构——城市的空间系统结构、社会组织结构、经济结构等的成熟与稳定。因此，物质空间系统的生态化转变，也不会单纯从某一个城市空间单元或者城市的内在功能开始，关键在于空间组织结构的变革。

综合以上三点，本书研究的重点是城市生态系统的物质空间子系统，而关键的关键则在于对城市物质空间子系统组织结构相关规律的探索。

二、研究思路与成书的篇章结构

• 研究思路

对城市生态系统物质空间形态与结构的研究分为前期研究和深入研究两个阶段。

前期研究阶段

这一阶段首先对城市问题进行了广泛的思考，其次对城市生态系统的总体演进规律进行了系统研究。它是研究全面展开之前的铺垫阶段。主要内容包括：城市生态系统的生态学意义——人类种群的理想栖居地、地球生物圈的有机组成部分及地球生命大系统的调控中枢；城市生态系统的演进发展由"政治城市"⟶"经济城市"⟶"信息城市"⟶"生态城市"的历程剖析。最后，对如何解决城市乃至全球的生态危机进行了广泛思考，找出了问题的关键，为研究的进一步深入提供了着眼点和后续思路。

深入研究阶段

这是整个研究工作的主体部分。本阶段在前期研究成果基础上，确定以生态城市物质空间系统为研究重点。而由于"结构"是决定系统运行状况的真正内因，研究紧紧围绕物质空间子系统的组织结构展开。这一阶段主要包括了以下研究内容：[1] 城市生态系统空间建设与利用基本规律；[2] 城市生态系统物质空间结构演进案例解析；[3] 城市生态系统物质空间结构的建构、演进发展深层规律。

所以，针对城市物质空间子系统的组织结构进行研究，发现其内在深层规律，并根据这些客观规律建立更具效率的城市物质空间系统模式，是本次研究的基本思路。参见图 D-1：研究流程图。

• 篇章结构

杜甫诗云："射人先射马、擒贼先擒王"。抓住客观事物发展过程的关键对于正确认识事物的本质极为重要。同样，一项研究的突破口也大多在于这些关键的节点，在这些"穴位"施以作用力，往往能够事半功倍。所以，厘清研究的思路对于迅速掌握研究框架，从而了解研究工作的整体状况和深度极为重要。这能帮助读者尽快顺着作者的思路，了解研究成果的内容，并能够便捷地从中撷取自己所需的知识。

本书从城市的生态意义入手，在介绍了城市生态系统的概念、基本构成、系统功能、内在组织结构类型的基础上分析了城市生态系统空间资源的相应特点和物质空间系统结构形成的深层原因和潜在机制。在案例解析的基础上研究了三大功能子系统（自然、经济、社会）与其载体——物质空间系统之间的作用与反作用机制，并进一步揭示了物质空间系统事实上是由各种功能空间通过复杂的内、外整合机制而建构形成的。最后结合实体空间的建设规则对物质空间系统的各个子系统进行了划分，同时进一步分析了物质空间和功能空间的层间、层面整合特点和物质空间系统建构的规律（图 D–2）。

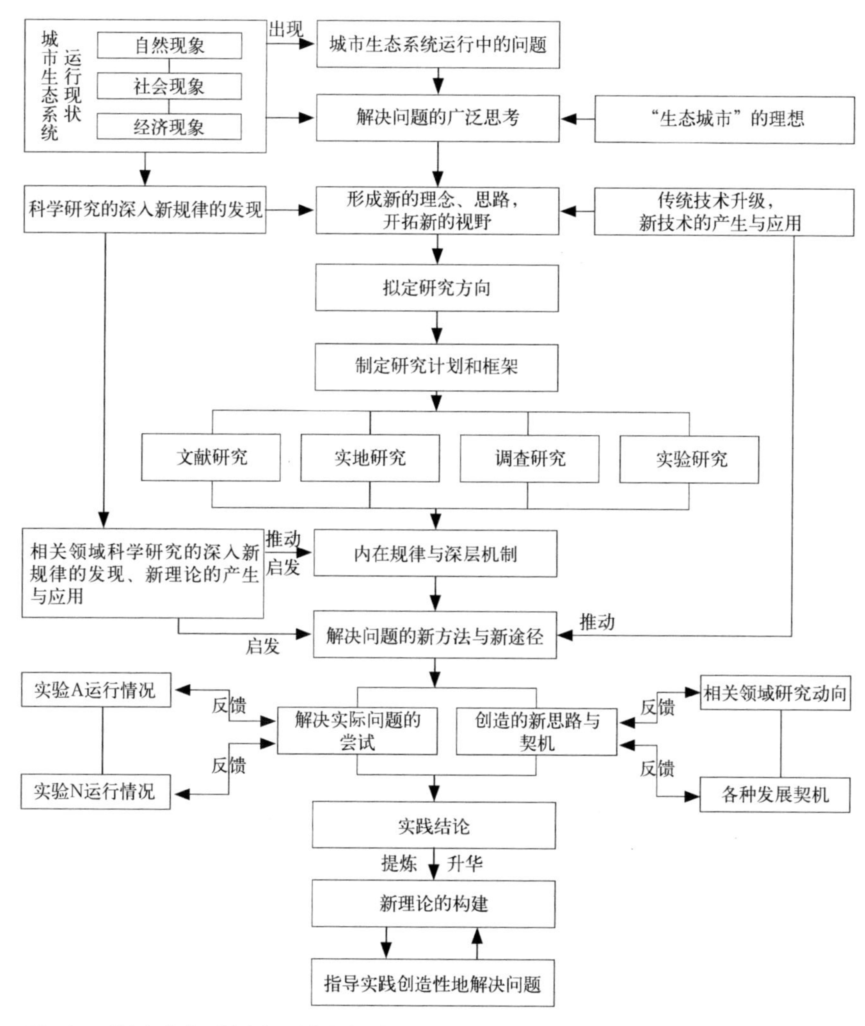

图D–1 《城市生态系统空间形态与规划》一书的研究流程

本书写作的篇章结构也与研究思路紧密相关。大致分为：导言——介绍研究的基本思路和关键点，便于读者整体地了解研究框架（图D–2）；绪论——主要说明了本书研究的背景，并概括了前人及前期研究的一些成果；第一部分简单讲述了城市生态系统的基本功能与结构，使读者能够建立起对本研究基础理论的初步认识，便于对后续研究过程和成果的理解；第二部分重点揭示了城市生态系统各个层面上空间建设和利用的基本规律，这是物质空间系统结构建立的客观依据；第三部分运用所发现的规律对精心选取的城市案例进行了解析，帮助读者深入理解相应规律；第四部分在空间建设和利用规律的基础上，进一步概括了城市物质空间系统结构建构、演进的内在规律；第五部分重点分析了物质空间系统子系统组成、空间结构和功能空间整合的规律；最后结语——在总结了研究成果的基础上对“生态城市”建设，提出了一些具体建议。

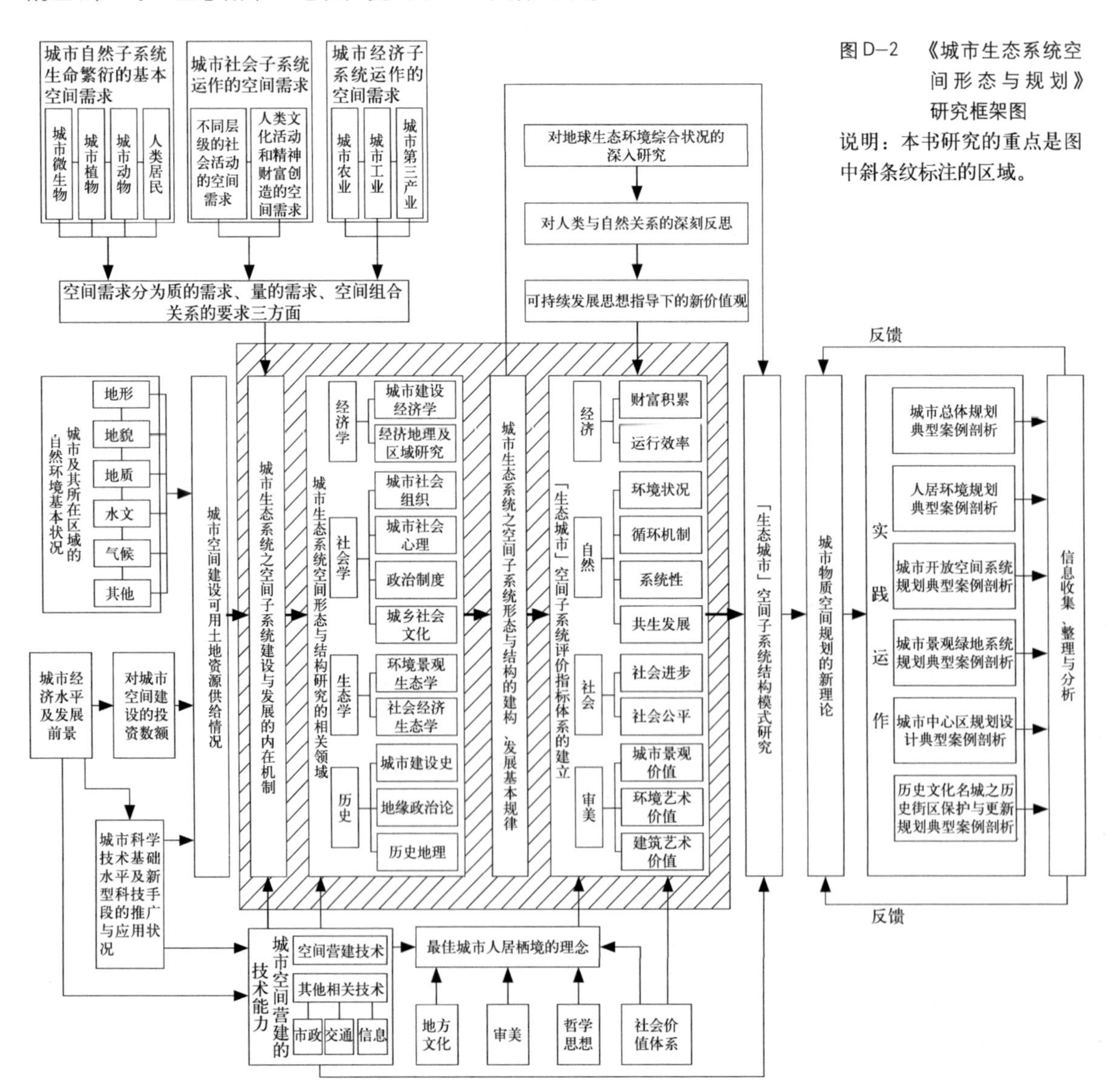

图D–2 《城市生态系统空间形态与规划》研究框架图

说明：本书研究的重点是图中斜条纹标注的区域。

1 绪论 “城市”，以人为核心的生态系统

"城市"的产生和发展与人类的定居活动密不可分，它是人类定居发展到一定阶段之后的产物。自城市产生，人类的定居模式也就有了"住在乡村"和"居于城市"两大类别。不同的历史时期、自然条件、国家体制之下，主导性的定居模式是各有特色的。它受到社会、经济、文化、科技等方面诸多因素的影响，始终处于不断演化的动态过程之中。

18世纪以前，从人口的绝对分布上来看，除了一些特殊的地区以外，世界人口中的绝大多数都居住于广袤的乡村。然而从18世纪开始，在各种因素影响下人口由乡村向城市迅速集中，城市逐渐成为人类的主要定居地，这种现象我们称之为"城市化"。[①]虽然城市化在世界不同地域起步的时期和原因各不相同，但这一趋势普遍存在，并表现出不可抵挡的迅猛势头：世界总体城市化率1800年仅有3%，到1995年已经发展到了45.2%，[②] 根据预测："进入21世纪，全世界的城市人口已经超过农村，50%以上的人口居住在城市，城市作为区域政治、经济、文化中心的地位更加突出。"[③]表1-1所示为世界城市化发展趋势。

世界城市化发展趋势 **表1-1**

序号	年份	城市人口（百万）	城市化水平（%）
1	1800	—	3
2	1850	—	6.4
3	1900	—	13.6
4	1925	—	21
5	1950	734	29.2
6	1960	1032	34.2
7	1970	1371	37.1
8	1980	1764	39.6
9	1990	2234	42.6
10	2000	2854	46.6
11	2010	3623	51.8
12	2020	4488	57.4

备注：该表1、3、4项数据来自《中国大百科全书——建筑、园林、城市规划卷》，中国大百科全书出版社，1988年5月第一版，1995年4月第二次印刷，第58页。第2项数据来自黄光宇、陈勇著，《生态城市理论与规划设计方法》，科学出版社，2002年8月第一版，第2页。5～11项数据来自宋永昌、由文辉、王祥荣主编，《城市生态学》，华东师范大学出版社，2000年10月第一版，第37页。

我国也不例外，尽管1949年新中国成立时，我国只有86个城市，城市化水平只有10.6%，[④]而且由于发展期间的种种原因，城市化的过程也并不一帆风顺，

① 城市化（urbanization）：农村人口转变为城市人口的过程，又称城镇化。其实质是农民从农业劳动转为从事工业、商业及其他非农业劳动。《中国大百科全书——建筑、园林、城市规划卷》，中国大百科全书出版社，1988年5月第一版，1995年4月第二次印刷，第58页。

② 这一数据仅体现了百分比的变化，并没有反映世界人口基数的剧增。1800年世界总人口仅为10亿，1995年世界总人口约为52.8亿。

③ 资料来源：2002年8月5日《中国环境报》第二版：《建设可持续发展的城市——"2002城市环境管理与可持续发展论坛"综述》。

④ 当时世界的城市化平均水平是29%，欧美等发达国家的城市化水平早已超过60%。

但是从1978年开始，我国的城市化进程逐渐平稳，并呈现加速发展的态势。从1978年到1998年，我国城市人口从1.7亿人，城市化水平为17.9%上升到3.7亿人，城市化水平30.4%。1998年以来，中国城市化水平几乎每年都保持了1.5～2.2个百分点的增长，2002年底我国的城市化水平为37.66%，2003年底达到40.53%，截至2004年底已达41.7%。"据专家预测，未来的20年，我国城市化也将进入高速发展的时期。目前预计到2010年，将达到45%，2020年将达到58%左右。"①

城市化的本质是生产力水平提高和生产组织方式的变革。城市因为适应工业化大生产的集约方式，集众多人类社会的组织与生产、传播与交换功能为一体而迅速膨胀。后工业时代信息产业的开发与成熟，使城市作为经济、文化中心的价值进一步得以提升，进而又增添了信息终端和枢纽的功能。城市的规模、结构与形态随着城市的人口组成、社会组织方式、社会生产关系、科学技术发展水平的变化而产生了相应变化。城市已经成为"人类"这一物种最为主要和重要，而且独特的栖居地。人类的社会、经济、文化发展越来越多地依赖城市。城市环境质量的好坏直接关系到"人类"这一物种的生存与发展。

但是，我们不能否认有一个与城市化相伴随的负面现象——城乡生态环境的总体恶化。18世纪工业革命之后，与生产力水平急速提高"人定胜天"现象相伴随的是全球生态状况的急剧恶化。而且20世纪60年代之后，环境问题进一步升级，公害事件②不再仅仅限于所影响的局部地域，而呈现全球扩展的趋势。1987年联合国环境与发展委员会更是在题为《我们共同的未来》的报告中指出了当前人类所面临的16个严重生态环境问题。③这一系列的环境问题互相关联，交织成一个复杂的连锁网络。造成

① 资料来源：2002年8月5日《中国环境报》第二版：《建设可持续发展的城市——"2002城市环境管理与可持续发展论坛"综述》。

② 世界知名的八大公害事件是：1930年比利时马斯河谷是SO_2、氟化物、粉尘综合污染，造成60多人及众多家畜死亡；1943年美国洛杉矶的光化学烟雾事件是碳氢化合物、氮氧化合物、一氧化碳、臭氧的综合污染，造成400多人死亡及众多呼吸道疾病、眼病；1948年美国多诺拉镇是SO_2、金属元素、金属化合物反应形成金属硫酸铵造成污染，全镇5911人、43%的居民发病，其中死亡17人；1952年的伦敦烟雾事件是Fe_2O_3和SO_2化合形成硫酸泡沫凝聚在粉尘上形成的综合污染，死亡4000多人；1953年日本熊本县水俣市水俣病事件是甲基汞中毒，中毒283人、死亡60人；1961年日本四日市哮喘病事件是粉尘、重金属微粒、SO_2化合形成硫酸烟雾造成的污染，患病817人、死亡10多人；1963年日本富川县通川流域的骨痛病事件是金属镉中毒，患病130人、死亡81人；1968年日本北州市、爱知县的米糠油事件是多氯联苯中毒，13000余人受害、死亡16人、死亡几十万只饲养鸡。参见：宋永昌、由文辉、王祥荣主编，《城市生态学》，华东师范大学出版社，2000年10月第一版，第40页。

③ [1] 人口剧增；[2] 土壤流失与退化；[3] 沙漠化；[4] 森林锐减；[5] 大气污染日益严重；[6] 水污染加剧、人体健康状况恶化；[7] 贫困加深；[8] 军费开支巨大；[9] 自然灾害加重；[10]"温室效益"加剧；[11] 臭氧层遭到破坏；[12] 滥用化学物质；[13] 物种灭绝；[14] 能源消耗与日俱增；[15] 工业事故多发；[16] 海洋污染严重。参见：杨小波、吴庆书等编著，《城市生态学》，科学出版社，2000年8月第一版，2001年4月第二次印刷，第60页。

这种负面影响的根源都是人类单纯、盲目地追求经济发展，违背地球自然生态环境发展规律，打破生态系统平衡所造成的。"城市是人类经济活动高度聚集的场所；城市消耗了世界资源的绝大部分（如木材的76%，水资源的60%）；世界上绝大部分污染物是城市排放的；地球上绝大多数人口将生活在城市，城市提供了绝大部分产品、服务和就业机会，等等……"[①]城市发展已经不再是城市本身和城市所在区域的局部问题了，发达的全球经济与贸易、交通运输、信息传播等网络把地球上所有城乡都串联成了一个相互关联的整体，牵一发而动全身。从某种程度上讲，全球环境危机应该被看作是城市时代城市问题的全球化扩展。正是因为城市在地球环境与经济体系中的主导地位，使我们不得不从全球的角度衡量城市对于整个地球的影响。城市不仅是"人类"的主要栖息地，还因为"人类"对生态系统所具有的突出调控作用[②]而使城市成为地球上各个生态系统的"调控中心"和信息节点，它在地球生物生命大系统中的作用越来越显著。因此，城市的可持续发展是全球可持续发展的关键。

1.1 城市生态系统的生态学意义

1.1.1 城市生态系统的概念

城市的内涵随研究角度不同而不同：在经济学角度，城市是一个以社会分工为基础的"经济单元"；在社会学角度，城市是以人类心理为基础的复杂"社会现象"；而立足生态学角度，城市具有一般生态系统的基本特征——生物与环境的相互作用关系，所以城市就是一种生态系统。然而由于具体研究出发点不同，"城市生态系统"的概念也各有不同，学术书籍中引用最多的是以下几个。

- 城市生态系统是一个以人为中心的自然、经济与社会复合人工生态系统（马世骏）。
- 城市生态系统是以城市居民为主体，以地域空间和各种设施为环境，通过人类活动在自然生态系统基础上改造和营建的人工生态系统（王发曾）。
- 城市生态系统是城市居民与其周围环境组成的一种特殊的人工生态系统，是人们创造的自然—经济—社会复合体（金岚）。
- 凡拥有10万以上人口，住房、工商业、行政、文化娱乐建筑物占50%以上面积，具有发达的交通线网和车辆来往频繁的人类集聚的区域成为城市生态系统（何强等）。
- 特定地域内的人口、资源、环境（包括生物的和物理的、社会的和经济的、

① 引自：李慧明著，《浅析城市土地合理利用与可持续发展》，来源：《中国房地产》。

② 地球上所有的生态系统都或多或少地受到人类活动的直接或者间接的影响：人类直接管理着城市生态系统、农村生态系统、人工草原、人工森林、淡水和海水养殖区域，而且通过这些生态系统和生态区域以及共同的大气、土壤、水分等环境因子，以物质循环、能量传播、信息处理等多重方式作用于整个地球生物圈。

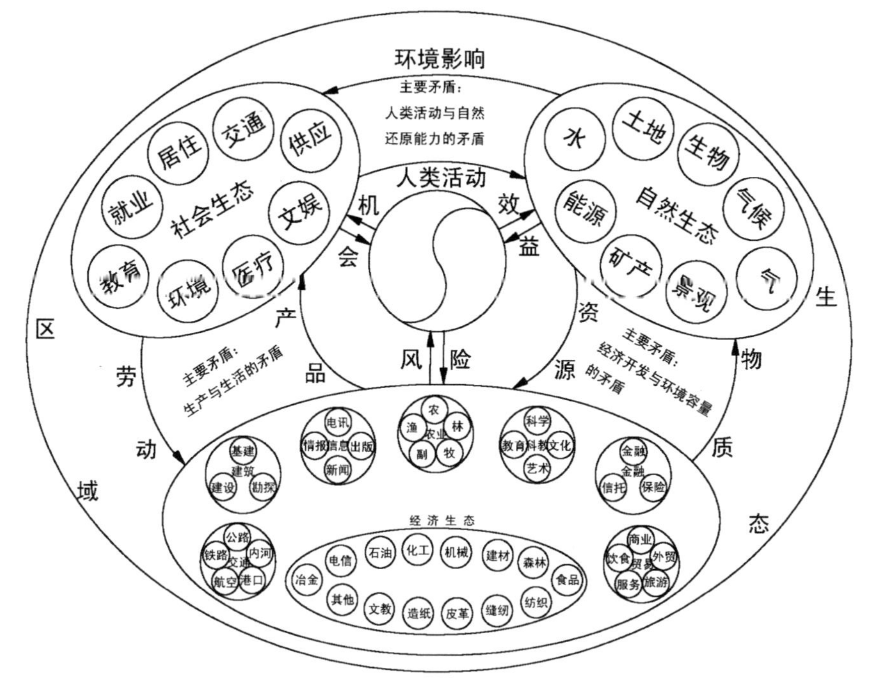

图1-1　王如松的社会—经济—自然城市复合生态系统构成图

其模式出发点在于城市生态系统的内在运行。

政治的和文化的）通过各种相生相克的关系建立起来的人类聚居地或社会、经济、自然的复合体（曲格平主编，《环境科学词典》，上海辞书出版社，1994）。

• 城市生态系统是人为改变了结构、改造了物质循环和部分改变了能量转化的、长期受人类活动影响的、以人为中心的陆生生态系统（宋永昌、由文辉、王祥荣主编，《城市生态学》，华东师范大学出版社，2000）。

• 城市生态系统指的是城市空间范围内的居民与自然环境系统和人工建造的社会环境系统相互作用而形成的统一体，属人工生态系统（杨小波、吴庆书编著，《城市生态学》，科学出版社，2000）。

• 城市生态系统是以人类为中心、以人和人造物为主体的自然—社会—经济复合生态系统（常杰、葛滢编著的《生态学》，浙江大学出版社，2001）（图1—1）。

这些定义有的着重于阐述城市生态系统的内在构成要素，有的着重于描述城市生态系统的形态表征，有的着重于揭示城市生态系统的运作特点，但是所有概念都共同关注的是——城市生态系统以人类活动为中心，受到人类行为及其结果强烈影响。因此，从目前地球上所有城市具有的共同特点出发：城市生态系统是陆地生态系统的一种，它以人类为中心，是由人类主导建立的自然—社会—经济复合人工生态系统。

1.1.2 人类的理想栖居地

地球生命大系统的演进经历了四个重要阶段：

[1] 35～38亿年前地球生命诞生；

[2] 26亿年前原核细胞生物发展产生真核细胞生物；

[3] 6亿多年前多细胞生物诞生；

[4] 20万年前现代生物学人种——"智人"出现。[①]

最初，人类与自然生态系统中的其他动物没有太大区别——只是自然食物的采集者和狩猎者，是系统的组成部分，对系统整体运行的影响并不大。然而人类具有其他动物所没有的突出的学习和创造能力，在漫长的演进过程中，学会了制造和使用工具、产生了语言、创造了文字……大约1.1～1.3万年前人类学会了驯养动物和栽培植物，进入了农业文明时代，从而开始了大规模改造自然环境、影响生态系统运作的历程。农业文明的社会生产方式下，人类活动对自然生态系统的影响还局限于一定的地域范围内，然而200多年前，人类发展进入新的工业文明时期之后，连通世界的贸易网络使人类活动的影响迅速扩展到全球。

人类在漫长的演进中经历了从居无定所到"择地而居"的过程。定居对于人类而言具有十分重要的意义：一方面它适应于农业文明生产方式的需要，另一方面它使人类有可能系统地改善某地环境以适应自身生存繁衍的需求。从某种程度上看，"定居"源自于人的生物本能——自然界每一种生物都具有寻求最适于自身繁衍环境的本能，同时也具有通过自身世代累积的生命历程改变环境的能力。例如：植物生长在土壤中逐渐积累有机质，使贫瘠的土地逐渐变得肥沃。所以，定居就是人类创造适于本物种的"最佳生境"[②]的过程。从人类开始定居以来，逐渐形成城—镇—村等不同规模的定居点。由于社会经济水平、主要生产方式等诸多因素的影响，在不同国家、不同的地域、不同的历史时期，这些定居点的规模是不断变化的。

从地球生命产生以来38亿年的演进历程来看，城市诞生是最近的生态事件——目前普遍认为城市的雏形大概产生于5000年前，[③]真正意义上的城市大约产生于2000～3000年前。然而城市在地球生命大系统中产生巨大影响则仅仅是近200年随着工业文明逐步发展才出现的情况。与其他的定居点相比，城市究竟具有什么特点呢？

- 城市有巨大的人类种群[④]

---

① 人科大约出现在700万年前，人属大约出现在250万年前。180～100万年前出现"能人"（平均脑容量656ml）、150～20万年前出现"直立人"（平均脑容量800～1200ml）、20万年前出现"智人"（平均脑容量从1175ml逐渐增加到现代人的1400ml）标志着人类真正诞生。参见：常杰、葛滢编著，《生态学》，浙江大学出版社，2001年9月第一版，第293页。

② 每一物种都有最适合该物种栖息的空间场所，它被称为这种物种的"最佳生境"。

③ 也有人认为城市产生是更早的事，例如：中国人民大学邬沧萍教授在《世界人口纲要》中指出，世界上最早的城市是位于死海北岸的古里乔，距今9000年左右。摘自《城市化的起源和内涵》，《中国城市化》杂志电子版2003年第1期。http://www.curb.com.cn/dzzz/200301/0301lt01.htm。

④ 种群（population）：一定时间和空间中由同种的一群个体组成的结构和功能单位。种群占有一定的领域，其个体间通过种内关系有机组合成一个系统。

虽然各个国家的城市人口规模标准各不相同，[①]但共同的特点是都具有较大的人口总量。种群规模对于类似人这样的社会性动物而言，意义重大。较大的人口总量不仅有利于发挥种群内的竞争机制来促使基因优化，而且利于开展种内合作，从而促进种群整体的健康发展。城市就具有这方面的突出作用——在这里不同的人[②]可以方便地建立联系，交往与交流频繁。它不仅仅促进了生物学意义上的基因交流和更新，也促使了不同"文化基因"的交流和融会贯通。在这样的环境下诞生的新一代在生理、心理、智慧等多方面都具有了比先辈更多的优势与机会。

- 城市具有远比任何其他人类生境更多的"栖息地"类型

城市生境是如此的多样化，不论是经济环境、社会环境、文化生活环境还是实实在在的居住空间环境。例如：城市的经济结构十分复杂，具有多种就业类型，可以为不同的人提供不同的就业岗位，能够最大程度地发挥不同的人的才能；又如：虽然不同的城市因为所处环境[③]的差异而具有不同的主导文化生活类型，但是大多数城市都同时包容其他的文化生活类型。不同文化层次的人、不同宗教信仰的人、不同生活方式的人都可以找到比较适宜自己的社会生活团体，并融入其中。城市往往不仅汇集相关地区的人类经济、文化、社会组织类型，同时也具有自己特有的经济、文化、社会组织类型。所以，城市具有比其他人类生境更大的包容性与异质性，也具有了由这些因素所衍生的丰富多彩。这些都使城市具有更大的生产力和多样性，比其他人类生境更具活力。

- 城市具有配套齐全和优越的生存基础条件

不论是市政基础设施，如：给水、排水、燃气、电力、电信与信息、采暖制冷系统的配备，还是社会生活方面的医疗卫生、福利保障、商品供应，以及文化方面的各类基础教育设施系统、社会文化与再教育网络、各层次的体育运动与文化活动场馆的健全等，都因为其服务质量和经济效益与人群规模具有密切联系而汇集于城市。城市的人口规模越大，其设施配备的水平往往越高、层次更齐全、质量更好。虽然不同国家、地域，甚至城市内部不同区域之间，相应的基础条件水平也有较大的差异，但是与同地区其他人类生境相比（例如乡村地区），城市之中各个区域的配套都不仅齐全，而且利用起来十分便捷。所以总的来讲，城市在利于人类生存各方面的基础设施配备方面都是有很大优势的。

---

① 美国把2500人以上的居民点称为城市或城镇，英国则为3500人，前苏联为1000～2000人，印度为5000人，我国则规定最少应为60000人；而国际统计学会建议，凡2000人以上的居民点算城市居民区。

② 这里不同的"人"不仅仅指生物学意义上的不同人类亚种，例如：黄种人、白种人、黑种人等；更重要的是指不同地域、不同文化背景和不同社会阶层的人，例如：英国人、法国人、中国人或者贵族、中产和平民。

③ 这里"环境"的含义不仅指自然环境，重点更是在于人类系统所特有的经济环境、社会环境和文化环境。

专题1-1：同一地区重点城市和区域重点生存状态数据对比[①]

一个国家的人均寿命，即一个人出生后预计能活多大岁数，是反映社会成就的一个最有价值的单项指标。它衡量的是一个国家的经济、社会和政治因素能够在多大程度上避免使其公民夭折，并在总体上过着健康的生活。一个国家人均寿命的长短同这个国家的婴幼儿死亡率和孕妇死亡率也有特别密切的关系，因为如果有大量的婴幼儿和孕妇死亡的话，要实现较高的人均寿命是不可能的。印度尼西亚的雅加达是国家的行政、财政、商业和教育中心，1980～1992年间，全国国内生产总值的7%，工业生产的17%，金融活动的61%都集中在该市。雅加达的人均收入比印尼全国平均值高70%；平均寿命66.5岁，比全国平均值62岁高4.5岁；婴儿死亡率31.7/1000人，比全国平均值58/1000人低26.3/1000人。在中国，北京市的婴儿死亡率仅为11‰，而全国的平均水平是35‰，而在一些省份这个数值超过了50‰；同样在北京，孕产妇的死亡率仅为10万分之40，而全国的平均水平是88，个别省份达到了170。

从上述特点我们可以概括出这样一个结论：城市是人类在漫长的演进过程中逐步从自然环境中改善和创造出来的最适于自身生存和繁衍的最佳生境。尽管目前对这一论点的探讨和争论一直没有停止，但城市"环境"的确更适合人类的生存和繁衍。全世界各地域不断城市化的事实和城市与其他人类生境中有关人类生存状态的数据[②]对比都有力地证明了这一观点。

1.1.3 地球生命系统[③]调控中心

"城市是人类社会发展到一定阶段的产物"的提法是基于把人类的发展与地球上其他生态系统的演进分离开来的观点。事实上人类的发展与整个地球生命系

---

① 资料来源：杨小波、吴庆书等编著，《城市生态学》，科学出版社，2000年8月第一版，2001年4月第二次印刷，第93页。联合国人居中心（生境）编著，沈建国、于立、董立等译，《城市化的世界》（"An Urbanizing World"），中国建筑工业出版社，1999年8月第一版，第107～108页、第113页。

② 其中最重要的为：人均寿命、孕产妇死亡率、婴儿死亡率等数据。

③ 地球生物圈（biosphere）与地球生命大系统（global life system）：地球生物圈即岩石圈、大气圈、水圈界面上的所有生物构成的圈层。从20世纪开始，生物圈是对全球尺度生命进行描述时通常使用的概念。有观点认为，38亿年前地球生命诞生之初的生物个体体积小、数量少，分布零散；到中期逐渐进化成有一定关联的生物圈；到后期才形成了各生态系统间关系紧密，成熟的全球生命大系统（张昀，1998；常杰、葛滢，2001）。生命是由一系列在尺度上从小到大的组织层次（levels of organization）的系统构成的一个生物学谱（biological spectrum）。根据最新知识绘制的生物学线性谱中，由小到大排列着生物大分子、大分子群、细胞器、细胞、组织、器官、有机体、种群、生态系统，和全球生命系统。生物圈不是一个层次的系统，而是全球生命系统的结构主体，全球生命系统是在近200年来生物圈各组分间密切联系和耦合，并有调控中心后刚刚形成的。本人认为生物圈强调的是一种并列关系，而生命大系统强调的是一种系统组织关系。随着人类活动对地球总体影响的升级，地球上所有的生态系统间的组织关系也越来越重要。参见常杰、葛滢编著的《生态学》，浙江大学出版社，2001年9月第一版，第234页、第301页。

统存在密切的内在联系，并不可能分割成各自独立的体系。在人类社会早期，人类所改造和建设的生活环境——无论是村落，还是散落在自然中的农田，都是所在地域更大生态系统内的异质性"斑块"，是大系统的必然组成部分；随着人类社会的发展，人类在改造自然的基础上创立了农业生态系统，该生态系统随着人类种群数量的增加逐步扩展、升级，到目前为止已经几乎占据了世界上所有宜耕土地。而原来这些地域广泛分布的自然生态系统已经几乎消失殆尽，只在不便于利用的地带还保留有残迹。例如：分布在亚热带的常绿阔叶林和分布于温带的落叶阔叶林都因为人类的农业活动而几乎消失，原始的常绿阔叶林和落叶阔叶林都仅存于交通不便的山区。农业生态系统已经逐渐取代了原先位于这些地域的森林生态系统。"城市"也不例外，它是地球生物圈演进到一定阶段的产物，也是人工生态系统发展到一定阶段产生系统分工的结果。随着城市化进程，城市区域在这个地球上所占的地域面积越来越大，所产生的作用也越来越强。它和地球上其他所有的自然、半自然和人工生态系统①共同组成了地球生物圈（表1-2）。

"地球生命系统"是将系统自组织理论运用于研究地球生命现象领域之后提出的新概念（常杰，1995），它是以近200年来生物圈各组分（各类生态系统）间日益密切联系和耦合的事实为基础的。而组成地球生物圈的各个生态系统之间的"分工合作"正是随着"城市"的产生和发展而逐步演化形成的。新的理论认为"地球生命系统"是比生态系统高一层级的完整系统。一个完整系统具有组织化程度高、组分关系复杂、相互制约紧密、结构复杂多样、自我调节能力强等特征，但更为重要的是它必须具有一个明确的调控中心，以指导系统达成内稳态、完成发育进化的生活史。

200多年前人类进入工业化社会之后，地球环境的一系列变化都与城市具有直接或间接的关系。人类已经从系统中的一般因素上升为主导因素。人类活动成为影响和控制地球表层系统中能量流动、物质循环、信息传递和系统演变的重要因素，城市作为各种人类活动的聚汇点，在地球生命演化发展的现阶段具有突出的作用，成为"地球生命系统"不可质疑的"调控中心"。因而"地球生态系统"的形成也以城市发展到具有全球调控作用的时代为标志。

---

① 自从人类进入农业文明时代以来，全球的生态系统就不完全是自然的了。现在全球生态系统被划分为自然生态系统和人工生态系统两大类型："基本未受人类扰动，在一定空间和时间范围内，依靠自我调节能力维持相对稳定的生态系统为自然生态系统。"主要有：森林生态系统、草原生态系统、荒漠生态系统、苔原生态系统、湿地生态系统、淡水生态系统、海洋生态系统等几种类型；在自然生态系统基础上，"按照人类的需求建立起来，由人为控制运行或受人类活动强烈干预的生态系统为人工生态系统。"主要有：农业生态系统和城市生态系统两种类型；另外还有介于这两者之间的半自然生态系统，例如人类经营和管理的森林和草原。参见：常杰、葛滢编著的《生态学》，浙江大学出版社，2001年9月第一版，第246、第248页。

地球生态系统分类一览表 **表1–2**

自然生态系统	水生生态系统	淡水生态系统	流水（溪、河）	急流
				缓流
			静水（湖、池）	滨带
				表水层
				深水层
		海洋生态系统	海岸线	岩石岸
				沙岸
			浅海	
			上涌带	
			珊瑚礁	
			远洋	远洋上层
				远洋中层
				远洋深层
				极深海
	陆生生态系统	荒漠	热荒漠	
			冷荒漠	
		冻原		
		极地		
		高山		
		草原	干草原	
			草甸草原	
			稀树干草原	
		森林	寒温带针叶林	
			温带落叶阔叶林	
			亚热带常绿阔叶林	
			热带森林	热带雨林
				热带季雨林
	水陆交界生态系统	湿地生态系统		
		河口湾生态系统		
		海岸潮汐带生态系统		
半自然生态系统	陆生	人工管理的森林		
		人工管理的草原		
	水生	人工管理的池塘、河湖水域		
人工生态系统	农业生态系统			
	城市生态系统			

表格来源：根据李振基、陈小麟、郑海雷、连玉武编著，《生态学》，科学出版社，2000 年 9 月第一版，2001 年 6 月第二次印刷，第 312 页，表 4–3；常杰、葛滢编著的《生态学》，浙江大学出版社，2001 年 9 月第一版，第 248 ～ 249 页的内容编绘。

地球生命系统的演进遵循螺旋上升的原则，与一般的系统不同的是：生命系统由三种不同类型的系统组成——完全系统、破缺系统、同构系统，[①]这三类系统在螺旋上升的演进过程中周期性地交替出现。生命系统每一次自组织升级，一方面在功能和结构等基本方面与原有层次有一定的相似性，另一方面新的、更高

① 完全系统（perfect system）：由多个不同结构和功能的子系统构成，子系统之间相互联系、相互协同、相互制约、相互补充，通过结构功能耦合形成一个大系统。在生物学线性谱上包括生物大分子、细胞、多细胞有机体、全球生命系统四个层次。破缺系统（broken system）：由几个不同功能和结构的子系统构成，子系统之间有一定的耦合，但是整个系统不是一个自持单元，它必须与其他系统耦合才能够存在下去。在生物学线性谱上主要有器官以及部分生态系统（城市生态系统）。同构系统（homologous system）：由多个同类的完全系统构成，因而系统内各组分的结构和功能都相同，这类系统更接近于“集合”。在生物学线性谱上主要有组织、种群。

层次系统在结构、功能上都有进一步的发展。城市生态系统的出现对于地球生命系统具有特殊的意义：在此之前地球上所有的生态系统都是完整系统（包括人工的农业生态系统），它们都处于一种稳定状态。这种稳定是生态系统成熟、平衡的表现，每一个子系统都可以不依赖上一层次系统独立存在并维持下去。生态系统间虽有沟通（例如动物迁徙），但是并未建立相互之间的有机联系，系统间的相互作用十分有限。所以 20 世纪初概括全球生命特征的"生物圈"概念更像是描述一个地球生态子系统的集合。自城市生态系统诞生之后，这种格局发生了翻天覆地的变化。"城市"是一个破缺系统，不依赖同一层级的其他系统，其自身就无法维持下去。它必须与其他系统耦合（主要是农业生态系统）才能存在和发展。虽然"城市"自身的功能、结构不够完善，内稳定性差，但是，破缺产生了新的演进动力。"城市"打破了生态系统层次的稳定状态，在各个生态系统间形成系统分工。建立了上一个层次的内在结构关系和运作机制，促使地球生命向更高的完整系统——"地球生命系统"演进。

1.2 城市生态系统的演进历程

前面我们分别从物种、生态系统、全球生命系统等不同角度谈到了"城市"的重要作用，这种由微观而宏观的过程使我们更容易了解"城市"发展对各个层级生命系统产生的影响。5000 年来"城市"发展与其上一层次系统的发展息息相关，每一阶段不仅促使了所在系统升级，其自身也不断演进。现在我们回到"城市"本身的尺度，简要回顾一下它的演进历程。

1.2.1 政治城市

城市因政治①而生，它的雏形产生于农业文明初期。当人类社会生产力达到一定水平，产生了社会阶层分化和私有财产时，"城"应运而生。最初，"城"大多是在人类的宗教祭祀中心或者部落首领居住地的基础上演化而来，主要作用是保卫一定地域范围内人类种群的精神圣地或者保护部落社会生产的剩余产品。它本身的作用很单纯，不具有社会生产功能，是消费性的。它的建设规模也很小，往往只是由若干组不同功能的大型建筑群——宗庙、宫殿等围合而成。这一阶段，城市从属于农业生态系统，是农业生态系统的子系统。但是，由于城市是那时人类社会的组织中心和精神统治中心，所以它具有组织人类社会生产的重要作用，是农业生态系统的调控中心。

① 这里的政治是广义的政治，包括宗教活动。人类社会早期往往政教合一，这种统治方式延续了近万年的时间，在历史上占有重要地位。事实上除了著名的"政治就是划分敌我"（德国哲学家，施米特）的论点之外，日常生活中我们所接触的"政治"更多地体现出对社会管理权的分配。

早期人类建设活动的本源是为了脱离险恶的自然环境而营造自身最佳人居环境。因为人类艰难求生的特别意义，这一本源使古代的建设活动被神圣化，从而赋予相应建设成果独特的宗教意味。这也是为什么对于神灵最虔诚的祭奠就是为其修筑处所——或是神庙、或是宗祠、或是祭坛。"建筑是凝固的音乐"，这种伟大的艺术品因其建造过程的艰难和建成后赋予人类独特的心灵慰藉而往往具有特殊象征意义。早期城市作为建设成果的集成，它也同样具有类似的意义。这种象征意义往往是基于对人类社会组织理念的表达，也是某种程度上对城市政治特性的强化。如：图 1–2 所示神圣的雅典卫城。

图1–2　神圣的雅典卫城

专题 1–2：《周礼·冬官·考工记》营国制度中所体现的建城政治性①

《考工记》，又名《冬官考工记》，是我国现存最早的手工艺技术专著，成书于先秦时期。汉代又对其进行了整理和编校，并作为儒家经典文籍之一，收录在《十三经》的《周礼》(即《周官》)之中。今本《考工记》约七千余字，包括序论和分类介绍两大部分。序论说国有六职，分为王公、士大夫、百工、商旅、农夫、妇功。将"百工"与王公、士大夫并列，以强调"百工"在整个社会经济生活中的重要地位。第二部分分别叙述各工种的设计规范、制造工艺，有的还说明了产品质量的检验方法。《考工记》在介绍各种手工业工艺的同时，也反映出当时人们掌握的物理、化学、生物、天文、数学等方面的知识。因此，这部书不仅在我国工程技术发展史上占有重要地位，在当时世界上也是独一无二的。尤其是书中提及的"天有时、地有气、工有巧、材有美，合此四者然后可以为良"的建设思想对今天的各种建设活动仍有积极的指导意义与价值。

殷周鼎革之际，周公旦"制礼作乐"，系统建立起一整套"礼乐治国"制度，确定了以"嫡长制、分封制、祭祀制"为核心的礼制法规。这种规定因其对封建统治的裨益，经过汉代之后历代王朝的弘扬深入了中国社会的方方面面。《考工记》作为官营手工业的技术规则和工艺规范，其造物思想也遵循严明的"以礼定制、尊礼用器"之礼器制度。尤其是作为重要国事的建城活动更是如此。

请看原文："匠人建国，水地以县，置槷以县，视以景，为规识日出之景，与日入之景，昼参诸日中之景，夜考之极星，以正朝夕。匠人营国，方九里，旁三门。国中九经，九纬，经涂九轨，左祖右社，面朝后市，市朝一夫。夏后氏世室，堂修二七，广四修一，五室三四步，四三尺，九阶，四旁两夹窗，白盛，门堂三之二，室三之一。殷人重屋，堂修七寻，堂崇三尺，四阿重屋。周人明堂，

① 部分记述内容参见："《考工记》设计思想研究"一文，作者肖屏，中南民族大学讲师,美术学硕士；《考工记》原文部分参考"新国学网"http://www.sinology.cn。

度九尺之筵，东西九筵，南北七筵，堂崇一筵，五室凡室二筵。室中度以几，堂上度以筵，宫中度以寻，野度以步，涂度以轨，庙门容大扃七个，闱门容小扃叁个，路门不容乘车之五个，应门二彻叁个。内有九室，九嫔居之，外有九室，九卿朝焉。九分其国以为九分，九卿治之。王宫门阿之制五雉，宫隅之制七雉，城隅之制九雉，经涂九轨，环涂七轨，野涂五轨。门阿之制，以为都城之制。宫隅之制，以为诸侯之城制。环涂以为诸侯经涂，野涂以为都经涂。”①

这短短的370个字不仅讲述了营国建都的度地选址原则，而且详细记述了城市的功能布局模式，更重要的是它还建立起一套完整的标准化体系，规范了不同等级城市的建制与规模。天子之城，经涂九轨、城隅九雉；诸侯之城，经涂七轨、城隅七雉；大夫之城，经涂五轨、城隅五雉。这种将城市规模和建制与其统治者在整个国家体系中的地位相对应的做法，正是《周礼》产生的奴隶制社会下城邦政治特点的突出体现。

从以下一系列世界各地城市初萌阶段的典型城市平面图中（图 1–3、图 1–4），我们可以直观地看到代表城市政治功能的空间单元——城市的宫殿区、祭祀区在整个城池空间范围内所占的面积比重。这类空间在数量上的绝对优势也从事实角度对其城市的主导性质作了最直接的注脚。因此从城市内部发挥各种功能的用地构成上来看，政治是当时城市建设的首要因素。

当然即使在城市产生初期，城市也并不是完全不具有经济方面的功能。人聚、屋聚、物聚三者的相辅相成，使城市即使是在商品经济极不发达的自然经济阶段依然保有的生产和交易功能。这对于城市获得持续发展的内在活力十分重要，虽然这些生产和交换主要是为居住于城市中的统治者服务。

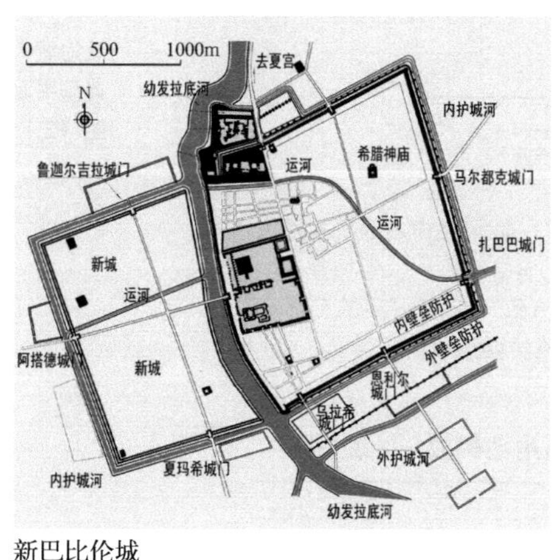

新巴比伦城

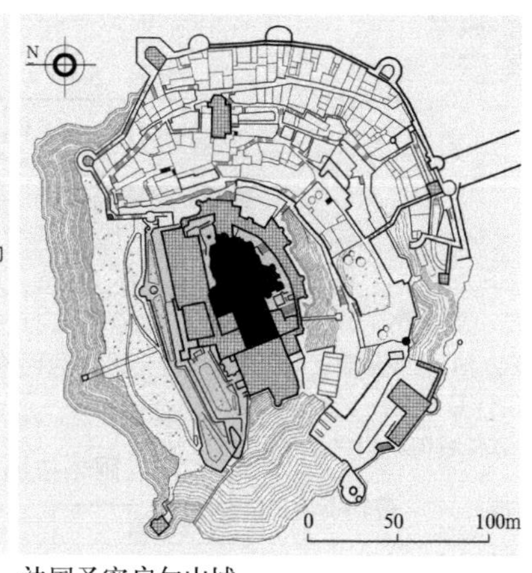

法国圣密启尔山城

图1–3　政治城市典型平面图（一）

① 引自“中国文学网——全国文化信息资源共享工程”http://www.ndcnc.gov.cn。

新巴比伦城简介：

新巴比伦城（图1—3）由迦勒底人兴建于公元前650年，后来发展成西亚地区的贸易和文化中心。鼎盛时期人口曾达到10万。然而，该城名标青史更多是由于被称为“世界七大奇迹”之一的空中花园。表1—3所示为新巴比伦用地构成。

圣密启尔山城简介：

始建于公元708年的圣密启尔山城（图1—3）源自一段圣徒密启尔托梦的传说。这个处在一块遗世独立于大海之滨突出岩石上的小山城，事实上是一个以宗教修道活动为全部生活内容的宗教堡垒和圣地。圣密启尔大教堂雄踞于岩石之巅，鸟瞰全城。所有其他建筑都围绕着它、从属于它。整个山城与所处环境相契合所体现出的挑战自然时空的决然斗志和雄心，以及其凭海临风所造就的壮美，令所有到访者无不为之动容。表1—4所示为圣密启尔山城用地构成。

新巴比伦用地构成　　表1—3

用地性质	所占比例（%）
神庙区用地	8
宫殿区用地	7
防护堡垒	16
其他用地	43
道路广场	15
水域	11
合计	100

备注：散布的神庙未统计在内。道路广场只包括主要大路。

圣密启尔山城用地构成　　表1—4

用地性质	所占比例(%)
教堂用地	19
防护堡垒	14
居住用地	26
园圃用地	17
道路广场	17
弃置地	7
合计	100

备注：弃置地指因为地形陡峭而无法进行建设的土地。

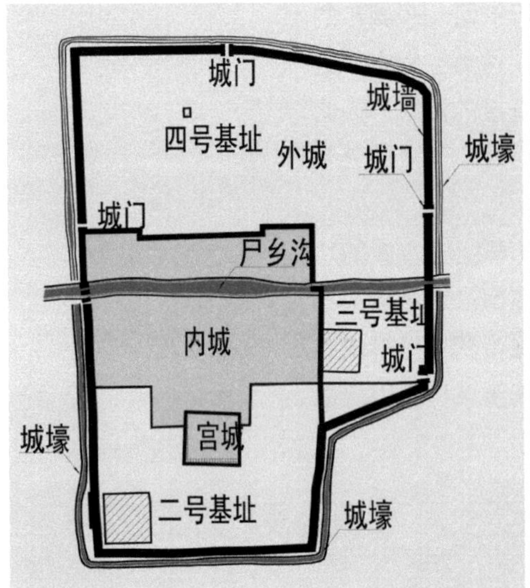

河南偃师商城（图1—4—1）

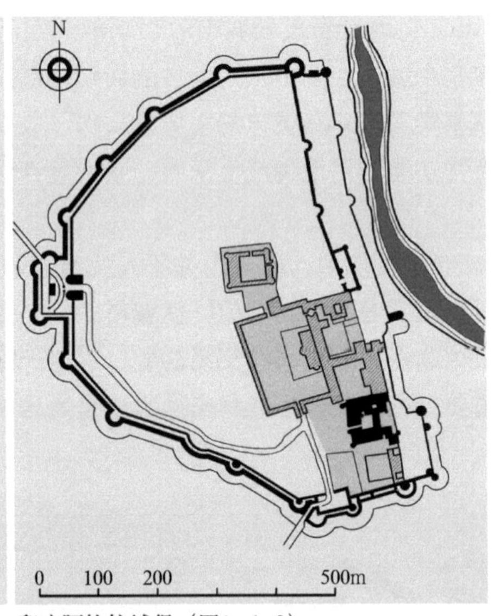

印度阿格拉城堡（图1—4—2）

图1—4　政治城市典型平面图（二）

河南偃师商城简介：

河南偃师商城（图1—4—1）北依邙山，南临洛水。考古发现其城址呈南北向长方形，总面积约190hm²，为大小两城相套。南部小城中集中分布有夯土高台、密集的木柱础遗迹，估计为宫殿区所在。对应相关文献研究，该城估计是殷王一世成汤所居的西亳城。表1—5所示为偃师商城用地构成。

偃师商城用地构成　　表1—5

用地性质	所占比例（%）
宫殿区（小城）	47
其他用地	53
合计	100

阿格拉城堡简介：

阿格拉城（图1—4—2）是印度中古时期莫卧儿王朝的新都。城市规模虽然不大，但城堡高大坚固，建筑华美、精致，具有很高的艺术价值。表1—6所示为阿格拉城用地构成。

阿格拉城用地构成　　表1—6

用地性质	所占比例（%）
宫殿用地	30
防护堡垒	21
其他用地	49
合计	100

备注：其他部分因缺乏详细资料而没有分项统计。

1.2.2 经济城市

随着人类社会生产力水平提高，农业生态系统的范围和作用越来越大；同时社会分工细化，使得系统内的组织运作方式日益复杂。城市作为系统的调控中心优先得到发展，它的进化速度远远快于农业生态系统的其他部分。一些与政治生活密切相关的生产活动因此受到了激发，城市的生产功能尤其是依托政治功能得到迅速加强，例如手工业。开始这些产业主要围绕城市布置，后来逐渐融入城市，成为城市的有机组成部分。城市的生产功能得到进一步强化，在人类社会经济活动中所扮演的角色日益重要。

案例 1-1：政治城市向经济城市转型的早期典型——殷墟（图 1-5）

晚商时盘庚迁都于殷（今河南安阳西北）。考古发现其遗址东西广 6km，南北长 4km，迄今尚未发现城墙。其宫殿位于洹水河曲之南岸，有相对完整的城墙环绕。宫殿区周围是手工业区及民居。王室、贵族的墓葬则集中于洹水之北岸。安阳殷墟是政治城市向经济城市过渡的早期典型状态：大大小小、功能各异的各种手工业作坊散布在宫殿群方圆十几公里的范围内。还有一些作坊位于城墙范围之内，这些作坊主要为当时的统治者专门制作御用器物。它们是城市因政治因素而伴生的生产性空间功能单元。更多的作坊处于城墙之外，但是这种密集的分布方式已经证明当时形成了一种与典型农业生产完全不同的社会生产模式，它与城市的发展密不可分。图 1-6 所示为殷都总体规划轮廓图，图 1-7 所示为殷都总体规划结构模式图。

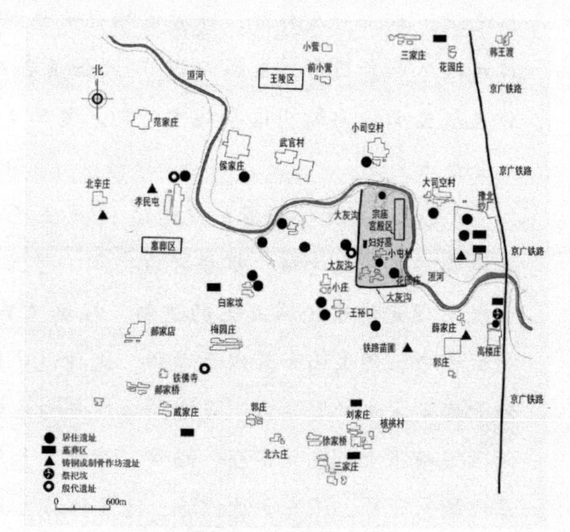

图1-5 河南安阳殷墟遗址示意图

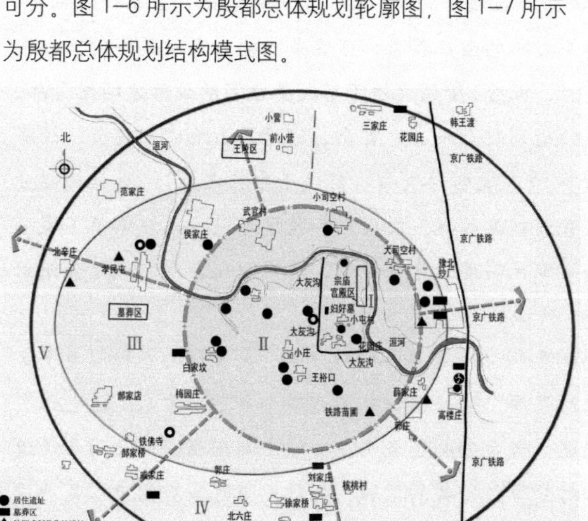

图1-6 殷都总体规划轮廓图

Ⅰ.宫廷区 Ⅱ.内环居住区 Ⅲ.手工作坊区 Ⅳ.外环居住区 Ⅴ.王陵区

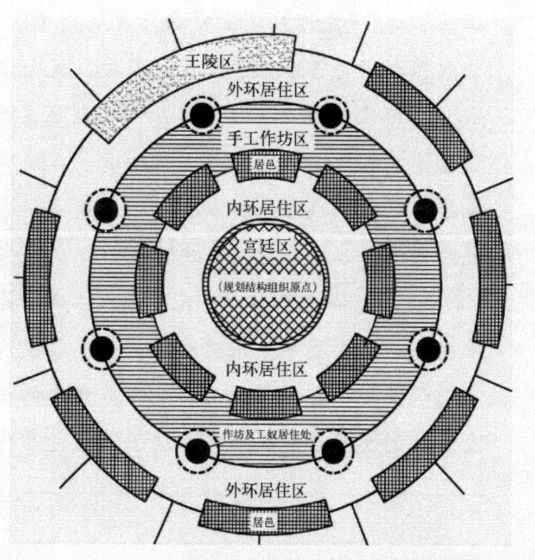

图1-7 殷都总体规划结构模式图

众星捧月的环形放射式空间结构。

专题 1–3：战国时期齐国临淄城（图 1–8）形制变迁所体现的城市建设的主导理念变化[①]

临淄是春秋战国时期的齐国首都，也是战国后期整个齐鲁经济圈的中心城市。其城址位于今山东省淄博市。考古勘测表明城市东临淄水、西濒系水，由大小两城组成。大城呈不规则方形，南北约四千五百米，东西约四千米。小城呈长方形，在大城西南角，南北约一千八百米，东西约一千二百米。《战国策·齐策》记述说："临淄之中七万户……户三男子，三七二十一万，不待发于远县，而临淄之卒，固以二十一万矣。临淄甚富而实，其民无不吹竽、鼓瑟、击筑、弹琴、斗鸡、走犬、六博、蹋者；临淄之途，车击，人肩摩，连衽成帷，举袂成幕，挥汗成雨；家敦而富，志高而扬。"此语虽有些夸张，但也较全面地勾勒出这个战国时期最繁华大都市的社会生活全貌。

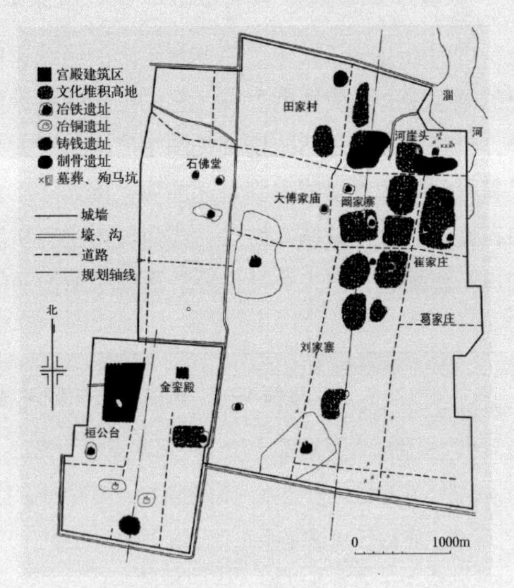

图1–8　战国时的经济城市齐临淄

《史记·齐太公世家》中记述："武王已平商儿王天下，封师尚父于齐营丘"。文中的"营丘"就是临淄故城之小城。根据考古实测，营丘小城按周尺[②]折算约合为 5 周里 ×4 周里。符合营国制度所规定的侯伯城五里的建制。根据《晏子春秋·内篇》记载，太公建城时因周在西方，特将城市中轴线偏西布置以示尊周。这种说法得到了考古实测的证实。相关的考古勘测还表明：小城北部是主要的宫廷区，是以高台建筑为主体的宏伟建筑群。而配合相应的史料记载可以得知宫廷区规模很大，包括宗庙、路寝、檀台、柏寝、夫人之宫、市、妇闾等组成部分。小城中除王族居住的宫殿外，还有少量作坊。这些作坊主要分布在城市的东、西、南的近垣处，虽然规模不大，但是它们不仅按专业设置，还考虑到相关专业之间的生产联系，可能是直接为宫廷服务的官办手工业作坊。《左传》记述："晏子之宅近市……"。而今，小城北垣下有就晏子宅故址修建的纪念墓，据此推测当时宫市位于宫廷区之后。就小城的规划特点而言：首先，宫廷区占地比例较大，经济成分占地比例十分有限；其次，宫廷区是整个城市规划的核心（定位于中轴之上），所有功能分区均围绕宫廷区开展；第三，小城基本按照营国制度所规定的模式和尺度建设，充分体现了城市初建时的礼制秩序。所以营丘小城是按照西周都邑制度营建的王城，其规划理念以体现社会组织秩序为纲，其城市空间是政治性的。

临淄大城位于小城营丘的东北。考古勘测表明大城范围内主要分布有大规模的各种门类手工业作坊，主要集中于东北城区。其中冶铁作坊最多，遗址面积就已达四十余万平方米。这也证实了《管子》中有关齐国冶铁业十分发达的记述。考古勘测还表明，大城中部东西、南北两条干道交会处的文化堆积层很厚，这一区域也是作坊分布最密集的区域，应该是当时城市的中心商业区

---

① 根据贺业钜著，《中国古代城市规划史》部分章节内容编写。《中国古代城市规划史》，贺业钜著，中国建筑工业出版社，1996年3月第一版第一次印刷。

② 周代一尺约折合19.9cm。

“岳里”所在地。根据《左传》、《汉书》等历史文献的相关记载，“岳市”为全城的公共交换场所，不同于小城专为宫廷服务的“宫市”。以此为中心便是繁荣的商业区、各种手工业作坊与游艺场所。

考古勘测表明临淄主要的居住区分布于城内东部区域，尽管大城内西部地势低洼，但因为冶铁作坊的存在，“工肆之人”因业而聚，也分布有居民点。以《国策》所言齐临淄有七万户，据此推测城内部必有大量的居住区。根据《管子》等相关文献记载，当时人们按社会地位和职业分区居住，大城主要是工商业者所居。这与内城除王族之外，以仕者为主的人口结构有很大区别。另外，考古勘测还表明大城中虽然还分布有部分贵族墓葬，但其建设年代均较早，应在大城修建之前。在整个城市的西部有古代园囿的遗址。大城内主要分布的是各种工商业活动区，其建设紧密围绕经济活动开展的需要——以道路系统为例，经济活动繁荣的地方道路等级高、路网密度大，反之则等级低、密度小。与内城按规制进行建设的模式截然不同。这都表明大城是整个临淄经济活动的主要场所，其城市空间是经济性的（图1-9）。

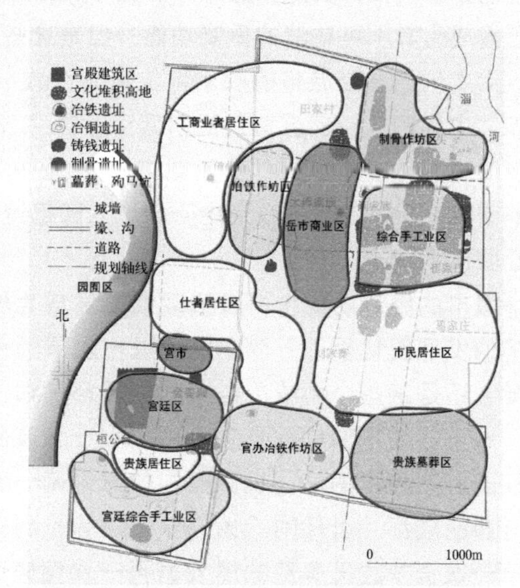

图1-9　战国齐临淄功能分区分析图

综合以上各方面的线索可以推断，小城营丘是临淄的政治中心，它是周初齐太公修建的诸侯王城，体现的是“君”的地位。而临淄大城是春秋战国时期为了适应社会组织和经济模式转变而建设的。它实乃“廓城”，尽管存在着众多“违制”之举，却适应了手工业生产和商品交换等经济活动需求。临淄城的发展演变突出地体现了进入封建社会之后，经济基础及社会组织模式变更促使城市性质发生所带来的空间组织理念的变化。《营国制度》中对城市规模的限制性规定是出于奴隶制社会组织秩序下的“尊卑”关系，一旦破坏和“僭越”将损坏周王朝以“礼”为基础的统治秩序。但是社会经济发展和组织关系的转化使得进入封建社会之后，城市的职能不再仅仅是“卫君”的政治堡垒。工商业活动和人口聚集使得《营国制度》中所规定的城市空间规模远不能满足城市功能的实际需要。旧的以礼制为基础的城邑建设体系在经济发展和社会变革的力量作用下失效。尽管新兴的封建统治阶层继承了“贵贱不愆”的传统礼制观念，然而经济活动在城市建设中具有举足轻重的地位使得春秋战国时期的城市不可能局限于僵化的传统周礼。“筑城卫君、造廓盛民”到后来“城，以盛民也”思想，就是适应城市性质的经济性转化而提出的。

从城市开始具有大规模生产和交换功能，到演化出真正的“经济城市”经历了数千年的时间。这期间城市的政治功能在得以逐步加强的同时，其经济活动所占的比重也越来越大——物质生产和精神财富的创造不仅仅在城市本身的功能中所占比例大大提高，而且在城市上一层级农业生态系统中所占的比重也在迅速增加。城市的功能日益丰富、分工更为细化、空间结构日渐复杂。同时，其相对于上一层级的农业生态系统，独立性也逐渐增强。但是真正的经济城市诞生之前，尽管有些城市本身的社会生产已经成为其不可或缺的重要功能，但是这些社会与经济功能往往依附于城市的政治本位，一旦城市的政治地位丧失，城市的其他功能往往也将随之萎缩。例如：中国的唐长安城曾经经济繁荣、文化发达、人口众多、城市规模宏大，是当时当之无愧的世界"首位城市"。然而辉煌的唐代结束之后，随着政治中心的南移，长安在丧失政治中心地位后即迅速衰落，宋代时就仅仅是一个地区中心城市了。

城市的经济功能全面超过政治功能成为城市发展的主导性因素，与商品经济的发展密切相关。以中国的城市发展为例：不论是全国城镇体系的构架变革，还是某些个体城市自身的发展都是如此。历代文献中记述的所谓"都会"城市，往往都是重要的手工业生产和商品交换中心。这其中的代表有春秋战国时期魏国的温、轵，燕国的涿、蓟，卫国的濮阳，楚国的苑、陈，秦汉时期的成都，唐代的"扬一益二"等。到宋代以后，城市的经济性借助中国第一次资本主义萌芽的爆发力再一次突破政治性所划定的空间框架——实行三千余年封闭的"里坊"制度解体。经济性和政治性的全面整合使得城市的类型更为丰富，既有代表国家统治和社会组织秩序的政治性皇都、王城、州府、郡县，乃至军事性边防军塞；还有经济性的交通枢纽城市（泉州、天津），商业都会城市（平江、建康、扬州、真州、楚州、江陵、鄂州、潭州、成都等）和手工业生产中心城市（盛泽镇、景德镇）。同时经济性空间在城市内部功能分区中的比重逐步增加，类型也日益丰富。以南宋临安为例，与经济活动相关的分区已经占到了所有功能分区的十分之四，而政治性分区仅占十分之二（表 1–7）。

随着人类社会进入工业文明时代，城市因适应大规模工业生产需求，得到了迅速发展。城市体系在经济规律作用下进行了重构，突破了原来以城市政治地位确立城市规模和相互关系的组织模式。全球化贸易使城市发展得以脱离自身腹地的限制，城市不再是农业生态系统的子系统，而成为与农业生态系统并列的独立系统，真正的"经济城市"随之诞生。在"经济城市"诞生之后的二百余年时间内，系统分工促使运作效率成倍提高，城市生态系统加速发展，对全球生态平衡具有了举足轻重的地位。

大规模工业生产方式使得世界的社会结构和经济结构都发生了巨大变化。这种变化促使人口迅速向城市集中，一些先行的工业国家从 19 世纪中叶开始城市人口就已经超过了乡村地区的人口。这是一个城市本身迅速扩张的时期，也是一个以经济为基础重构世界城市体系的时期。在这一阶段新建和兴盛起来的城市大多与工业生产和商业贸易（包括经济殖民）密切相关，例如：英国的曼切斯特，荷兰的阿姆斯特丹，美国的费城、纽约，阿根廷的布宜诺斯艾利斯，印度的加尔各答，埃及的开罗等。

南宋临安城市规划功能分区概况表 **表1–7**

编号	分区类别	内涵	规划位置	功能类型
1	宫廷区	宫廷	皇城及德寿宫	政治性分区
		宗庙	御街南段、北段及城之西北隅	
		社稷	御街北段	
2	行政区	中央行政区	御街南段	政治性分区
		地方行政区	西城内沿清波门至丰豫门近城垣地带	
3	商业区	中心综合商业区	御街中段	经济性分区
		官府商业区	通江桥东西地段	
		分类民营商业区	江干湖墅及城内河道、桥头和中心综合商业区附近街巷	
4	手工业区	官营手工业	军工：招贤坊前、武林坊北，涌金门北	经济性分区
			少府：北桥巷、义井街	
			将作：康裕坊、咸淳仓南	
			印刷：纪家桥、通江桥、保民坊	
			制瓷：凤凰山麓	
			造船、冶炼、制炭：东青门外	
		民营手工业	丝织作坊区：三桥、市西方一带	
			印刷作坊区：睦亲坊、棚桥一带	
5	仓库区	官府盐粮仓库区	盐桥以北茅山河至清湖河之间地带及城之西北隅	经济性分区
		货栈区	城北白洋池	
6	码头区	江河码头	龙山、浙江、北关、秀州船埠	经济性分区
		海港码头	澉浦港	
7	文教区	太学、武学区	城北纪家桥	文化性分区
		府、县学区	在地方行政区内	
8	居住区	府邸区	①位于清河坊沿清河湖西北直抵武林坊南；②御街东、德寿宫北、丰乐坊	社会性分区
		市民居住区	①御街东、新门以北、白羊湖以南，市河与盐桥河之间；②御街西、钱塘门以南、丰豫门以北	
9	城防区		环城军寨，城外沿江一带有驻军尤多，可视为城防区	军事性分区
10	风景区		西湖、北山、南山	文化性分区

备注：此表根据贺业钜著，《中国古代城市规划史》，中国建筑工业出版社，1996 年 3 月第一版第一次印刷，第 610 页南宋临安城市规划分区概况表改制，有局部修改。

到 20 世纪 50 年代，一些发达的工业国家更是出现了以经济体系为基础分工合作的城市群，例如：荷兰的兰斯塔德和德国的莱茵－鲁尔。尽管解决人类生存问题的农业具有其他生产模式所不能替代的地位，但是由城市生态系统所主导的工业和服务业所创造的财富已经成为世界经济的主体。

伴随城市迅速扩张而产生的种种建设发展理论也无一不以对城市经济特征的研究为依据——不论是涉及城市本体的功能分区理论、区划理论，还是研究城市体系的中心地学说、增长极核理论莫不如此。

案例 1-2：现代的典型经济城市——美国纽约[①]

纽约作为今日美国乃至当今世界最重要的城市，其发展经历了以下几个阶段。

（1）草创时期

从哥伦布发现新大陆到美国独立的三百余年间，美国的城市和城镇体系都经历了一个从无到有过程。纽约最初由于其独特的交通位置成为新旧大陆之间的交通枢纽而得到了迅速发展。从最早曼哈顿岛的一个小城堡，之后逐渐向北扩展，形成了现在的市中心区域。到美国建国之时，她已经成为当时美国最大的城市。

（2）第一次规划时期

美国建国之后，随着国家经济蓬勃发展，城市也具有了更大的发展潜力——虽然当时纽约只有 20 万人，就已经有人预见到百年之后这个城市会发展到 350 万人的规模。基于这种膨胀速度，当时纽约市政管理部门意识到必须安排好将来的发展。1811 年，以测量师兰德尔为首席规划师的团体在仔细测量了曼哈顿岛的已建成区后，向北认真地做了街区划分——通过 12 条东西向街道，155 条南北向街道，将原先混乱的街道格局有序地组织起来。这个"纽约城市格网规划"被认为是"美国城市规划的历史标志"。

这个布局规整的"筛子网规划"促进了城市的发展，其最成功之处就在于规划师更多地关注了大资产者的经济利益。规划所划分的狭长街区尺度便于房地产开发，因此一定阶段内纽约规划说发展到哪，城市就建设到哪。虽然这个规划也受到后人无穷多的批评，[②] 但是当时的规划布局非常好地配合了纽约一个世纪的快速增长，到了 1900 年的时候，纽约已经前所未有地繁荣了。

（3）城市空间景观重整时期

1858 年，奥姆斯特德[③]与 Calvent · Vax 合作完成了《纽约市中央公园规划》竞赛方案，公园占地 843hm^2。中央公园从最初的阅兵操场转化为整个城市的绿色心脏，它不仅是制造了一个公共游戏空间，而且提升了纽约城市中心区的城市综合品质，塑造了良好的城市形象。这个公园还对城市生态环境的保障作了全面考虑，巨大的景观水体同时还是曼哈顿的水库。中央公园的建成极大提升了纽约市中心城区乃至整个纽约市的综合房地产价值，对于纽约的城市经济发展具有极为重要的意义。图 1-10 所示为纽约市中心航测图。

（4）城市土地区划时期

制定于 1916 年的纽约土地区划条例不仅对于纽约市的建设具有突出的引导作用，也是美国现代城市规划和城市美化运动中具有里程碑意义的标志性条例。它开创了一套完整的城市用地发展的制度。

这一制度的建立经历了一个过程。曼哈顿城市密集发展的过程中，各种功能的相互影响使得居民认识到这个城市必须有一个有序的规划。最初人们认为应该控制建筑的高度，于是成立了一个市建筑高度委员会，Edward M Bassett 律师出任该咨询委员会主席。但是后续的实践表明，光是控制建筑并不能协调城市发展。于是人们认为纽约需要一个完整的规划，这个规划包括建筑分区和高度控制，因此

① 根据"五合大讲堂"http://www.5forum.com/index/detail.php?cid=127，清华大学毛其智教授"美国城市规划发展简史"讲座内容和刘易斯·芒福德著，《城市发展史——起源、演变和前景》（中国建筑工业出版社，倪文彦、宋峻岭译，1989 年 10 月第一版）相关内容分析。

② 主要指责其漫长的街道，无穷无尽的同类布置，使城市景观枯燥乏味。

③ 奥姆斯特德早期是纽约的规划师，他是现代景观建筑学的奠基人。

又成立了一个新的委员会，Edward M Bassett 依然担任主席。Edward M Bassett 律师和建筑师出身的Damicl Burnham 在城市规划发展中，起了非常重要的作用。他们共同主导的土地利用区划将城市土地按使用功能划分为商业区、居住区、混合区以及不确定分区等类型。①这种区划条例对于现代城市规划是非常重要的，而 Edward M.Bassett 也由此被称为"现代城市区划之父"。Edward M Bassett 律师的角色使他关注财产的法律占用及财产的转换之间的关系，所以他最突出的贡献在于推动赋予分区规划相应的法律地位，这对于保障规划实施具有至关重要的意义。

图1-10 纽约市中心航测图（中心为中央公园）

（5）纽约大规划时期

20 世纪 30 年代美国爆发了严重经济危机，使大规模建设遇到了麻烦。1933 年以后为促进经济复苏，罗斯福推行新政——由国家投资进行大规模的区域性城市基础设施和城市建设，将大量资金投入市场来解决当时的人员紧缺、失业、供应不足、资金不足等矛盾。时任纽约市建筑师的 Robert Moses 促使纽约抓住了这个发展机会。20 世纪 30 ~ 50 年代，在他主导下纽约兴建了众多公共设施，例如：桥梁、水厂、发电厂等。Robert Moses 还本着社会公平发展原则，积极推进建设公共住房和大规模公共娱乐场所，并特别在长岛开辟大规模公共海滩，供老百姓休闲。这一时期建设的道路交通系统也是大容量的，包括能停上万辆车的停车场。

尽管 Robert Moses 也备受批判——最主要的是破坏了美国纽约的曼哈顿岛上的历史和传统，并因为过多修建破坏了美好的公共空间。但是，回头看纽约今天的城市建设成就，人们往往就会怀念他，后人把他称为"纽约大规划之父"，还有人叫他"纽约的沙皇"。

回顾纽约市的建设发展历程，经济要素起着首位作用。纽约最初选址定点的曼哈顿岛具有的航运优势，为它带来了第一阶段的经济繁荣，促使其迅速成长；其格子网状的前期规划立足地产开发的便利，赋予它建设的活力；土地区划使得城市的建设和开发有了相应的法律地位，进一步推动了城市建设；而对经济萧条时期国家建设政策的把握，更为今天的纽约城市格局奠定基础。除了建设过程中对经济发展特征的利用之外，纽约发展中更为重要的是其世界经济枢纽地位所带给城市的持久活力和发展潜能。这使得纽约虽然不是联邦的首都，却是美国的首位城市。图 1–11 及图 1–12 所示为纽约城市鸟瞰。

① 不确定分区就是目前还没有确定需要做什么，也就是说可以随意发展，到了未来再来确定做什么的分区。

图1-11　现代典型经济城市（美国纽约）

图1-12　纽约中心区鸟瞰（全球经济调控中心之一）
备注：背景中的双子塔曾经是全球的最重要的经济信息枢纽

1.2.3　信息城市

20世纪后半叶，人类社会的物质、能量、信息积累再一次达到了相变的临界点，进入信息时代。随着全球贸易、交通、信息网络的建立，城市逐渐成为了"地球生命系统"的调控中心。但是，目前"全球生命系统"尚处于演化初期，各子系统间的协调运作还处于磨合阶段。尤其是作为系统调控中心的"城市生态系统"，其内在的运行机制还不够成熟、系统运行效率还相对较低。①在城市环境下人类为了强化有利自身生存的环境特征，过度改变了其他相关要素，不仅造成城市内部的代谢失衡——能源浪费、水循环减弱、物质循环受阻、生物多样性降低；同时也给上一层级的"全球生命系统"造成极大的生态负担，加剧了系统内部的震荡。

在这一阶段，人类已经由地球生命系统中的一般因素上升为主导因素，人类活动影响和控制了地球表层的能量流、物质循环和系统演进方向。然而，人类也不得不面对城市发展对地球生命系统所造成的巨大压力——二百多年来的工业化生产模式已经开启了地球生命系统的自毁模式。②严重的环境

---

① 系统演化初期，结构松散、信息沟通薄弱、调控能力较差，起伏震荡幅度也大，稳定性欠佳；随着系统演进，其内在调控能力增强，震荡起伏减小，系统稳定性增加；在高度组织的系统内部，可以通过自身协调延长系统的顶级状态，增加系统"寿命"。

② 系统自毁：在自然界中，自毁现象十分普遍。在一个有限物质和空间的系统中，发展（反应）使得利于发展的条件逐渐被消耗，最终造成发展的停止。在生态系统而言，就是各种生命在生存、繁衍的过程中不断破坏自己周围的生存环境，使它不再利于自身的生存。一个系统的毁灭往往给其他系统的存在和发展让出了空间和资源，甚至直接为后继系统创造条件——生态系统的演进就是一个典型的例子。但是，对于一个足够大的异质性系统，它可以通过系统内部的某些组分的不断更新来维持系统的稳定，而不出现明显的自毁。例如：热带雨林系统通过"林窗"不断地更新来保持系统的长期稳定。

污染已经使空气、水、土壤等赖以维生的环境资源严重损耗，并且造成生命系统本身组分的非正常流失。[1]如何在未来发展中改变人类行为的不良模式，并且逐步缓解和扭转地球生命系统衰退的状况，是进入“信息城市”发展阶段后所面临的难题。

“信息城市”发展阶段使城市与其他子系统之间的沟通和联系得到了加强，让人类可以从全球的高度审视自身发展与全球生命系统的关系，也为遏制系统的不利震荡提供了可能。但是近四十年的信息城市建设实践表明：虽然世界各国在改善环境、控制污染等方面作了大量工作，然而最近的科学报告这样概括了地球的总体状况——“局部地域环境状况有所好转，但全球生态环境恶化的趋势尚未得以遏制”。因此，为了求得地球生命系统的稳定和人类自身的可持续发展，作为系统调控中心的“城市生态系统”必须尽快趋向更加成熟的发展阶段。

专题1-4：从中国电信业的发展看信息化过程中的城乡差别[2]

从1978年到现在是中国信息产业迅猛发展的重要阶段。在这近30年的时间里，中国的信息产业可以说经历了一个从几乎没有到普及，再发展到赶上和超越世界平均水平的历程。根据相关资料分析，中国电信业的发展大致分为以下几个阶段。

(1) 1978～1981年——传统邮政服务阶段

准确地讲这个阶段应该追溯到从邮政、电报、电话引入中国之时。在这个阶段里，电信服务强调的是其社会公共福利的特性。其信息传播和沟通主要依赖通信、电报的邮政模式，这一阶段发展还在强调组建覆盖全国的邮政系统。能够即时传递信息的固定电话还是一种奢侈品。通话费极其昂贵——在普通城市居民月工资还只有20～30元人民币的这一时期，一分钟的长途通话费

---

① 人类活动已经造成大气成分发生很大变化：CO_2含量由工业革命前的280ppmv，上升为353ppmv；N_2O由工业革命前的288ppbv，上升为310ppbv；CH4由工业革命前的800ppbv，上升为1720ppbv；CFC-11、CFC-14分别由工业革命前的0pptv，上升为280pptv和484pptv，造成地球变暖和臭氧空洞。水资源也因为污染而严重短缺：过去100年间，用水需求上升了36.5倍，而全球陆地面积的60%的地区缺水。以我国为例，88%的城市地表水均已被严重污染。在过去的半个世纪里，全世界已经丧失了1/4的表土层和1/3的森林覆盖。我们正以每年6%的速度失去淡水生态系统，4%的速度失去海洋生态系统。很多生物学家都指出“在过去的100多年期间，人类活动导致地球上动植物区系发生被称为‘第六次浪潮’的大规模灭绝危机”。据估计目前世界平均每天有一个物种消失，迄今为止已经有15%～20%的物种消失了，物种灭绝的速度是自然速度的1000倍。参见：2002年7月3日《中国环境报》第四版，“科学家精确统计得出悲观结论——哺乳动物灭种速度加快”一文；常杰、葛滢编著的《生态学》，浙江大学出版社，2001年9月第一版，第286、第291、第295页；Paul Hawken、Amory Lovins、L.Hunter Lovins著，王乃立、诸大建、龚义台译，《自然资本论》，上海科学普及出版社，2000年7月第一版，第5页。

② 根据中华人民共和国国家统计局1978～2004年的年度《国民经济和社会发展情况统计报告》中“交通和邮政、电信业发展状况”部分内容和信息产业部部门统计信息及分析报告编写。资料来源于中华人民共和国国家统计局官方网站http://www.stays.gov.cn和信息产业部官方网站http://www.mii.gov.cn。

用通常在1.2～1.8元之间。只有非常重要和紧急的情况下人们才会考虑使用这一工具。根据相应数据推断，[①]1981年末全国（市内电话）用户才有约142.75万部。当时大多数电话都集中在少数中心城市。在西部的许多地区，除了军事电话之外根本没有民用线路。

(2) 1982～1994年——固定电话普及阶段

这一阶段是中国电信业迅速发展的阶段，不仅业务类型迅速增加——涵盖了传统邮政、电报、公共电话，还新发展了住宅电话、特快专递、无线寻呼、移动电话等新兴业务。其业务重心逐渐由邮政业转向电信业。这一阶段还可以划分为两个过程，从1982年到1990年，这是覆盖全国的固定电话网络建设和升级时期。这一期间，全国的城市电话[②]用户由约219万户增加到了520万户，每年都保持着两位数的增长率。固定电话网络迅速伸展到全国的各个角落，大多数地区的交换机系统随之进行了程控升级，电信服务质量得到大幅度提升。从1991年到1994年，私人住宅电话普及时期。在1993年的《国民经济和社会发展情况统计报告》中是这样记述的"电话已成为一些居民家庭新的消费对象。"也就是说在这一阶段电信服务已经由原先的公共服务品转化成为了一种个人消费品。这一期间全国电话用户突破了1000万，全国电话普及率达到3.2%。其中住宅电话就已占80%左右。尤其是1993年末统计"全国住宅电话用户达782.6万户，比上年末增加367.2万户。"这是私用固定电话的第一个井喷年。

当然，随着固定电话普及其他的电信业务也蓬勃发展，尤其是无线寻呼。可能今天许多30～50岁的人对当时BP机的迅速泛滥记忆犹新，从最初的奢侈品到几乎人手一机，再到被移动电话取代，寻呼业的萌芽、兴起、衰落只有十余年的时间。随之而来的就是移动电话的风潮，从1991年到1994年移动电话的用户以平均每年一倍的速度增长，从1991年报告中首次提到移动电信业务到1994年底就已有移动电话用户约158.5万户。[③]

(3) 1995～2000年——电信服务普及阶段

这一阶段是中国电信业的全面爆发式增长阶段。电信服务不仅几乎全面取代了常规邮政业务沟通信息的功能，而且逐渐成为人们生活的必需。1995年开始不仅固定电话用户急速膨胀，当年就新增电话用户1546万户。到2000年底，全国电话普及率已经达到每百人20.1部；同时移动通信发展势头更为迅猛，每年都以翻番的态势增加。到2000年就已经发展到了8526万户。这一期间信息互联网作为一种新的通信手段开始崭露头角，从1996年报告中首次提及其开始，到2000年就已有用户900万户（不含科技和教育网）。每年都是以翻几番的速度狂涨。

这一阶段还有一个最重要的特点是电信业务开始向城市之外的地域辐射，作为信息枢纽的城市通过固定电话网络把触角延伸到了乡村，这意味着电信服务得到了真正的普及。在"村村通"工程的促进下，1999年时全国79.8%的行政村通了电话。

(4) 2001～2005年——电信服务网络化阶段

这一阶段中国电信业已经完全发生了质的转变。原先"枢纽＋延伸线"构成的单系统模式已经完全被多种系统（固定电话、各类移动通信、互联网、无线寻呼网）组建的复合网络所替代，并且

① 《国民经济和社会发展情况统计报告》中直到1985年才有了第一次具体的全国（市内）电话统计数，但是1981～1985年每年都有相应的增长率报告，此数据根据以上两项数据推算得来。

② 统计数据中只有城市电话数目的资料，可见当时非城镇地区的电话用户数是可以忽略不计的。

③报告到1995年才有具体数字，这个数据是根据1995年的数字和增长率反推出的。

在某种程度上实现了不同系统间的互通。到2005年底，中国的固定电话普及率已经高于世界固定电话普及率（表1–8），中国的移动电话普及率和世界的移动电话普及率是相当的，中国互联网普及率达到了世界水平的一半，拥有约1个亿的网民[①]（表1–9）。

中国的电信发展并不能代表世界发展的典型状态，因为受到经济发展水平的限制，很长的一段时间内，我国的状况一度相对滞后。但是在过去的十余年间，这个全面信息化的历程被极大地浓缩，中国从信息化的落后国家迅速发展成电信普及程度极高的国家之一。在这个发展过程中可以明显看出城市和乡村地区在信息化过程中的不同地位。城市因为汇聚了大量人口而具有信息汇聚的潜能，

1995～2005年中国固定电话发展概况一览表　　表1–8

项目年度	固定电话					固定电话普及率（部/百人）	通固定电话行政村比例（%）
	全国总用户（万户）	城市用户（万户）	占比（%）	农村用户（万户）	占比（%）		
1995	4434	—		—		4.66	—
1996	6179	—		—		6.33	53.49
1997	7031	5244	74.6	1787	25.4	8.11	55.6
1998	8742	6257	71.7	2478	28.3	10.53	67.1
1999	10872	7463	68.7	3418	31.3	13	79.8
2000	14512.2	9297*	64.2	5183*	35.8	20.1	—
2001	17900	11100	62.0	6800	38.0	14.8	—
2002	21442	13595	63.4	7847	36.6	17.51	85.3
2003	26330.5	17129.2	65.1	9201.3	34.9	21.2	89.2
2004	31244	21085	67.5	10159	32.5	24.9	89.9
2005	35043	23977	68.4	11066	31.5	27	91.2

备注：1. 符号说明：—为未找到数据；*是中国电信一家公司的数据。
2. 资料来源于信息产业部通信行业统计月报、国家统计局《国民经济与社会发展》年报有关内容。部分数据为根据资料内容计算所得，非直接引用数据。由于统计口径的不同，个别年份数据会存在一定误差。
3. 各项统计数字中未包括香港特别行政区、澳门特别行政区及台湾地区。

1995～2005年中国移动通信及互联网发展概况一览表　　表1–9

项目年度	互联网用户总数（万户）	移动电话用户总数（万户）	移动电话普及率（部/百人）
1995	1.1	362.9	0.3
1996	4	685.3	0.56
1997	16	1323.3	1.07
1998	68	2386	1.89
1999	890	4330	3.5
2000	902.2	8526	—
2001	3656.3	14480	11.2
2002	4970	20662	16.19
2003	6480.4	26869	20.9
2004	7171.3	33483	25.9
2005	7323.3	39343	30.3

备注：1. 资料来源于信息产业部通信行业统计月报、中国国家统计局《国民经济与社会发展》年报有关内容。
2. 各项统计数字中未包括香港特别行政区、台湾省及澳门地区。

① 资料源自2005年9月3日“中国互联网大会”上，中国工程院副院长邬贺铨做主题报告的内容。资料网址为http://www.isc.org.cn/20020417/ca313273.htm。

因此得到率先发展，形成信息枢纽。乡村地区是信息网络的末梢，只有在主体结构搭建形成之后，信息系统的网络才逐渐延伸至此，继而形成完整的、全覆盖式的信息网。

从表 1-8 中我们可以清晰地了解过去 10 年间中国固定电话发展的态势。信息化进程也首先在城市地区启动——20 世纪 80 年代后期，固定电话普及潮首先在城市兴起，到 1993 年之后固定电话已经成为城市生活中必不可少的重要工具。乡村固定电话的普及却是 20 世纪 90 年代中期之后的事，到 1995 年有一半的行政村仍然不通电话。1995 年之后是乡村固定电话网络迅速延展的时期，10 年之间就几乎达成了全覆盖（通固定电话的行政村已达 92.1%，除了少数极其边远的地区）。也就是说我国固定电话网络构架搭建于 1990 ~ 1995 年间，健全于 1995 ~ 2000 年间。从 2000 年开始的城乡几乎等比增长的状况则体现出信息网络的“经脉”开始最大限度延展，同时也意味着中国的固定电话网络构架趋于成熟。这种状态反映了基本信息服务的全覆盖——也就是说我国疆域内几乎每一个角落都可以通过固定电话网络实现信息的及时传递。

在拥有固定电话数量比例上，城乡之间最高达到了大约 6 : 4。然而乡村人口总量数倍于城市，如果把各个数字以人口为基数加以平均再进行比较，不难发现其中依然存在的巨大差距。所以城市在固定电话网络中的枢纽作用是毋庸置疑的，并且城市在城镇体系中的地位如何往往也决定了其在固定电话网络中的相应地位。

如果说固定电话网络的成熟意味着信息传播突破了空间限制，那么移动电话和互联网的发展则进一步打破了信息传递在时限上的约束——更多信息可以及时传播到任何网络覆盖的角落，世界与你同步。这种变化使得与人类相关的系统的反应速度随之得到极大提升，整个世界也因此而被更紧密地联系在一起。不仅加固了以经济为基础的世界贸易网，而且构建了以文化为基础的世界知识共享体系——所有类型的交流都因为电信网络的成熟而更为高效、便捷。但同样我们也不得不正视这其中城、乡的巨大差别——任何系统的建设都与投资、需求和成效回报息息相关，因此在移动通信和互联网硬件支撑系统建设过程中城市被置于优先地位无疑是情理之中的事。所以移动通信和互联网普及同样以城市为核心，一波一波逐渐再向次级城市和乡村渗透。尽管表 1-9 没有城乡之间具体的比例关系，尽管从技术角度而言无线通信和互联网本身的存在就为打破所谓城乡信息壁垒提供了可能，但是目前生活的常识仍然从另一方面无情地揭示着另一种真实——这两种网络的中心和重心依然是城市、还是城市！！以至于在有些时候还有关于网络调查是否能真实代表民意的争论。

总之，科技发展带来的全球信息化是以城镇体系为核心的渐进式信息网络化过程。它将通过由不同级别“城市枢纽”所搭建的基本系统构架，最大限度地把更辽阔的地域范围囊括于系统网络之中。这一过程中将逐渐重构城市与乡村的传统关系，城市也许并不会因某些预言而走向解体，至少目前事实表明：技术支撑网络的建设规律决定了城市的地位不仅不会因此降低，反而由此更加强化；尽管系统建设有主有次，所不同的是乡村不再边缘化。电信网络运行的实质是乡村同样能以主体方式即时参与地域内信息交换——有均等的机会分享所有网络建设的成果。这种变化能够强化城乡生态系统之间的联系，从而使之更加紧密地实现耦合、联动。

1.2.4 生态城市

进入 20 世纪 90 年代以后，世界各地兴起了建设“生态城市”的热潮，在具体的建设实践活动中，不同的国家和城市都根据自己的现实状况以及对“生态城市”概念的理解，制定了相应的“生态城市”目标。但在目前而言，世界上还没有一座真正意义上的“生态城市”，它还仅仅停留于一个理想化的人类栖居地概念的阶段。

从生态学的角度出发，生态城市应当被视作城市生态系统演进到“顶级状况”[①]的一种设想。城市发展只有达到生态城市层次，才能够实现系统内部的良性运转、最大限度地提高效率；才能同时在与其他生态系统耦合的过程中相互充分配合，使全球生命系统内部的能量传递、物质循环、信息传导畅通无阻，实现全球生态平衡；才能从根本上解决现在城市发展与全球生态平衡的矛盾。

受客观情况和城市生态系统演进规律的影响，在不同地域、不同国情下生态城市的具体状况犹如自然界中不同地域自然生态系统的顶级状况一样，是互不相同、各具特点的。但是不论哪种“顶级”城市生态系统，在生态城市所设想的状况下，其系统都应该是结构合理、功能高效、关系协调的——人尽其才、物尽其用、地尽其力；社会安宁平和、自然协调发展、经济平稳发达的。并且“人类—自然—社会”三位一体，具有强大的抗外来干扰的能力和化外来干扰为内在发展动力的机制。

专题 1-5：生态城市建设理论发展历程与相关实践概述

生态城市理论研究与人类社会可持续发展进程密切相关。其发展历程可以分为四个时期。

第一阶段（20 世纪 60 ～ 70 年代初期）：人口爆炸、生化灾害与能源危机导致的严重环境危机，使人类将关注焦点从经济发展转移到人类赖以生存的地球环境上来。建设生态城市的理论研究就发端此时。这一阶段的研究还集中于思考“人”本身的前途，希望通过敲响警钟改变人们的观念，促使人类发展与整个地球相和谐。

美国卡逊夫人 1962 年出版的著名的《寂静的春天》、[②]1971 年罗伊 · W · 福莱斯特发表的《世界原动力》，以及后来的《增长的极限》、[③]《多少算够——消费社会与地球的未来》[④]等。这些著作立足研讨世界经济增长的限度问题，并暗示技术无限制地片面发展有可能引来人类生存环境的严重问题。但是这些著作中并没有直接的建设和改善措施。这一时期与规划建设直接相关的研究是与具体城市建设实践紧密结合的，以美国宾夕法尼亚学派教授麦克哈格 1969 年所著的《设计结合自然》为代表。其重点探讨如何在城市建设中恰当地运用自然生态研究的相关成果，使人居环境与自然环

① 这个顶级概念不完全等同于自然生态系统中“顶级生态系统”的概念。
② 蕾切尔 · 卡逊著，《绿色经典文库》吉林人民出版社，1997年第一版。
③ 丹尼斯 · 米都斯著，《绿色经典文库》吉林人民出版社，1997年第一版。
④ 艾伦 · 杜宁著，《绿色经典文库》吉林人民出版社，1997年第一版。

境结合得更为密切和有机；另一些研究则立足比较微观的角度，例如："生态建筑学"。[1]力图通过研究环境、建筑与人三大系统之间的交互整合关系，达到建筑的社会效益、经济效益与环境效益的互利相生。

第二阶段（20世纪70年代初期～80年代中期）：1971年联合国教科文组织（UNESCO）发起了《人与生物圈计划》，[2]1972年6月在斯德哥尔摩召开的联合国人类环境会议发表了《人类环境宣言》，提出从生态学的角度用综合生态方法研究城市问题和城市生态系统，这是城市生态系统研究与建设方法探索的真正开端。科学家们对城市生态系统内在运行机制进行了研究，并且根据研究成果初步建立"生态城市"的建设标准与模式。

以前苏联的生物学家O·杨诺斯基（O.Yanitsky，1984）和美国生态学家R·瑞杰斯特（Richard Rigister，1987）为首的学者们在20世纪80年代初对生态城市进行了研究。他们提出"生态城"是一种理想城市模式——人与自然高度和谐，紧凑而充满活力，物质、能量、信息被高效利用，生态良性循环的理想栖境。R·瑞杰斯特在分析和总结生态城市建设理论与试点实践基础上，于1990年提出了"生态结构革命"（"Ecostructural Revolution"）的倡议，并提出了生态城市建设的十项计划。[3]这些计划比较全面地反映了西方社会生态城市建设的一般思路、热点问题和发展趋势。而MAB在其1984年的报告中则提出了生态城市规划的五项基本原则：1）生态保护策略；2）生态基础设施；3）居民的生活标准；4）文化历史保护；5）将自然融入城市。面对危机和挑战，经过十余年的研究，人们终于确定了生态城市的基本标准，为建立"最佳生境"划定了一个具体的目标。除此之外还有众多如火如荼的生态群众运动——其中最为著名的是盖娅运动。[4]这些活动对生态城市建设有很大的促进作用。20世纪80年代以后，各种类型的生态化建设实践活动在世界各地得以广泛开展，例如：瑞典20世纪80年代推出的"生态循环城"建设的举措。在理论研究和建设实践相互促进的过程中，这一阶段产生了一批具有影响力的著作，主要有：《大地景观——环境规划指南》，西蒙兹著，1978年；《自然的设计》斯麦舍（Smyser）著，1982年；《环境规划和决策制定》（"Environmental Planning and Decision Making"），Leonaud Ortolano著，1984年。

第三阶段（20世纪80年代中期～90年代初期）：1987年世界环境与发展委员会（WCED）发表了题为《我们共同的未来》的长篇报告。报告中贯穿的可持续发展思想在20世纪90年代席卷全球。

---

① 美籍意大利建筑师保罗·索勒瑞（Paola Soleri）把生态学（Ecology）和建筑学（Architecture）两词合并为"Arology"，提出"生态建筑学"的新理念。他在阿科桑底（Arcosanti）完成了这项探索的一个实例。

② 英文为：Man and Biosphere Programme，简称MAB。

③ 这十项计划分别为：（1）普及与提高人们的生态意识；（2）致力于疏浚城市内部、外部物质与能量循环途径的技术和措施研究，减少不可再生资源的消耗，保护和充分利用可再生资源；（3）设立生态城市建设的管理部门，完善生态城市建设的管理体制；（4）对城市进行生态重建（Ecological Rebuilding），力求为居民创造多样的自由生存空间；（5）恢复适宜农业的用地，建立和恢复野生生物的生境和廊道；（6）高速和完善城市生态经济结构；（7）加强旧城、城市废弃土地的生态恢复；（8）建立完善的公共交通系统；（9）取消汽车补贴政策；（10）制定政策，鼓励个人、企业参与生态城市建设，为生态重建提供再培训计划。

④ 由J·拉乌洛克（James Lovelock）的著作《盖娅：地球生命的新视点》（"Gaia:A New Look Life on Earth"）的问世而引发。这本书将地球及其生命系统描述成古希腊的大地女神——盖娅，她总是努力创造和维持生命。其主要观点是将地球和各种生命系统都视为具备生命特征的实体，人类只是其中的有机组成部分，不是自然统治者，人类和所有生命都处于和谐之中；要利用洁净能源，使用绿色建材、绿化、自然通风和采光，防止对大气、水体和土壤的污染，沿袭建筑文脉等。

1992年巴西里约热内卢召开的联合国环境与发展大会上，它成为了世界各国的共识，被写进所有的会议文件。尽管各国对其理解各有不同，但并不妨碍“可持续发展”成为全球发展共同纲领。它以发展的眼光整体性地看待全球生态平衡和生命系统演化，对于生态城市建设具有重要的指导意义。随后世界各国的21世纪议程行动计划中都普遍包括了建设生态城市的目标和措施。

这一阶段是生态城市理论研究的蓬勃发展期。相关的研究协会纷纷成立，①以可持续发展为主题的国际会议纷纷召开，②推动了生态城市理论研究全面而深入地铺开，由此产生了大量的相关著作，主要有：《可持续发展的城市》、③《可持续发展的社会》、④《绿色建筑——为可持续发展而设计》、⑤《新城市主义》、⑥《生态设计》、⑦“The Ecological City and the City Effect”⑧等。这些研究从生态标准、人与自然关系、人在建成环境中的地位与作用、生态建筑、技术手段、城市规划与管理等各个方面进行了相对比较全面的探索，搭建了目前生态城市建设的理论框架。

第四阶段（20世纪90年代中期～现在）：这是开始将理论研究成果付诸行动的时期。在一系列理论研究的基础上，世界各国分别根据自身特点开展“生态城市”的建设实践。例如：新西兰Waitakere生态城市⑨建设、澳大利亚哈利法克斯（Halifax）生态城市建设、⑩澳大利亚怀阿拉（Whyalla）生态城市建设、⑪丹麦哥本哈根“生态城市”建设⑫等。其中最为重要和具有影响力的实践项目是开始于1964年，适应不发达国家和地区的巴西生态之都库里蒂巴的生态城建设。⑬这些实践活动中不仅开展了对城乡物质空间环境的技术更新和生态化试验，而且还从社会、经济、文化等方面进行了“生态化”探索，例如：营建城市“循环经济”、倡导“生态”文化、建构“公平”社会等。这些“生态城市”的建设经验和运行结果不仅为理论提供了例证和反馈信息，而且为进一步在世界范围内进行推广“生态城市”进行了示范。进入21世纪后，世界上大多数城市都根据自身情况在或多或少地进行着生态化改造，城市生态系统发展即将迎来真正的生态城市时代。

---

①1993年英国城乡规划协会成立可持续发展研究组，并发表“Planning for a Sustainable Environment”；1993年美国出版《可持续发展设计指导原则》；1993年6月国际建协在芝加哥会议上通过的《芝加哥宣言》；1996年3月来自欧洲11个国家的30位著名建筑师，如伦佐·皮亚诺（Renzo Piano）、理查德·罗杰斯（Richard Rogers）和赫尔佐格等，共同签署了《在建筑和城市规划中应用太阳能的欧洲宪章》（“European Charter Solar Energy in Architecture and Urban Planning”）。

② 例如：1992年在巴西的里约热内卢，召开了“未来生态城市峰会”，并举行了与之配合的国际性生态城市规划设计展览。

③ “Sustainable Cities”，Bob Walter 著。

④ “Sustainable Communities”，西姆·范·德·莱思（Sim Van der Ryu），1986年著。

⑤ 布兰达·威尔和罗伯特·威尔（Brenda and Robert），1991年合著。

⑥ “The New Urbanism”，Peter Katz，1994年著。

⑦ “Ecological Design”，西姆·范·德·莱思（Sim Van der Ryn）和S·考沃（Stuart Cowan），1995年合著。

⑧ Franeo Arbhibuej，1997年著。

⑨ 该城的建设开始于1993年。

⑩ 资料来源：中国住宅网www.chinahouse.info，2001年8月22日、23日、24日、27日、28日所发表“哈利法克斯生态城开发模式及规划”系列报告。作者：陈勇（博士），单位：广州市城市规划局城市规划编制研究中心。该城1994年获得“国际生态城市奖”，1996年在联合国人居二会议的“城市论坛”中被作为最佳实践范例。

⑪ 该城建设开始于1996年6月，资料来源：“国外生态城市建设实例”，黄肇义博士、杨东援教授著，《国外城市规划》杂志。

⑫ 该城建设开始于1997年2月。

⑬ 资料来源：《国外生态城市建设实例》，黄肇义博士、杨东援教授著，国外城市规划，《联合国主页》之“联合国电台”栏目“理想化的城市——巴西库里蒂巴市”。

我国的生态城市理论研究起步稍晚，但是发展十分迅猛。较早的研讨开始于20世纪80年代中期。1989年后我国学界建立了城市发展对自然景观的“适应性”规划设计标准、土地利用与城市空间发展的系统方法，并形成了具有里程碑意义的“生态规划思想”。从那时起，国内生态城市研究这一领域就形成了由地理学、生态学、经济学方面入手和从城市物质空间规划与建设方面入手的两种研究思路。十余年的发展历程中，他们分别取得了许多研究和实践成果。并在理论指导下开展了一系列实践项目。这些论著和实践项目从城市系统生态、物理生态治理和保护、城市生态环境管理、城市空间环境建设、城市经济发展、城市发展决策等角度探讨了城市生态发展道路，对于我国今后的生态城市建设具有重要的指导意义。20世纪90年代中期之后，全国各地随之如火如荼广泛开展了生态省、生态示范区、生态城市的规划建设，如：宜春、张家港、扬州、日照、崇明岛、襄樊、十堰等。

总之，从目前理论和实践成果绩效客观评价，迄今为止对生态城市建设的研究还处于初始阶段。因为城市生态实际状况和城市建设的具体情况各有不同，世界各国的研究情况和理论发展道路也是各不相同的。

地球上生态系统的组织化程度并不是越向上越高。由于各个等级层次的系统都在同时进化，也就是说较低层次的系统因为进化时间较长，往往具有更为完善的内在结构和系统运作机制，其组织化程度更接近完善水平。而且生态系统的演进历程是由“同构系统”→“破缺系统”→“完全系统”三种类型系统交替出现、螺旋上升的。[①]城市生态系统诞生的意义之一就在于促使生态系统层次出现破缺，让各个原生态系统能够发生结构和功能的耦合，从而建立完整的地球生命系统，促使系统自组织升级。所以，生态城市发展不尽是单纯、机械地立足自身系统的完整性。从现今地球总体发展的角度来看，过分强调促使城市从现在的破缺状态演化成完整系统——要求城市自身能够形成类似自然生态系统[②]那样具有完整的系统内循环，既不经济也不现实，而且违背了地球生态系统演化的规律。在城市生态系统的“生态城市”发展阶段，研究的重点应该集中于两大方面：1）城市生态系统内在结构与功能的组织与完善；2）城市生态系统与其他同层次的生态系统间的耦合关系。

---

① 生物学线性谱描述了地球生物进化的各个层次，它的序列如下：生物大分子（完整系统）→大分子种群（同构系统）→细胞器（破缺系统）→细胞（完整系统）→组织（同构系统）→器官（破缺系统）→有机体（完整系统）→种群（同构系统）→生态系统（破缺系统）→全球生命系统（完整系统）。参见：常杰、葛滢编著的《生态学》，浙江大学出版社，2001年9月第一版，第301～第305页。

② 此处的自然生态系统指未受人类调控的生态系统，具有类似完整系统那样数种组分的结构功能耦合。这种状态下的生态系统由于缺乏真正的调控中心，并不是真正的耦合，不能形成完整系统，只能被称为“原生态系统”（“proto-ecosystem”）。在自组织升级的过程中，多个原生态系统首先联合成为集合，当信息联系密切到一定程度后就升级为全球生命系统。在这一过程中，大部分原生态系统都经过人类改造产生破缺，成为大系统的子系统而互相耦合，只有一小部分能够保持原状。参见：常杰、葛滢编著的《生态学》，浙江大学出版社，2001年9月第一版，第304页。

总之，"生态城市"是组成城市的各个子系统经过全面有机协作而呈现的稳定状态——空间环境、城市社会、城市经济、城市自然等各个子系统都具有内在多样纷呈、结构功能匹配合理、运行状态稳定，并且总体平衡。

基于"生态城市"建设理想的各种尝试是目前城市生态系统建设过程中，为彻底改变过去以经济为中心的城市发展模式所造成的各种环境和生态问题而进行的探索。由于缺乏较为成熟的理论研究成果支持，同时也没有大量的实践经验以资借鉴，现在的"生态城市"运行还远未达到理想所期待的状况。然而，不论这种改变多么困难，人类都必须迈出这艰难的第一步。脱离一种已经成为模式的发展途径固然痛苦，但是为了人类和整个地球的未来，我们不得不如此选择。

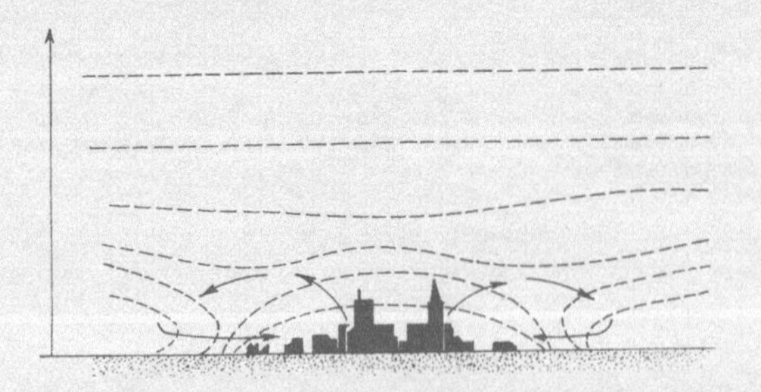

2 城市生态系统的功能与结构

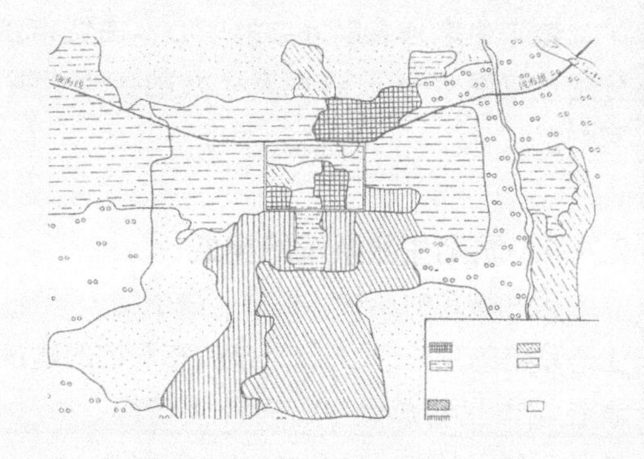

城市生态系统五千年的发展历程与漫长的地球生命演进过程相比较只不过是眨眼的一瞬间。即使单纯从人类这一物种产生发展的角度解析，城市在数百万年人类演进的历史进程中也只是"最近"才出现的新生事物。但是在两万余年的人类定居史中，五千余年的城市发展对人类文明进步的推动作用却极其重要和突出。城市的产生和发展促使人类社会加速演进，因此有人又将城市称为人类文明推进器。

2.1 城市生态系统的构成

城市生态系统以人类为中心，由城市生命系统和城市环境系统两部分组成（图 2–1）。这两大系统的各个组成要素都受到人类活动的强烈影响。

2.1.1 城市生命系统的组成

人和城市中动物、植物、微生物一同构成城市的生命系统，都是城市生态系统的主体。"人"是该生态系统的建设种[①] 和优势种。[②] "人"本身就在城市生物总量中占有巨大份额，其他动物、植物、微生物的比例都相对较少，而且它们的生存与繁衍还都受到人类行为及其结果的"强烈"干扰。

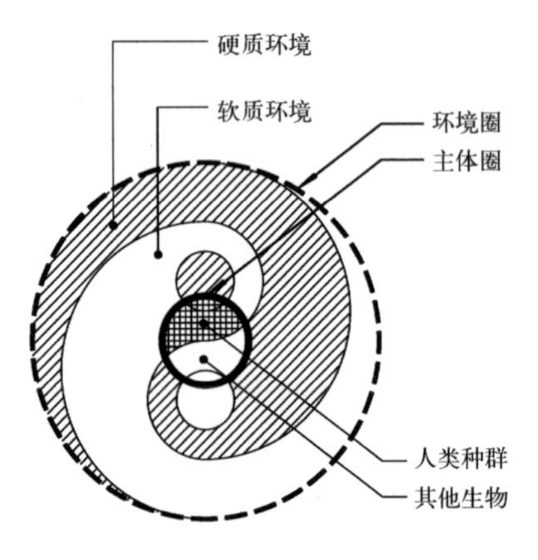

图2–1 主体—环境城市生态系统构成图
其出发点强调城市内在运行机制与环境之间的相互作用和协调

任何生态系统的主体构成要素之间都必须保持相对稳定和平衡，其中任何一项要素的泛滥或者过渡缺乏都会影响系统的总体平衡。这也是保护生物多样性[③]的根本原因。目前，大多数城市生态系统主体要素的构成关系

① 建设种（constructive species）：生态学术语，又称"建群种"是生态系统结构特征的建造者，它决定着生态系统的空间结构和特有环境。

② 优势种（dominant species）：生态学术语，指在生态系统中个体数量最多、投影盖度最大、生物量高、生活能力强的物种，对生态系统的结构和环境的形成有较重要的作用。在许多情况下，优势种也是建群种，但并不绝对一定如此。

③ 生物多样性（biodiversity）：生态学术语，于 20 世纪 80 年代提出。在 1992 年里约热内卢的地球峰会上所签署的《生物多样性公约》里，生物多样性的定义是"所有来源的活的生物体的变异性，包括陆地、海洋和其他水生生态系统及其所构成的生态综合体，它包括物种内、物种之间和生态系统的多样性。"于此，生物多样性可以被理解为：地球上所有生物（动物、植物、微生物等）它们所包含的基因以及由这些生物与环境相互作用所构成的生态系统的多样化程度。分为三个层面——遗传多样性、物种多样性和生态系统多样性。生物多样性由物种数、每一物种的生物量的大小，以及其中的平衡关系构成——生物多样性最为丰富的热带雨林生态系统甚至没有主导物种。资料来源：上海科技网 http://www.stcsm.gov.cn。

都不容乐观（表 2–1），有的甚至处于失衡的边缘。这种不合理的组成状况严重影响了城市生态系统的总体运行效率，造成城市环境状况恶化。

城市中人与植物的生物量对比 **表2–1**

城市	人类生物量(A)(t/1000m²)	植物生物量(B)(t/1000m²)	A/B
东京(23个区)	610	60	10
北京(城区)	976	130	8
伦敦	410	250	1.6

表格来源：沈清基编著，《城市生态与城市环境》，同济大学出版社，1998 年 12 月第一版，第 48 页。表 2–1。

专题 2–1：城市生物组成的特点及其变化原因浅析

城市生物的生存繁衍都受到人类有意无意的影响，具有与当地原生生态系统不同的特点：

（1）城市中生物种类数量往往大于城市所处地域的原生生态系统，但是大多数城市的生物多样性都很差，呈现人类这一物种一枝独秀的单优局面；

（2）人类在面对地方珍稀物种和有益物种在城市中迅速消失的同时，也不得不同时面对一些有害的伴人物种爆发的可能——以苍蝇、蚊子、蟑螂、老鼠为主要代表；

（3）缺乏自然生态系统中发挥重要作用的“分解者”生物群落。

造成上述现象的原因主要在于：

（1）在城市生态系统建设的过程中，人类不仅仅依靠当地的物种资源，往往还根据具体需要从其他生态系统带入原来当地没有的物种，在其城市环境中人工培育。因此城市生态系统中既包括本地物种，也包括外来的引种，甚至还包含杂交所创造的新种。所以一般来讲城市物种的种类都比当地的原生生态系统要丰富得多。

（2）生物多样性不等于物种多样性。而城市之中虽然有许多物种，但由于除人类以外大多数其他物种的生物量都较小，人类过于优势的地位抑制了其他生物的生存和发展。物种之间极不平衡，所以生物多样性差。①（表 2–1）

（3）城市中大多数物种消失的原因在于栖息地的消失，而并不是由于人类对它们的直接伤害。自然界中每一生物个体要繁衍生存，都需要一定“自由”觅食和活动的空间，这就是生物学中常涉及的“领地”或“领域”概念。在城市之中，人类建设占用了大量土地资源，过度改造了原生地的自然环境，这些都严重扰动或直接侵占了其他生物的栖息地，从而妨碍了它们在城市环境中的存在。②

（4）人类的某些建设活动虽然没有直接对一些生物栖居地进行改变，但是由于连带因素的作用，在后续过程中影响了生态平衡，从而使这些生物栖居地状态发生变化，不再适于该种生物生存。例如：

---

① 参见：常杰、葛滢编著的《生态学》，浙江大学出版社，2001年9月第一版，第297页，“单优降低系统复杂性”案例。

② 生物学家都指出“在过去的100多年期间，人类活动导致地球上动植物区系发生被称为‘第六次浪潮’的大规模灭绝危机”。“自从19世纪以来，173 种哺乳动物均失去了50%的栖息地。这些‘失地’大多数成为人口密度比较大或人类活动比较多的地方。”参见：2002年7月3日《中国环境报》第四版：“科学家精确统计得出悲观结论——哺乳动物灭种速度加快”一文。

水利设施的建设，即使是没有直接改变河道性状，但是水流变化已经严重影响了水生生态系统。

(5) 一些伴人有害动物，例如：主要以人类为宿主的寄生虫的种群数量因为宿主种群的扩大而急速增加；一些生物因为人类消灭了其自然界中的天敌而迅速繁衍，成为灾害；还有一些生物，如老鼠，因为较好地适应了城市中的生活环境而种群迅速增大；另外还有一些随着人类活动被有意无意带入的非当地生态系统的物种，在适宜的环境下迅速扩张，甚至造成生物入侵，如以观赏植物为名引入的凤眼莲。

(6) 城市中的土壤是各个环境要素中改变最大的，这些性状改变使得栖息于土壤中，主要发挥生物降解作用的土壤动物和微生物数量急剧下降。

2.1.2 城市环境系统的组成

在自然状态下，环境要素包括光照、水分、温度、土壤、大气等几方面，这些要素主要受地球环境固有的经度、纬度、地形、地势、地貌、地质以及亿万年演进过程中所积累的其他因素[①]的影响。虽然它们也受到生命系统反馈的作用，然而这种影响力与地球固有要素所具有的影响力相比十分有限。除非是针对某一生态系统中微观部分的特殊研究，这部分作用往往可以不计入环境要素。例如：树木生长会改变林内温度、湿度，在对森林生态系统进行总体研究的时候，这种改变往往并不计入环境要素，只有在进行林间生物群落研究时，才把它考虑在内。这是研究的尺度问题。然而，我们却不能这样简单地看待城市，固然城市环境所具有的基础要素与所在地原生自然生态系统是相同的，但是人类活动已经强烈地改变了这些要素及其作用机理，它们在人类作用下交织成一个更为复杂的相关网络。这种影响力还进一步扩展到全球，影响着地球环境要素的基本构成，进而干扰所有地球生态系统的平衡。同时，人类特有的社会组织关系和精神活动的需求，也会使城市生态系统的环境系统具有自然生态系统所没有的特征。

城市生态系统的环境可以分为硬质环境和软质环境两大部分。

• 城市生态系统的硬质环境

城市生态系统的硬质环境包括：**能源**、**大气**、**水**、**土壤**、**温度**等环境基本因子和人工建设的**物质空间子系统**。

能源：城市生态系统的能源环境由以下几方面因素决定，一是由其地理位置和地形条件、地质活动所决定的先天能源环境：首先就是能够得到多少辐射太阳能。虽然辐射太阳能的总量每年都会有一些变化，但大多处在一个既定的变化区间内。这个能源条件也是城市其他环境因素，例如气候形成的根本原因。其次是漫长的地球演进过程中各种地质活动所赋予该城市所处地域的各种能源资源的蕴藏情况，例如：各种化石能源的储量、埋藏情况，水力资源的蕴藏量以及蕴藏情况等等。这些因素往往决定了该城市可资人类利用的主导能源类型。二是由人类为该城市生态系统创造的后天能源环境：也就是人类基于各种目的在可能的技术

① 例如：沉积作用对土壤成分的改变。

支持下能为城市输送的各类能源及其组成情况。随着科技进步，其来源日趋多样化，主要类型有被生物固化的太阳能（煤炭、石油、天然气、煤层气，以及生物质能例如沼气等）、间接太阳能（风能、潮汐能、水能等）、地热能、原子能等多种类型。当然，人类能够为城市输送的能源类型某种程度上也与该城市周边一定范围内的自然环境条件相关，特别是与城市环境状况友善的能源类型更是如此。随着全球生命大系统的建立，能源输送长距离、跨区域的现象越来越普遍。

专题 2-2：当代中国远距离的能源输送和调配①

以下的两个词汇——“西电东送”、“西气东输”② 在当代中国可以说是人尽皆知，这两个在“西部大开发”政策执行过程中最重要的两大具体措施的根本是中国西部能源的大量东调。这一决策是由我国能源资源自然分布状况所决定的。首先，我国虽然是世界的水能资源大国，但是其分布极不均衡。蕴藏量中 90% 的可开发装机容量集中在西南、中南和西北地区。特别是西南长江中上游的干支流和国际性河流，其可开发装机容量占到全国可开发装机容量的 60%。其次，除了水能资源之外，我国主要用于火力发电的煤炭资源又主要集中蕴藏于山西、陕西、内蒙古等西北部地区。而与此同时，北京、上海、广州等东部 7 省市的电力消费就占到了全国 40% 以上，这些地域却是能源蕴藏的相对贫乏的地区。能源需求和可开采能源资源在时空分布上的脱节，使得远距离的能源调配成为必需。“西电东送”可以缓解经济发达的东部严重缺电的局面，还有利于减轻东部发达地区日益严重的环保压力。同时，它还可以充分利用西部地区得天独厚的自然资源，为西部大开发获得所需的启动资金，以促进西部地区的

2000～2005年山西省外调能源状况一览表 **表2-2**

年度（年）	煤炭外输量（亿吨）	外输增长率	外输/总产量	电力外输量（亿千瓦小时）	外输增长率	外输/总产量
2000	2.25	6.68%	89.62%	119.14	7.41%	19.12%
2001	2.53	12.29%	91.66%	153.82	29.1%	21.6%
2002	2.78	9.6%	—	212.42	38.1%	25.2%
2003	3	8.1%	—	233.23	9.8%	24.17%
2004	3.6	18.8%	—	238.1	2.1%	22.3%
2005	4.3	21.4%	—	369.3	55.1%	28.2%

备注：1.—符号表示缺乏数据。

2. 2003 年外输焦炭 3658 万 t，比上年增长 12.1%；2004 外输焦炭 4067 万 t，比上年增长 11.2%；2005 外输焦炭 5474 万 t，比上年增长 34.6%，均未统计入表格。

3. 数据来源：中国国家统计局官方网站 http://www.stats.gov.cn

① 资料来源：http://www.china5e.com中国能源网，http://www.people.com.cn人民网，http://energy.icxo.com能源经理人网，http://www.chinapipe.net中国管道商务网，中国国家统计局官方网站http://www.stats.gov.cn。

② “西电东送”指的是开发贵州、云南、广西、四川、内蒙古、山西、陕西等西部省区的电力资源，将其输送到电力紧缺的广东、上海、江苏、浙江和京、津、唐地区。“西气东输”指的是将西北、西南地区的天然气资源调配到东部经济发达地区。预计年调气量从建成时的120亿m^3逐年增加，至2007年170亿m^3。

经济发展。同样，“西气东输”也是在同样能源分布条件下所做出的相应决策。将西北、西南地区丰富的天然气资源调配到东部主要能源消费区，从而改变我国的能源消费结构，提升清洁能源所占份额。“西气东输”工程2004年12月建成投入运营之后，使天然气在我国一次能源结构中的比例由2.2%提高到了3%以上，从而有利于提高我国能源供应安全性，达到保护环境、提升国家竞争力的目标。

在“西电东送”、“西气东输”之前，提到能源调配我们还知道一个相对更早的专有词汇“晋煤外运”，专指煤炭资源大省山西向全国进行的能源输出——当然主要的资源接受地同样集中在需求旺盛而资源匮乏的东部地区。为此国家还专门建设相应的“晋煤外运”通道，以保证能源输出。近年来为缓解接受地区的环境压力，山西已经改变了单纯的固态能源输送模式，投资建设坑口电厂，将煤炭转化为电能输出。表2–2就是2000年以来近几年间，山西省能源输出的情况。从此表可以看出远距离能源调配总量随着经济发展越来越大。

大气：城市的大气环境由两方面因素构成。其一是大气的组成状况。城市大气最突出的变化是其中加入了各种生活、生产活动所产生的污染物质；其二是城市的气候状况。在密集的人类活动干扰下，城市气候也已经在原生气候条件的基础上发生了巨大的变化。

专题2–3：城市大气污染物的基本类型[①]

城市大气中的污染物是多种物质的混合体。主要包括以下几种。

(1) 粉尘微粒

主要是生产、生活活动中各种燃烧所产生的固体残余物，例如煤炭燃烧产生的煤尘。这些微粒分为两种类型，直径大于10μm的降尘和直径小于10μm的飘尘。粉尘微粒的存在是造成城市接收太阳辐射减少的直接原因，同时还由于其对空气中水分子的吸附作用，导致城市某些气候因素的改变。尤其飘尘在空气中沉降极其缓慢，长期弥散在空气中。而且其表面往往吸附有致癌性很强的化合物，它是导致城市居民呼吸系统疾病的主要原因。

(2) 一氧化碳

它是大气污染物中数量最多的一种。主要来源于城市环境中碳元素的不完全燃烧，由交通和生产活动所造成。一氧化碳的夺氧[②]作用会对人体造成极大的伤害，加之它是一种无色、无嗅、无味的气体而不容易被人所察觉，因此危害极大。城市中的重污染区往往集中在交通干道两侧和交叉口，

① 参见：沈清基编著，《城市生态与环境》，同济大学出版社，1998年12月第一版，第113～115页。

② 一氧化碳与血红蛋白结合的速度是血红蛋白与氧结合速度的200倍，它进入人体后会迅速与血红蛋白结合，从而造成血液含氧量下降。一氧化碳的自然浓度为0.1×10^{6}（1×10^{6}几百万分之一）。在30×10^{6}的环境下停留8h，人体就会丧失5%的氧合血红蛋白，出现头昏、恶心的中毒症状。长期居留于这样的环境状况下，将会给人体造成永久损伤。在600×10^{6}的浓度下停留10h，人就会死亡。参见：沈清基编著，《城市生态与环境》，同济大学出版社，1998年12月第一版，第114页。

是行驶车辆在等候信号灯时所排放的。

(3) 硫氧化物

它是大气污染物中毒性最强的一种。因为硫排放物最后都会变成二氧化硫和硫酸，所以其主要污染成分是二氧化硫（约占95%），来源于生产生活过程中的化石燃料（主要是煤）的燃烧。它有极强的腐蚀作用，能腐蚀油漆、钢铁、纺织品、某些建筑材料（石灰岩质），从而对城市环境中的钢铁设施、建筑造成损害。同时它还会造成植物落叶甚至死亡；刺激人类呼吸道造成痉挛，引起呼吸障碍。

(4) 氮氧化物

主要污染物成分是二氧化氮和一氧化氮，由交通和工业生产所产生。它在太阳辐射较强的静风天气下，能与碳氢化合物反应，形成光化学氧化剂，从而形成二次污染——“光化学烟雾”。它的毒性很大——3×10^{6} 的浓度下停留 1h，就会造成支气管萎缩。人体在高浓度水平下 [$(150\sim200)\times10^{6}$] 短时停留就会因肺部损伤而死亡。

(5) 有毒金属微粒

各种工业活动和交通活动开展使得多种有毒金属以微粒形式进入了城市空气，主要包括：铅、镉、铬、锌、钛、钒、砷、汞等。这些有毒金属有强烈的致癌作用，同时还会造成人内脏受损、造血机能减退从而引发一系列疾病。

总之，城市大气中由于人类的各种活动而被添加的物质是五花八门、多种多样的。它们随着城市人群的生活方式、生产方式以及城市环境条件的差异而不同，并且也会随着这些因素变化而变化。以我国大城市为例：随着这几年私人汽车的普及和控制燃煤污染，大气污染已由原来的煤烟型转向光化学烟雾型。正是鉴于城市大气污染所造成的危害，世界各国现在都致力于对大气污染的控制。

专题 2-4：城市特有气候现象及形成机制概述

城市密集的各种生产、生活活动所消耗的能源有很大一部分以“热”的形式散失于城市环境之中。人类对环境物质空间状态的改造也影响了城市地区的其他气候环境相关要素。这些因素相互作用，常常造成城市地区具有与原生环境不同的独特小气候。主要的差异类型有以下几种。

热岛效应：是指城市地区气温高于周边地区气温的气候现象。[①]城市热岛效应的原因是多方面的，不同城市的主导因素各不相同，但是其中最主要的有以下三种：(1) 城市中各种生产、生活活动产生

① 20世纪中叶，气象学家观察发现世界上大多数城市都普遍存在城市气温高于城郊的现象，城市之中春来早、秋去迟。通过精确测定，发现城市地区的高温点往往是城市中的建筑密集区域（常常是城市中心区）或者特殊的“热源”（例如大量产热的生产企业）。城市的等温曲线因而呈现以这些地点为中心向郊区逐渐降低的形态，类似地图上以等高线表示的“岛屿”，所以气象学家就把这种现象命名为“热岛”。

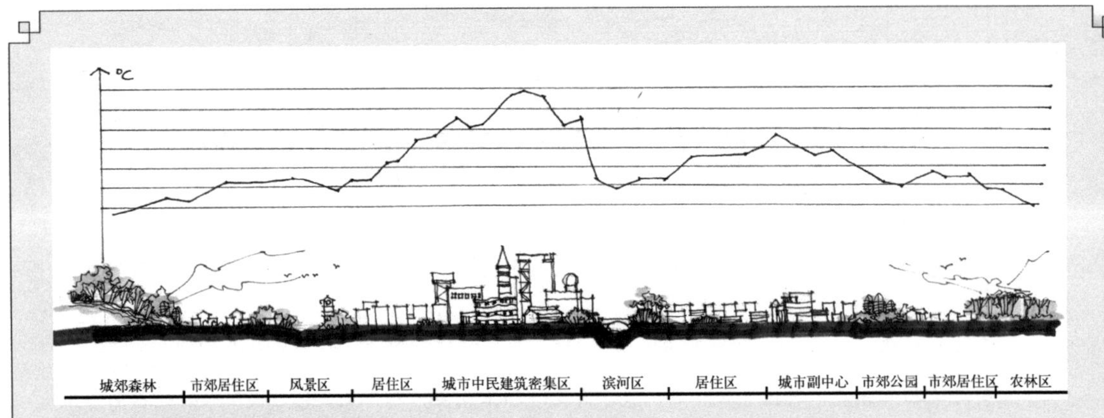

图2–2　城市热岛典型剖面示意图
说明：上面的温度曲线是热岛温度剖面示意图。

的废热。“聚集”使这些热量汇集到相对狭小的空间内，造成局部环境升温。(2)城市之中缺乏绿色植物，对入射城市地区的太阳辐射的内能转化率较低。多余的太阳辐射加热空气造成升温。(3) 城市之中建筑密集，不论是来自于太阳的辐射还是内部产生的热辐射都不宜散失，因而造成局部升温。图 2–2 所示为城市热岛典型剖面示意图。

雨岛效应、雾岛效应：指的是城市降水和雾日较城市郊区有所增加的现象。造成这种现象的主要原因有：(1) 城市生产、生活活动向空气中排放了大量的悬浮颗粒物——包括固体、液体形式，为水汽凝结提供了大量的凝结核。(2) 城市生产、生活活动向空气中排出了大量水汽。(3) 热岛效应容易形成以城市为中心的特殊局部强对流小气候，增加了降水机率。例如：2006 年夏季，整个四川地区遭遇了有气象记录以来最热高温过程的袭击，与高温相伴的是百年难遇的大旱。然而就是在这样一个总体干旱的气候过程之中，2006 年 8 月 14 日一个小小的降水过程里，成都市区九里堤区域在下午 15 ～ 17 时 2h 中就降下了 38mm 的雨水。同时的局地强风还造成多处建筑附属物坍塌和行道树倒伏。[①] (4) 城市下垫面粗糙度增大，会延缓大尺度空气流动的速度，在大范围降水过程中往往滞留降水云系，造成降水增加。

干岛效应：指的是城市中的空气湿度远远低于郊区的现象。虽然城市雨、雾都有所增加，但是空气湿度却大大低于郊野。造成干岛最主要的因素有：(1) 城市下垫面性质的改变——大量硬质、不透水的地面铺装减少了空气中水分的来源。(2) 绿色植物缺乏使得通过植物蒸腾补水的途径不够畅通。(3) 城市降水通过有组织的排水系统迅速排走，既未能涵养城市地下水源，也未能补充空气水分。(4) 热岛效应造成的温度升高导致城市地区相对湿度降低也是形成干岛的一个原因。

气流紊乱：由于城市中建筑分布的疏密、高低、朝向不同，对空气流动的干扰也不同，所以城市中风的乱流也很多。主要的干扰机制有以下几点：(1) 热岛效应形成的“热岛风”。由于城市中气温较高，空气受热上升，郊区的冷空气流入城市进行补充，形成指向城市中心区域的风，这就是热岛风。图 2–3 所示为热岛风形成机制示意图。(2) 各种“建筑风”。这是由于城市之中高大建、构筑物对空气流动的干扰，造成的特殊局地风。例如：高层建筑造成的高层建筑风、狭窄街道的风管

① 参见http://chengdu.vutoo.com/html/msms/20060814123701646.htm成都万途网。

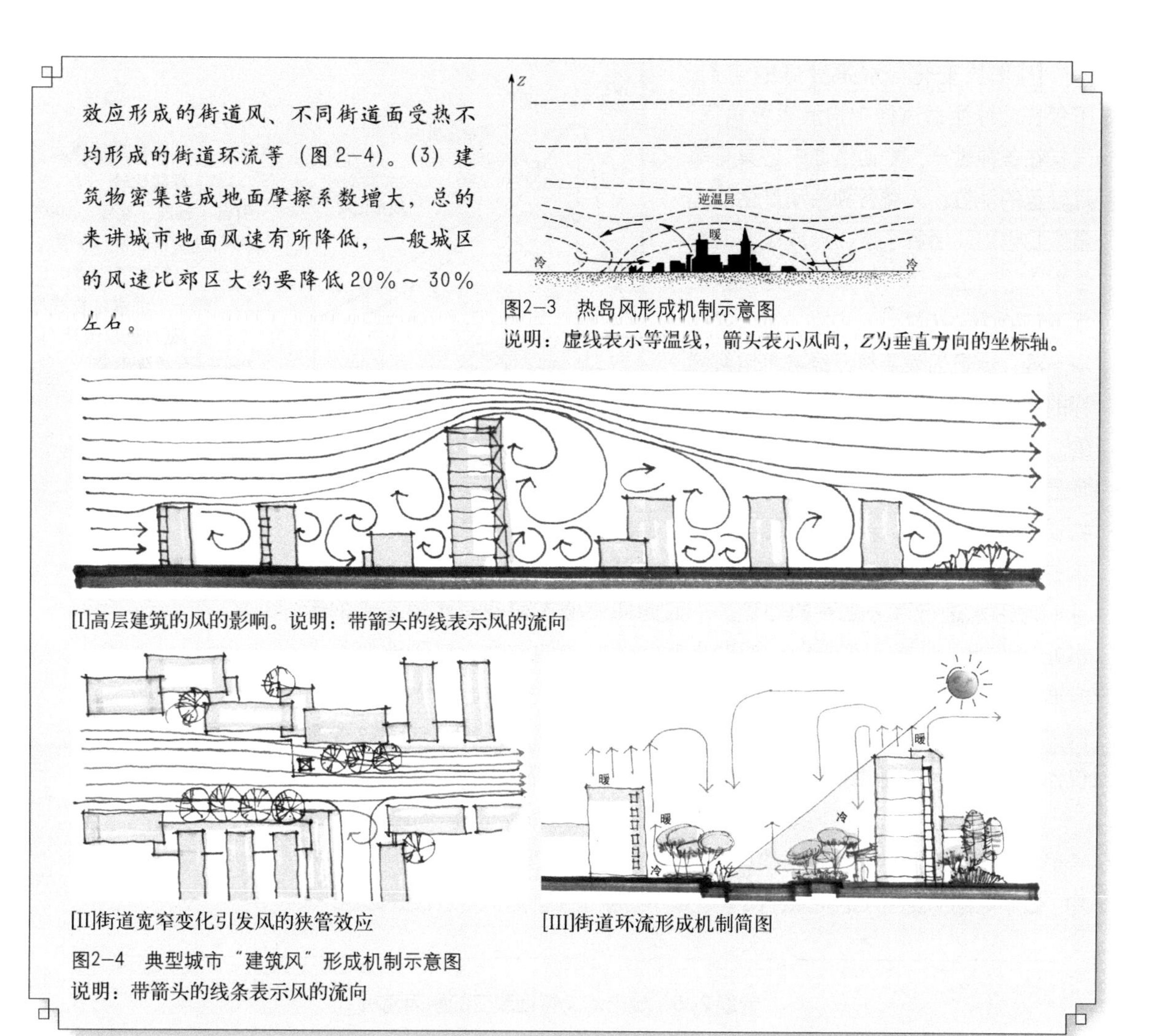

效应形成的街道风、不同街道面受热不均形成的街道环流等（图2–4）。(3) 建筑物密集造成地面摩擦系数增大，总的来讲城市地面风速有所降低，一般城区的风速比郊区大约要降低20%～30%左右。

图2–3　热岛风形成机制示意图
说明：虚线表示等温线，箭头表示风向，Z为垂直方向的坐标轴。

[I]高层建筑的风的影响。说明：带箭头的线表示风的流向

[II]街道宽窄变化引发风的狭管效应

[III]街道环流形成机制简图

图2–4　典型城市“建筑风”形成机制示意图
说明：带箭头的线条表示风的流向

水：水是生命之源。在地球生命大系统中，水所发挥的重要作用一方面是由于它的溶解性，另一方面则在于它的流动性。第一个机制使许多固体物质得以溶解，从而达到可以被动植物所直接利用的水平，因此水是生命代谢过程中必不可少的媒介；第二个机制使许多物质可以随水流从一地转移到另一地，促成了地球上不同生态系统之间的物质交换。因此，对水环境的评价也由两方面的要素组成：前者针对水质——也就是水中溶解物的成分及其组成关系。在自然条件下它主要与当地地质状况相关；后者针对水的流动，关注水在现象、数量、性质及其时空分布变化规律。①这些规律被称为一地的水文特点，与当地气候、地形地貌、地质等因素相关。城市人类活动引发的水环境变化一方面在于水质的变化，另一方面在于城市水文特征的变化。

① 参见：《新华词典》（修订版），商务印书馆，1989年第二版，1991年11月第16次印刷，第835页。

[1] 水质变化：水是良好的溶剂，不仅在地球生命过程中扮演重要角色，同样在各种生产、生活活动中也具有举足轻重的地位。人类各种活动产生的大量废物也因此溶解于水，形成废水而最终排入了自然水体。水质一经污染就几乎不可能再被还原。一方面，排放容易清除难。这是因为要将已经被水溶解稀释的物质反向浓缩，重新析出是很困难的。比如：将食盐溶于纯水制造一杯盐水很容易，而要将一杯盐水分离成食盐和纯水就要困难很多倍，消耗的能量也要大得多。而且，许多排放物质会在水中发生一系列的化学反应，它的清除过程也绝对不是简简单单的"逆向反应"就可以完成的。另一方面，立足水处理的经济性也不可能对污水进行百分之百的处理。[①] 因此即使城市配备有比较完善的污水处理设施，依然不可避免造成对自然水体水质的改变。这种改变是多方面的，既有成分的改变，例如其中溶解物质的改变；也有状态的改变，例如由清澈变得混浊；还有温度的改变，例如水温升高等。这种改变不仅作用于地表水体水质，还通过渗透作用改变着地下水的水质。

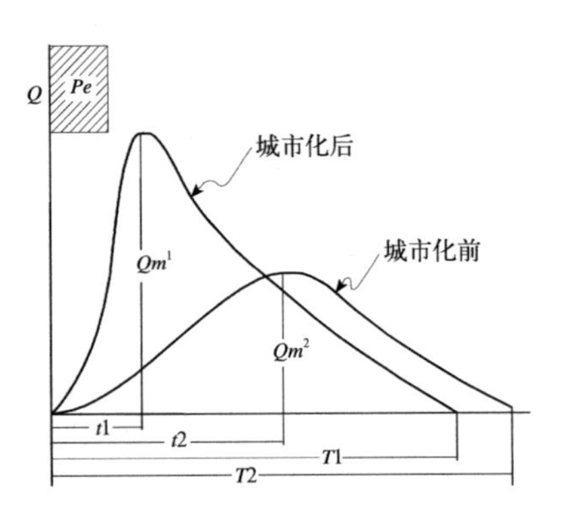

图2–5　城市化前后洪水过程线比较
引自：杨凯、袁雯，1993
Qm^1、Qm^2——洪峰流量；
t1、t2——峰线历时（滞时）；
T1、T2——洪水过程线底宽（洪水历时）；
Pe——有效降雨量。

[2] 城市水文特征改变：城市区域的水文状况与建城以前情况相比较，通常呈现出在一个降水总量相当的过程中城市洪峰曲线变得又尖又陡、峰值增加，过水时间明显缩短的特点。图 2–5 所示为城市化前后洪水过程线比较。

专题 2–5：城市水文特征改变的原因简析

城市水文特征改变的原因分析起来主要有以下几点。

(1) 对自然水系网络的改变

人虽然会因为灌溉和景观需要开辟水道、湖泊，或者蓄水修建水库，但在城市环境中更多的是填塞河流、围湖（填海）造地，以获取更多的建设和生产用地。所以一般来讲现代城市普遍存在河流数目减少、水网密度降低、湖泊容积减小、人工化河段增加的现象。其中，中小河道的损失尤为严重，从而导致城市地区水的微循环机制几乎被彻底破坏。这样不仅造成城市区域内水体容纳量急剧下降，增加洪灾风险；另一方面还导致土壤失水板结、地下水涵养不力、水体微循环受阻，进一步影响城市气候和生态平衡。

(2) 城市地表硬化

城市地面大部分被不透水的建筑物或者地面铺装所覆盖，土壤也板结严重，降水难以渗入地下，

① 我国2001年城市的污水处理率仅为18.5%——2001年全国环境统计公报2002年6月25日《中国环境报》第二版。2005年城市的污水处理率达到48.4%——2005年全国国民经济与社会发展统计公报《国家统计局》官方网站http://www.ststa.gov.cn。

在很短的时间内就被城市有组织排水体系截留，并迅速排入江河水系。

（3）人工设施调蓄水流

一方面人类在根据自己发展需要而调配水资源和预防洪灾的水利活动中对自然河流水系进行了大量改造——在自然河流基础上硬化河床、固化河岸，或修筑堤坝或截弯取直，并且加载大量的设施，例如水闸、水泵等；另一方面城市地区往往修建大规模的地下管网系统。这些措施中有些表面上是为了防止城市受到洪水威胁；有些是打着合理调配水资源的旗号；有些又是为城市建设服务以获得更多可建设用地；有些单纯是为了“卫生”，例如地面铺装。但是这些做法都会改变水流的性状，减小了城市对降水有效存蓄，加快了城市排水速度，缩短了城市过洪时间，在降低了局部地区（例如原先的低洼地）遭受洪涝威胁的同时却增加了城市区域总体的成灾风险和受灾机率。最为突出的例子就是1998年中国长江流域的百年不遇的大洪水——从其降水总量上对比远小于1981年的长江流域大洪水，然而成灾造成损失却大得多，就是因为人们对流域的过度改造而助纣为虐。

[3] 水量变化——水资源枯竭：水资源是指可供人类在一定科技条件和社会经济发展水平下利用的自然水（包括各种形式的降水、河湖水体、地下水、冰川储水等）的总量。虽然水具有全球循环调配的特点，但是在特定地区、一定时段内自然所能提供的水资源总量是有限的。这是由大的海陆空间格局和地形状况所决定的。更何况随着人类活动所在成的干扰，全球的水循环规律也正在悄然变化——往往难以人类的意志为转移。而且一个具体地区水资源的丰俭往往由该地区的储水能力决定——森林、河湖、沼泽等自然储水系统是否有机完整。在经济飞速发展、生活水平迅速提高的今天，城市用水量节节攀升，而与此同时严重的水污染又导致可用水急剧减少——两者之间的缺口日益扩大，世界上许多城市都面临水资源日益匮乏的境遇。目前，“中国660多个城市中有400多个存在不同程度的缺水问题，其中有136个严重缺水。”①

专题2-6：水资源缺乏的类型、成因及其危害简析

水资源匮乏有两种类型：其一是单纯型缺水——水量不足，该地域自然状况下水资源的补给水平低于城市用水量；其二是水质型缺水——由于污染造成没有可被利用的水源。

造成城市缺水的机制是非常复杂的：有的是因为自然环境正常变迁所引发的状况，比如气候的正常干湿、寒热循环变化；但更多是由于人类对环境破坏所造成的。其中主要原因有：

（1）对城市所处区域的自然生态破坏造成全面的水资源涵养失利；

（2）随意处置自然水系，打破当地水循环机制造成的水资源涵养失利或污染；

① 资料来源：http://www.green-web.org/infocenter/show.php?id=18209，中国绿网环境资料中心。

(3) 各种生活、生产活动对城市所处区域水体污染所造成的水质下降，使得城市临水而无水可用；

(4) 地表水资源匮乏地区超补水能力过度抽取地下水；

(5) 上述几点的环环相关导致的继发灾害，引起的水资源枯竭，例如：沿海地区超采地下水引起海水倒灌，进一步破坏水质，加剧无水可用的局面。

水资源破坏对城市的危害不仅仅集中于失水的方面——无水可用或被迫投入大量资金净化水源所带来的生活生产成本上扬；还会导致局部地域的生态环境恶化，进一步加剧用水危机；同时城市地下水过度消耗后会形成“水漏斗”区域，该范围内的土壤由于失去地下水相应的浮力，其承载力、地质构造都会发生相应变化——形成地面陷落、造成地裂缝，对城市居民造成更为严重的直接威胁。

土壤：城市生态系统中的土壤所起的作用与它在自然生态系统中的作用截然不同。自然生态系统中，土壤是生物再生产的重要环节——所有生物的代谢产物[①]都必须通过土壤中丰富的土壤动物[②]和微生物才能被还原成可供植物再次利用的营养元素。这样物质才能够得以循环。因为城市主要进行非生物性生产，所以土壤的自然物质循环功能往往被忽视，而着重于对土壤所占据的空间功能的利用，也就是通常所说的“占地”。对于城市而言，土地资源更为强调它可提供进行城市建设的物质空间，而不是它所具有的生物生产能力。这种特殊需求造成：

[1] 城市土壤的团粒结构被各种碾压所破坏，保水、保肥能力大大下降，土质干燥、土壤板结；

[2] 土壤自然的层次结构被各种建设开挖所破坏，其间掺杂着各种人工填土区域，使得土壤结构混乱、复杂；

[3] 土壤中的生物种类和数量大大下降，其自然降解功能被削弱；

[4] 城市土壤中含有大量人类有意或者无意加入的多种物质，其中许多有毒、有害。例如：因为大量使用混凝土，造成城市土壤含钙普遍增加。又如，因为含铅汽油的使用造成城市道路周边土壤含铅普遍高于其他地区，而且很难再被消除；在城市垃圾填埋场各种细菌含量很高；受污水灌溉和渗漏的地区，土壤含有大量的相应污染物。[③] 总之，由此导致城市土壤的生物生产力大大降低。

声环境：城市环境十分嘈杂，充斥着大量的噪声。不仅损害了人类自身的健康，而且干扰和影响其他生物的正常栖息。

---

① 包括从生物体上脱落的部分，例如植物的枝叶；生物新陈代谢的废物，如动物粪便；死亡的生物体等。

② 据统计资料，自然界中的草地每平方米的面积上，有土壤节肢动物、环节动物和线形动物10^5～10^6个；细菌和真菌10^{14}～10^{15}个。在每立方分米土壤中，土壤节肢动物、环节动物和线形动物的生物量干重为4g、细菌和真菌的生物量干重为10～100g。资料来源：蔡晓明编著，《生态系统生态学》，科学出版社，2000年9月第一版，第26页，表2－1。

③ 例如：1963年日本富川县通川流域骨痛病事件就是由于居民食用了使用含金属镉的废水灌溉的稻米所造成的。

专题 2–7：噪声和城市噪声

自然生态系统中的声音来源有两类。其一是自然现象的声音，例如：风声、雨声、雷声、波涛声等；另一类则是生物所发出的声音，例如：鸟鸣、兽号等。这些声音的产生有着自身的规律，每一种声音都有着特定的含义，是自然生态系统信息的重要组成部分，例如：猿猴只有在求偶和受到威胁时才会发出不同的高声尖叫，所以大多数时候自然生态系统内部是比较安静的。自然生态系统内不具有任何“没有意义的声音”　噪声。[1] 然而人类的各种活动却产生了大量“没有意义”、“不需要的”甚至是“有害”的声音，例如：交通工具行驶时的声音、机器工作时的声音等。城市在汇集各种人类活动的同时也汇集着这些噪声，成为了世界上最为嘈杂的地域。据不完全统计，我国交通噪声等效声级超过 70dB 的路段占 70%；城市区域有 60%的面积超过 55dB。[2]而研究表明一个超过 40dB 的连续噪声就会影响 10%人的睡眠。只有低于 30dB 噪声才不会对人类造成健康方面的影响。长期处于噪声环境之下，人类会精神紧张、损伤听力，进而造成一系列继发疾病。而噪声对其他生物的影响也十分突出，有研究表明：不解之谜——鲸鱼冲上海滩“自杀”现象的原因之一就是行驶船舶发出的噪声。这些不需要的声音干扰了鲸鱼的声纳系统，使鲸鱼迷失了方向。噪声产生的根本原因是由于人类制造的各种系统运行过程中不必要的效率损耗，是一种无用功的直接表现。控制噪声一方面是消除了严重的“环境污染”，另一方面则意味着工作效率的提升。

城市生态系统的物质空间：城市具体的物质空间形态由人类活动需求所决定，具有密集性、多样性、成层性、同种性质与功能的空间相对聚集等突出特征。

[1] 密集性：城市生态系统中不同城市功能区域的空间建设密度根据需要会有所变化。有些地域很高、有些地域相对很低，不是一成不变的。但是密集性却是城市空间最为重要的一个典型特征——有些研究者甚至提出只有建设密度达到一定的指标之上，才能够被称为城市地区。回顾城市发展的历史，可以发现随着城市生态系统演进，城市空间密集性日益增加。其原因在于随着城市生态系统升级——系统内组分日益增加、功能与结构也日益复杂，因而在单位土地面积上积累了更多的生物量（生命物质密度），在有限的空间范围内要为更多的活动提供场所，为适应这种状况，城市生态系统空间形态逐渐向密集型演化。

[2] 多样性：城市空间因为所要适应的人类活动多样性、建设技术多样性、建筑材料多样性、历史文化背景多样性，与自然环境结合方式的多样性等，而呈现多彩纷呈的态势。

---

① 所谓噪声，一般被认为是不需要的，使人厌烦并对人们生活和生产有妨碍的声音。包括过响声、妨碍声、不愉快声三类。参见：宋永昌、由文辉、王祥荣主编，《城市生态学》，华东师范大学出版社，2000年10月第一版，第88页。

② 参见：沈清基编著，《城市生态与城市环境》，同济大学出版社，1998 年12月第一版，第302页。

[3] 成层性：在有限的城市土地资源上最大限度地为不同的活动提供所需空间场所的要求促使城市空间走向立体化。越是经济发达、土地资源紧张的城市，这种不同的层面上分布着不同功能的城市空间的成层性越为明显。

[4] 城市空间按功能相对聚集：在城市发展过程中，出现了具有相同或类似功能的城市空间相对聚集的现象。这种相对聚集源自于城市生态系统进化过程中系统内部必要的分工，它使空间与它所包容的活动之间更为相互适应，这样的分工在适宜的程度上能够带来更高空间利用效率。

专题 2–8：自然生态系统和城市生态系统的空间建设

在自然生态系统中，一般情况下生命系统生长的空间大多是由各种地质活动所造就的，因此“空间”常常是作为一种环境要素存在。生物对空间的建设分为以下两种类型：(1) 在某些自然生态系统中，一些生物有一定的空间建设能力——主要是植物，也包括某些海洋动物，例如珊瑚虫。但是它们建设空间的“材料”是自己的身体，在自身栖居的同时以自己的身体为生态系统中的其他生物提供栖居场所。(2) 具有高度发达、成熟的社会组织的社会性生物，例如：蚂蚁、蜜蜂，其空间建设所用的材料部分或全部来自于环境或者其他生物，主要为自身——附带也为一些其他生物提供栖居场所。但是蚂蚁、蜜蜂等生物由于其生物特点，所建设形成的空间规模较小，对整个生态系统的影响十分有限。

人类在定居过程中建设形成的人建空间规模随着人类种群增加和智能水平提高而迅速膨胀，已经逐渐突破了“客观”范畴——它的存在不仅极大地改变了定居地的自然空间状态，而且形成了种群特有的空间建设和利用规则。人工建设的物质空间子系统通常包括：基础设施系统、道路系统、绿地系统、城市水系、各种用途的建筑群、设施及其周边环境等。基础设施系统又以各种管道系统为主，常见的有给水、排水、供热、燃气、电力、电讯几类。其中每一类往往又根据不同的用途细分，例如：电讯就可以分为有线电话、有线电视、信息网等。

人建空间中的基础设施系统、道路系统、各种建筑群和相关设施及其周边环境是完全以人类为建设主体的；但绿地系统和城市水系是由人类和一些自然要素所共建的。在城市中，即使是绿地系统中特别保存的一些原始地带，往往也是出于某些特殊需要而刻意保留的，所以绿地系统的建设依然是以人类为主导的建设，是以人类为主导与城市植物共建而成的。由于水系具有多种功能，所以建设情况更为复杂——主要用于游憩和景观的水道常常与水生生态系统和水岸过渡带生态系统的建设者（多是各种水生植物①）共建；用于水上交通的部分，主要按不同交通方式的需要进行改建；有些部分又与基础设施系统的排水系统（包括雨水、污水）结合，受到相应功能的影响。水体的连通性、流动性使得对水系的不当建设和使用很容易产生负面影响，并造成其他连带价值损失。因此，城市水系必须结合自然地形和原始天然水系的特点进行建设，只有这样才能保证人建空间环境的综合质量。

• 城市生态系统的软质环境

城市生态系统的软质环境包括：经济、社会、文化三大子系统。它们由人类所创造，是人类社会所特有的“环境”。它们一般不以物质实体的形式出现，但

① 包括沉水植物、浮水植物、挺水植物等。

在某种程度上决定了物质空间子系统的功能、形态和组织结构。有时甚至会进一步干扰城市生态系统本体的物理要素，例如：采用不同能源结构的经济体系会造成城市大气成分的不同改变。

软质环境三大子系统的某些要素和作用规律主要针对于人类特有的种群内部组织结构，以"关系"的形式存在。它们可能会对物质空间环境产生影响，也可能不会。例如：男性与女性的性别关系在某些国家对办公空间没有任何影响，在另外一些国家却有相应的要求，比如适当隔离等。但是还有一些要素却明确地限制了物质空间环境的形态、结构，对物质空间子系统具有决定性作用。例如：中国古代"礼制"中社会组织等级划分的物质表现就直接包括了对住宅形态、城市形制的规定。这些社会和文化要素在整个封建社会阶段以法律的形式对中国城市的物质空间子系统建设进行绝对限定，其影响力在现在中国的城市物质空间子系统的建设还有所体现。

专题 2-9：城市生态系统的"软"环境

有人因为经济、文化、社会都是人类生物种群内在的联系，并不直接表现为物质形态，而将其划入主体。也有人在研究过程中把经济、社会（包括文化）与自然三者并立起来，作为城市生态系统的三个子系统。每个子系统都有自己的主体和环境——经济、社会子系统的主体是不同人群所构成的人类社会，环境是各自的经济环境和社会环境；自然子系统的主体是城市生物，包括人、动物、植物、微生物，环境是城市的物理要素和人建的物质空间子系统。但是，作者认为虽然促成物质空间子系统形成的最原始的生物栖居需求只体现在城市生态系统中居住生活最基础的层面上，然而在现代城市之中，物质空间子系统的功能重点是为人类的经济、社会、文化活动服务，所以物质空间子系统并不能简单归入某一子系统。同时，也有一些要素在社会、经济、文化不同活动过程中的确起着"环境"要素作用，却不能被物质性地量化，也很难进行简单归并。例如：对于经济子系统的研究而言，"人际关系"可以被划入"环境"；但是在社会子系统中，它又可能成为主体。所以作者认为这些划分方式都是针对研究的需要而进行的，并没有绝对的标准，只是方便人们认识客观规律的一种分析方法。本书中的划分方式也是为了更好地认识城市生态系统的物质空间子系统的客观运行规律而划分的。

2.2 城市生态系统的功能

城市生态系统具有与其他生态系统一样的四大功能[①]——生产功能、能量流动、物质循环、信息传播。但是，由于城市生态系统具有不同于其他生态系统的内在机制，使城市作为现今地球生命大系统调控中心，它的四大功能有了与其他地球生态系统所不同的特征。尤其是各个功能之间的侧重关系发生了很大变化。

---

① 功能是指事物发挥的作用。通常意义上指有利的作用。参见《新华词典》，商务印书馆，1988年修订版，1989年9月第二版，1991年11月北京第16次印刷，第295页。

2.2.1 生产功能

由于人类社会发展的特殊需要，人工生态系统的生产分为生物生产和非生物生产两种类型。其中生物生产是指在该生态系统中的所有生物（包括人、动物、植物、微生物）从体外环境吸收物质和能源，并将其转化为自身内能和体内有机组成部分，以及繁衍后代、增加种群数量的过程。非生物生产是人工生态系统所特有的，它指人类利用各种资源生产人类社会所需的各种事物，不仅包括衣、食、住、行所需物质产品的生产，还包括各种艺术、文化精神财富的创造。城市生态系统具有强大生产力，并以非生物性生产为主导。

- 城市的生物生产可以分为城市人类种群的繁衍生息和其他城市生物的繁衍生息两大板块

生物生产在城市生产总量中所占的比例较小，尤其是其中的生物初级生产。①这是因为城市生态系统具有破缺性，城市生物次级生产所需要的大量生物初级产品主要从城市生态系统之外的农业生态系统输入，城市内部虽然也保留有一部分初级生产功能，但是这仅仅是出于对域外输入不足的补充——主要提供不便于从外部输入的初级生产产品，例如：容易腐烂和不便长途输送的产品。再有就是其他需求附带的初级生产，例如：对于人类而言主要用于营造城市景观的绿色植物所进行的初级生产。城市的次级生物生产②主要是城市居民维持自身生存并繁衍后代的过程，这与城市的生物构成有着密切关系——城市中其他动物和微生物的总量极低；也与这些生物的存在发展和人类活动所具有的密切联系相关。所以，城市的次级生物生产除了受到各类生物繁衍规律和特性的制约之外，还受到诸如法律、道德、观念、风俗等人为因素的影响，具有突出的社会性。

- 城市的非生物生产分为物质生产和非物质生产两类

其中物质生产主要是指满足人类物质生活需求的各类有形产品的生产和服务，包括（1）各类工业生产。(2) 各种基础设施建设，主要指维持城市正常运转所需支撑体系，如给水、排水、电力、电讯、燃气、供热空调、道路等。(3) 各类服务所需基础设施。它是提高城市居民生活水平、满足人类精神文化需求所必需的物质基础，包括贸易、金融、教育、医疗、娱乐、服务等活动的物质依托，例如：商场、学校、医院、图书馆、文化宫、运动场等设施。作为全球生命大系统的调控中心，城市通过复杂的经济贸易网络将全球的所有城市以及农业生态系统连接成为整体，并进而作用于其他自然生态系统。在这样的条件下，物质流动早就突破了单一生态系统的界限。城市的物质生产不仅仅为城市服务，更主要是为城市之外的人类服务，所以要经由贸易网络流通的物质生产量十分巨大。这也是使城市具有特殊流通渠道（海陆空交通体系）的重要原因。

---

① 生物初级生产：主要指绿色植物将太阳能转化为化学能的过程。也包括一些特殊的生态系统中特殊生物把环境中的其他能源转化为化学内能的过程。例如深海热液管生态系统，通过热液管在含硫环境中转化地热能的过程。

② 生物次级生产：主要指生态系统中的消费者和分解者利用初级生产的物质进行自身建造和繁衍后代的过程。

城市的非物质生产主要指满足人类非物质性的精神生活所需的各种服务，是城市文化功能的体现。其主要产品包括：小说、戏剧、绘画、音乐、雕塑等众多类型。非物质产品的生产甚至被灌注到一般的物质生产过程之中，例如对工业产品造型艺术性的探索。城市是人类文明汇集的地方，其本身也是人类物质生产和非物质生产的共同结晶。城市非物质生产功能的加强，有利于提高城市本身的层次，增强其在城镇体系中的作用，为未来城市的发展注入更大动力。

2.2.2 能源流动

能源流动是生态系统的基本功能之一，是系统中生物与环境之间、生物与生物之间能量的传递与转化过程。城市生态系统的能量流动具有许多自然生态系统所不具有的特点，尤其是集中于来源和传播机制两方面。

[1] 与自然生态系统绝大部分依赖太阳辐射不同，城市生态系统系统能量来源趋于多样化，有太阳能、① 地热能、原子能、潮汐能等多种类型。人们往往根据不同的标准把它们进一步分为各种类型，例如：按对环境的影响状况分为清洁型能源和污染型能源；按能源的更新状况分为可更新能源和不可更新能源；按利用形式分为一次性能源和二次性能源；按照使用状况分为常规能源和新能源等。

[2] 自然生态系统的能量传递是自发地寓于生物体新陈代谢过程之中，② 而城市生态系统的能量传递大多是通过生物体外的专门渠道完成的，例如：输电线路、输油与供气的管网等。这样，能量流动与转化就分为了相对独立的两大阶段。城市中大量的能量流转是非生物性的流动与转化，消耗在人类制造的各种机械运转的过程中，而且主要受人工控制。城市中的能量流动及其能量的转化效率也主要决定于人类的技术水平——相应的能源利用技术越成熟，其转化效率往往越高。受热力学定律影响，城市能源在流动的过程中逐渐损耗，具有单向性。同时有一部分能源在物质生产和转化

---

① 这里的太阳能不仅包括直接的太阳辐射，还包括间接来自太阳能的风能、水能、海洋能，以及古代生物转化的以化石形式储存的煤炭、石油、天然气和现在生物转化的生物能，例如沼气等。

② 自然生态系统中能量的主要来源是太阳能，通过初级生产者的光合作用转化为可以被传递和利用的化学能，它只能够沿着生产者⟶消费者⟶分解者的功能类群顺序单向流动，这一过程为不可逆的，其渠道是食物链与食物网。能量传递遵从热力学定律，沿着各营养级逐渐减少，营养级间的能量传递效率一般在10%左右，其余的大都以热量的形式散失了。

备注：在生态系统能量流过程中，能量从一个营养级到另一个营养级之间的转化效率大致是5%～30%之间。平均说来，从植物到植食性动物的转化效率大约是10%，从植食性动物到肉食性动物之间的转化效率大约是15%。也有一些生态系统的某些层级能量传递效率很高，远远大于10%的比例。例如：某些地域的海洋生态系统，其海洋上层浮游植物和浮游动物的生物量大约为同一等级。浮游植物的生产量几乎全部被浮游动物所消费。参见常杰、葛滢编著的《生态学》，浙江大学出版社，2001年9月第一版，第211、第260页。

的过程中随"三废"或直接以废热形式排入了城市环境，对城市生态系统造成了巨大的负面影响。表 2–3 所示为美、日、中三国能源利用效率比较。

美、日、中三国能源利用效率比较（%）　　表2–3

国家	发电	工业	铁路交通	民用
日本	30.0	76.0	22.4	75.4
美国	30.0	75.1	25.1	75.1
中国	23.9	35.0	15.2	25.5

表格来源：沈清基编著，《城市生态与城市环境》，同济大学出版社，1998 年 12 月第一版，第 93 页，表 4–13。

图2–6　自然生态系统与城市生态系统物质循环模式对比图

2.2.3　物质循环

自然生态系统中的物质循环（图 2–6–2）是指维持生命活动必须的营养元素通过食物链各营养级进行传递和转化，最后生态系统中的各种有机物质又被分解者分解成为可被生产者重新利用的形式归还到环境中，以形成重复利用、周而复始的循环过程。而城市生态系统的物质循环（图 2–6–1）则主要指各项资源、产品、货物、人口、资金等在城市各个区域、系统、部门之间以及城市外部之间反复作用的过程。[1]城市生态系统中的物质有两大来源：第一是自然来源。包括各种环境要素，例如：空气流、水流、自然的植被等。其次是人工来源。各种人类活动产生或无意排出的，以及从城市之外输入的物质，例如：食品、原材料、废物等。城市的物质循环以各种物质流的形式存在，包括自然流、货物流、人口流等几种主要形式。而后者是城市物质流的主导形式。

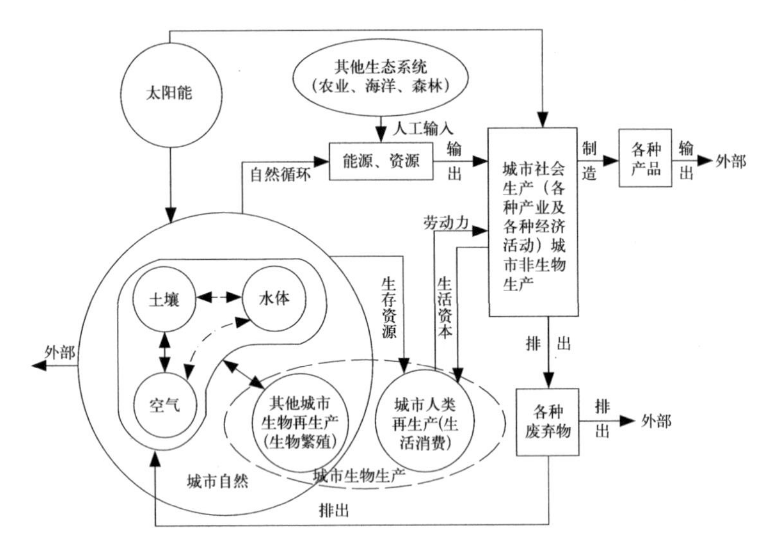

图2–6–1　城市生态系统的物质循环

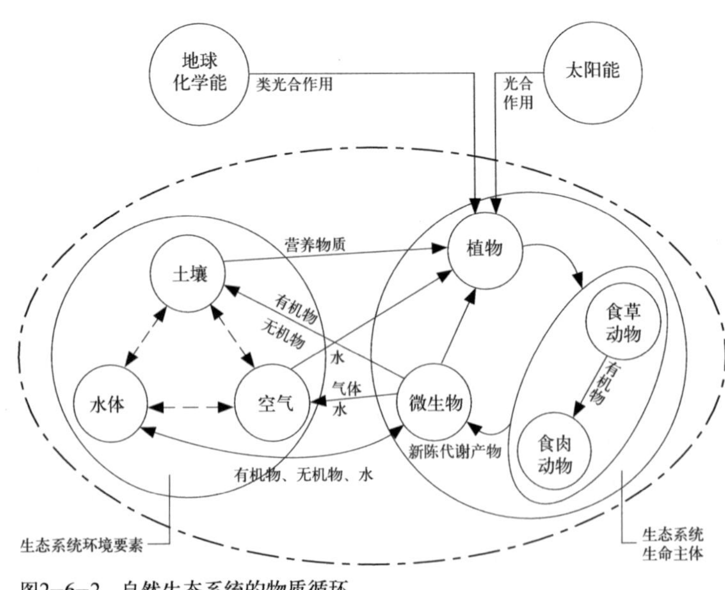

图2–6–2　自然生态系统的物质循环

① 参见：沈清基编著，《城市生态与城市环境》，同济大学出版社，1998 年12月第一版，第96页。

城市生态系统中的物质循环具有许多自然生态系统所没有的特点。

[1] 城市中大量的物质来源于系统外的其他生态系统，尤其是农业生态系统。两者之间进行着大量物质交流，这与城市生态系统的破缺性有着密切关系。随着城市生态系统发展，这种物质输入与输出日益频繁，城市通过这种物质交换影响和作用于其他生态系统，打破自然生态系统以系统内物质循环为主导的稳定状态，将全球生态系统联系为 个整体。

[2] 城市生态系统以非生物性生产为主导，城市物质流也以非生活性物资为主，因此大量流动的都是各类生产资料。这种流动主要依赖人力调控，并受到人类需求左右，参见表 2–4。

1981～1983年唐山市物质流量估算（单位：10^4T） **表2–4**

输入		输出	
矿物质：	2917.44	废渣：	957.0
其中：煤炭	2023.5	其中：冶炼废渣	45.0
矸石	669.0	粉煤灰	240.0
矾土	55.34	矸石	669.0
石灰石	167.3	化工废渣	3.0
萤石	2.3	废水	22046.0
地表、地下水	24623.0	废气	6275.16
燃烧空气	5811.0	其中：二氧化碳	1326.6
农副产品	69.37	二氧化硫	15.05
原料产品	1080.0	水	352.16
		氮气	4390.7
		氮氧化物	150.08
		灰尘	40.57
		生活废物	3040.26
		其中：废物	402.3
		生活用水蒸发	496.5
		污水	2080.6
		垃圾	60.86
		产品输出	2028
总输入	34000.81	总输出	34346.42

表格来源：宋永昌、由文辉、王祥荣主编，《城市生态学》，华东师范大学出版社，2000 年 10 月第一版，第 171 页，表 8–3。

[3] 自然生态系统通过分解者的还原作用使物质能够在生态系统中反复循环、重复利用。然而城市生态系统由于种种原因缺乏分解者，使得这种还原作用难以有效发挥，有时不得不依赖人工。① 而人类处理这些"废物"时大多数并未引入物质循环机制，将自然界的大量产品

① 城市产生的大量污水和垃圾造成了大范围环境污染，通常情况下，这种污染无法通过自然生态系统的降解作用有效消除，或者消除过程极为漫长，因此不得不依赖于人工。而有些在小规模生产时完全形不成污染的事物，在进行了大规模集约化生产之后，也成为十分严重的环境问题，不得不依赖人工解决。例如：大规模的养殖场的粪便污染问题。

滞留于“垃圾”之中；同时人类还制造了大量在自然环境中无法降解的物质，这些都使城市生态系统运作的过程中积累了大量的“废物”，打破了物质循环的链条。更有甚者，人类将城市物质循环过程中产生的“废物”过多地输入其他生态系统，例如：农业生态系统、湿地生态系统等，影响了这些生态系统的内在平衡。进而造成了整个地球生命大系统物质循环的功能障碍，并进一步加剧了全球生态环境危机。

2.2.4 信息传播

按照信息论的观点，信息流是任何系统维持正常的、有目的性运动的基础条件。它具有客观性、普遍性、无限性、动态性、依附性、计量性、变换性、传递性、系统性和转化性十大特征。[①]自然生态系统中的“信息传递”指的是生态系统中各生命成分之间的信息流，主要包括：物理信息——声、光、色彩；化学信息——各类激素；营养信息——食物链网；行为信息——生物活动；环境信息——环境因子状况。一共五大类。[②]信息是促使生态系统演化的重要因素，生物只有不断地接受来自环境的信息、处理和利用这些信息，才能获得适应环境的能力。从生物发展的角度出发，对信息的接收、处理和利用能力越强，其适应环境的能力也越强，改造环境的能力也越大。

信息对于人类具有特殊意义，它在人类认识和改造世界的过程中起着重要的作用。与自然界中的其他生物不同，人类在进化发展的过程中不仅形成了可以准确传递复杂信息的语言系统，使种群个体之间的沟通更为便捷顺畅；更进一步创造了独特的体外信息载体——文字，通过这种复杂的信息编码，信息传递在某种程度上可以超越时空局限。这使得人类可以更为全面和广泛地获得和积累更多信息，其处理和创造信息的能力超过了任何一种地球生物。这一过程也同时促成了人类自身的发展与进步，使人类成为地球上最为独特、最具发展潜力的智慧生物。信息不仅是认识客观世界的依据，还为人类的改造活动提供了客观的参照体系和行动指南，是激发人类创造力的重要因素。

人类社会发展对信息的依存度不断增高，这促使信息科学技术迅速发展——信息收集更为广泛和全面、信息载体的种类日益增加、信息载体数量急剧扩大、信息传播速度更为迅捷。现在，信息的资源特征日益强化，已经成为了人类社会发展的最重要动力之一。信息技术将从根本上改变人类的生存质量和价值观念，以及人类的工作方式、物质占有方式、交换方式、主要生产方式，进而改变人类社会的经济方式、管理方式，甚至经济理论和哲学基础……[③]

---

① 参见：沈清基编著，《城市生态与城市环境》，同济大学出版社，1998 年12月第一版，第99页。

② 参见：常杰、葛滢编著，《生态学》，浙江大学出版社，2001年9月第一版，第225页。

③ 参见：沈清基编著，《城市生态与城市环境》，同济大学出版社，1998 年12月第一版，第100～101页。

专题 2-10：人类的语言文字与信息传播

回顾人类社会发展历程，语言与文字的诞生起到了极为关键的作用。语言是人类成为智慧生物的一个重要标志；而文字往往是人类社会进入文明时代的标志——通常说来，两河流域具有 8000 年文明的推断是以刻于泥版之上楔型文字的记述为依据的；而我国上下 5000 年的文明也是以殷墟所发掘的甲骨文为依据进行推断而得出的结论。在过去的一百多年间，信息科学发展突飞猛进：普通电话、电报使远距离的即时信息传送成为可能，标志着通信时代到来；而以网络、移动通信、各种个人微信息处理器为标志的信息时代中，多样化的信息服务已经渗透到了社会生产与生活的各个环节、细节之中。

城市作为以人类为主导生态系统，鉴于信息技术与人类社会发展之间密不可分的有机联系，其最突出的特点之一是各类信息汇集的焦点。尽管人类至今并未完全破译自然生态系统中业已存在的精巧的信息传递与联络网，然而基于已经掌握的相关知识，在进一步认识自然和社会发展规律的同时，人类积累和创造着更多信息。这些信息因为城市是人口密集、生产密集、生活集中的场所而汇集和储存于城市。

处理各类信息是城市的重要功能之一。许多信息在进入城市时是分散、无序的、模糊的，而通过城市中大量的信息处理设施和机构——新闻传播系统（报社、杂志社、电台、电视台等），邮电通讯系统（邮政局、电信局及其交换中转设施等），科研教育机构（各种研究机构、各类学校等）的处理被重新“编码”，解译成为集中的、有序的、明确的、具有针对性的信息重新输出。[①]因而城市是信息处理的重要基地，也是高水平信息处理人才汇集的重要场。[②]

城市生态系统的产生打破了自然生态系统层次的稳定状态，促使地球各个生态系统间形成分工，推动地球生命演进形成“地球生命大系统”。真正意义上的地球生命大系统不仅应该具有组织化程度高、组分关系复杂、相互制约紧密、结构复杂多样、自我调节能力强等特征，更为重要的是它必须具有一个明确的调控中心，以指导系统达成内稳态、完成发育进化的生活史。城市生态系统正是地球生命大系统的调控中心，是全球生命大系统的“神经中枢”——全球生命大系统也以城市发展到具有全球调控作用的时代为形成标志。城市调控各子系统的方式虽然多种多样，然而最为有效的是通过信息辐射来指导各子系统的运作。一个城市

① 参见：沈清基编著，《城市生态与城市环境》，同济大学出版社，1998 年12月第一版，第105页。

② 此处的“信息”是广义的信息，泛指一切为人类所用的资讯。

与周围各个子系统之间的信息交换量越大、信息交换越频繁，它所处理和反馈的信息质量越高，说明城市的调控作用越大——该城市在地球生命大系统中的地位也越重要。

城市生态系统信息传播具有以下几大特点。

[1] 总量巨大：自从进入信息时代之后，信息服务已经成为人们日常生活中的基本需要。统计资料表明，在过去的40年间，电信业务量和电信装备需求一直呈加速增长态势。[①]需求的强大动力推动信息技术以令人难以置信的速度发展，并使得信息服务迅速平民化。[②]先进而便捷的技术将每个掌握"设备"的个体都变成了信息网络中的节点，它们可以将所收集、处理的信息迅速向外传播，这样就为整个信息网络提供了大量的原始信息。这些原始信息又被众多信息处理机构加以分析、整理、集成为不同类别的次生信息，用以指导人类的各种活动。城市因为人口聚集、机构众多、各类活动频繁、通信设施先进而成为网络中的信息库和传播源，所以城市生态系统中汇聚了巨大的信息总量。

[2] 信息构成复杂：自然界的信息构成十分丰富，一般生物只从中撷取对自身生存、繁衍有意义的信息。然而作为调控地球生命大系统整体发展的智慧核心，人类所要掌握的信息涵盖范围已经远远超过人类自身的需求。作为汇集信息的中心场所，城市生态系统的源信息成分就已经十分复杂；同时由于具有复杂的信息处理和转换机构，城市生态系统中不仅包含各类直观信息，而且充斥着各种不同层次的衍生信息，进一步丰富了城市生态系统的信息构成。

[3] 信息主要通过各类传递媒介进行传递，并依赖辅助设施进行处理和储存：自然界中的信息传递媒介一般是自然要素，如水、空气、生物体等。这种原始传播方式不能满足城市生态系统信息传播的远距离、高速度、大容量要求，因此在城市生态系统的信息传播主要依赖各种传播媒介——分为信息终端（接收器——电话、电视、电脑等）、传输设施（线网——电讯线、光纤线、微波、书报杂志等）、传播源（电视台、广播台、网站、各种文字编辑部等）三大部分。原始的以生物大脑为处理、存储器的信息处理方式已经难以满足处理城市生态系统中所累积的巨大信息量的要求，它更不能实现人类社会要进行最大限度信息共享的要求，所以人类一直致力发展各类体外信息处理和存储设施——最早是文字和纸、笔等硬件，后来是各种图书馆、博物馆、动植物园和各种专门的研究机构和人员，现在进一步发展增加了以电脑及其相关设施为基础的各类专门的信息处理和存储机构。

[4] 在信息传递和处理过程中存在大量信息歧义现象：由于信息总量巨大、传

---

① 仅仅以在中国作为手机电信服务附属功能的手机短信业务发生量的统计数据来加以说明：从2000年到2003年，其业务量是以每年约600%的速度递增的。

② 古代远距离的信息传递是十分困难的。主要依赖人工、畜力通过交通网络传递信息，例如我国古代的驿站。虽然也有更为快速的信息系统，例如：为传递即时性要求最高的战争信息而设立的烽火系统，但是不仅耗资巨大，而且传递信息十分有限，只能传递几个简单的信息要素。即便如此，在汉代要将边境的战事信息传递到首都，依然需要3～7天。现在通过通讯卫星和无线电技术，可以将信息即时传递到全球的任何一个具备接受设施的角落——而且是声、像、色俱佳。

输环节众多，加上每个个体对同一信息不同的解码和理解方式，甚至有时为了特殊目的（例如战争）要专门发布各种虚假和错误信息，使得城市生态系统中信息歧义现象十分严重。以至于如何识别虚假、错误信息已经成为了每个人类个体所必须具备的技能。

2.3 城市生态系统的主要内在结构类型

城市生态系统是地球生命大系统各个子系统中结构最为复杂的。这与城市物种组成人为化、城市系统功能多样化、城市系统构成复合化、城市影响区域化紧密相关。在对城市生态系统结构研究的过程中，常常根据其系统特色划分不同领域。针对城市经济子系统的结构研究涉及城市的能源结构、物质循环、经济实体构成等众多方面；针对城市社会子系统的结构研究涉及年龄结构、性别结构、职业结构、素质结构、社会关系等众多方面；针对城市自然子系统的结构研究涉及物种构成、物种分布、食物链网等方面；从城市物质空间系统出发又涉及空间类型、空间组织结构等。这些林林总总的结构关系并非各自独立的，而是相互作用、相互制约，通过各种复杂的网络联系为一个独特的整体。

专题 2–11：生态系统的结构

“结构”是一个具有多重含义的词语。最为常用的意义是指事物的内部构造，而在科学层面上的“结构”指构成整体的各个部分及其组合方式。[①]然而，我们在剖析一个事物的构成规律时往往把组成要素与组合方式分开论述，称之为“组成要素”与“结构”。这时的“结构”就专指一种组织关系。按照这种关系所建构的整体或系统，将具有不同于其各个构件元素功能的新功能。相同的“组成元素”按不同的“结构”组成的系统，也许会具有完全不同的功能和作用。因而，从某种程度出发，“结构”才是赋予事物相应功能的真正原因。这也是研究“结构”的重要意义。

生态系统的功能与结构之间存在着复杂的辩证关系。首先，功能与结构是相互依存的。构成要素与结构是功能存在的基础，功能是它们的外在表象。其次，功能与结构是紧密联系、互相制约、互相促进的。结构在某种程度上决定了系统的功能，结构发生变化时，功能也会随之变化。同时功能又具有相对独立性，可以反作用于结构——在某些情况下系统的功能首先发生改变，通过这种改变带动结构演化。第三，生态系统中存在多种结构类型：同素异构——相同的组成要素、不同的结构会产生不同的功能；殊途同归——不同的组成要素、不同的结构也有可能具有相同的功能；一专多能——同一结构也可以具有多种功能。

对生态系统结构的研究一般立足于两大层面：(1) 从生物与环境关系入手研究生态系统的时、空分布规律。主要针对生态系统内部的垂直分层结构、水平镶嵌结构；生态系统在地域范围内的分

---

① 参见：《新华词典》，商务印书馆，1988年修订版，1989年9月第二版，1991年11月北京第16次印刷，第451页。

布规律、生态系统的季相变化规律等。(2) 从生态系统各个物种间的关系入手研究系统内在能量传递与物质循环规律。主要针对生态系统的营养结构——食物链网，功能群结构——营养级和各类生态金字塔。

生态系统内在结构与生态系统的生命构成关系密切。生命活动使系统处于不断进化和演化的过程中，它的不定性赋予生态系统结构动态性——系统结构随着生物种群的发展进化和生物群落的演替而不断变化。沿着生态系统演进方向，系统结构逐渐趋于复杂。这与系统中生物种类日益增加、生物与生物之间关系逐渐复杂、生物与系统内在环境的组合方式更为丰富密切相关。

2.3.1 城市生态系统生物群落结构

城市生态系统生物群落结构是城市生态系统的〝主体〞结构。

城市人类是城市生态系统的建设种、优势种。由于人类特殊的能动性，它与自然生态系统中通常意义的建设种、优势种有所不同。城市人类的生存、繁衍和发展不仅仅受到人类这一物种自然属性的约束，而更多是决定于人类的社会属性。所以在进行城市生态系统的生物群落结构研究时往往从这一角度出发，把城市生物分为城市人群和其他城市生物两大部分。论及城市人类时更偏重于对人类社会属性影响力的分析；论及其他城市生物时则结合自然环境与人类两方面的共同影响进行分析。

通常情况下，城市人类种群内部结构一般分为两大部分：种群社会结构和种群的空间结构，它们是城市生态系统的基础结构，对城市的经济、社会、文化具有深刻影响。城市人类种群的社会结构一般情况下被称为〝人口结构〞，指该城市地区在一定年度内的人口构成状况。它包括人口的年龄构成、性别构成、经济构成、文化教育构成、民族构成等要素。人口结构在一定程度上可以代表社会经济、政治和文化的发展程度。它会随着时间的推移和经济发展状况而发生变化，但在一定时间段内具有相对的稳定性；特定的人口构成也会对社会和经济发展产生重要影响。研究人口结构及其变动趋势，有利于合理规划社会与经济的发展。人类种群的空间结构则主要针对不同的人群在城市空间中的分布特点，总结人群利用空间场所的生理、心理、社会组织、文化规律，能为更高效地建设和利用城市空间提供理论依据。图 2–7 所示为西安市城市居民文化程度空间结构图，图 2–8 所示为西安城市社会职业构成空间结构模式图。

城市其他生物种群结构研究主要涉及以下内容：城市其他生物的物种构成、分布状况、各主要物种的生态型等。图 2–9 所示为日本东京都地区哺乳动物退却状况。图 2–10 所示为日本东京都地区森林植被分布状况。而研究的重点主要是城市范围内各类生物在当地原始自然生态基础上受到人类活动影响而发生的变化状况。对这种变化规律的揭示有助于人类在城市发展的过程中对自身的行为加以合理的规范和约束，在追求自身种群发展的同时能够维持城市生态系统的总体平衡和健康稳定。

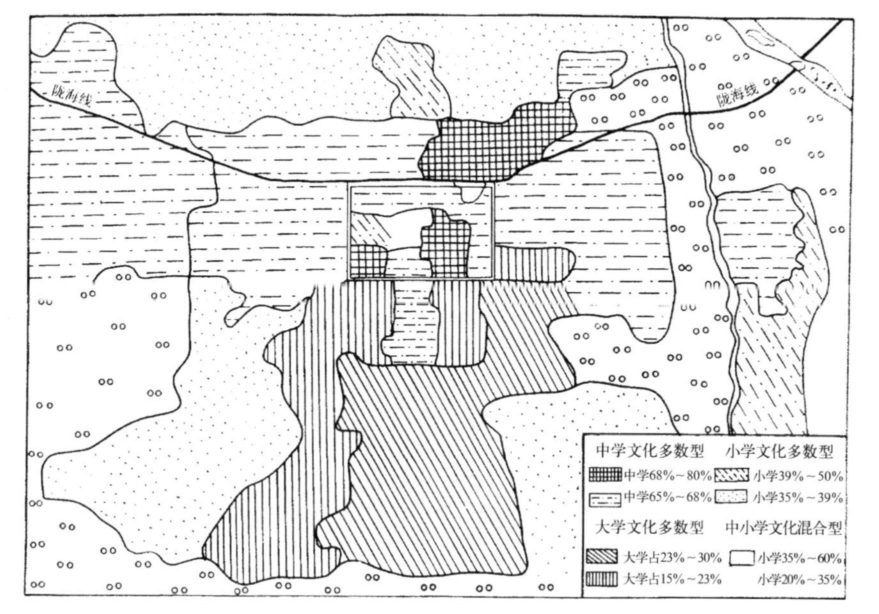

图2–7　西安市城市居民文化程度空间结构图

图纸来源：王兴中等著，《中国城市社会空间结构研究》，科学出版社2000年6月第一版，第29页图3.4。

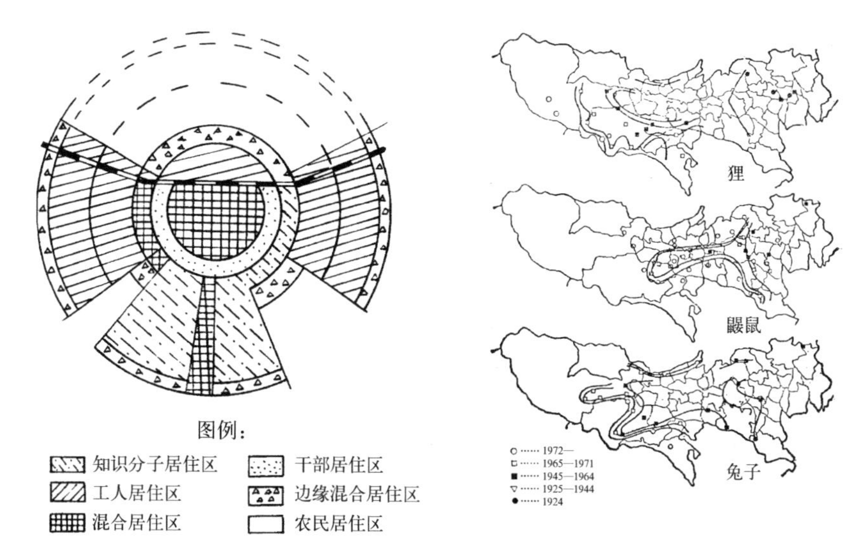

图2–8　西安城市社会职业构成空间结构模式图

图纸来源：王兴中等著，《中国城市社会空间结构研究》，科学出版社 2000 年 6 月第一版，第 31 页图 3.6。

图2–9　日本东京都地区哺乳动物退却状况

图纸来源：（日）中野尊正、沼田真、半谷高久、安部喜也著，孟德政、刘得新译，石树人校，《城市生态学》，科学出版社，1986 年 4 月第一版，图 3.12、图 3.16。

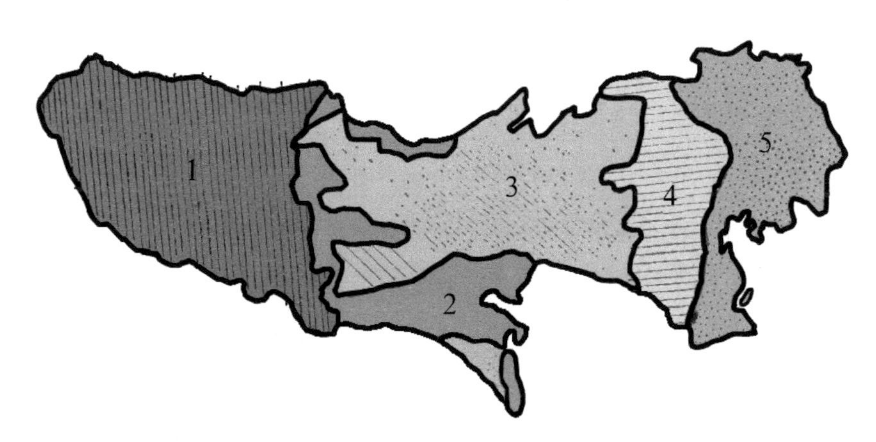

图2–10　日本东京都地区森林植被分布状况

1. 几乎全部被森林植被覆盖的地区；
2. 森林植被呈虫蚀状分布的地区；
3. 森林植被呈带状或点状分布的地区；
4. 森林植被呈少数点状分布的地区；
5. 几乎没有森林植被的地方

2.3.2 城市生态系统经济结构

城市生态系统经济结构是城市生态系统中最重要的功能结构。它是城市内众多生产、服务活动集中作用的结果，决定了城市生态系统能量流动和物质循环的内在机制。主要包括以下几种类型。

能源结构：分为能源生产结构和能源消费结构两大类型。分别指的是城市生态系统中能源总生产量和总消费量的构成及比例关系。表 2–5 所示为 1994 年世界一次能源消费构成。

1994年世界一次能源消费构成（%） **表2–5**

国　家	煤炭	石油	天然气	核能	水电
美　国	24.3	39.8	26.3	8.6	1.1
俄罗斯	19.0	24.5	50.4	3.8	2.3
法　国	6.1	39.0	11.9	40.0	3.0
德　国	28.9	40.6	18.3	11.7	0.5
英　国	23.1	38.2	28.0	10.5	0.3
日　本	17.1	56.1	11.3	14.1	1.3
中　国	76.4	19.2	2.0	0.4	1.0
世界总计	27.2	40.0	23.0	7.3	2.6

表格来源：根据沈清基编著，《城市生态与城市环境》，同济大学出版社，1998 年 12 月第一版，第 92 页，表 4–12。

城市生态系统内的能量来源不仅仅包括城市植物转化和固定的以太阳辐射的形式直接输入城市地域的太阳能，还包括通过人工各种途径输入城市的其他能源——通常分为以下几类：(1) 太阳能源。以煤炭、石油、天然气为代表的化石能；以沼气为代表的生物能；以水能、风能、海洋能为代表的运动能。(2) 地热能。(3) 原子核能。(4) 天体作用能。以潮汐能为代表。这些输入的能源在城市生态系统之中进行了转化，其中很大一部分能源以各种产品形式从城市输出。这种构成和转化的复杂情形造就了城市生态系统复杂的能源结构状况。能源结构是反映一个城市生产技术发展水平的一个重要标志，它与城市生态系统的发展潜力有重要因果联系。

产业结构：是指城市生态系统中经济生产过程中不同产业所创造的价值以及容纳的就业人口的构成及比例关系。它在一定程度上反应了城市生态系统的综合现状，并影响着系统进一步的演化发展。城市的产业结构是否合理会直接关系到城市生态系统生产功能的效率，从而决定一个城市运行状况和发展前景。表 2–6 所示为我国代表性中心城市市区产业结构。

城市产业结构形成与城市的资源状况、区位状况、环境条件、经济状况、科技发展水平以及城市在区域城镇体系中的地位等要素相关。通常来说，受资源条件主导容易造就单优产业，形成针对性极强的专业性城市。比如：某类工矿城市、风景旅游城市等。优势产业会在内部规模经济规律支配下不断扩大规模，逐渐形成以某个产业为主的企业群体。这些群体构筑的支柱产业在该城市产业结构中具有决定性的主导能力，它的兴衰就会主导城市的兴衰，而且这类城市的转型也相

我国代表性中心城市市区产业结构　　　　表2–6

城市类型	代表城市	职工就业结构（%）			三次产业占GDP比重（%）		
国家级中心城市	北京	0.5	36.5	63	2.4	38.7	58.9
	上海	7.8	45.4	46.8	0.9	48.1	51.0
	广州	0.6	40.9	58.5	2.1	39.7	58.2
省区级中心城市	郑州	0.4	50.5	49.1	2.0	40.6	57.3
	合肥	0.5	48.4	51.5	2.5	55.4	42.1
地区级中心城市	襄樊	1.1	60.0	38.9	5.7	50.0	44.3
	商丘	0.7	37.0	62.3	24.8	23.3	51.9
县区级中心城市	菏泽	—	—	—	31.0	34.8	34.2
	大丰	—	—	—	36.2	35.6	28.1

表格来源：《中国城市统计年鉴——1999》。转引自李丽萍著《城市人居环境》，中国轻工业出版社，2001年6月第一版。

对困难。例如：一些以矿产资源采掘业为主导的城市就会在资源枯竭后迅速衰落。但是，如果主导产业本身可持续发展的能力很强，那么优势就突出、带动力会极强，城市在短期内的发展就比较迅速；因为区位优势而衍生的信息和市场优势能够为更多的产业发展带来契机，多样化的生产和交换聚集使得在单纯经济体系中相互独立的产业门类能够共荣发展，这将促使城市逐渐走向综合性。这样的城市相对而言产业结构比较均衡，城市抵抗经济发展波动的能力较强，城市生态系统的总体状况相对比较稳定。

在城镇体系中地位越高的城市，其直接的生产功能会逐渐弱化，而为区域服务的功能将逐渐加强。城市的产业结构也会随这种功能转变产生相应变化。产业结构的变化就意味着城市功能的变化，由于城市的物质空间结构是城市功能的载体，所以当城市产业结构有所调整之后，城市的物质空间势必对此应变。正是对这一规律的了解，许多城市通过调整产业结构来逐渐反向促使城市物质空间结构优化，以进一步提高城市生态系统的整体运行效率。

消费结构：消费是社会再生产的一个重要环节，消费结构指的是人们在生产、生活的不同方面所的投入财富或资金的比例关系。为人们所最为熟悉的消费结构代表是恩格尔系数。[①] 消费结构反映了一个社会的富裕程度，对于城市生态系统而言也代表了其经济发展和社会进化的程度。消费结构的变化将预示城市的经济发展趋势。

2.3.3　城市生态系统社会结构

关于社会结构的解释有多种多样，在很多情况下，人们将城市生态系统中社会结构与人口结构的某些内容等同了起来。但是这对于揭示人类

① 1857年德国统计学家恩特·恩格尔阐明了一个定律：随着家庭和个人收入增加，收入中用于食品等生活基本保障方面的比例将逐渐减小。这一定律被称为恩格尔定律，反映这一定律的系数被称为恩格尔系数。恩格尔系数=（食品指出总数 / 家庭或个人消费总额）×100%。根据世界银行公布的标准：恩格尔系数≥60%为贫困、50%～60%为温饱、40%～50%为小康、30%～40%为富裕、20%～30%为最富裕、不大于20%为极端富裕。

特有社会现象和规律是不利的。美国当代结构主义理论大师彼特·布劳的"结构变迁理论"中认为：社会结构的组成是指由个人所组成的不同群体或阶层在社会中所占据的位置，以及他们之间表现出来的交往关系。"更精确地说，社会结构可以被定义为由不同社会位置（人们就分布在它们上面）所组成的多维空间。"这一定义可以将纯粹的社会结构从制度、文化等背景中分离出来单独加以考察。

按照这种定义，社会结构可以由一定的结构参数来加以定量描述。结构参数就是人们的属性，分为两类，一是类别参数，如性别、宗教、种族、职业等，它从水平方向对社会位置进行区分。二是等级参数，如收入、财富、教育、权力等，它从垂直方向对社会位置进行区分。这两类参数之间可以相互交叉，也可以相互合并，从而使社会结构的类型显得更加复杂多样。

社会结构的水平参数与城市生态系统进化发展的历史过程密切相关，涉及不同人群的迁徙和融合，具有突出的地域性。社会结构的垂直参数与城市经济结构有着密切的内在联系——经济发达程度影响着社会垂直参数的基本度量标准，也决定了不同人群在城市经济活动中所发挥的作用，从而决定了不同社会阶层的社会地位，进而影响到社会资源的分配。社会结构会随着城市生态系统的总体演进而发展变化，但是在城市生态系统发展的一定阶段内社会结构会保持相对稳定。只有维持社会结构的相对稳定，才更有利于城市生态系统内在其他方面的发展完善。在城市生态系统不同演进阶段的转换过程中，也必须注意社会结构的变化平稳过渡，否则社会巨变会打乱城市生态系统的内在节律，带来众多的负面效应。这些负面效应进一步造成的系统震荡，有时甚至会导致城市生态系统的整体崩溃。这也是现今倡导建设"和谐社会"最重要的理论依据之一。

2.3.4 城市生态系统文化结构

因为"文化"一词某种程度上泛指人类在社会历史过程中所创造的物质财富和精神财富总和，所以"文化结构"也常常是具有多重含义的。但事实上"文化"更偏重针对精神财富——教育、科学、文艺等，所以文化结构也更多地特指人类非物质生产的构成状况。文化是随着人类进化发展出现的特有现象，"文化结构"与人群有着特定的内在联系，因此城市生态系统中的文化结构研究常常与社会结构研究相结合。然而文化虽然是一种群体现象，但是个体作用对文化的发展却是十分关键的，这与社会结构必然的群体性有着本质上的不同。另外，一个城市的文化发达程度与这个城市的经济状况也有着密切的内在联系。城市发展历史一再证明：具有辉煌文明的城市，其文化发展的鼎盛时期往往也是其经济实力最为强盛的时期。

城市生态系统中的文化结构在水平方面的表现为与城市社会的水平结构相关，是与社会水平结构密切联系的各种文化类型间的组合关系，例如：民族、宗教、职业等；而文化的垂直结构则表现为一种主流文化对其他文化类型的统领，这与社会的垂直结构也有着密切联系——主流文化往往就是在社会层级中占有较高地位的人群所崇尚的文化类型。然而这种现象并不绝对，有时会出现错综复杂的情况，例如：当高社会层级的文化类型与大多数社会成员的文化类型不同时，就会表现出具有多种主流文化的情形。

2.4 城市生态系统的物质空间结构

物质空间是城市生态系统所有“城市内涵”的容器，即所有城市功能了系统运行的载体。不论是城市生态系统的主体（人类和其他城市生物）还是城市生态系统的软质环境（经济、文化、社会）的存在和发展都必须依托城市物质空间。首先，城市生态系统的各类主体——人类、动物、植物、微生物都必须依托城市空间进行生存和繁衍。因此它必须满足相应的“栖息地”要求。其次，城市生态系统特有的各种物质性和非物质性生产和各类社会文化活动都必需相应的场所，因此城市物质空间应满足各类“活动地”的要求，它是各类活动发生和相互作用的场所。

在城市生态系统中，城市的物质空间系统的形成与发展所受的制约因素最多。不仅这些制约因素本身就具有复杂的内在机制，而且各个因素之间的相互作用和影响关系也十分错综复杂。为了满足这些众多因素的空间需求，城市生态系统的物质空间系统必须具有相应的丰富程度和多样性。然而单纯的丰富和多样还是不够的——这种丰富和多样还必须配合产生需求的各个功能子系统（经济、社会、自然）内在的有机性和系统之间的相互关系，以发挥相应的城市功能。因此一方面满足不同城市内涵需要的不同类型的城市空间在城市中具有各自不同的作用，另一方面这些互不相同的城市空间又不是相互独立的，它们在城市生态系统各种内、外因素共同作用下，按照一定组织规律结合成一个具有自身内在逻辑性和有机整体性的空间系统。这些“组织规律”就是城市生态系统物质空间结构，它在保证空间系统本身完整的基础上还必须配合其他子系统的运作，所以城市生态系统物质空间结构最为复杂。为了满足对物质空间组合多样性、复杂性、有机性要求，城市生态系统中物质空间子系统与其他子系统的结构具有本质不同：它是目前最为复杂的系统结构之一，等级层次系统的螺旋结构。①

① 具体物质空间结构特点的分析详见第5章城市生态系统物质空间结构的建构演进规律。

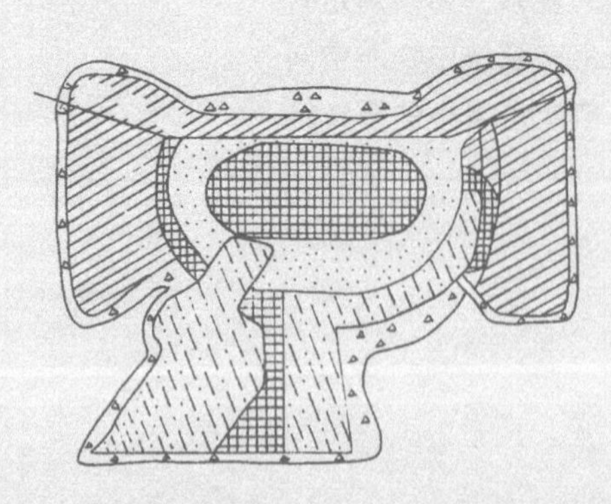

3　城市生态系统空间建设与利用基本规律

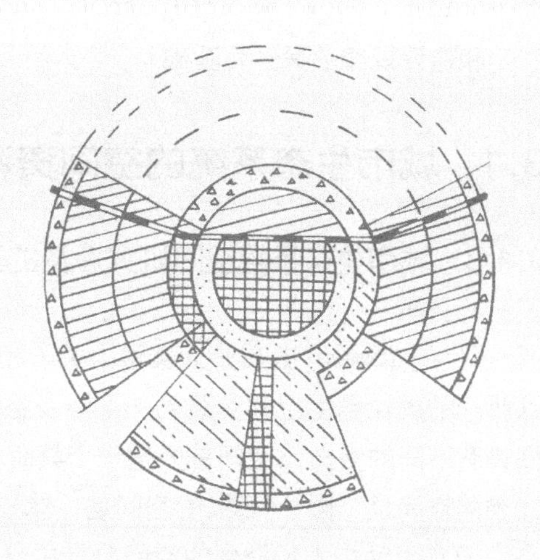

生态系统空间建设与利用研究的重点是针对组成生态系统生命主体的各类生物与其环境系统间的空间互动关系。由于生态系统本身的层级性，对其空间建设与利用规律的研究也常常按层级特点分为两大层面。首先是种群层面：主要研究生物种群内部个体对空间资源的占有和利用模式。种群层面的相关规律是生态系统空间形态结构建构的基础。其次是生态系统层面：重点研究系统内部各生物种群对空间资源的占有和利用模式。由于生态系统内部的生物种群常常集结成不同的生物群落，所以生态系统层面的研究有时也会以生物群落对空间资源的占有、利用和建设规律的探索为基础。

3.1 城市生态系统的空间资源

3.1.1 城市生态系统空间研究涉及的基本概念辨析

• 空间

"空间（Space）几乎是人类最为关心和经久不衰探索与研究的内容之一。……从哲学的理论到生活的实践无一不涉及空间问题。因此从不同的层面上来说，空间具有不同的涵义。"空间首先是一个具有"维"数的物理概念，一维的空间是"线"，二维的空间是"面"，三维的空间是"体"等，由此推导直到n维空间。

日常生活中人们谈到的空间总是由一定长、宽、高所围合，可以容纳一定事物的"体积"，强调的是三维空间。[①]因此一般的研究谈及"空间"也是更多地强调其三维特征，而且习惯于把它归入"形体"科学范畴。事实上，不同研究领域"空间"的基本含义和研究重点都是有所不同的——以本文所将要涉及的三大领域为例：传统的建筑学（Architecture）领域的空间研究主要以"生物人"为基本尺度，探索不同长、宽、高围成的体积和不同大小的体积组合，以及它们所能适应的人类活动类型和人们在其中活动时产生的复杂心理感受。这是一个比较典型的单纯"形体"科学研究方向；传统的城市地理学（Urban Geography）和城市规划学（City Planning or Urban Planning）领域的空间研究更多地以"社会人"为基本尺度，探讨不同类型人类行为和活动在区域范围内的空间投影以及形成这种状况的内在规律；城市生态学（Urban Ecology）的空间研究立足点则是城市生态系统演进过程中以人类为主导的城市生命系统对空间资源的利用和建设规律。

• 城市空间形态

城市空间形态是指城市内部各种类型空间以及空间组合本身的结构、尺寸、形状和组成关系。

"形态"是一个从生物学中借鉴来的概念，它指一种生物的具体结构、形状、尺寸和组合关系——也就是生物的外貌体征。具体的形态研究不仅包括对上述要素的分析和纪录，还包括对一种具体形态形成原因的探索。由此，城市空间形态研究是以业已存在的城市物质空间环境现状为基础，针对的是城市中客观存在的

① 以上两者的概念在英语中十分明了，"space"和"room"不仅单词拼写完全不同，其含义也是迥异的。

具体空间。不仅包括对空间特征的描述、空间建构要素的分析，还包括对空间形式的构成逻辑研究。但就其研究主题而言，虽然也涉及对一种"形态"建构原因的讨论，但是"形态"针对的是一种静态的事实。

• 城市空间结构

"通常是指城市各物质要素的空间区位分布特征及其组合规律，它是以往城市地理学和城市规划学研究城市空间的核心内容之一。"①

简单地讲，城市空间结构研究一方面针对的是对城市内部各种类型空间及空间组合在城市地域范围内的分布特点，另一方面则针对各种空间组合和分布形成的深层规律——直观的往往包括政治、经济、社会、文化等几大方面。它也是以对客观存在和业已形成的物质空间实体现状的分析为基础，但它的重点在于探讨促使空间结合成为整体，从而具有单个空间所没有的新型功能的内在机制。这种研究过程必须与城市内部空间的发展历程相结合，所以"结构"针对的是动态的过程。

上述两大概念所涉及的领域事实上是城市生态系统的物质空间实体系统，是以往建筑学、城市规划、城市地理重点探讨的内容。以其研究成果为基础的城市建设理论，是以往城市物质空间规划、建设的主要依据。

• 城市生态系统空间分布型

城市生态系统在其可能分布的地域范围内实际占据的空间位置、范围及布局形态。

这个概念与生态学领域的"空间形态"概念相关，强调一个具有有机整体性的主体与环境的互动过程。然而本书所涉及的有关空间形态的探讨，既不同于传统的物质空间建设领域所立足的范畴，也不是生态学层面的简单借鉴。所以为避免概念混淆，采用直观表述概念含义的"空间分布型"。所指的是以城市整体为研究单元，城市生态系统内各类功能空间通过整合，在物质空间实体层面上的分布型。

它是以城市的功能空间为依据，从宏观层面对城市与其所在环境（例如地理要素、气候要素等条件）和周边其他生态系统——农业生态系统、自然生态系统、其他城市生态系统之间的空间互动，中观层面对系统内部空间整合，微观层面对具体的空间表象类型进行全面地探讨。旨在从中获取系统整体发展的相关规律。其层次和尺度都高于传统城市空间形态。其研究成果对于城市发展战略方向的选择、新建城市基址的确定、内在功能空间布局及整合、具体物质空间建设都有着广泛而切实的指导意义。

• 城市生态系统空间利用模式②

指组成城市生态系统生命主体的各个物种对城市生态系统空间范围内的空间资源的占有、利用以及对系统内部空间的建设模式。在生态学

---

① 胡俊著，《城市：模式与演进》，北京：中国建筑工业出版社，1995，2~3。转引自段进著，《城市空间发展论》，江苏科学技术出版社，1999年8月第一版，第32页。

② 利用模式包括两个层面——对空间的建设模式和对空间的利用模式。

领域，这种对物质空间的利用与建设模式也被称为生态系统的"空间结构"。为了避免与城市空间结构的混淆，本书中将这一概念用直观的"空间利用模式"予以替代。

由于不同的物种在生态系统中的作用是不相同的，根据其对于系统整体的重要程度划分为生态系统的基本空间利用模式和非基本空间利用模式两大层面。人类是城市生态系统中的优势种和建设种，所以人类对城市生态系统的空间资源的占有、利用及建设模式是城市生态系统的基本空间利用模式；其他城市物种——包括植物、动物、微生物对城市生态系统空间资源的相应占有、利用与建设模式是城市生态系统的非基本空间利用模式。前文所提及的"城市空间结构"事实上是由城市生态系统的空间利用模式所决定的。各种城市生态系统空间利用的总和结成了作用于物质空间环境的"合力"。城市生态系统的各种物质要素具体的空间位置以及相对位置关系都由这股"合力"所左右，而且最终城市生态系统物质空间实体的具体形态也是由它所确定的。

生态系统空间利用与生物的生命过程密切相关，都包含着其生命主体与环境相互作用的"适应和改造"两大过程。生态系统空间形态就是这种适应与改造的结果。由于生态系统空间结构充满着适时应变的生态智慧，所以它会因时、因地、因势产生不同的变化，从而导致生态系统的空间形态也是动态性的。在城市生态系统中生命系统各个组分生存发展的空间需求是城市生态系统空间结构演化的内因，而复杂多变的城市环境状况则是城市空间结构演化的外因，它们共同作用，通过"适应与改造"机制形成了城市生态系统空间结构。虽然城市生态系统的建设种和主导种都是人类，但是人类种群具有迄今为止最复杂的内部结构——不同阶层的空间占有、利用与建设模式不尽相同。这就使得城市生态系统不同空间层级和空间单元的特点随着其主导阶层的不同而变化。加之其他物种非基本结构的影响（最主要的是植物），城市最终的物质空间形态复杂多变而且丰富多彩。

3.1.2 城市生态系统空间资源的基本特点

- "空间"与其他资源的对立统一性

自然生态系统空间资源最为重要的特性是"空间"与"资源"的有机整体性。"空间"既是生存其中的各种生物的生活容器，也是它们获取生存资源的场所。然而就城市生态系统而言，"生存空间"与"资源空间"已经产生了某种程度的分离。城市对于人类的作用就好比是自然界中蚁冢对于蚂蚁的作用一般：是生活的容器，其内部具有构造复杂、分工明确的空间系统，承载除了获取生存资源之外的几乎所有的种群活动。而获取生存资源的场所存在于生活容器以外的地域（空间）之中，对于蚁冢而言是其左近的觅食环境，而对于城市而言主要是农业生态系统。造成这种分离的原因之一是种群的社会分工，只有社会性的种群才具有营造以本种群需求为主导的环境系统的能力。如果这一种群在生态系统中具有主导地位，它的这种特性就将作用于整个生态系统，造成了整个系统的应变并形成与这种特性相对应的系统特点。

正是由于人类社会分工而产生的城乡分离使得以人类为建设种群的城市生态系统出现了结构性破缺，使它必须或至少与农业生态系统耦合才能够存在下去。也就是对于城市生态系统而言，“空间资源”更强调其容纳各种不同人类活动的功能，而不是作为生活资料来源地的功能——因为这种功能已经被另一种人工生态系统（农业生态系统）所主要承担了。然而，人类在城市营建的过程中，又逐渐赋予了城市空间原始“容器”功能之外的新资源 其中以文化为突出代表。这些新资源将满足人类除了生存的最为起码层次需求之外的其他需要，而且这种资源的生成与人类获取空间资源的过程密不可分。所以在城市生态系统演进的过程中，其空间资源表现出以“空间”为本位，其他附属资源不断发展变换动态机制——有的资源因空间特化而从城市空间中分离出去；有的又因为人类活动意义的升华而成为潜在的新的空间资源。这些新生成的资源往往依附在特定的物质空间实体中，一旦这些空间的物质实体消失，这些资源的主体也会随之散失。

案例 3–1：历史街区的资源保护

历史街区保护的根本对象不单纯是这些街区中也许破旧而精美的古建筑或者丰富的街巷景观，还包括蕴含于这些遗留物[①]之中的传统文化。从实用主义的角度“客观”地讲——这些老旧的房舍、崎岖的街道已经完全不能适应现代人类社会的需要，甚至可能还是麻烦——不仅无法保证现代生活的起码品质，还有相当的隐患，例如防火。也就是说这些空间原有的资源价值——也许是居住、或许是生产，大部分都业已流失。但是这些空间中所积淀的传统文化不仅可以为现在的人们带来精神上的享受——美感、灵感或许精神上的回归以及现代社会所缺乏的生存哲学等，同时还可能创造相应物质上的经济收益，例如：观光、旅游带来的三产兴旺；进而可能延续一种文化基因，也许还会有利于未来人类社会的稳定和平衡——某些古老街区本身也许是某种宗教或社会群体的“圣地”。这些资源都是由于人类持续不断地在这个空间实体中活动，才能够得以延承或重新发掘的。这些资源本身必须依附在原有的空间主体中，这些空间消失了——绝大多数派生的资源也会随之丧失。打一个也许不那么恰当的比喻，这些空间就好比是祖先留给你的一张破旧但却存有大额资本的长效加密存折，如果你仅仅因为它又脏又破就随手丢弃，那么你与一大笔遗产擦肩而过；但是，如果你没有找到正确的密码，这些遗产就不能为你所用，它不过是一张破纸；第三，如果你使用不当——只出不进不会正确经营，资本就会迅速消失。

---

① “一个社会普遍存在的物质形态——机器、工具、书籍、衣物等——称为物质文化”由这一论述推断，城市物质空间本身也是一种物质文化，它是“技术水平、可开发资源和人类需求的集合体。”物质文化是社会生活的一部分，人类可以创造和改变物质文化。同时，“非物质文化的所有因素——规范、价值、语言、传统及其他——都必须去适应物质文化。”因此，我们可以说一个时代的软质文化必须要有一定的物质基础——也许是人、物品、建筑或者城市空间。参见：[美]戴维·波普诺著，李强等译，《社会学》（第十版），中国人民大学出版社，1999年8月第一版，第72～73页。

• 空间资源的人为性

生态系统的分布往往与生态系统“建设种”可以生存、并且正常生长的地域范围密切相关。城市生态系统是以人类活动为主导的人工生态系统，随着人类对环境适应能力的逐步增强和能够正常生存领域的不断扩张，城市生态系统也随之蔓延，迄今为止它已经发展成为分布最为广泛的陆生生态系统之一。与另一种同样重要的人工生态系统——农业生态系统所不同，毕竟作物生长还是不能无限度地脱离其演化生成的地域特点，要获得产量稳定、质量上乘的农产品，农业生态系统还只能被局限在“宜耕”地区；而城市扩张在目前的人类科学技术和经济实力的支撑下，已经最大限度地突破了地域和自然环境条件的限制（从最寒冷的极地到最炎热的赤道地区都可以分布，而且也许在将来还会“蔓延”到海洋和外太空）。这种突破也并不是一蹴而就的，而是经历了长期的人类改造和建设活动，使原本不适宜建设的地点能够进行建设。所以城市生态系统空间资源具有突出的人为性：为人所造，亦为人所造。①

• 空间资源的异质性

城市生态系统空间资源异质性源自于地球生命过程必然的随机性和偶然性，也就是资源生成过程中的“黑箱”机制。我们也可以从比较直观的表象层次描述这种异质性：

[1] 任何一个城市建立的地点的原始环境资源条件都是互不相同的。

[2] 任何一个城市的生命主体特征也是不尽相同的。

[3] 任何一个城市人群的社会结构也都是互不相同，甚至差异极大的。

[4] 任何一个城市物质空间环境形成的过程，及其内蕴资源的产生也是各具特色的。也就是说，不论是城市生态系统空间资源的形成基础还是形成过程都充满着各种变数。

• 空间资源的动态性

城市生态系统的空间资源是不断发展变化的。这种特性源于下列几条主要原因。

[1] 空间资源外拓：城市生态系统的发展与人类的发展密不可分，随着人类科学技术水平的提高、人类社会经济实力的增强，越来越多的原先不可能被利用的资源变得可用——这其中就包括大量的原先受种种条件约束而不能建设开发的地域空间。

[2] 空间资源内蓄：随着人类在城市环境中的生存和发展的不断积累，赋予物质空间环境形而上的基淀越是丰厚。在单纯“空间”资源以外的次生资源的蕴涵量越大——这也是一个动态过程。

[3] 空间影响范围扩大：城市生态系统自身的演进发展过程中“体积”的不断增大也使得城市生态系统空间资源的涵盖范围随之扩大。

[4] 环境变化带来资源变化：城市生态所处的地球环境本身即处于不断的变化过程之中，这种外部环境从宏观到微观的种种变化对城市生态系统的影响也会

---

① 前一个“为”读二声，后一个“为”读四声。

造成城市空间资源的应变。

[5] 空间资源的流失：生态系统的发展既有正向演进，也有反向衰退。在演进的过程中，经过积累和开发可利用的资源日渐丰富；而衰退的过程，资源不断流失。

• 空间资源的有限性

科技乐观主义的科学家、规划师、建筑师对未来城市充满了憧憬：海上城市、地下城市、海底城市甚至宇宙城市的设想层出不穷。科技进步的确让人类看到了突破目前资源限制的曙光，但是这种设想的根本原因却是近两个世纪以来由于人类种群激增而日渐增大的资源压力。统计数据表明："全球人均城市建设用地资源只有 $0.03hm^2$。①" 这一数据是以目前科技发展水平为基础、并且考虑到合适的建设经济性所统计而来的。但是这一数据并没有考虑这些用地资源所处地域空间的其他价值——这些用地本身大多是人类经过多年精心耕作而造就的成熟耕地，也就是农业生态系统的核心支撑。在城市生态系统飞速扩张的今天，我们更要注意这样的事实：为了维持地球生命大系统的健康发展，我们必须维持组成大系统的各个子系统之间的平衡。不论是农业生态系统、自然生态系统还是城市生态系统都有相应的职责和存在的价值，一种生态系统的发展不可能无限度地侵占其他生态系统的空间资源。在这样的前提下，向山要地、向海要地、围湖造地以及无限度地向高空发展，这些常规弥补城市生态系统空间资源不足的手段都是不可取的。在地球总体空间资源有限的大前提下，城市生态系统的"发展空间"并不可能依赖高技术无限增加，我们必须正视资源正日益匮乏的事实。图 3-1 所示为城市扩张大量吞噬自然植被和乡村。

• 空间资源的社会性

定居是人类的一种独特生存模式。其独特之处在于定居使人通过一系列的"建设"把自然空间和人建空间有机地组织在一起，形成特殊的人类生境。这种生境空间对人而言才具有切实的价值。定居不是简单的"固定居住"，衡量定居的关键在是否形成了独立的地方社会。没有一个完整的社会体系支撑，空间就犹如一个没有

图3-1 城市扩张大量吞噬自然植被和乡村

① 参见：2002 年 7 月 26 日《中国环境报》（第三版），李利峰、成升魁，"生态占用：衡量可持续发展的新指标"。

蜂后的蜂巢，不具有可持续发展的动力。所以，城市生态系统空间资源能够有效被人利用的前提是社会性，这也是空间资源的价值根源所在。

定居使"空间与人的活动有如此紧密而稳固的联系，从而具有了某种'活性'。"[①]它们的核心功能是人类赋予的，其状态直接反映了人类种群的行为状态，并且因为人类的生物特征而具有了类似"生命活动"的特征——具有孕育、运行、生长、成熟甚至衰落、死亡的一系列遗传和进化规律，这些都是空间资源社会性的直接体现。

3.1.3 自然生态系统的空间资源特性

城市生态系统是在自然生态系统的基础上，经历亿万年的演化发展，逐渐成熟并分离出来，才独立于自然生态系统之外的。因此，城市生态系统空间资源的特性必然与自然生态系统空间资源的特性具有某种程度的共通。在此，我们有必要回顾一下自然生态系统空间资源的相应特点，以利于我们通过对比更好地把握城市。

- 空间资源与其他环境资源的有机整体性

自然生态系统中，空间资源具有两个层面的意义：一是空间——各类生物生长、生活的各种活动所需要的物理性三维空间；二是资源——空间范围内储藏着的各种各样供各种生物生存、繁衍的必需要素。对植物而言，是阳光、水分、各类营养元素；对于动物而言，是食物、空气、饮水、筑巢的物资。空间是资源的容器，资源附生在空间之中，没有空间，资源就没有存在的基础；反之，如果空间中没有足够的资源，空间就不能被生物利用，这样的空间对于生态系统而言是没有意义的。所以，自然生态系统的空间和资源是一个有机整体，不能机械地割裂成单独的实体。

专题 3-1：地球生物个体空间占用级差及空间利用与资源状况的对应关系实例

地球生物个体层次上所占有的空间体积级差很大，从最小的直径只有 10^{-7}m 的单细胞生物到最高大的长度超过 10^{2}m 的红杉树和桉树，差异达到了 9 个数量级。即使只在多细胞生物之间比较，其数量级差也达到了 5 个。所以在自然生态系统中，各个生物生长和生活所需空间大小因生物种类和个体的体积极差而具有很大的区别。

地球上广泛存在未被生物充分利用的空间，这部分空间的共同特点是：一项或多项环境因素超出了目前地球生物的耐受极限，以至于没有生物能够在那里长期生存。例如：广袤的深海。理论上阳光能穿透约 100m 的海水，在此之下的海洋是伸手不见五指的黑暗。但是由于表层水生植物对阳光的综合利用，实际上海面十余米之下，可供光合作用的有效光照就已经十分缺乏。因此深海之中往往没有初级生产者，生物资源匮乏。加之深海十分寒冷，要维持生命必须消耗很多能量，在能量来源无法保障的情况下，目前大部分深海还是生命禁区——对于地球生态系统而言这部分空间的效率十分低下。

① 参见：张宇星著，《城镇生态空间理论》，中国建筑工业出版社，1998年10月第一版，第1页。

• 空间资源生命性

自然生态系统的空间资源与此空间内的生命系统具有紧密的内在联系。由于物质循环的链接关系，一种生物往往是另一种生物的资源。单位空间内的生物多样性越是丰富，空间所蕴含的资源总量也就越大。通过复杂的生物链该空间所能支持生物生存的可能性也越大，生命活动的富集将增加空间的资源潜力。

• 空间资源异质性

常言道"没有完全相同的两片树叶"，这是由于地球生态系统进化过程中必然的随机性和偶然性所造成的。同样受此规律影响，自然生态系统的空间资源具有绝对的差异性和相对的共同性。自然生态系统中没有资源状况完全相同的两处空间，这就是空间资源的异质性。每一种生物生长和生活的资源要求都不尽相同，异质性为生物生存提供了多种可能，它是形成丰富多彩的地球生态系统的根本原因。

空间资源的异质性源自几个方面：

首先，地球地质活动造成的宏观尺度的海陆空间格局差异；大尺度的地势、地貌等地理格局差异；中观尺度的山水格局；小尺度的地形起伏、地质状况；微观尺度的岩土性质等。

其次，地球宇宙节律、经纬度差异、地形变化造成的光资源分布、水循环、空气循环、矿物质循环的不同。

第三，地球生命系统演进发展历程中阶段性的生物基因交换和独立发展造成的全球有机环境的分布差异和生物区系的不同。

• 空间资源动态性

自然生态系统的空间资源处在不停的变化之中，具有动态性。这种变化有一定的节律——宏观尺度的原因是地球生态系统的整体自然涨落和不断发生着的地球内在地质作用；中观尺度是一年四季的自然更替和局部的地质活动；微观尺度是一天之中昼夜交替的变化和各种偶发性的环境状况变化。更何况既是空间利用主体又是空间资源的重要组成部分的生命系统本身就是一个复杂的动态过程。所以自然生态系统的空间资源具有绝对的动态性——无时无刻不处于变化的过程之中。

• 空间资源有限性

自然生态系统空间资源是有限的。这首先是基于容纳生态系统的行星——地球本身物理体积的有限性，尽管也有研究提出地球的体积处于变化之中，但是以一个生态系统存在的时间尺度来衡量，地球本身的物理表面积可以看作一个常数；同时，虽然地球内部复杂的物理化学反应造成的频繁地质活动使得地球表面无时无刻不在发生着"沧海桑田"的变化，但同样以生态系统存在的时间尺度衡量，地球上的海陆面积在一定的时期内也可以看作一个常数。这就使得在一定的时间范围内，可供生态系统存在的原始物理空间是有限的。而且在地球这个行星范围内，海陆空间是辩证统一的。其次，由于复杂（目前尚未完全破解）的宇宙运行规律的影响，地球上的各类资源分布都有着特定的空间规律。而历经亿万年地演化，特定生态系统往往与特定的资源之间建构了固有的适应机制，反应在现象上就是特定的空间（地域）分布着特定的生态系统，超出了这一空间范围，这种生态系统就无法存在。所以从这一规律出发，地球上适应特定生态系统存在的空间（地域）范围都是有限的。

3.1.4 城市生态系统与自然生态系统的空间资源特点对比及相互关联

本书在前文分别总结了自然生态系统空间资源的五大特点到城市生态系统空间资源的六大特点。应该说城市生态系统空间资源的特点与自然生态系统的空间特点具有固有的必然联系，这种联系与地球生命大系统的进化演进的层级渐进性密切相关。以人类为群落标志的城市生物对空间资源的开发和利用都不可能脱离亿万年生物进化所造就的内在基因联系。这种遗传密码使得城市生态系统空间资源的特点源于自然生态系统。当然由于城市生态系统生命主体构成的特殊性，又使得两者之间具有一些本质的区别。

城市生态系统“‘空间’与其他资源的对立统一性”源于自然生态系统“空间资源与其他环境资源的有机整体性”。其核心的意义都在于生存空间和生存资源的关系问题。自然生态系统生命主体的存在空间和资源蕴藏空间是一个有机整体，二者在物理时空上是完全重叠的。这是由于自然生态系统本身的系统完整性和内循环的机制所决定的；但是，由于城市生态系统是一个破缺性系统，仅凭其自身资源不能维持系统运行和稳定。其生命主体具体栖身的存在空间远远小于其获得资源的空间范畴，存在空间和资源蕴藏空间发生了很大的时空交错和异位。在城市生态系统自身所占据的物理空间范围内，作为栖居地的存在空间是空间资源类型的主体。然而，由于城市生态系统生命主体空间建设活动的特殊性[①]——人类是建设的主体，各种精神财富的创造也同时寓于空间建设和利用这一过程之中。在这个过程中随之衍生的新生资源就与物质空间本身结成了不可分离的有机关系——荣而俱荣、损而俱损，其中一者消亡另一者必不能久存。同时在城市之中生活的其他生物物种依然主要遵循它们源自自然的生存规律，既在城市中栖身又在城市觅食。这两种机制所表现出的统一关系与自然生态系统的有机整体性是相通的。可是，城市生态系统生命主体的构建关系与自然生态系统有本质区别——人类具有绝对优势，生命主体相互关系的构建模式也不同于自然生态系统的链网结构，而是以人类为中心的辐射模式。当处在中心枢纽地位的人类种群自我意识无限膨胀之时，就会强烈挤压其他物种的生存空间。这种不恰当的挤压又会因为环扣相连的网状结构通过其他机制反作用于人类，最终往往自食恶果。所以，源自资源分离的“对立”性是不能在城市生态系统中被无限度强调的，然而我们往往忘了这一点……

---

① 而人类不仅仅是物质生存，同时还因精神而存在。有躯壳而无文化在人类看来无异于行尸走肉。

城市生态系统“空间资源的人为性”与自然生态系统的“空间资源生命性”涉及的主题都是生态系统生命主体与空间资源的关系。对于自然生态系统而言，生命主体之间互为资源的食物链网结构使得只有可能让生命存在的空间才能成为被建设和利用资源；而在城市生态系统而言，人类的能动性和主导性使得只有能够被人类所开发和利用的空间才能成为城市相应城市生态系统的空间资源。

论及空间资源的异质性、动态性、有限性，城市生态系统与自然生态系统的共通点就更多了。地球这个行星进化过程中所造就的两者共同的固有宏观环境背景是两者都必须尊重的前提条件。但是谈到两大类型系统内部各自的运作特点：(1) 自然生态系统的异质性更强调自然进化过程中固有的、绝对的差异；而城市生态系统则强调城市生态系统建构过程中生命系统建构和伴随其生命过程的相对差异。此时的绝对差异已经成为了相对差异的基础。(2) 同样，自然生态系统的动态性强调与自然节律相和谐的周期性变化。而城市生态系统的动态性更多地集中在探讨随着人类认识水平和科技能力提升将更多的资源为己所用的过程，当然也包括整个地球环境随着人类大规模改造运动所产生的种种应变，而这种应变不会仅仅是如人类所预期的那样。(3) 有限性对于自然生态系统而言是适应机制的作用极限问题，而对于城市生态系统则强调在一定条件下人类能力的极限问题。但是，其中更重要的潜在机制是人类的自持发展。因为就今天人类所具备的能力而言已经足以毁掉整个地球了。

“社会性”是城市生态系统空间资源的独有特征，这是由于其生命主体的主体——人类乃社会性生物所决定的。人类不是个体生存、而是社会化生存，人类社会的存在超越了个体的生死，人类所赋予空间资源的所有与人相关的特性都是通过群体的社会行为所造就的。

3.2 人类种群的空间利用规律

人类这一生物种群的绝对主导地位是城市生态系统与其他生态系统最大的不同。所以，要研究城市生态系统的相关问题，必须了解人类及人类社会的相应特点。

3.2.1 人类及人类社会的基本认识

• 人类的进化发展与地球环境

人类究竟诞生于何时，我们尚不能确定准确的时间。目前的考古发现研究成果表明：”人科的出现大约是在 700 万年以前，人属大约出现在 250 万年前。180 万～100 万年前，具有较大脑容量（平均 656ml）的化石种称为‘能人’；150 万～20 万年前，脑容量从 800ml 进化到 1200ml 的化石种称为‘直立人’；我们现代生物学人种——‘智人’出现在大约

20 万年前，脑容量从 1175ml 增加到现代人的大约 1400ml。”[①] 在人类诞生的最初数百万时间段内，由于改造环境的能力较弱，而且总体数量较少、分布稀疏，因此对地球整体环境影响并不大。从某种意义上看，当时人类与一般大型动物在生态系统中的作用没有太大区别。尽管他们已经具有了其他动物所不具有的积极改变环境的某些能力，例如用火。但是事实上人类依然是以消极适应环境为主，是自然生态系统的组成部分。

开始于大约在 1.1 ～ 1.3 万年前新石器时代的农业活动把人从自然生态系统中分离出来，人类创造了第一种与自然生态系统运作机制截然不同的人工生态系统——农业生态系统，进入了农业文明时代。这也是人类开始大规模改变地球环境的开端，在随后的一万多年时间里，随着人口数量增加、能力增强，人类生产和生活的领域显著扩大。地球环境开始受到人类活动的强烈干扰——人们大量地砍伐森林和破坏草原以用于农业种植和居住。到目前为止，人类已经几乎开垦了地球上所有能够被用于农耕的土地，为此几乎所有的落叶阔叶林都被砍伐殆尽，只在交通极为不便的山区留有残迹。“据估测，历史上森林生态系统的面积曾经达到 $7.6 \times 10^8 hm^2$，覆盖着世界陆地面积的 2/3。在人类开始大规模砍伐之前，世界森林面积为 $6.0 \times 10^8 hm^2$，占陆地面积的 45.8%。至 1985 年，森林面积已经下降到 $4.1 \times 10^8 hm^2$，占陆地面积的 31.7%。”[②] 有些地域的局部生态系统还因为人类农业开发而遭到了结构性破坏，严重的水土流失、水旱灾害频发和沙漠化——中国的黄土高原和阿拉伯地区的小亚细亚就是典型例证。

二百多年以前，人类进入了工业文明时代。大规模、集约化的工业生产使城市从农业生态系统中分离出来，成为更为重要的独立人工生态系统。工业生产不仅把大量埋藏在地下的矿产资源开发出来，重新投入到现在的生态系统中。同时还创造了许多自然环境中原本没有的物质，这些新物质中的许多都是全体地球生物（包括人类自身）所不熟悉并难以忍受的，单纯依赖自然力往往无法有效降解。这些物质也被人类强行加入到地球物质循环的网络之中。这些做法都加重了现在地球环境良性循环的负担；工业发展同时还促使了农业对地球环境改造能力的进一步增强，加速了人类对地球整体系统结构的改变。随着全球交通网络、信息网络、市场机制的形成，污染也在全球蔓延，由此造成了前所未有的全球性环境难题——地球上已经很难再找到一块未被污染戕害的净土。

总之，在人类诞生之后 700 万年的时间段内，人类已经由系统中的一般因素上升为主导因素，人类活动逐渐成为影响和控制地球表层系统中能量流、物质循环、信息传递和系统演变方向的重要因素。

• 人类的生物特性

任何针对人建空间环境的研究都不能脱离“人”的生物本性。这种生物本性

---

① 这一组数字只是一个被引用的最多、最常用的数据。在不同的书籍和报告中往往对人类诞生时间有不同的解释，主要是因为所采纳的考古资料的不同，以及对是否是“人”的评价标准不同而造成的。也许新的考古发现会进一步更新整个理论体系。参见常杰、葛滢编著，《生态学》，浙江大学出版社，2001年9月第一版，第293页。

② 参见：常杰、葛滢编著，《生态学》，浙江大学出版社，2001年9月第一版，第252页。

是人作为一种地球生物，在漫长演化、发展过程中逐渐形成的。它既与人类诞生的自然生态环境有着密切的内在联系，也与人类发展进程中的各种积极与消极应变的固化有关。首先，不论我们用多么优美措辞美化和神化人类自身，都不可能掩盖一个基本事实——从生物学的角度认识“人”不过是一种动物。作为动物的人在自然界中存在了数百万年，这一段发展历程所赋予人类的生物本能决不会因为近一万年来人类成为了“万物之灵”而消失。客观地讲人类的生物本能是一切人类其他属性的基础，个体的“人”不可能脱离它而存在，所以对“人”最基本层次的认识是“生物人”。

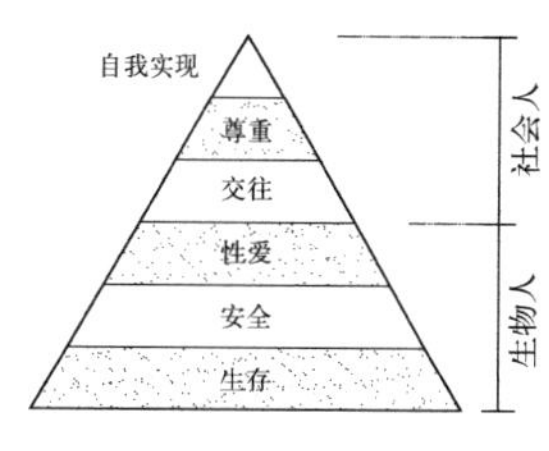

图3–2 人类需求层次模式图

其次，在演进的过程中，为了适应严酷的自然条件，谋得最大的种群生存利益，从本物种的基因特征出发，人类逐渐形成了集群型的种群空间形态——在种群的分布范围内，人群总是聚集在一些独特的“资源点”上。由于这种格局具有突出的竞争优势，这种最初松散式的群居方式在“物竟天择”过程中结合得日渐紧密，其竞争优势的正向推动力促使“集群”逐渐内化为人类种群的内在组织结构，使人类成为了社会性生物。[①]所以对“人”第二层次的认识是“社会人”。

“生物人”强调的是人类种群普遍的生理特征，“社会人”则突出人类种群独特的组织特征。在人类需求金字塔所反映出的六个基本层级来看：生存⟶安全⟶性（繁衍）⟶交往⟶尊重⟶自我实现，前三个层级都立足于“生物人”，而后三个层级则是“社会人”的必须（图3–2）。“生物人”对空间资源的利用模式反映了人类生存最起码的空间需求，是人类社会存在的基础空间；“社会人”对空间资源的利用模式则反映了人类种群内部不同层级对空间资源的不同需求与支配、建设特色，是促使人类种群进一步发展的高级空间。人类的空间需求是一种递进式的关系：前者是后者的基础，在前一个层次的需求尚未得到充分满足的情况下，系统不可能对后一个层级的需求进行有效支持。

专题3–2：种群的社会结构[②]

社会是集群的一种，也是集群的最紧密形式。出现了社会性的生物种群已经不再是简单的同构系统，[③]其内部已经开始出现一种结构性差异，个体之间具有明显的分工。社会是种群系统进化的最高阶段。种群内个体的这种分工合作，实现了自组织升级而形成系统。社会的出现使种群能够最

① 这里的“社会”一词是生物学意义上的“社会”，其含义是集群得一种类型。生物的集群分为暂时性集群、季节性集群和社会性集群三种类型。

② 参见：常杰、葛滢编著，《生态学》，浙江大学出版社，2001年9月第一版，第118～119、第137页。

③ 组成生命大系统各个层级的子系统，分别属于三种不同的系统类型——完全系统、破缺系统、同构系统，它们分别具有不同的系统特点。而种群属于同构系统。参见常杰、葛滢编著，《生态学》，浙江大学出版社，2001年9月第一版，第301～302页。

大限度地超越个体的生死，[①]从而适应更广泛的环境范围、获得更多食物、取得更高的环境容纳量。在生物种群内部形成了严密分工合作的社会性生物种都是适应力最强、分布范围最广的物种，如：蚂蚁、蜜蜂、灵长类（特别是人）。

社会结构的基础是社会等级（Social hierarchy），[②]社会等级的数量和配置状况构成了种群的社会结构。[③]社会等级的突出表现是个体之间地位的不平等：它往往赋予种群中强者诸多优先权，例如：取食权、交配权等。在物种整体而言，它有利于种族优势基因的保存和延续。社会等级确立的过程往往会消耗种群许多能量，所以自然生态系统中稳定的种群往往发展更快。主要的生物种群社会类型有：昆虫社会、灵长类社会、人类社会。在已经形成社会结构的生物种群中，人类的社会结构最为复杂。但是人类社会的结构虽然复杂，却不是进化程度最高的。昆虫社会的结构虽不复杂，但社会组织却高度发达。最重要的特点表现在它的分工与合作上——这种分工不仅体现在个体行为之上，而且体现在个体生理结构的分化上。伴随着社会昆虫的分工发展，个体已经逐渐丧失了独立性，只有同时加强社会内个体之间的联系与合作，通过整合作用（integration）构成社会整体，种群才能进一步生存和发展。

3.2.2 人类种群的空间分布型

- 人类种群不同发展阶段的空间分布[④]特点（图 3-3）

在人类社会不同的发展阶段，其种群的空间分布是不断变化的。在自然生态系统中，大部分动物与空间的对应关系缺乏相对独立性和稳定性——同样一块“场地”，可能在这个时期被这种生物占据，而过一段时间又被另一个物种占领。即使是空间固定性最强的营巢动物，其巢穴空间大多数也是时时变化的。人类在没有定居之前，也是如此。这个阶段，人类种群的空间形态是集群型的——种群内的个体结成集团集中分布在种群掌控范围内的某些特殊资源点附近，例如：在果实采摘季节集中于某种果树林之中。但是当人类开始定居，其种群空间形态就发生了彻底变化——定居把人类与特定的环境空间对应起来：具有了选择定居地的随机性和定居的稳定性。而人类种群空间形态也就此分为了两大层面：其一是定居地在大空间范围内的分布型；其二是个体在定居地范围内的分布型。

---

① 尽管蚂蚁和蜜蜂的种群还不能完全超脱于其蚁后和蜂后的个体状况，但是灵长类社会已经几乎超越了主导个体的生死对种群的制约，尤其是人类社会。

② 社会等级（Social hierarchy）是指动物种群中各个个体的地位具有一定顺序的现象。

③ 社会性动物在某一个种群社会中的社会地位的总和。

④ 生态学领域与城市规划领域有关“空间形态”的定义有很大的区别。在生态学领域，生物种群的空间形态：指种群内（个体）分布型（internal distribution pattern），是组成种群的多个个体在其生活空间中的位置或布局。大致可以分为以下三种类型：集群型（clumped）、随机型（random）和均匀型（uniform）。为避免与城市规划领域“空间形态”概念混淆，本书中特地将生态学领域“生物种群的空间形态”用直观体现其内涵的“XX种群的空间分布型”替代，以便城市规划领域的读者进行理解。

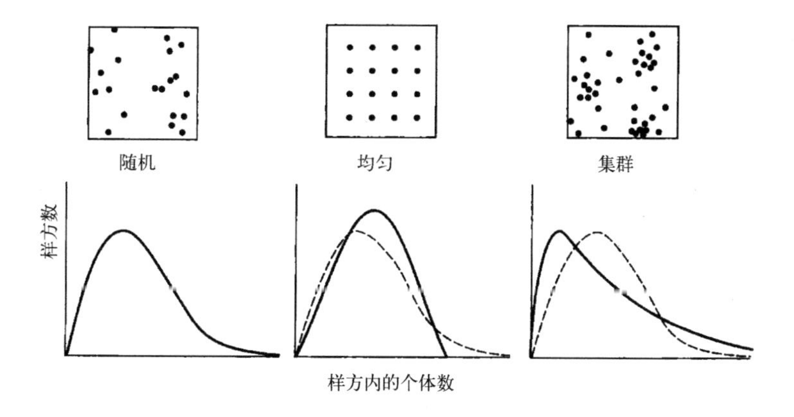

图3-3　自然生态系统生物种群空间分布模式

前者随着人类定居的不断发展而演化成城镇体系的空间布局形态，主要随着区域社会生产水平变化。在自给自足的农耕时期，其分布型受土地资源的约束——定居点的分布与宜耕土地状况密切相关。在资源分布均匀且极大丰富的地域，定居点散布的理想形态是随机型的。后来伴随着人口增加、社会生产力提升，定居点之间的竞争使得其空间分布形态逐渐转化为均匀型。社会生产力水平进一步提升产生社会分工之后，定居点的自我封闭状态被打破，相互之间的交流形成了空间区位[①]资源。定居点也逐渐因此分化，建立了相互隶属的空间层级，定居点的均匀状况也随之被打破，逐渐向着这些特殊资源富集地汇集，从而又转化为集群型形态（图 3–4）。

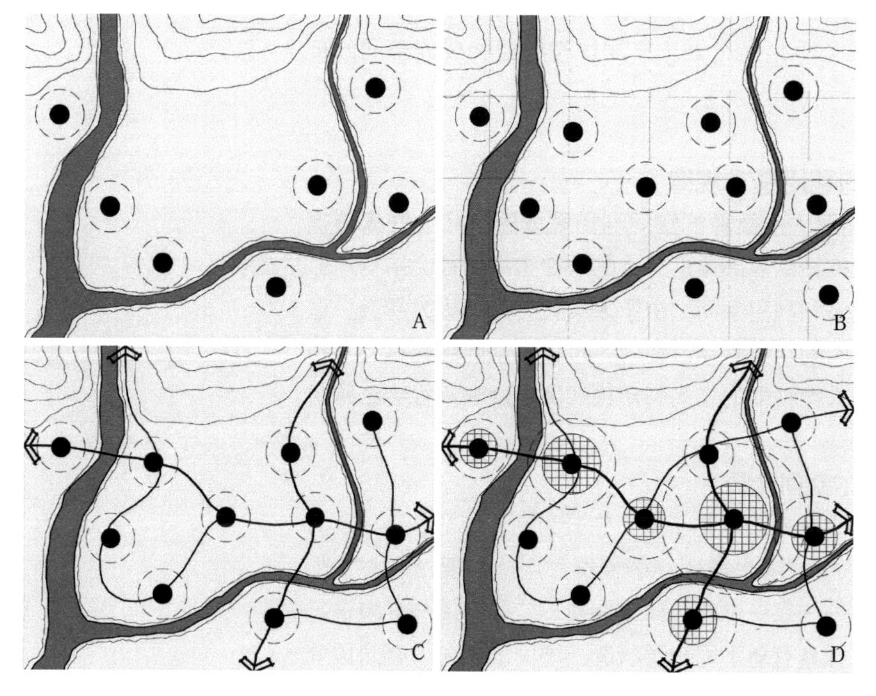

图3–4　人类聚居发展一般模式图
A．聚居发展第一阶段（资源约束型随机分布）
B．聚居发展第二阶段（资源约束型均匀分布）
C．聚居发展第三阶段（交通发展形成新空间资源）
D．聚居发展第四阶段（区位资源导致交通干道集群模式）

① 最简单的例子就是由区域内交通系统产生带来的空间区位资源。

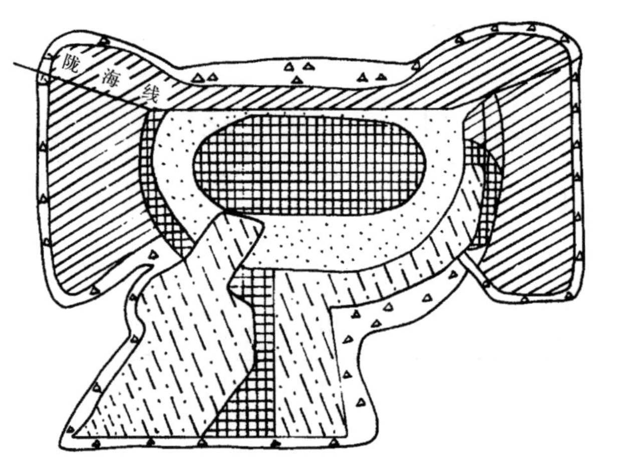

图3–5 西安市居民按职业构成的空间分布情况

图纸来源：王兴中等著，《中国城市社会空间结构研究》，科学出版社，2000年6月第一版，第30页，图3–5。

• 人类种群不同社会组织层面上的空间分布特点

人类个体在定居地内部的空间形态更为复杂。造成这种现象的原因来自两大方面：首先是人类具有强大的环境改造和空间建设能力。每一个个体常常会与一系列具体的物质空间相对应；其次人类是社会性的生物，具有最为复杂的社会结构。错综复杂的社会张力，常常使个体层面上的空间形态变得模糊。然而"物以类聚、人以群分"，本质上个体在定居地之内的空间分布是集群型的。在不同的空间层面上，个体会结成不同的集群，例如：邻里层面上结成以家庭为单元的集群，社区层面上结成业缘集群。而现实中显现的具体形态表象是由所有的这些集群形态叠加而成的，从而模糊了它的根本特征。图 3–5 所示为西安市居民按职业构成的空间分布情况。

3.2.3 人类种群的空间利用基本规律

从生物习性的角度理解，人类种群空间利用采取的是社会性集群模式。经过漫长的演进，人类种群内部通过一定的内在组织（社会结构）形成一个有机整体，共同建设和利用空间。由于人类社会结构极为复杂，这种组织关系映射到人居空间的组织利用过程中，也使其空间结构具有了相应的复杂性。直观地讲，人类种群的空间利用模式突出反映其社会结构组织状况。

• 规律 1：人类生存的空间需要

人类生存的空间需要与一般的生物不同，它分为两个部分。

一是作为基础的个体（或者是家庭、小种群）空间需要。它与其他生物的空间需要规律相通——每一个有机体都需要一定的空间与环境进行必要的能量物质代谢。同样具有随不同资源状况、不同的生长发育阶段变化的相应规律。例如：空间需求随环境资源变化的规律使得清代地力贫瘠的山西省"一亩"的面积十倍于物产丰饶的江南地区；为了种群繁衍，人类成年个体的空间需求也大于幼年个体的空间需求，也具有栖居、"取食"、种群的交往和繁衍、心理健康的空间需求等几大层次。[①] 这些要素综合形成的基本空间需求是人类这一物种的重要特征，虽然随人种不同会有一些差异，但是其所需资源总量的特征基本类似。在相似的自然、经济、社会环境条件下，特定层次的空间需求总有一个最大限度。

二是社会性的空间需要。人类种群不是简单的个体或者小家庭的集合，而是通过复杂的社会关系组织在一起的。社会关系形成的纽带是种群内部的各种社会互动，这些社会互动的空间需求就是人类的社会性空间需要。但是社会性的空间需要并不是完全与个体无关——人类社会的每个个体都有不同的社会层级定位，每个社会层级不同社会活动的空间需求各异。经过长期演化，一些社会性的空间需要就与特定的社会阶层挂钩，从而内化为这个阶层个体的空间需要。一般来讲不同社会阶层的人的空间需求不同；社会阶层在社会组织结构体系中的地位越高，该阶层个体的空间需要越大。比如：氏族首领的空间需要远远大于普通的氏族成员。由此在人类社会中产生了这样的现象——对空间的占有在某些时候成为了个体或家庭社会地位的象征，一定的环境条件下，控制空间资源越多的人，其社会地位也越高。如果实际控制的空间与社会地位不符，这种状况对于个体而言就是不稳定的。有的社会性空间需要独立于个体之外，却是组织人类社会所必不可少——是人类特有的群体性公共空间需求。这部分空间需求随人类社会组织层次变化，组织层次越高、涵盖的人群越大，其空间需要越大。比如，社区层次的公共空间需求大于邻里层次的相应需要。

人类生存的空间需要与一般生物的另一点不同在于它的与时俱进。不同的社会经济发展水平下，人的空间需要不同——社会越发达，社会成

① 生物生存的空间需求分为多个层次：栖居的空间需求——植物的地面和土壤中生长的空间范围、动物营造巢穴的空间范围（包括巢穴本身和保证巢穴安全、隐蔽的环境空间）；"取食"的空间需求——对于植物而言主要分布于地面之下的土壤空间中，它是指通过蒸腾作用等生命活动所形成的液压提升力，植物所能吸收到的营养元素分布的空间范围。对于动物而言则指保证其生存的足够食物获取范围，它的面积大小与"食物"的分布和生长状况密切相关；种群的交往和繁衍的空间需求——这是满足物种基因传承的重要空间因素。对于植物而言表现为不同的传花授粉机制下，同种生物可分布的最大范围。对于动物而言则是在促进基因优化机制下，可供交配的同种生物分布的最小范围；心理健康的空间需求——自然环境中的每一类生物都是自由自在的，它们按照自身亿万年来逐渐演化形成的固有生活规律悠闲自得地生活着。生命充满着对"自由"的向往，越是高等的生物，这方面的需求越是强烈。空间需求是物种的一个重要特征，特定种群总有一个最大密度。

生物种群的种内空间利用之基本规律——（1）体重越大的生物，其空间需要越大：它们需要更多的空间以提供足够的生存资源。（2）对同一种生物来说，环境资源丰富的情况下，空间需求就会适当缩小，而环境资源匮乏时，空间需求会相应扩大。只有这样才能保证个体与环境进行正常的物质能量交换，获得足够的生存资源。（3）种群内成年个体的空间需求一般大于幼年个体的空间需求，这不仅仅因为一般成体的体重和体积都大于幼体，更重要的是成体需要更多的空间满足幼体所不具有的繁衍种群等功能的空间需要。

员个体的空间需要越大。有人质疑随着社会生产力的发展和科学的进步，养活一个人所需要的土地面积是不断缩小的。然而这种观点忽视了一个事实，人类的空间需要不仅仅处在生存和单纯繁衍的层面上，社会性的空间需求随着社会发达在个体空间需求中所占的比例越来越大。这种增加的幅度是远远大于"食田"的缩减幅度的。而且人类的空间需要不可整体逆转，[①] 否则会带来人类社会的剧烈震荡。有些特定时期形成的空间需要会以某种"文化"或"习俗"的形式根植于某些特定的人群之中。如果这部分空间需要未被尊重或难以满足就会导致人类种群之间的强烈冲突。

- 规律 2：领域

领域指生物个体、家庭或其他社会群体（social group）单位所占据的，并积极保卫不让同种其他成员侵入的空间。经历了数万年的发展，人类种群的领域行为已经演化得十分复杂。然而，究其根本与普通生物的领域在本质上依然相通，具有下列特点：(1) 社会地位越高的家族，其领域范围越大；(2) 人口数量越多的家族，其领域范围越大；(3) 领域行为和面积大小常常随着家族社会地位、人口数量变化。

其次，在城镇体系之中：(1) 总体经济实力越强的聚居点，其领域范围越大；(2) 总人口数较多的聚居点，其领域范围越大；(3) 在地方社会组织体系中地位越高的聚居点（比如区域盟主所在地），其领域范围越大。在对生存资源进行控制的强烈意愿驱使下，人类的侵略性和领域行为是所有生物中最为突出的。为了争夺水、田、林而发生的械斗从古至今都存在着，即使是在社会文明已经高度发达的地区，这种行为依然时有发生。由此，人们不得不制定各种法律、规定、约定来尽量避免冲突。在更高的层面上，例如国家，其领域——国界已经被上升为神圣不可侵犯，一旦出现争端就极有可能演化成地区甚至全球性的灾难。事实上人类的领域行为已经超出了单纯的空间范畴，在社会、经济、文化[②]的各个层面上都有体现。

与自然界的各类动物通过自己的气味、叫声划分和标定领域的行为不同，人类的护域行为与空间建设紧密结合起来——强制性的领域通过壕沟、防护墙、栅栏甚至电网等杜绝通过行为的空间形式予以标定，越过这些界限就是公然的入侵；暗示性的领域则通过地坪的高低变化、台阶、栏杆、矮墙、门罩、门槛等人为增加通过难度[③]的一些空间形式来进行标定，使进入这个区域的人产生心理上的不适——从而尽早尽快离开。这种软性的约束力是以人们利用和建设物质空间体系过程演化形成的心理空间定式为基础的。

① 例如：城市平均人均居住面积是随着社会进步而逐渐增大的，个体在特定发展时期其空间的占有量可能会有所缩减，比如社会新鲜人刚步入社会，他的居住面积可能会比在父母身边时有所缩减——但这种缩减是暂时性的。如果一个社会的人均居住面积处于缩减状态，常规意义上代表社会发展遇到了大的麻烦。

② 比如发达国家在技术输出方面对先进技术的封锁，就可以看作是领域行为。

③ 这个难度不仅仅是具体行为上的，还包括心理上的。比如门罩并不妨碍人们的通行，但是对于不属于门罩内成员的人来说，它具有等同于一道真实门的心理暗示作用。

3.2.4 人类种群空间利用规律的内在深层机制

• 种群密度制约原理

一定区域范围内，人类种群有一个最为适宜的种群密度范围。

密度制约是生物种群自我调节的基础。人类发展同样遵循阿利定律（Allee's law）：[①] 在一定区域范围内，有一个最为适宜的种群密度范围。低于这个密度水平，尽管环境资源极其丰富，但是由种群内部个体之间相互作用而产生的社会性需求过弱，无法达成对社会发展的有效促进——整个种群的演进显得动力不足，总体发展比较缓慢；而种群密度过高，必然会产生对资源的激烈竞争，导致个体之间摩擦加剧，社会运行成本大大增加——整个种群内耗严重，总体发展也会受到遏制。只有处于适宜的密度水平下，才能最大限度地发挥"聚集"的正效益、规避环境资源不足的社会风险，保证整个种群发展的平稳和谐。

种群与所处的环境构成了一个有机整体的系统，环境往往有个允许容纳种群数量的最高水平，称为环境容量。超出这个整体水平系统将会崩溃。种群通过自我调节维持与环境的平衡状态，使种群的密度维持相对的稳定，保证种群整体的长期生存，达成种群平衡。这种平衡处于不断变化的动态过程之中，当种群密度偏离此水平时，种群就有返回的倾向。人类种群的稳定性也是由种群的内在调节因素（endogenous）和外在调节因素（exogenous）共同作用的结果。前者表现在生理、行为、遗传的调节机制；后者包括气候、捕食、寄生、种间竞争等方面。随着人类科技昌明，外部调节因素对人类种群的调节幅度越来越小——流行性疾病在三百年前动则造成数百万人死亡，然而现在如果出现上百人死亡就已经是极为严峻的公共卫生事件了。所以，要维持最佳的种群密度，只能依赖于人类种群的内在调节。

人类种群的密度会随着社会环境条件变化。它与整个社会所提供给个体的发展机会成正比，机会越多的环境下人类种群的相对密度越高。但

---

① 在自然环境之中如果种群密度过小，虽然每个个体生存的空间和资源都很丰富，却有可能因为种群内的负竞争效益（负竞争是生物的种内竞争的三种模式之一：在种群密度过低情况下，种群的出生率随密地增加而增加、死亡率随密度增加而降低，此时的竞争为负竞争。）导致种群灭亡。在这种情况下，生物养育后代的成功率与密度成正比。数量较多的个体有利于个体间合作的开展——可以抵御其他生物的侵害、形成有利的小环境，有些生物还可以提高对胁迫的耐受能力。逆密度制约下的出生率和死亡率将使种群在低密度情况下趋向于一个相变临界点，低于此点时种群将趋于灭亡，此点就是生物保护学中的最小可存活种群。密度上升到一定阶段时，种群的出生率和死亡率不随密度变化，个体之间开始产生一定的竞争，但几乎不会造成种群增长率的改变，种群进入分摊竞争（分摊竞争是非密度制约的）阶段。随着密度的进一步升高，种群领域内的空间和资源总是有限的，种群的增长和密度的关系转为负相关——随着密度增加、竞争加剧，种群的死亡率上升而出生率下降。个体间展开激烈的争夺竞争出现种群自疏（生物种群在其内部密度增高到一定程度时，出现激烈的种内竞争，导致个体死亡降低种群密度的现象。）现象。所以种群有一个最适密度，过密和过疏都会对种群产生不利影响，这一规律被称为阿利定律（Allee's law）。

不论哪一种情况下个体都倾向于控制更多空间（领域）和资源，以获得相对优势。这是个体的一种自然本能。所以即使是在各种条件均十分良好的情况下，人类种群也会出于生理或遗传的原因而调节种群内个体的死亡率和性成熟发育速度和比率，以保持适宜的种群密度——这也是为什么种群密度较高的城市地区人口出生率远远低于密度较低的乡村区域的根本原因。因此对于个体或家庭这种人类种群的构成单元来讲，有一个最小空间需要，它是起码的生存条件。不仅仅包括衣、食、住、行的最小空间尺度和相应活动的私密性要求，而且还要有足够的空间供人们进行健身活动和放松情绪以维持人群的生理和心理健康。

- 环境资源获取经济性原理

以最小的代价获得最大的生存收益。

案例 3–2：适应地方气候、环境特色的羌寨建筑（图 3–6）

羌寨特殊的密集建房方式可以有效减少外露山墙，降低建筑热能损耗；同时街巷垂直主导风向，并立体穿插于房舍群体之中，以使街道中的热量散失速度减慢；独特的住屋开窗方式（斗窗、升窗）避风向阳也减少了室内热量通过门窗的散逸、立体式楼宇形式减少了房顶面积，也可减少通过房顶损失的热量；住屋底层为杂物房等次要房间可以屏蔽潮湿阴冷，顶层为粮仓防止透风散热，将中间最舒适的楼层留给人居住。这些措施都是在无法有效采暖、维持适宜温度的情况下，适应岷江河谷高山气候（气温年较差日较差大，有漫长寒冷的冬季）最大限度保温并改善村寨内的小气候，提高生存环境质量的有效措施。这种空间利用模式就是力图最大限度地获得采暖经济效益的特色模式。

图3–6　层层叠叠的羌寨屋顶

案例 3–3：村庄分布的时空规律

村庄领域的基本规模由人类的时空感决定，一般来讲人类“家”的时间心理界域为 5 ~ 10min；到工作地比较适宜时间心理界域为 45 ~ 60min；这种时空感受根本上是由人类的生理特点决定的。一个人一天的精力是有限的，在这个总体限度内尽量的增加直接创造财富的时间、压缩其他活动的时间，是提高劳动生产率最简单有效的方法。直观来看，离家太远的农田不利于田间管理和看护劳动成果（野生动物、小偷）。事实上，即使没有其他威胁，距离太大使过多的能量消耗在没有创造经济价值的交通活动之中，也是不合算的。因此，村庄具体的时空范围决定于村庄形成和发展时的主要交通方式。

所以步行时代适宜的耕田距离一般都控制在离自己居所1.5km范围内，这样中午还可以返家吃午饭；超出这个距离，只能带饭到地头。耕田的极限距离大致控制在2～3.5km范围内，前往超过这个距离的地点工作就是不切合实际的：太多的精力都浪费在走路上，耕种就不合算了。在资源分布均衡的平原地区，村庄的分布大致保持2～3km的距离，呈现一种均质状态，而在资源条件分布不均衡的山区，村庄分布则向宜耕地带聚集，呈现集群状态，这都是由生存资源获取的经济性原则所决定的。图3-7所示为川西平原上均匀分布的聚居林盘。

图3-7　川西平原上均匀分布的聚居林盘

"顺应自然、因地制宜、就地取材"，是我们对空间建设地方性特色最经典的概括。事实上这种规律是基于一定条件下空间建设的经济性原理。就近获取资源能够节省大量的劳动力成本；顺应当地的气候、地形等自然环境宜于"物尽其用、地尽其力"，这些都是在有限的资源和技术条件下最大限度地创造价值，增加劳动经济性的需要。

- 存在空间资源空间辩证统一原理

人居聚落[①]范围内要满足相应人类种群各种生存活动的全部空间需要——是功能空间、社会空间、意识空间的三位一体。

人类聚居形成聚落，"从空间属性上看，聚落不仅是满足生产、生活活动的功能空间，而且也是反映某种生产关系和社会关系的社会空间，进而又是反映聚落群体共同信仰和行为规范的意识空间。换言之，聚落是功能空间、社会空间和意识空间三位一体、重层结构的统一形态。"[②]理解这一原理必须与人类聚居发展过程结合。自给自足的时代，封闭性聚居场所——村庄的空间范围内要满足村民几乎所有衣、食、住的基本生存需要，在村庄所属的人类种群空间范围内，"取食"场所与"栖息"场所是辩证统一的：宅地多一分，则食田少一分。大多数村庄内的空间利用都有一个基本原则：宅地发展不会超出一个既定的空间范围。当人口增加到超出正常空间容量，打破了宅地与食田的平衡，多余的人口就必须迁出——否则整

① 所谓聚落，就是一定的人群聚集于某一场所，进行相关的生产与生活活动而形成共同社会的居住状态。参见：周若祁、张光主编，《韩城村寨与党家村民居》，陕西科学技术出版社，1999年10月第一版，第3页，第一章农耕聚落的原型。

② 引自：周若祁、张光主编，《韩城村寨与党家村民居》，陕西科学技术出版社，1999年10月第一版，第3页，第一章农耕聚落的原型。

温馨的小型空间（欧洲的街头）

宜人的中型空间（杭州杨公堤公园内）

壮观的大型空间（北京天安门广场）

图3–8 不同尺度的空间所表达的不同情绪

个系统就会走向崩溃。[①] 所以一般村庄的发展具有自然的自律性，不会无限制地扩大。开放性的城镇生态系统也是"取食"场所与"栖息"场所的辩证统一，虽然整个系统的平衡必须仰赖外界一定的能量输入，但是能量的分配和转换活动都发生在城镇生态系统特定的空间体系之中。这种现象是存在空间和资源空间的辩证统一原理的最初级体现（参见：第四章之"村庄的启示"一节）。

人类定居创造聚落不仅仅在于简单地满足人类某些空间需要——比如需要盛水就创造水罐，由此需要居住就修建了房屋。这种功能需求只是空间建设的本位。人类空间建设行为发展初期，在不同功能空间组织的过程中反映当时人类社会的组织结构模式是一种自然而然的自发行为。可以看作事物发展的一种"结构"转移现象——相关的事物组中，后发展的参照先发展的进行组织，导致二者在结构上的类似。这是地球生命演化的一种客观自然规律，是人类生存智慧的体现（现在人类发明的大量"仿生"行为也是这一规律的体现）。久而久之，这种空间形态或空间组织结构就会具有与社会结构对应的象征意义，在功能空间的基础上演化形成了社会空间。最为极端的情况是对某些空间建设的社会意义甚至会超越空间使用功能本身，比如中国古代对皇城空间的"礼制"规定使得修筑宫室成为了一种独特而神圣的社会行为。特定族群对空间的不同建设和利用模式还会被特化成某种文化，比如大的坡屋顶建筑形态会被认定为"中国风"，这是社会空间的另一重体现。

人们在定居的过程中还会逐渐把自己对环境事物的认识抽象地灌注在了所建设的空间里——比如人类会把某些情感与特定的空间形态联系起来，把物理的长、宽、高比例转化为某种人类情绪，并赋予不同空间形态象征意义（图 3–8）。这种心理过程促使空间与人的意识活动相连，空间不仅有使用功能、社会意义，还可以激发人类某种特定的意识活动。比如，不论任何族属的人面对紫禁城都会感到雄伟而威严。这就是意识空间的作用。

① 另一种情况是，人口膨胀突破了"宅地"与"食田"的均衡状态，在本村范围内无法提供满足系统平衡所需的足够能量，必须从外部输入能量进行补充。原来的"封闭性"系统就被迫开放，与其他的系统耦合——达成更高层次的平衡。但是村庄生态系统也随之发生了根本转化，发展成了城镇生态系统。

3.3 城市生态系统的空间利用规律

城市生态系统是以人类为建设种的生态系统。由于在这一生态系统中人类种群的绝对主导地位，常常使我们有意无意地忽略城市生态系统中其他组成要素的作用。但是如果以偏概全，用人类种群的空间利用规律研究来替代对整个城市生态系统空间分布型及其利用规律的探索是不符合客观事实的。正是长期以来这种基于"人本位"的人为忽略，使我们对城市生态系统内在规律的掌握流于片面，而这种有缺陷的规律还在不断地指导着进一步的城市生态系统建设。认知差之毫厘，会在相应实践中谬以千里。这可能就是现在城市生态系统运作面临的重重挑战的原因。

对城市生态系统空间分布型及其空间利用模式的进一步深入认识，应该把握两条脉络：一方面重视城市之中除了人以外其他生物对空间资源的要求和利用规律；另一方面必须把握空间发展具有"组织"和"自组织"的双重特点。

3.3.1 城市生态系统的空间分布型

城市生态系统的空间分布型指的是以城市整体为研究单元，城市生态系统内各类功能空间通过整合，在物质空间实体层面上的分布型。它具有以下特点。

- 水平格局的镶嵌性

城市生态系统在二维平面（水平延展面）上具有与自然生态系统类似的空间形态——呈现不均匀"斑块"相间的分布格局，这种表现性状被称为镶嵌性。这些"斑块"都是一些具有相对清晰界限的小生境。但是，城市生态系统的镶嵌格局与自然生态系统不同，它具有突出的层级特点：首先是人建空间和自然空间①的大镶嵌格局。其中对人建空间具体表现形态的描述常常被称为城市形态，比如：带形城市是指人建空间的分布格局呈"条带状"；星形城市是指人建空间呈现"发散式"分布格局；有机疏散城市则指人建空间分布呈"不规则散点"状。其次则是分别在人建空间和自然空间范围内形成的次一级镶嵌结构。即使人类具有极其强大的自然改造能力去抹煞自然微妙的细节差异，城市生态系统依然具有强烈的镶嵌性特征。图 3–9 所示为城乡交界地区的人建空间、

---

① 在城市生态系统中，所有的空间都强烈地受到人类各种行为的干扰。因此可以说没有真正的"自然空间"。此处的人建空间和自然空间的划分是根据镶嵌块的事实建设者来定的。以植物为建设者的镶嵌块，不论是自然森林、草场还是人工的农田都看作自然空间。所有以人工建、构筑物为空间构建主体的范围，都作为人建空间的范围。而水体则按照形成机制来划分，自然形成的池塘、河流、湖泊、海洋都是自然空间，人工开掘建设的养殖池、水渠、运河、人工湖、水库视作人建空间。

农田地镶嵌格局，图 3–10 所示为不同城市功能区域的镶嵌情况，表 3–1 所示为大城市主要生境类型及其气候、土壤、植物、动物等特征，图 3–11 所示为不同城市形态的镶嵌格局示意，图 3–12 所示为自然生态系统的镶嵌。

图3–9　城乡交界地区的人建空间、农田地镶嵌格局
（成都城南立交桥附近）

城市生态系统水平格局镶嵌性的根源在于：(1) 自然环境因子的不均匀性。造成可供人类和其他物种利用的空间资源分布具有绝对异质性，均匀性只能是相对的。(2) 再强大的改造能力在自然面前依然很渺小，不承认这点只是自欺欺人的盲目自大。所以每一个城市生态系统所依托的自然环境中必然有人力不可能克服的因素，人类的相应建设只能顺应这种自然差异。(3) 人类土地利用模式的多种多样和空间建设手段的五花八门。(4) 人类丰富复杂的社会需求，使得人建空间本身的类型就十分丰富，而且随着人类社会的发展这种丰富度还在不断增加。镶嵌既有可能是由于不同的人类活动需求所造成的，也有可能是因为不同人类亚群独特的习性模式所必需的，还有可能是地方社会结构的要求。

• 垂直格局的成层性

垂直成层性是分析自然生态系统内在空间分布型的一个概括性定义，它指在自然生态系统中，不同生物各自占有一定的空间，表现出沿空间垂直方向划分为条带的分布特点。这种现象是由于不同物种在环境因子主导下，通过竞争按资源特点取其所需而形成的。当我们谈论及城市生态系统中类似的现象时，常用“立体化”来加以概括。但是“立体化”并不能完全覆盖“垂直成层性”的所有内涵。城市生态系统在宏观层面上由人建空间和自然空间两种性状迥异的“斑块”镶嵌而成，这两者都会有相应的成层现象，但是成层的机制却十分不同。

受人工影响的“自然空间”成层性的构建机制主要有以下几种：(1) 由该地原生生态系统经过漫长的演进形成的成层性。主要残存于自然保留地内，例如：原生林地、草地、湖泊、自然保护区等。(2) 人类为了提高农业生产效率，在生产过程根据植物、动物的生活习性人为设定的成层性。例如：采用套种技术的农地、桑基鱼塘等。(3) 人类活动

[1]城郊联排式住宅（中国广州） [2]城郊独立式住宅（美国） [3]建设中的城郊多层公寓（中国广州）

[4]密集的老城中心 [5]一般城市中心区（甘肃酒泉） [6]大城市中心区

[7]城中绿地（上海豫园） [8]大城市中心广场（上海人民广场） [9]城市郊区的大学校园（中国广州）

[10]城郊的物流堆场（中国广州） [11]城市机场（中国上海） [12]城乡结合部（中国重庆）

[13]建设中的城郊工业区（中国重庆） [14]市郊农村（中国重庆）

图3–10　不同城市功能区域的镶嵌情况

大城市主要生境类型及其气候、土壤、植物、动物等特征 **表3–1**

编号	生境类型		对气候及大气环境的作用	对土壤和水的作用	对植物生活力及群落组成的作用	对动物组成的作用	对新种的引入和扩展的作用
1	市中心商业用地		增高气温；空气污染物加重	地面封闭；水污染加重	乡土植物消失，植物一般生长不良	室内动物增加；鸟类消失	观赏植物引入
2	住宅用地	稀疏住宅	适宜的小气候	土壤腐殖质含量增加，富营养化加重；水量输入增加	建立了乔、灌、草相结合的绿地和果园，有喜湿和需肥的植物种类	对利用枯枝落叶及杂食的动物有利	鸟类、食用植物和观赏植物的扩展分布
		密集住宅	污染物增加；温度增高	污染加重	敏感植物（如地衣等）消失	种类减少，主要为室内动物和家养动物	鸟类、食用植物和观赏植物的扩展分布
3	公共建筑用地	建筑稀疏	小气候较适宜	土壤腐殖质含量有所增加，水量输入增加	有乔、灌、草相结合的小型绿地，有中生、喜肥植物种类	多为利用枯枝落叶等杂食动物和一些室内动物	观赏植物和伴人植物以及杂草；常见动物为麻雀
		建筑密集	空气污染增加，温度有一定增高	地面封闭；污染加重	敏感植物生长不良或消失，抗污染植物增加	室内动物为主，及少量家养动物	观赏植物引入，且多分布于中心
4	工业用地		空气明显增温，产生特有的空气污染	产生特殊污染的污染物，通过大气或管道在土壤中富集	植物受害；乡土及原先植物消失	只有特殊的人工饲养动物	随加工原料带来的特殊的伴生植物，如羊毛加工厂、谷物加工厂内的植物
5	交通用地		大气增温，湿度降低，空气污染，特别是粉尘污染和噪声等加重	土壤板结，排水不良，重金属污染加剧，水体富营养化	植物生长受抑制，抗污染种类增加	增加灌丛和道路边的动物种类	新植物种输入的主要通道，特殊的铁路、港口植物区系
6	绿地		适宜的小气候，降低空气污染	过度利用和践踏会产生土壤侵蚀或板结以及促进水体富营养化等	有利于耐践踏的植物，喜氮肥的植物生长	有利于森林动物及灌丛动物的散布	观赏植物及其伴生植物分布的中心；自然保护区是乡土植物集中分布地；植物园是外来引种植物的主要分布地点
7	市内闲置备用地		小气候适宜，空气污染物一般较轻	土壤氮含量都较高，水体富营养化一般较低	乡土植物及伴人植物混生，常组成特殊的废弃地群落	有利于小型哺乳类动物、鸟类等栖息	新植入及人布植物的散布地
8	仓储用地		小气候一般，大气污染随仓储性质而定	土壤板结，排水不良，水体污染随仓储性质而定	有小型的乔、灌、草绿地及特殊的抗污染植物	室内动物增加，其他抗污染的动物种类随仓储性质而定	新植物、人布植物分布的重要地点
9	市郊农业用地		适宜的小气候，多为清洁的空气	多保存着耕作土壤剖面，并配备有排灌系统	适合于栽培植物生长以及农田杂草	保存着土壤动物区系以及鸟类、两栖、爬行、昆虫等种类	人布植物分布的中心

表格来源：宋永昌、由文辉、王祥荣主编，《城市生态学》，华东师范大学出版社，2000年10月第一版，第141页，表6–1。有改动。

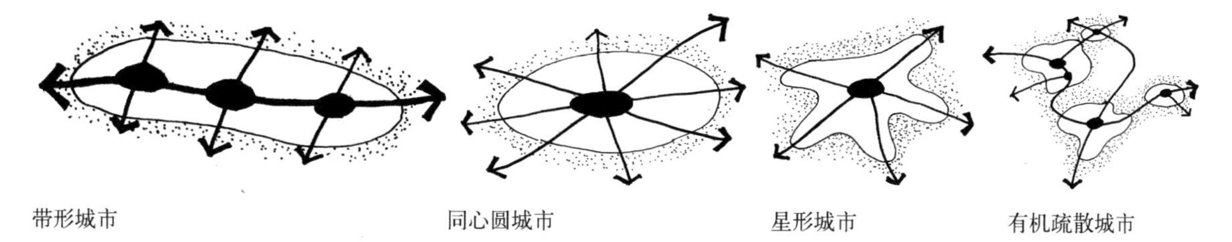

图3–11　不同城市形态的镶嵌格局示意

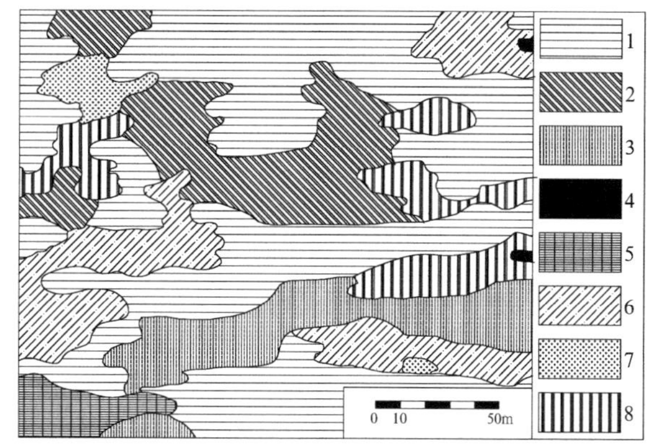

1.云杉–草酸酢酱草–舞鹤草；2.云杉–林奈鳞毛蕨+草酸酢酱草；3.云杉–柔毛苔草+冬绿草；4.山柳菊+白翦股颖+毛茛–苔藓；5.小叶椴–柔毛苔草+冬绿草；6小叶椴–灌木+幼苗–草酸酢酱草+舞鹤草–苔藓；7.小叶椴–林奈鳞毛蕨+毛茛–苔藓；8.灌木+幼苗–草酸酢酱草+舞鹤草–苔藓

图3–12　自然生态系统的镶嵌

说明：云杉混交林中小群落镶嵌（仿王献溥）

与自然演化共同造就的成层性。比如：人工开挖的池塘，灌水后自发形成小系统斑块地。图 3–13 所示为套种套养农田人工设定的成层性示意。

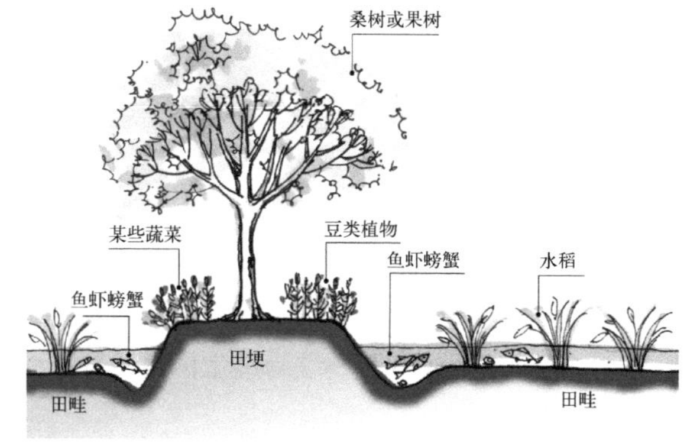

图3–13　套种套养农田人工设定的成层性示意

“立体化”主要针对人建空间的成层性，重点指人类通过空间建设形成的沿着空间垂直方向分布不同人类活动的分层现象。成层性最直观影响要素有以下几点。

[1] 人口密度：人的密集使得人们力图通过建设开发出更多的空间资源，“立体化”提供了突破平面空间资源有限性的重要途径。所以在人口越是密集的城市生态系统中，城市空间“立体化”状况越发达。图 3–14 所示为上海西外滩建筑轮廓高度变化。

[2] 城市生态系统经济发展水平：因为构建“立体化”空间的修建行为要耗费大量资源，城市经济越发达越有实现立体化的可能。

[3] 该城市生态系统空间建设可以采用的科学技术水平：空间建设科学技术水平越发达，可能达到的立体化程度越高。例如在古罗马

图3-14　上海西外滩建筑轮廓高度变化

城中，最高的建筑为 8 层，而现在世界的超高层建筑已经普遍达到了 100 层，高度达 300m 左右。这与能够运用的建造技术和材料特性密切相关。

[4] 城市生态系统中人类种群的生活习惯与风俗：在一定时期内，人类是否已经接受了在"空中、地下"开展各类生产与生活活动。

城市生态系统的成层性是由人类主导的，影响分层的机制主要有以下几点。

[1] 相应活动对公共交通体系的依赖程度。由于目前城市生态系统交通方式依然主要依赖地面，① 交通空间主体都分布于地面层。所以与交通联系密切的活动其空间分布就自然在靠近地面，联系不怎么密切的活动空间就可以适当地处于远离地面的层次。

[2] 不同层面具有不同的资源分布特点，其中既有自然资源也有人为资源。对应相应资源需求的活动会分布在特定的层面上。例如：羌寨中需要充足日照和通风的活动——晾晒、粮食储存就位于建筑的顶层；又如：人气对于开展商业活动而言是一种特殊的资源，交通便捷与舒适对于汇聚人气至关重要，所以商业设施往往都分布在与交通转换点密切的层面上。

[3] 某种活动涉及人群规模的大小。少数服从多数，便捷的层次首先由多数人需要的空间占据。所以，大量人群共同的公共活动空间位于靠近地面的层次。当然，这某种程度上也是出于对公众安全方面的综合考虑。

[4] 分散服从集中。集中性的活动所需的空间往往有疏散的特殊要求，因此往往要靠近地面的层次或者交通转化点。

[5] 某种活动与其他活动的相互关系。相关活动一般都位于接近的层次。

城市生态系统成层自上而下的通常叠加规律是这样的：顶部开放空

① 人类演化过程中形成的行为心理大部分时候对于在地面之外的活动空间都是排斥的。不论哪一类活动，场所选择的排列顺序总是地面──→空中──→地下。在对交通路径选择上体现得更为突出，在不使用交通工具的情况下，人们最青睐地面空间，其次可以接受天桥（主要是因为爬坡上坎造成的不方便），实在没有办法才接纳地道。地道不仅具有与天桥类似的不便，而且在大多数人心中总是阴暗、肮脏的并且与一些非常不愉快的特殊事件相联系，比如：战争的避难所。所以地面是最适于人类的天然活动空间。参见：[英]M·盖奇、M·凡登堡著，《硬质景观设计》，中国建筑工业出版社，1985 年 3 月第一版，1991 年 6 月第三次印刷，第 18 页。

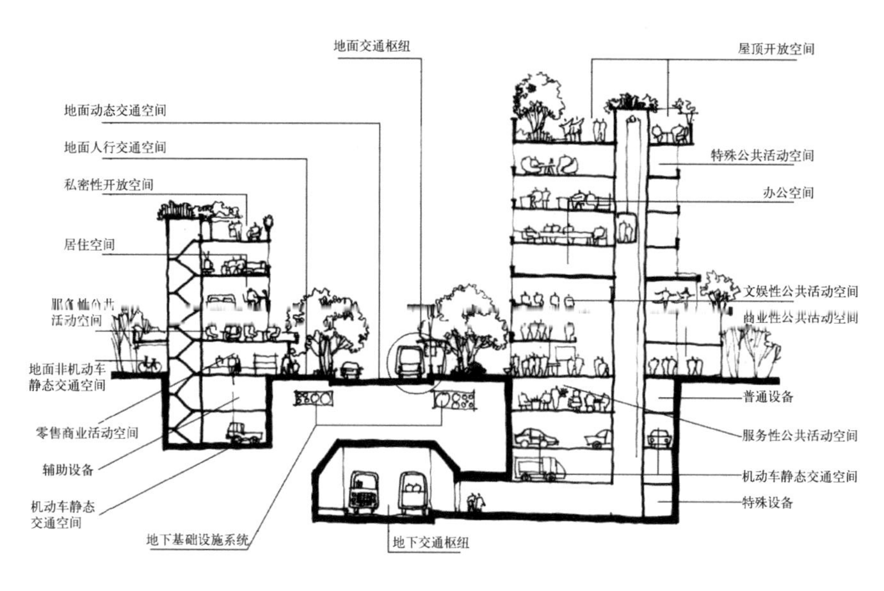

图3–15　城市生态系统的常规成层模式

间（例如屋顶花园或运动休闲场所）⟶特殊公共活动空间（例如为内部人员服务的辅助设施或者为特殊少数人群服务的公共设施）⟶个体或小群体活动空间（例如居住或办公）⟶公共活动空间（例如商业）⟶地面开放空间和交通转换空间⟶交通和基础设施空间（图 3–15）。

这种分层性是在高密集情况下，人建空间的一种相对固定的组合方式。它会随着一些特殊因素的变化而变化。例如：某些行政手段干预会打破既定的分层规律，如果现实中的分层不尽符合客观规律的话，一旦强制约束力消失它就会逐渐恢复符合客观规律的分层，当然前提是该空间的物质支撑体系可以适应相应活动的空间需要。

在城市生态系统不同的功能区域内，垂直分层会有一些相应的变化，可以把它看作一种二次分层。这种二次分层有的时候与人类的社会结构相关，例如：20 世纪 80 ～ 90 年代中期，我国单位分房最常见的是 6 层单元式普通住宅，关于这种住房有"金三楼银四楼"和"人民群众顶天立地、领导干部深入群众中间。"的顺口溜，指的是单位中比较有地位的领导阶层往往都占据了加权平均得分（综合交通、日照、卫生、防潮、防漏等因素）最高三、四楼的楼层。20 世纪 90 年代中后期，住房逐渐市场化，各种住宅类型极大丰富。综合最佳层次与往往经济实力挂钩，这种领导占据最佳楼层的现象就逐渐消失了。

• 系统组织的网络化

自然生态系统的网络化形态只有一种比较明确——水系（图 3–16），这是由于水的流动特性造成的。而城市生态系统中，有多种网络型的特殊"空间"——它们共同的特点也都是流动性。例如：道路系统（图 3–17）、电力系统、电信系统、给水系统、排水系统等。它们与其他镶嵌斑块相叠

（左）图3–16　自然环境中的水系

（右）图3–17　城市生态系统中的立体交通网络

加或者相沟通，起到十分重要的作用。

城市生态系统网络化的根源：其一在于城市生态系统是非自持性的开放系统，它必须从外部输入大量的物资、能源，并且依靠向外发送大量信息对物质能量交换进行调节。这种交换总量是极其巨大的。其二随着城市生态系统的发展，自然生态系统那种借助自然媒介（空气、水）和生物调节反馈机制已经根本不能满足城市系统运行的需要。城市中各种交互活动的特殊需求是空间特化的动因。在此需要推动下城市的能量传递、物质循环、信息传播逐渐形成体外化、[①] 渠道化的机制。这种机制较好地适应了城市快速发展的需要，也逐渐建立了专门的"通道"空间体系，对传输加以保证。这些不同的空间体系交织为各种类型的网络形态，成为城市空间体系的一大特点。

3.3.2　城市生态系统空间利用的不同层面

城市生态系统的空间利用指组成城市生态系统生命主体的各个物种对城市生态系统空间范围内空间资源的占有、利用以及对系统内部空间进行建设的模式。在生态系统中，根据不同的物种在其空间建构中所发挥作用的重要程度，可将其划分为生态系统的基本空间利用模式和非基本空间利用模式两大层面。人类是城市生态系统中的优势种和主导建设种，所以人类对城市生态系统的空间资源的占有、利用及建设模式是城市生态系统的基本空间利用模式；其他城市物种——包括植物、动物、微生物对城市生态系统空间资源的相应占有、利用与建设模式是城市生态系统的非基本空间利用模式。

前面我们谈到城市空间是由人建空间和自然空间嵌合而成的有机整体。作为城市生态系统的优势种，人类对这两类空间的建设和调控模式是截然不同的：前者由人类利用各种从环境中获取的原料，按照自身需要直接进行建设；后者则是通过对城市植物的生长干预来完成的。

① 指不再以生物体作为各种传递媒介。

• 人类对城市空间资源的利用与建设

人类是社会性生物，是以群体模式对城市生态系统空间资源进行开发和利用的。因此，城市生态系统基本空间利用模式与该城市地方社会的"生命过程"密切相关。城市社会各个组分发展和相互作用过程中的空间需求变化对城市生态系统空间基本利用模式的演化是极其关键的。因此，城市生态系统基本空间利用模式的形成受到当地城市社会构成和运行机制的制约。

[1] 城市社会存在的经济基础——社会生产①的空间需求是城市生态系统基本空间利用模式的基础；它决定了城市生态系统的空间区域划分及其相互之间的关系。

[2] 城市社会结构②——是城市中"一个群体或者社会的各要素相互关联的方式"。"除了组成社会的人以外，社会还有自身的存在。"社会有着源自于生物的生命特征，这使得它有了自身发展演化过程。但是这种生命特征不等同于组成个体的生命特征，伴随社会发展，身份与角色、群体与组织、社会设置与社区这些不属于个体的作为整体存在的社会局部得以产生。这些组织关系在空间建设和利用中的反映是城市生态系统基本空间利用模式形成的另一支柱。

[3] 城市文化③——文化与社会有着密切的关系，"社会指共享文化的人的相互交流，而文化指这种交流的产物。事实上，人类社会与文化不能相互独立存在。"人类并不是惟一具有社会结构的生物，却是惟一具有文化的生物。文化可以看作是一种代代相传的生活方式，由独特的价值观、知识、行为模式等鲜明的特征所塑造。就文化而言，世界上没有一座城市的文化与另一座城市完全相同。文化中所包含的对空间利用与建设方面行为约定俗成的规定对城市基本空间利用模式的建立存在深刻的潜在影响。这是每个城市特色的重要源泉。

[4] 科技发展。人类对于客观世界的认知水平以及所具有的改变环境的能力，不仅决定了城市空间的直观建设模式，而且会影响以上三组机制的具体落实方式。

城市生态系统基本利用模式具有复合型结构，它因时而变、因势而变，不断与城市生态系统演进相适应。在城市生态系统进化的不同阶段、不同性质的城市以及城市空间的不同层面上、不同分区中上述机制所发挥的作用并不均衡。在政治城市阶段，城市生态系统主要是消费性的，它突出体现社会结构和文化的主导性；而进入经济城市阶段之后，城市转向组织大

---

① 由生产力水平和生产方式组成。

② 参见：[美]戴维·波普诺著，李强等译，《社会学》（第十版），中国人民大学出版社，1999年8月第一版，第94页。

③ 参见：[美]戴维·波普诺著，李强等译，《社会学》（第十版），中国人民大学出版社，1999年8月第一版，第63页。

规模社会生产，就逐渐转而受社会生产的主导；进一步进入信息社会之后，城市作为信息枢纽，基本利用模式越来越受到科技发展的主导。在生产性城市中，社会生产就起着相应的主导作用；在行政首府城市中，社会结构会发挥主导作用；在交通枢纽城市中，科技发展的影响更为突出；在旅游城市或历史文化城市中，文化的主导地位就特别应该得到重视。在城市总体布局的层面上，通常社会生产因素会起主导作用；在不同分区内则根据分区性质以不同的机制为主导。

• 其他城市生物对城市空间资源的利用与建设

城市生态系统的非基本空间利用模式分为两种不同的类型。

[1] 具有空间建设能力生物①的空间建设与利用方式。这些生物参与了整个城市实体空间资源的开发和建设过程，对城市空间形态有重要的影响，是非基本模式的主导结构。图 3–18 所示为绿色植物参与城市生态系统空间建设。

[2] 生活于由人类和植物所共同建构的物质空间实体系统内其他生物的空间利用模式。它们通过与前两者的信息交换，对前两者的空间建设和利用行为"施加"影响，从而改变前者的空间利用与建设模式来间接地作用于实体空间。这种影响机制的作用十分有限，可以说是非基本模式的次级结构。例如：澳大利亚悉尼奥运会场馆修建的过程中，由于在馆址附近发现当地一种受法律保护的特有青蛙的栖息地，而被迫改变原来的场馆设计方案，以达成人与青蛙在城市环境中的共存。

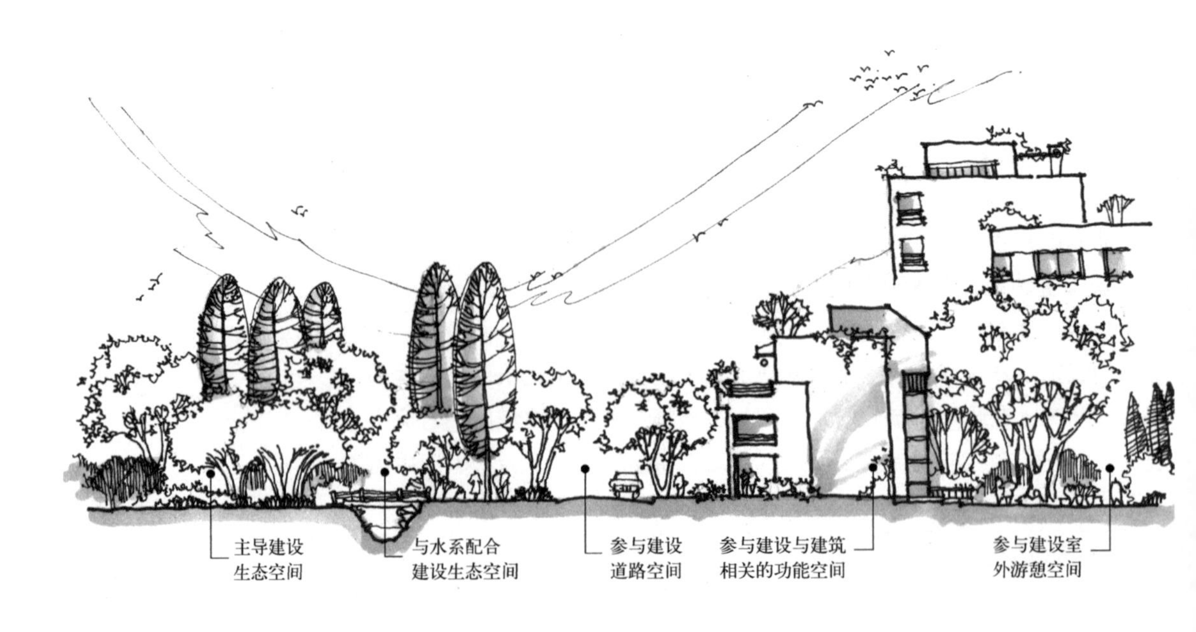

图3–18 绿色植物参与城市生态系统空间建设

① 主要指生长于城市生态系统空间范围内的初级生产者，比如植物。

3.3.3 城市生态系统空间利用的基本规律

城市生态系统空间利用的基本规律虽然与自然生态系统空间利用的基本规律有许多类似之处，但是由于城市空间资源突出的人为性，这些规律在城市中作用机制也表现出以人类为主导的特色。

• 规律 1：空间生态位分离

空间生态位是指生命系统在"空间"这个多因子集成系统梯度上的生态幅。其直观的表现就是生命系统对其所处环境三维空间上的占有、利用状况。而空间生态位分离则指的是对资源利用类似的两种生物一般不会出现在同一"空间"之中的现象。如果两者在同一空间中共存，必然是在资源利用方面产生了某些分化。

在城市生态系统中空间生态位的分离具有以下几种表现。

[1] 人为的空间生态位分离（图 3–19）

某些城市生物在城市空间中栖息地的人为分离状况。人类行为对其他生物在城市中的空间利用具有强烈的干涉作用——人类会将对自身有威胁或看起来有威胁（甚至仅仅是不喜欢）的生物有意识地从城市生态系统中予以剔除。① 而对于被认为有益于人类的生物，人类又会有意识地把它引入城市生态系统。所采取的主要办法就是通过空间建设，有意识地在城市生态系统中消除或者培育适宜这些物种生存的空间（栖息地）。

[2] 自发的空间生态位分离（图 3–20）

城市生命系统中除了人以外的其他组分（各种生物）在城市空间中自发分布的一种规律。这些生物通过相互竞争和对人类所主导环境的适应，栖居在具有不同环境资源的城市空间中。具有相同资源需求的生物一般不会共存于同一生境之中。

[3] 人类社会内部的生态位分离

具有类似资源要求的固定社群很少分享同一空间。这种现象在乡村中表现得比较直观。例如：同样以农耕维生的两个部落都各有自己的小生境（村落），如果一方要进入另一

图3–19 共生式的人为生态位分离范例（美国）

栈桥的设立在保证了人类使用的同时，最小限度地干扰原生环境，也保证了其他生物的生长和栖息。

图3–20 城市环境中孤芳自赏的野花（巴黎）

① 并不一定就能如愿以偿，比如：对人有害生物苍蝇、蚊子、蟑螂、老鼠等始终没能达到被根绝，反有越演越烈的趋势。但是人类可以在某种程度上控制它们的栖息空间。

方的势力范围就会导致激烈的竞争。其结果是要么一方被消灭或驱逐，要么两个部落通过社会结构重组融合形成一个新的部落。而在城市环境之中，由于种种人为约定规则的限制（例如：相关法律、规定、社会习俗等强制力的约束），这种分离现象往往被隐藏起来，成为一种潜在现象而不易被察觉。但是，如果分析相应的空间建设规律，我们并不难发现这种机制的强大作用。以物质空间规划中进行各类公共服务设施布点最基本的"服务半径"概念为例：所谓服务半径是指某一类公共设施能够为多大空间范围内的人群所方便地使用。通常来讲服务半径由交通便利程度、相应公共设施的级别、公共设施自身的规模以及一些其他要素所共同决定。而每每谈到服务半径形成的根源时，大多会涉及接受服务人群（市民或消费者）的行为、心理活动的空间限制问题。例如：是否疲劳？是否觉得离家很远？然而，事实上在市场经济体制下，决定所谓服务半径更重要的指标是同类从业者（经营者）之间的竞争。在他们的经营活动中如何争取最大的势力范围又同时尽量避免过度竞争——以获得最大的利益和效益，在这个平衡过程中产生的同类、同层级、同功能空间的相互排斥所造成的空间分离，也许才是"服务半径"的真正根源。

[4] 反空间生态位分离

需要明确的是城市生态系统中存在某些人为反生态位分离规律的现象：其一是人类通过特殊手段促使具有相似资源要求的生物处在同一生境之中。最常见的例子就是动物园，来自世界各地的草食动物相安无事地和平共处——因为人类提供了足够的资源，消除了自然情况下存在的竞争。其二是通过人类社会的相应调节，人类社会内部具有相同资源需求的个体或社群有时会共同分享同一空间。这是为达到最大限度共享空间目的、提高空间利用效率，而刻意消除或弱化两者之间对共同资源激烈竞争的结果。以商业设施的布局为例：在城市中一些相互之间具有激烈竞争可能的大型商场或市场有时会在一些具有特殊资源的地点汇集，如交通枢纽、城市中心等地，并通过这种集结构成具有更强大空间辐射力的"商圈"，吸引更多的人来此交易，做大做强，从而获得更大的经营收益——达到多赢。

空间生态位分离的本质是"自然"的高效性。某一处"空间"中的常规资源总量往往是有限的，不同资源需求的生物分享同一空间，可以合理各取所需，最大限度地发挥资源的效益。由于人类意识活动的特点，在城市人类社会内部存在空间生态位的三种态势，称为基础位、创建位和理想位。[①] 举一个简单的例子：根据各种研究我国城市居民的人均居住面积不宜小于 $8m^2$，这个数值可以看作是我国现阶段人类聚居的基础空间生态位。如果小于这个数值，人们将无法正常满足基本生活的空间需要，长此以往会导致一系列严重的社会问题；而现在我国的小康居住标准可以看作是现阶段聚居的理想空间生态位，它标志这个社会整体的发展水平。对于不同的个体和不同的社群，同一空间需求的这三者的具体数值是

① 参见：张宇星著，《城镇生态空间理论》，中国建筑工业出版社，1998年10月第一版，第3页。

不尽相同的。在它们三者之间的位势差称为内部位差，这个差距就是人类进行城市生态系统空间建设的基本动力之一。

• 规律 2：生物群落在空间利用上的排他性

生物群落是通过亿万年进化发展逐渐形成的具有紧密内在联系的有机整体，群落中的每个生物往往都具有特定的地位和作用，是实现整体功能不可或缺的一环。虽然它们在群落中所起作用大小和地位高低是互不相同的，但是各个物种之间的关系以及生物群落整体与环境的关系都是经历了长期磨合而有机契合的，不能任意改变。[①] 同属于一个生物群落的各类群落（包括植物、动物、微生物）在时间和空间上可以重叠，但是一个生物群落和其他生物群落不能重叠，生物群落在时间和空间上具有排他性。

客观地说，城市生态系统中的生物群落组成应该还处于演进过程之中。以人类为核心的固定的群落组织尚未完全确定。这个群落的组织与自然的自发演进和自然选择由许多不同之处，它的组建是由自然选择和人为有意识地选择按照各自的规则分别进行的。两大选择之间有时存在巨大的矛盾，比如：以人类为寄主的各种害虫给人造成了强烈的困扰，人选择有意识地去除这些物种；但是在自然选择过程中，人本身也是一种资源，人口膨胀使得以人为生的寄生虫没有理由不随之增长。两者作用叠加，其结果是人类始终无法根除这些害虫，但是可以通过一些措施把它们的危害降低到一定的程度。现实存在的城市生物群落往往是在当地原生自然群落的基础上，经过人类再次选择，添加或删除某些物种之后形成的。这个群落内部结构虽然不够稳定，但其空间占有力却是强大的——不能进入群落体系的物种被迅速排挤出城市空间，不能与城市生态系统相容的自然生物群落也随着城市扩张快速消失。

• 规律 3：空间利用效率随生物物种多样性增加而提高

城市生态系统空间利用效率有双重意义：其一是生物效率，指在同一空间生存的生物越多，其空间效率越高；其二是行为效率，指同一空间中容纳的生物行为越多，其空间效率越高。

自然生态系统中空间利用效率着重指的是生物效率。生物效率随着物种多样性增高的根源是由于物种本身互为资源，资源种类增加导致的利用效率增加。在城市生态系统中物种多样性导致资源丰富化——也就是生物效率只是空间利用效率提高的一种潜在机制。这种生物效率提高主要发生在城市生态系统的自然空间体系中，其中不论是自发演进的自然保留地还是人为控制的农林地，都遵循这一规律。

行为效率所衡量的重点针对的是人类社会，因为人类特有的复杂社会结构和文化结构导致众多的人类行为已经超出了单纯生物生存的范畴，

---

① 这是生物多样性保护的依据——研究表明：如果一种生物的灭绝，往往会导致与之相关的20种其他生物的生存危机。

这些行为被称为"社会性"生存行为。在这种现象影响下，有的社会学家甚至提出以"社会物种"来对人类进行细分，以对应生物学的"生物物种"。城市生态系统中人建空间的利用效率是由行为效率直接决定的——也就是由人类空间利用行为的多寡所决定。同一空间中容纳的人类利用行为越多，人建空间利用效率越高。

通过社会组织调控，某一些人类行为会结成固定的组合关系，我们将它称为行为模式。行为模式对空间建设的影响很大，人建空间中的各个组成部分往往很难与某个具体行为相对应，但是它们往往与人类的某种行为模式有十分契合的对应关系。可以说行为模式直接决定了人建空间的形态类型。生物多样化在某种程度上会影响人类的空间行为模式。

人类在为自身营建生存空间的同时，也有意无意[①]地为其他城市物种营造了生存空间，多样的物种将促使人类空间行为随之多样化。因此城市生态系统的空间利用效率依然会随物种多样性增高而增高。许多城市都具有与某些特殊生物物种相关联的社会或文化习俗。例如：日本京都的春季赏樱活动。有的城市还因此衍生出一系列与之相关的产业，例如：成都龙泉驿区每年春天观桃花、夏秋品鲜果的习俗，极大地带动了城郊地区观光农业产业的发展（图 3–21、图 3–22）。

- 规律 4：空间利用效率随空间异质性增加而提高

生物的空间利用本着"适应——建设（改造）"的基本模式：为了生存，生物在自然环境中选择最利于自身发展的空间环境，这种选择是经过该物种亿万年演化形成的适应环境的本能。大多数生物也都会有意无意地通过自身生命过程进一步改变环境，为自身也为其他生物营建适居空间。这种机制造就了自然生态系统演替。自然生态系统的空间异质性包含两个层次：第一个层次是物理环境的异质性，最直观的就是地形地貌的多样化。它决定于地球固有运行规律，例如海陆漂移作用。第二个层次是生物环境的异质性，生物为其他生物创造了异质化生境，生物多样性越高，生境异质性也就越高。多样化的环境为多种生物在同一空间内生

（上）图3–21 成都春季轰轰烈烈的龙泉赏花活动
（下）图3–22 因为赏花而拥堵的山间公路

① 有意针对的是人类认为对自身有益、有用或者仅仅是喜欢的物种；无意是指人类营建的空间适合某种生物生存繁衍的环境需要，导致该物种随之昌盛。

存提供了丰富多样的基本条件。城市生态系统空间异质性形成的机制更为复杂：物理环境的异质性就不仅仅限于原生地理空间的差异，还包括人类各种建设活动营造的物质空间的多样性。生物环境的异质性也不仅仅限于物种的多样性所营造的生境异化，还包括人类社会内部各种社会群体不同社会行为造就的社会生境异化。

一方面，物理空间异质性是生境的异质性的基础，为生态系统创造了更多的可供利用的空间资源，另一方面，生境异质性使同一空间内生物资源趋于丰富，不同生物生活反作用于空间，会进一步改变和丰富物理空间，增大空间环境固有的异质性。因此，生态系统的空间利用效率随空间异质性增高而增高。

前文谈到城市生态系统空间利用率包括生物效率和行为效率。[①] 异质性越高的空间不仅具有满足各种城市生物互不相同生存空间需求的可能，为它们提供了各不相同的生存环境和资源；还具有满足不同的人类社群互不相同的"社会化"生存所需空间的可能。所以城市生态系统空间异质性不仅会影响物种的数量和分布状况，而且也会影响生物种群内部的生长、发育状况。同时它还会影响人类社会的社群数量和组织结构，并进一步影响人类某些行为模式的生成和发展。

• 规律5：空间利用的马太效益

城市生态系统空间利用还有一种比较特殊的现象，它发生在人建空间内部：一些表面上看起来存在相互空间竞争的社群，却在同一空间范围内汇聚，这种聚集不仅没有带来竞争的负效应，反而促使聚集的各方都得到了迅速发展壮大，具有突出的正效应。这种正效应不能简单地用种群内部"最适密度"原理来进行解释——因为它往往越是密集、集中，正效益越大。分析这种现象形成的深层原因，我们发现它与一种特殊资源——信息的分布相关。这些聚集社群的发展都与某一类信息密切相关，它们聚集的空间往往是这类信息传播的物理枢纽点和聚焦点（也可成为信息资源汇集点）。而且这种聚集也具有反作用。这些社群本身往往也是这类信息的传播环节——有时是信息源，有时是信息中介，有时是信息反馈单元，它们本身的聚集对信息进一步汇集又具有更大的促成作用。这种交互循环机制像滚雪球一般，使汇集在该空间点上的同类社群越来越多、空间规模越来越大、利用效率越来越高。我们把这种规律称为城市生态系统空间利用的马太效益。

信息流是任何系统维持正常、有目的性运动的基础条件。它具有客观性、普遍性、无限性、动态性、依附性、计量性、变换性、传递性、系统性和转化性十大特征。[②]自然界的信息是稍纵即逝的，具有很强的时效性，即使"雁过留痕"以物质形式保留下来某些信息片断，再次解读也是十分困难的。

---

① 参见本节规律3。

② 参见：沈清基编著，《城市生态与城市环境》，同济大学出版社，1998 年12月第一版，第99页。

信息对于人类具有特殊的意义。人类进化发展中不仅形成了可以准确传递复杂信息的语言系统，而且进一步创造了独特的体外信息载体——文字，这使信息传递在某种程度上可以超越时空局限，为信息积累创造了客观条件。语言和文字的传承简化了信息解读的难度，[①] 让后来者能够方便地通过对历史信息的分析，掌握发展的一般规律，从而预测事物未来可能的演化走向。这种技能使人类社会演进少走了弯路，大大提高了效率。信息积累促成了信息的资源化。对于人类而言，它不仅是认识客观世界的依据，而且是可以创造新财富的重要资源。在一定空间范围内，许多资源都是有限的，例如：空间、物资、能源等。只有信息资源可以无限积累、越聚越多。信息汇聚赋予城市生态系统发展特殊的动力，现代城市生态系统的发展与信息传播的关系已经日益紧密。信息对城市物质空间具体形态的影响越来越大，信息技术将成为影响城市生态系统基本空间结构的重要因素。

3.3.4 城市生态系统的空间利用规律形成的深层机制

- 种间关系制约原理

种间关系就是物种与物种之间的相互作用。分为竞争、捕食、食草、寄生和拟寄生、中性、共生、合作、附生八种类型。自然生态系统中，对空间形态结构影响最大的是种间竞争机制——竞争排斥原理，它是促成空间生态位分离的根本原因。其次是种间协作与相关机制——资源利用相关原理，它是促成空间共建和共享的根本原因。

在城市生态系统中，种间关系制约原理同样起到了非常重要的作用。除了人以外，城市中其他各种生物之间的关系依然遵循上述八种模式，然而对城市空间分布最具有决定性干涉作用的种间关系却主要是它们分别与人的关系。这与自然界链链相扣的网状机制有所不同，城市生物群落的种间关系网络中有一个突出的枢纽——人。与人具有密切关系的物种，它们在城市生态系统空间结构中的作用得到了某种程度的强化（既有可能是正向强化，例如：植物在城市空间建设中起到重要作用；也有可能是逆向强化，例如：人为防止某些生物进入城市生态系统而消灭它们的栖息地。）；与人关系疏离的物种，它们在城市生态系统空间结构中的作用会某种程度上被忽视，处于自发参与城市物质空间利用和建设的状态。

另外，城市生态系统空间利用模式还受人类社会不同社群之间关系的制约。与自然的种间关系不同，它主要包含竞争、中性、共生、合作四种类型（表3–2）。

两社群之间可能存在的各种相互关系　　表3–2

关系类型	社群 A	社群 B	关系特点
竞争	—	—	彼此互相抑制
中性	○	○	彼此互不影响
共生	+	+	彼此互相有利，分开后不能生活
合作	+	+	彼此互相有利，分开后也能生活

① 比如要解读几千万年前某次火山爆发对环境的影响，只能依赖相关的地质信息——不仅要求解读者具有强大的地质专业背景，而且必须具有丰富的实地考察经验。然而即使如此，这种解读依然是不准确的。但是通过古罗马人对维苏威火山爆发的纪录，只要你能够读懂当时的文字，就可以了解一系列的详细信息。

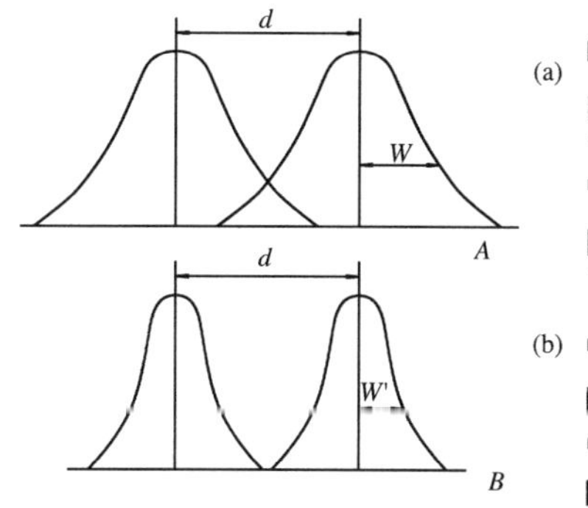

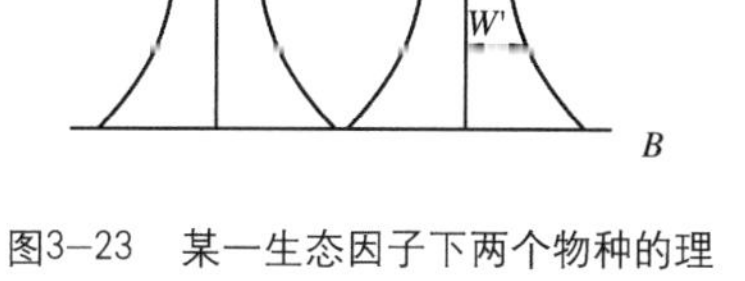

图3–23　某一生态因子下两个物种的理想生态位和实际生态位比较

A．理想状况下，两种物种各自的生态位幅宽；

B．在相互竞争情况下，两种物种的实际生态位幅宽；

注：*d*——曲线峰值间距离；
W——曲线标准差。

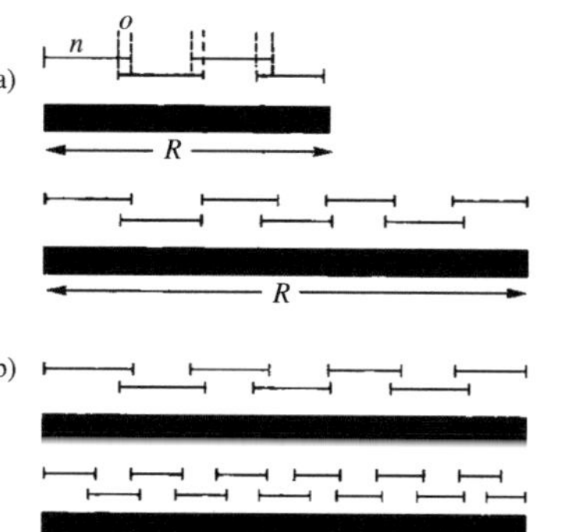

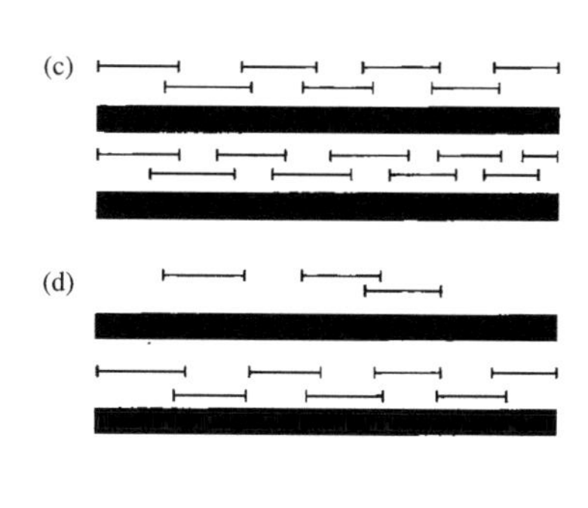

图3–24　物种丰富度的简单模型（仿Begon，1986）

注：*R*为资源连续体；*n*为平均生态位宽度；*o*为平均生态位重叠。
从模型可以推论：某一生态系统属于种间竞争占重要作用的生态系统，其资源就可能被利用地更加完全。在此情况下，物种的丰富程度取决于资源的丰富程度、物种特化程度的高低，以及允许生态位重叠的程度；生物之间的捕食作用具有双向调节的功能。既有可能消灭某些猎物，使生态系统出现为充分利用的资源，导致物种降低，也有可能抑制某些物种爆发，从而降低物种间竞争强度，允许更多的生态位重叠，使更多的物种共存。

相互竞争的社群在空间利用上相互排斥，但这种排斥不像自然生态系统那样具有绝对性——因为在特殊情况下，它们也可通过某些社会机制的整合在同一空间中共存。社群之间的共生（例如学生和教师）会造就特殊的空间类型，失去其中任何一方该空间就会随之瓦解。中性和合作关系赋予城市生态系统空间形态相互组织更多的可能性，是城市空间结构丰富多样化的促成要素。

• 空间总体效益最大化原理

自然中每一个物种都遵循着有限扩大的自持发展策略——每种生物的实际空间生态位虽然远远小于自身的基础生态位（图 3–23），[①] 但是几乎每一生物都高效地利用了其实际占有的生态空间，使得生态系统范围内利用率高的空间比率得以大大提高，从而提升了系统整体的空间效率，这就是空间总体效益最大化原理（图 3–24）。

在城市生态系统发展过程中，由于人类无比强大的竞争力，其发展已经日益呈现“失控”局面。人类过度侵占生态系统中其他生物最基本的生存空间，使得城市的物种多样性锐减。表面上好像人类实际占据的空间有所扩大，但事实上生态系统总体的空间利用率却大大下降。例如：高尔

① 生态位（niche）：一个生命系统在某个因子梯度上的生态幅，就是该系统的生态位。物种的生态位就是该物种在生态系统中的地位和角色——它们在营养关系中占有的地位，所发挥的作用等。Hutchinson（1958）以生态位空间（niche space）对生态位进行了定量描述。以不同的环境变量描绘出物种能够存活和生殖的范围，称为生态位空间。由于现实中的环境变量很多，所以实际的生态位空间是多维的——Hutchinson 称之为超体积生态位。理论上某种物种能够生存的最大空间，称为基础生态位；但是由于群落中一般都有竞争对手存在，所以实际的栖息空间要小得多，称为实际生态位。

夫球场的建设可以看作人类生态空间占有欲畸形膨胀的典范。虽然看起来好像是绿色空间，事实上高尔夫球场的维护要耗费大量的社会财富，同时的生物多样性却是极低的——单一的植物群落，大量使用化肥、农药。只有极少数时间真正在使用，绝大多数时候都是闲置的。所谓“贵族”的奢侈运动在占据大量空间的同时，浪费了极为珍贵的生态空间资源。以至于现在许多发达国家兴起了“平民高尔夫”运动，在保留下来的自然界接触区的普通草坪上挥杆，不仅享受阳光、微风，同时还可以欣赏到多种多样的生物。而一些高尔夫球场为了减少高昂的维护费用，受多样性规律的启发，已经意识到在草坪中保留适当比例的杂草是有利无害的。

生物多样性的丧失已经使城市的物质循环出现了重大的障碍，这些环节缺失最终将会导致整个系统崩溃。在人类目前尚不能解析城市生态系统全部演进规律，而且城市生态系统本身也远未达到成熟稳定阶段的时期，城市人类有必要继续秉承“自持”发展战略——尽量克制过度膨胀的“空间占有欲”，提高城市空间利用效率，并正确地看待城市生物群落组成，与其他城市生物共享城市空间。城市生态系统自然空间成层性和人建空间立体化是空间效益最大化原理最为直接的体现——植物和人类通过空间建设增加了生态系统空间资源的总量，使有限的占地范围内能够容纳更多物种和人类活动。同时城市生态系统自然空间镶嵌性和人建空间适度分区也是空间效益最大化的体现，因为该空间区域必然是最有利于该生物群落生存或该人类社会功能发挥的场所。这样一系列的最优叠加造就了总体效率最大化。

• 结构与功能相适应原理

自然生态系统中功能与结构的对应关系更多地体现在生物本身的演进过程中，比如某种鸟喙的特殊形态结构是为了取食特殊的食物。城市生态系统中的人建空间虽然是人类利用其他没有生命的物质建造的，但这些空间本身并不能脱离人而独立存在——它必须与某种或某组人类活动相结合，因此也具有了事实上的某些生命特征。它往往也有诞生、成长、成熟、衰落、“死亡”的系列过程。其物质形态也因为适应不同的人类活动而具有不同组织特点——这就是城市生态空间结构与功能相适应原理。例如：不同类型的建筑对应与人类不同活动的需要（图3–25）。

城市生态系统中既定空间的物质形态并不是一成不变的。它会随着整个系统的演进而变化。这种变化有三种趋向：其一是功能不变的情况下，空间形态趋于完善、结构趋于成熟，例如：人类居所从简单的窝棚演化成功能齐备、配套完善的住区。这是功能发展对空间形态结构本身演进的直接促进。随着城市生态系统演进，城市空间类型日趋多样也是由这种机制所决定的。其二是空间形态、结构稍有变化，而其功能却已经完全转化了的情况。例如：原来的庙宇后来成了社区活动中心。随着社会发展能够适应不同的功能需要，这种情况是某种空间形态本身适应生态系统千变万化的客观情况，保证自身存在所必须具有弹性度和适应性。其三是空间形态和功能都发生了巨大变化。例如原来的码头仓库区被改建成商业中心。事实上这是原有空间形态已经不能满足城市生态系统新发展的功能需要，被迫随之演进的过程。尽管这种演进可以是在对原有部分物质要素继续或重新利用基础上展开的，例如：上海新天地把原来的石库门居住区改建成了高档休闲商

[1]公寓楼（中国深圳）

[2]办公楼（韩国）

[3]小型公共建筑（中国深圳）

[4]机场建筑内景（中国成都）

[5]宗教建筑（尼泊尔佛塔）

[6]体育馆（中国珠海）

图3–25 几种典型的功能建筑形式

业区，虽然借用了原来的许多物质要素，但这已经不是一种就空间对新功能适应。它形成的是一种独特的新城市生态空间，是彻头彻尾的创新（图 3–26、图 3–27）。

• 适度干扰原理

什么是“干扰”？卡尔（Karr，1984）认为“能够引起生态系统结构和功能发生突然变化，使之从一种平衡的条件下发生位移的、不寻常的无规律事件称为干扰。”①干扰对于生态系统又具有什么样的作用和意义呢？

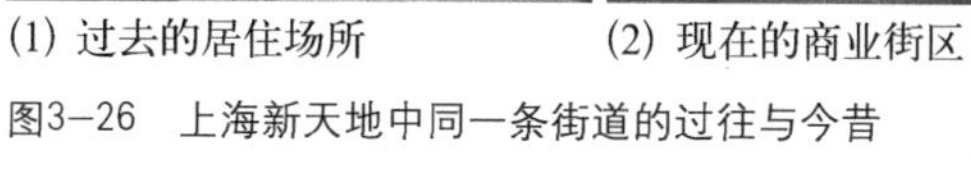

(1) 过去的居住场所　(2) 现在的商业街区

图3–26 上海新天地中同一条街道的过往与今昔

图3–27 上海新天地——怀旧的商业街区

① 转引自张宇星著，《城镇生态空间理论》，中国建筑工业出版社，1998年10月第一版，第3页。

事实证明，它是系统发生各种变化的原因，对系统的生物多样性维持具有重要作用。

自然生态系统的空间效率与生态系统的物种多样性直接相关。在没有干扰的情况下，系统物种多样性的一般发展过程如下：随着生态系统演进首先由少而多，达到一个顶峰后又逐渐有所减少，进而形成一个相对稳定状态。这是因为随着系统演进，其主导群落逐渐占据所有可以填充的领域，排斥其他亚群，从而降低了系统多样性。而在重度干扰情况下，生态系统的功能与结构受到严重破坏，超出了系统的恢复力，导致系统难以返回平衡状态，继而恶性循环产生功能结构障碍，导致系统崩溃。这样物种多样性将大大损失，甚至全军覆没。只有在适度干扰情况下，才有益于保持和增加总体环境资源。通过干扰抑制主导生物群落的过度扩张，加大系统的镶嵌性，提高系统多样性。从而强化生态系统的抗性，并增加其稳定性。

根据干扰的影响范围，可以把它划分为局部干扰和全局干扰；根据其影响时间长短划分为瞬间干扰和长期干扰；根据其发生频度特点分为随机干扰和规律性干扰。从性质上划分，干扰分为自然干扰（例如地震、火山爆发、海啸等）和人为干扰（例如矿产采掘、铁路建设、修筑水坝等）两大类。一般来讲，前者对环境的影响具有偶发性和局部性（特殊的超大规模自然干扰不在此列），后者对环境的影响常常具有长期性和全面性。随着人类对全球环境干扰能力的增加，许多自然干扰都有其潜在而必然的人为诱因。这使得控制人为干扰成为维持各个系统平衡的关键。

人为干扰一直主导着城市生态系统空间发展，随着人类科学技术水平的提升，人为干扰的强度也越来越大。而且这种干扰强烈的呈现规律性、长期性、全面性、深入性特点。从城市生态系统多样性（包括生物多样性、文化多样性甚至空间形态本身的多样性等许多方面）近年来一直呈急剧下降态势分析，应该说人为干扰的强度、频度已经超出了正常的限度[①]——城市生态系统空间体系具有内在的自我平衡机制，这种机制并不完全由人类主导和设定。各种空间组合的演化有其自然生成的内在规律，维持着与城市生态系统社会、经济、环境相协同的平衡状态。过度干扰会引发空间系统的嬗变，[②] 犹如推倒了多米诺骨牌，会引发整个城市功能与结构的连锁性整体障碍，形成对城市生态系统平衡的破坏性波动，甚至是恶性循环。

① 打一个不很恰当的例子，近年来中国城市以“补欠账”为由大兴土木，城市物质空间更新的频率极高。某些城市的主要道路翻修的频率是以月为单位计算的，道路不畅不仅给沿线居民造成生活不便，更严重影响了整个城市的效率。更有甚者，今天顶着“畅通为由”为增加车道铲除绿化带，明天又以“美化城市”重新增加绿化带。这样生态效益高的成熟植被被生态效益低的新生植被替代。道路空间的生态状况越改越差。

② displacement。

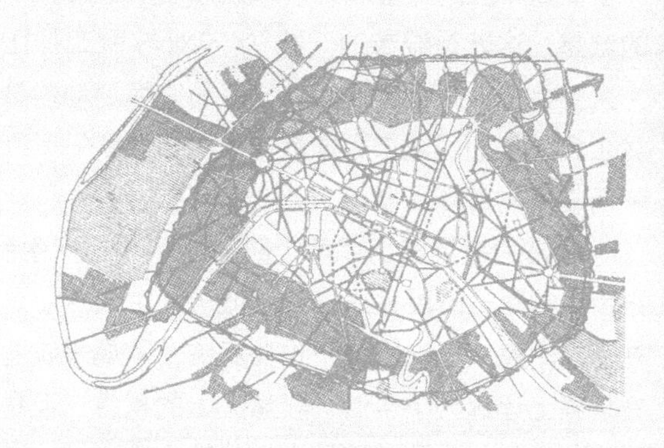

城市的产生不是一蹴而就的，它经历了一个漫长的孕育过程。

人类基于生存和繁衍需求的定居活动是从寻找天然掩蔽场所开始的。甚至有一段长期与其他大型动物争夺巢穴的过程，这就是发展过程中最为漫长的"穴居"时代；后来，由于天然洞穴资源无法进一步满足人类定居质与量的需求，人类开始直接建设居所。最初有两种形态：用植物枝条搭建的鸟巢式居所和开山掘土挖建的洞穴式居所。因鸟巢式居所更具优点而得到更多推广，人类进入了定居发展过程中的"巢居"时代；随后农业的诞生使人类必须长期停留于一地，聚族建设构筑了村庄的雏形；生产力进一步提高产生的大量剩余产品造成了阶级分化，继而形成了保卫氏族财富的城堡，这就是城市的"城"；农业与手工业社会大分工，使商品交换成为人类社会十分重要的活动。商品交换活动的融入使"城"因"市"而活，真正意义上的"城市"才就此诞生。[①]图 4–1 所示为早期的人类聚落——陕西临潼姜寨复原模型。

城市的发展经历了两个阶段：从城市产生到 18 世纪工业革命，是城市发展的第一阶段。这一阶段城市的主要功能是地域的政治（宗教）中心，在生态学意义上它服务于农业经济，从属于农业生态系统。虽然有些城市在规模上远远大于当时一般意义上的村庄，但是不论是其组织结构还是其形态依然与村庄具有某种内在的基因性联系。工业革命之后是城市发展的第二个阶段。在这一阶段城市脱离了农业生态系统而成为独立的生态系统，是社会生产的主要基地，由此进入了以经济城市为主导的时期。城市形态与结构为了适应大规模工业化生产需要发生了极大的变化。由于世界各地的经济、社会发展不平衡，其城市发展进程也很不均衡。就目前的状况而言，有的城市还处于第一个阶段，但另外一些城市却已经发展进入了第二阶段的后期（信息城市）。

城市的建设和发展也有两种模式：一种可以简单归纳为由"市"而"城"的模式（图 4–2）。这类城市是某些地点在逐渐具有了城市内在功能的基础上，发展成为地域中心后，再建设完整的城市防御系统，成为真正意义上的城市的。另一种是由"城"而"市"的模式（图 4–3）。最初是为了保护特殊地点建设了完整的防御体系，例如：保护

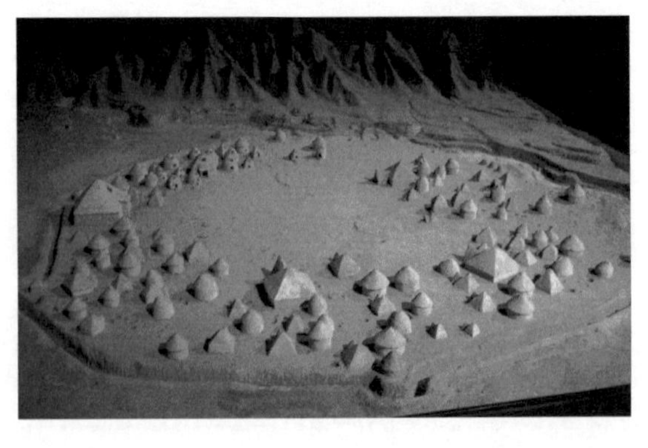

图4–1 早期的人类聚落——陕西临潼姜寨复原模型

① 此处对于城市产生的简述是基于一般意义上的常规模式。实际上一个具体的城市产生的过程是十分复杂的，它们发展的道路往往互不相同，会有许多不同机遇和偶然性的推动因素。

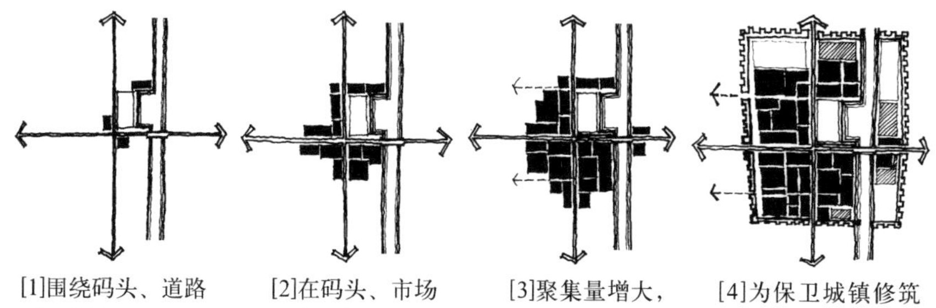

图4−2　城市形成由“市”⟶“城市”模式示意图

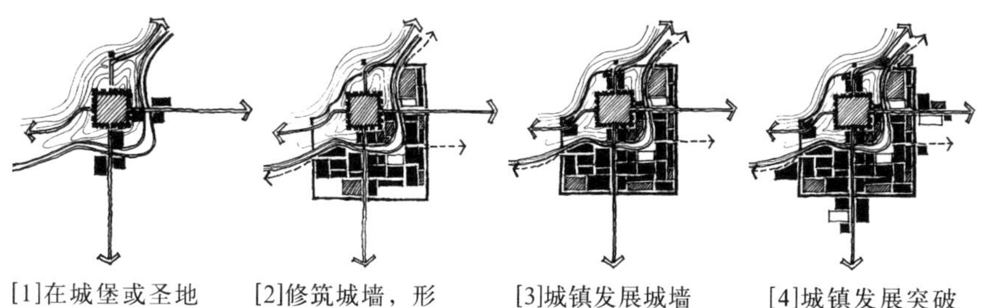

图4−3　城市形成由“城”⟶“城市”模式示意图

说明：图中黑色表示一般城镇建设用地，白色方框表示市场，斜线格表示一些特殊用地。

宗教圣地或氏族首领的居所而建设的城堡。后来因为人群活动在该地的汇集又逐渐具有了商业、手工业等其他城市经济活动，完善了城市功能而成为真正意义上的城市的。前一类城市在兴建初期往往处于自发状态，没有全面系统的规划，其建设过程具有渐进性，所以常常被称为“非规划性”或“弱规划性”城市。由于较少受到单纯某一类人主观意识的约束，它们的发展历程能够比较清晰地反映经济、文化因素中非强制性要素，以及其他基于人本需求的普适性要素对城市演进的作用机制。后一类城市的兴建往往是“统治者”深思熟虑之后的结果，它们不仅具有完整而系统的规划，而且其建设过程有强大的国家或氏族财力作后盾，常常在较短的周期内就完成了城市基本构架的搭建，建设过程十分迅捷，所以被称为“规划控制性”城市。这种城市的建设形态主要受到某些特定人群，例如统治阶层的影响，具有这些阶层的相应特点。它们的发展历程突出地反映了为这些阶层所倡导的政治、经济、文化强制性要素对城市演进的作用机制。

城市生态系统发展的两种模式中，其物质空间形态与结构体系的建构和演进过程体现出组织和自组织规律的不同作用机制。特别是不同模式下主导城市物质空间建设和利用的城市生态系统主体特征有很大区别——虽然同为人类，统治阶层和普通市民的空间需求是极其不同的。因此本章节的研究和分析将按照“弱规划性”和“规划控制性”两种模式分别进行，并在分别研究基础上来对比、总结城市生态系统空间形态与结构体系演进的内在规律。

4.1 村庄的启示

农业生态系统是城市生态系统诞生的摇篮。城市生态系统的许多基因来源于农业生态系统的调控中心——人类最早聚居的村庄。城市生态系统的空间结构由于纷繁复杂的各种表象的层层掩盖，而让人难于理清头绪；从村庄入手——从村庄与城市基因的内在联系入手，从人类空间利用与建设的原生模式入手，可以帮助我们滤除表面现象的干扰，由浅而深地掌握城市生态系统空间建设模式的一些本质。

4.1.1 案例分析

• 防卫型的农业村寨——桃坪寨的发展历程[①]

概况简介：桃坪寨位于四川省西北，阿坝藏族羌族自治州理县境内岷江支流杂谷脑河的河畔。该地处在青藏高原东缘，地形、地质状况十分复杂，境内峰峦叠嶂、山高水急，峰谷相对高度都在 1500 ~ 2500m 之间，是典型的高山峡谷地貌发育地区。区内小气候类型丰富，呈垂直变化——河谷与高山有着明显的差异，高山潮湿阴冷、河谷干燥温和。[②]

目前在此地繁衍、生息的羌族[③]民众并不是当地土著。大约在公元前 5 世纪，羌族开始从其民族发源地西北河湟地区向西北和西南迁移。从汉代到隋唐，其中的数支先后抵达岷江上游，征服了当地土著“戈基人”之后取而代之，遂定居于此。由于迁徙到其他地区的各支羌族在其流动过程中都逐渐融入当地其他民族或者演化成新的民族，所以保持了其民族特征的岷江上游羌族，是“羌风”最为纯正的一支。图 4–4 所示为羌族聚居区的典型地貌。

该地域不仅是处在川西平原与青藏高原的地形和气候过渡带上，而且同时也是藏、汉两大文化区的过渡地域。隋唐以来，羌人处在青藏高原的吐蕃人和中原的汉人之间，发挥着十分重要的纽带作用。但是这两大民族交流过程的摩擦也使得这支羌人定居的岷江上游区域千年以来一直征战频繁。

---

① 原始资料来源于本人的实地调研和季富政著，《中国羌族建筑》，西南交通大学出版社，2000 年 2 月第一版。

② 桃坪寨所处地具有典型的干旱河谷气候特征。这种气候的形成原因有自然和人为两方面：一是地形变化、地势升高。四川盆地西北沿的龙门山脉又阻挡了太平洋的暖湿气流顺利进入该区。二是河谷区森林覆盖率极低。可能秦汉以来长期的木材采伐，造成的交通比较便捷的河谷森林已被采伐殆尽，而人迹罕至、难至的高山地区还保持了较好的原始生态。从《阿房宫赋》的“蜀山兀、阿房出……”，到 1999 年本人南下徽州，在呈坎古镇看到的采自四川，两人才能合抱住的银杏木柱都可推演这种可能。

③ 羌族在我国民族发展史上占有极为重要的地位，是汉族前身“华夏族”的重要组成部分。《说文·羊部》中解释：“‘羌’西戎牧羊人也……”殷商时期羌人十分活跃，广泛分布于河湟地区，秦汉时开始逐渐向西北、西南迁徙，这一过程中逐渐和各个民族交融。其中藏、彝、白、哈尼、纳西、傈僳、拉祜、景颇、土家甚至部分地域的汉族发展都与羌族的迁徙有着密切联系。

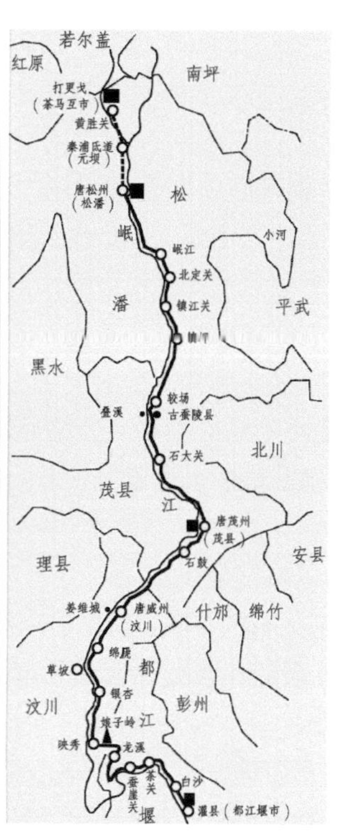

（左）图4-4 羌族聚居区的典型地貌照片

（右）图4-5 松茂古道图

发展历程简述：桃坪寨的发展大致可以分为四个阶段。

第一个阶段，从汉代到清初，是桃坪寨的酝酿期。桃坪寨地处杂谷脑河北岸、河谷南坡坡角，河道在此略有曲屈，形成了一小片十分难得的冲积台地，是该地域内十分珍贵的宜耕地。考古发现汉代时就有人在此定居。但是人数稀少、分布分散，所以历经一千余年才逐渐聚集成一个几十人的小村寨。

第二个阶段，从清初期到清中期，是桃坪寨的迅速发展期。这与当时清政府的西藏政策密切相关。清朝为了一统中华，将西藏完全纳入中央政权的统治体系之内，对藏区恩威并施：一方面对地方统治者中与中央政府积极合作的人施予极高的礼遇；另一方面对有意背叛的人予以坚决镇压。为了保证中央政策的有效实施和维护中央政府的威慑力，清政府在与藏区紧邻的地域大量屯兵——从松潘到成都一线是其中的重中之重。因为这一地带是藏区与中原沟通的捷径，自古以来信息、物资交流的干线。清乾隆十二年（公元1747年）平定大小金川叛乱时，清兵西路进军路线由成都⟶灌县⟶汶川⟶维关⟶杂谷脑⟶梭磨而抵达党坝。① 为了保证对军队的供给，清政府专门整修了从成都经汶川通往藏区的干线栈道——“松茂”古道（图4-5）。这一古道正从桃坪寨旁山坡上通过，桃

① 参见应金华、樊丙庚主编，《四川历史文化名城》，四川人民出版社，2000年10月第一版，第118页。

坪寨由此成为了“松茂”古道上的一个驿站。清乾隆年间的这场重要战争将桃坪寨的发展推向了顶峰，在几十年间迅速搭建形成了村寨的基本构架并建设了其中的重要建筑。

第三阶段，从清中期到建国初期是桃坪寨的稳定发展期。战争期间特殊的需要带来的迅速繁荣逐渐消退。但是作为川藏之间主要战略性交通干线上的一个驿站，桃坪寨依然发挥着相应的作用——百年以来不知有多少商帮、马队、士卒曾经在此停歇修整。然而，受到自然环境条件的多重限制，桃坪寨的规模反而较鼎盛时有所缩小。

第四个阶段，是川藏公路建成之后。公路通车宣告“松茂”古道完成了它的历史使命，桃坪寨的性质也随着古栈道的废弃而发生了本质的变化，蜕变成为一个纯粹的农业性村寨。

村寨物质空间发展阶段特征分析：

1. 岷江上游河谷地域分布的羌族村寨物质空间的一般演化规律。

岷江上游河谷地域村寨就其选址的地理分布，可以分为高山型、半山型和河谷型三种。但是，不论哪种村寨在其发展初期，每家每户都是相对独立的，还没有形成街道——建筑散布在一个既定的范围内，格局自由而分散，是村寨的分散形态期。寨内建筑以住宅为主体、以一家一户为单位。〔以三龙乡河心坝寨（图4–6）、鹰嘴寨（图4–7）、杨氏将军寨（图4–8）为典型〕。

（上）图4–6　河心坝寨平面图
（中）图4–7　鹰嘴寨平面图
（下）图4–8　杨氏将军寨平面图
村寨发展初期分散式格局的典型形态

后来随着人口的增加，每户围绕自己的祖屋扩建房舍，逐渐把原先建筑与建筑之间的空地填满，形成街道，这个村寨就逐渐达到了发展的顶峰和成熟期。〔以老木卡寨（图4–9、图4–10）为例，在该寨的中心地带已经形成了密集的簇团状建筑群。但寨子的周边区的组群之间有较大的空地，建筑还比较分散〕。村寨空间形态

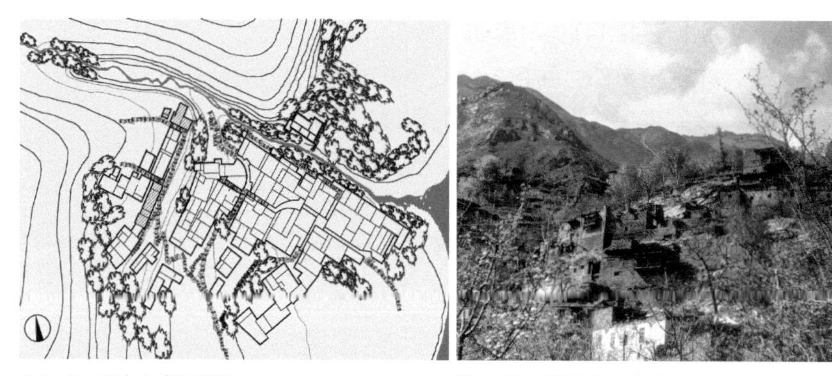

图4-9　老木卡寨平面图　　图4-10　远眺老木卡寨

村寨发展中期的簇团形态典型案例

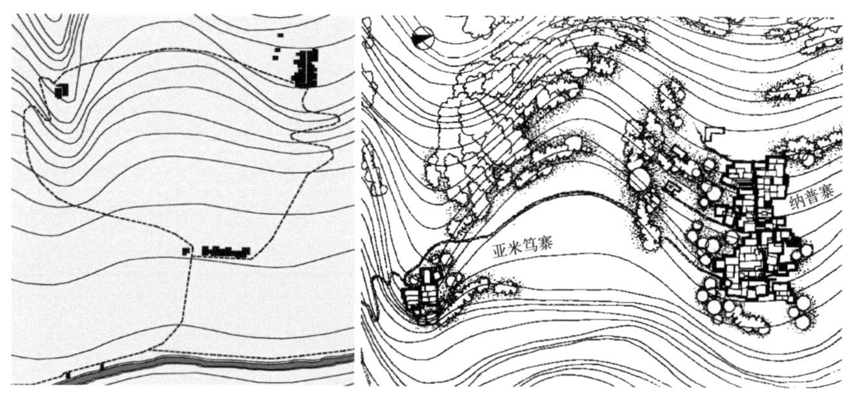

图4-11　纳普寨三寨空间布局　　图4-12　纳普寨、亚米笃寨平面关系图

村寨发展后期出现跃迁，修建子寨的典型案例

演化进入了簇团形态期。

随着村寨人口的进一步增加，原有村寨中的可建设用地消耗殆尽，再增殖的人口就被迫迁出，另立新寨。母寨与子寨之间形成了原始的聚居点层级关系，子寨依托母寨——许多生产生活活动都与母寨密切相关。〔以纳普寨为中心，还分布着亚米笃寨和下寨（图4–11、图4–12）。纳普寨的村寨结构十分成熟和完整，而其余两寨还处于自由分散的发展初期。从几寨之间的空间关系和建寨时序可以推断发生空间建设跃迁的规律〕。这时村寨空间形态演化已经跃入村寨体系空间形态的层次了。

2．桃坪寨空间形态演化分为以下四个阶段。

第一个阶段，桃坪寨还是农耕型村寨（图4–13）。因农业生产和居住生活的需要，村寨的水系已经基本建构形成，而且与大多数以水系为重心的羌寨（例如郭竹铺、羌锋寨）一样，水渠体系是露天的，并在水系入寨处，修建了公共水磨坊。这时村寨的建设主要集中在引水主渠东侧，现村寨中心地带，围绕第一座碉楼（现陈仕民宅内）。整个村寨呈现以碉楼为中心的簇团形态。

第二个阶段，桃坪寨的驿站时期（图 4–14）。村寨迅速膨胀，扩展到原来的四倍，位于原建筑群北部、东部、南部，并且向北沿驿道形成了一条主街。修建了一座更高更大的、以军事警戒为主导功能的碉楼。同时在村外杂谷脑河支流桥边修建了汉庙（川主祠）。由于人口膨胀，出于安全和卫生的双重考虑，村寨内大部分渠道增加了顶盖。在驿路、水系交织而成的空间格网限定引导下，村寨在原来簇团形态基础上发展成为复合式形态——村寨内部主要的居住区域以水系为界，分为几个簇团；在村寨边缘，以驿路为轴线形成带状形态的商业街区。

第三个阶段，村寨内部的建筑密度进一步增加，主要围绕北部的驿道周边；延续上一阶段的发展模式，依然呈现复合式空间形态，商业街区的影响力度加大（图 4–15）。

第四个阶段，由于公路建成改变了村寨的对外交通结构，村寨向南扩张，开始在村寨南部形成新的增长区（图 4–16）。驿路的带动作用消失，村寨逐渐演化为层级簇团形态。以中心簇团为核心，周边分布着次一级簇团。

图4–13　桃坪发展第一阶段　　图4–14　桃坪发展第二阶段

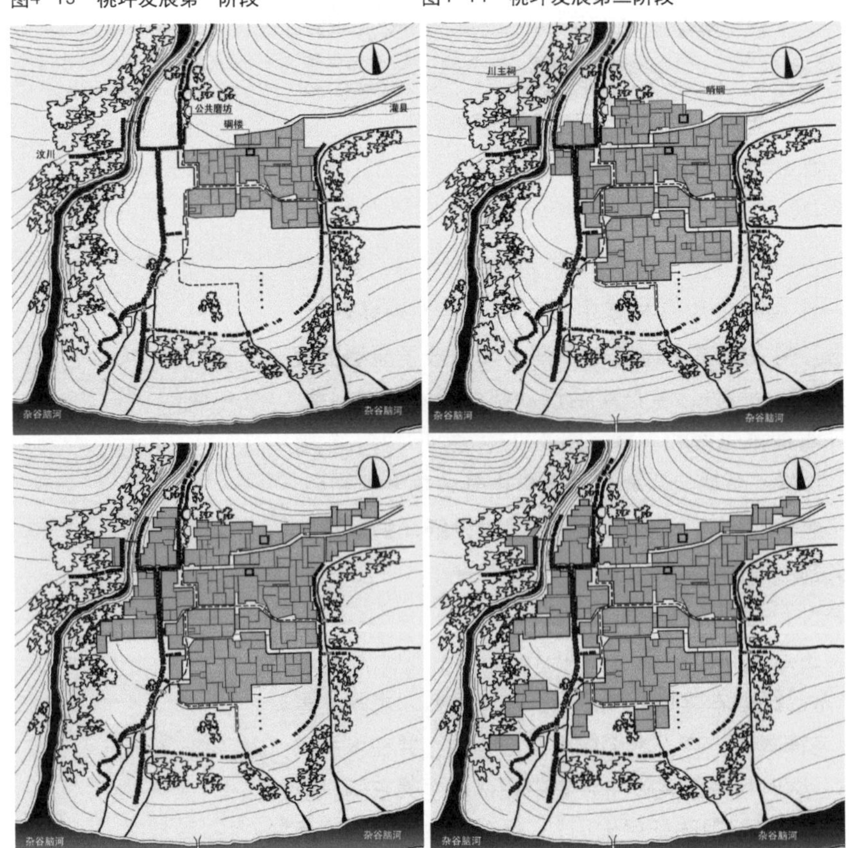

图4–15　桃坪发展第三阶段　　图4–16　桃坪发展第四阶段

羌寨具有处于同一社会发展水平下的其他人类聚居点少见的空间成层性，尽管这种分层一般集中体现在家庭所辖空间范围内（由于可建设用地缺乏所导致）。其分层的一般规律如下（从上至下）：仓储＋晾晒⟶居住⟶会客起居⟶炊事⟶牲畜饲养＋杂物储藏。但是羌寨最突出的成层特点是村寨内局部地段“居住⟶交通”的功能分层，有许多专门设计的穿插于住宅下通过的公共街道。表 4–1 所示为桃坪寨主要物质空间类型数据简表。

物质空间建设特点及其形成机制分析：

羌寨空间结构具有以下突出特点，这样一些特有的空间利用与建设模式是由羌寨所处地域的自然环境和族内社会组织结构所决定的。

[1] 村寨选址多位于河谷滩地与山坡交接的坡脚和山间台地与坡地交接的边缘。注重对险要之地的扼守，不是占据地域战略制高点就是扼守交通要冲。

[2] 居住空间建设围绕精神支柱——供奉神灵的碉楼或者是家族的祖屋，呈现簇团形态。

[3] 羌寨聚落建设不拘形式，常依山就势顺应地形，因而十分灵活，没有既定的规制和边界。

[4] 村寨空间与水系结合紧密，较大规模的村寨一般都有人工开掘（或在天然溪流基础上改造）的内在水系。

[5] 具有完整的屋顶交通系统。

[6] 羌族住屋呈现立体性并向空中发展，常常为多层楼宇。图 4–17 所示为河心坝村陶宅剖面示意图。

[7] 建筑十分封闭：房屋与道路的关系比较曲折，一般有两个以上出入口。主入口及其楼梯、平台与入户门之间往往都转折关系。次入口则隐蔽在不易被人发现的平台下方和街道转折凹陷之处。羌族住屋开门开窗都很小，主要是大面的实墙，临近地面的次要房间往往只是个很小的洞口通风换气。图 4–18 所示为桃枰寨街巷图，图 4–19 所示为羌寨中狭窄的街巷，图 4–20 为桃坪羌寨总平面图。

桃坪寨主要物质空间类型数据简表 **表4－1**

发展阶段	村内建、构筑物类型	数量	村内空间类型	数量	村庄空间形态特点	发展主导因素
1	住宅、磨坊、碉楼	3	居所、水道、街道、场坝	4	单簇团	定居
2	住宅、磨坊、碉楼、客栈、商店、餐馆、驿站、仓库、庙宇、兵站	10	居所、水道、街道、商业街、场坝、宗教	6	街道+单中心多簇团	军事交通
3	住宅、磨坊、碉楼、客栈、商店、餐馆、驿站、仓库、庙宇	9	居所、水道、街道、商业街、场坝、宗教	6	街道+单中心多簇团	交通
4	住宅、磨坊、碉楼、庙宇	4	居所、水道、街道、场坝、宗教	5	单中心多簇团	交通

备注：村庄规模（人口）因缺乏资料没有统计。

图4—17 河心坝村陶宅剖面示意图

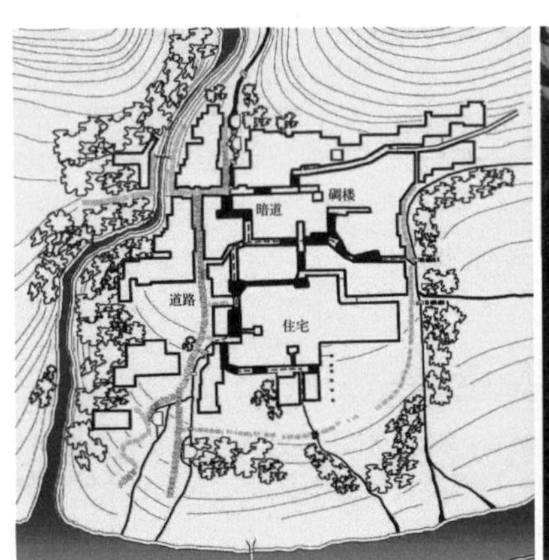

图4—18 桃坪寨街巷图

图4—19 羌寨中狭窄的街巷

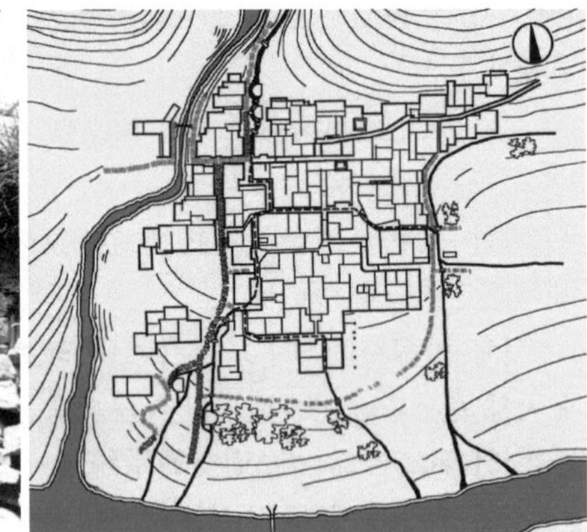

图4—20 桃坪羌寨总平面图

羌寨的空间建设主要受以下几方面的影响。

1. 自然的影响：严苛的自然条件使得定居者为了保证自身的生存，首先要尽量珍惜一切可以维持生存的土地——羌寨选址都尽量少占、不占可耕可牧的土地；密集建房可以有效减少外露山墙，立体式楼宇减少了房顶面积，也降低了建筑热能损耗。街巷垂直主导风向，立体穿插于房舍群体之中，可以使街道中的热量散失速度减慢。住屋底层为杂物房等次要房间可以屏蔽潮湿阴冷，顶层为粮仓防止透风散热，将中间最舒适的楼层留给人居住。少开窗、开小窗、特殊开窗方式（斗窗、升窗）避风向阳也减少了室内热量通过门窗的散逸。这些措施都是适应岷江河谷高山气候（气温年较差、日较差大，有漫长寒冷的冬季），最大限度保温并改善村寨内的小气候，提高生存环境质量的有效措施。

2. 社会生产生活的需要：徐中舒在《论巴蜀文化》中有“西汉人屡称‘大禹出西羌’……”[①]的引述，虽然这种传说是否是事实尚有待进一

① 参见：季富政著，《中国羌族建筑》，西南交通大学出版社，2000年2月第一版，第57页。

图4-21　入水口照片

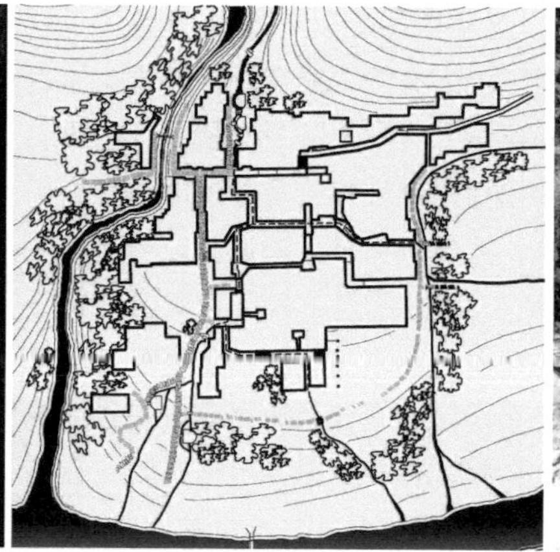
图4-22　桃坪羌寨寨内水系

图4-23　桃坪寨出水口洗涤处

步的文献考证和考古新发现的论证，但是从目前羌寨所具有的共同物质空间形态特征分析，羌人的确是一个善于理水的民族——几乎所有村寨对自身的水系都有细致、全面、深入的考虑。这是基于对生产、生活的全面筹划：水系的组织、水体功能区的划分、用水安全等都有细致入微的安排。以桃坪寨的水系组织为例：

[1] 水源选择遵循"大水避、小水亲"原则，虽在杂谷河河畔却选择其支流作为村寨水源——既可就近用水，又可以立寨于地势较高之处，便于避开高山峡谷地区大江大河大型冲沟常见自然灾害（洪水、泥石流等）。同时流量稳定的小溪河流程短，水质也比较有保障。图4-21所示为入水口。

[2] 水系组织顺应地形，寨内水系看似十分随意，却独具匠心（图4-22）。引水渠由卵石依山就势砌成，渠道不宽但流速甚急，利于保持水质。① 入寨后转为暗渠，分为几支绕过寨内各家构成复杂水系，便于住户就近取水。暗渠上覆石板，防止水体污染。其中西南主渠出寨口形成一处小塘供人们洗涤（图4-23）。水渠出寨后分成若干灌溉之渠，流过寨下的农田。

[3] 水质控制严格按功能需求分段：出寨之前的水体均为饮用水。出寨之后为洗涤用水，其下才是灌溉用水。这与皖南宏村的分时供水有着非常大的区别，② 应该承认羌寨的分段用水使水质更有保证。

[4] 注重用水安全。强调对水源保护，结合建寨将水源隐蔽于寨后；规定寨中水体为饮用水，渠网纵横或明或暗，每户都可就近取水，这在战时可以最大限度地保证水这一生命必需品的安全供应。

---

① 水的流速越快，自净能力也越大。

② 本人实地考察时，宏村本地人介绍以前宏村村规约定：每日晨8～10时为提取饮用水时段，10～12时为洗涤食物时段，12～15时为洗涤衣物的时段，15～17时为洗涤器物的时段，17～18时为洗涤秽物的时段，18时到次日晨8时禁止一切洗涤活动。

3. 社会安全的需要：在人类需求“金字塔”中，“安全”是除了“生存”之外的最起码需要，这是进化过程赋予人类的本能需求。而人类原始定居过程中，不论是居所选址还是空间建设，有利于防卫都是十分重要的条件之一，在临潼姜寨和西安半坡的原始村落遗址中，宽阔的壕沟和高高的围墙可能是人居环境最早的防卫体系。随着人类社会的进步，“安全感”的获得不再仅仅依赖物质空间的“高墙深院”，但是在缺乏“安全”保障的地域，防卫型的物质空间建设对于生命财产的维护作用还是不能被简单替代的。在藏、汉两大强势民族影响交错地带的岷江上游之高山峡谷地域生存，“安全”是羌族定居者所必须着重考虑的一个主导因素。因此在羌寨物质空间的生成演化过程中，“安全”脉络贯穿着从古至今的始终。

[1] 大多数羌寨都有碉楼，它具有类似像烽火台的重要警戒功能，也是保卫居所安全的实用构筑。村寨一般围绕碉楼建设，这种向心式布局便于从中心碉楼居高临下观察和瞭望，由碉楼上的人以各种方式调集全村进行防御。

[2] 羌寨街巷依山就势、曲折迂回，适应地形灵活布局。还有许多过街楼把寨子划分成一个个相对独立的空间单元，这种曲折狭窄的自由形态十分利于巷战，尤其对熟悉街巷的本地居民而言是得天独厚的优势条件。

[3] 羌寨建筑十分厚实坚固，传统住屋不仅开窗极小，入户门也位于隐蔽之处，不同楼层间还往往是以可抽动的楼梯相连接，每一栋建筑物都可以看作一座堡垒。兼作晒坝的平屋顶只要辅以各式简易的楼梯、栈桥就可以将各户屋宇相连，十分密集、紧凑，就可以构成通达各户的“空中走廊”，便于调兵遣将（图 4-24）。把桃坪寨与环境条件类似的羌锋寨相对比，尽管两者的街道系统都很曲折，但事实上，桃坪寨的路网系统有着比较明确的潜在规律，与羌锋寨自在生成的自由路网有着本质的区别。它的主要街道横平竖直、交织成“格网”状，有许多人为的“转折”并且与潜入建筑之下的暗道相结合——所有的这些现象都表明：桃坪寨是在比较短的时间内迅速成寨，并且事先有一定的“规划”。做出这样的物质空间建设“规划”的主要目的就是进一步加强村寨的防御能力。

图4-24 羌寨屋顶系统（老木卡）

4. 社会组织结构的影响：碉楼是羌族民居的一个主要的特征，村寨大多以碉楼为中心，众星捧月。就好比侗寨的鼓楼、傣寨的佛塔。碉楼起源有这样的说法：它是宗教信仰精神的物化，是供奉天神的场所，①像巴比

① 据羌族释比（又名“许”，相当于巫师，是羌民的精神领袖）解释，碉楼是“天宫”，是离天堂最近的地方，用来供奉诸神，保佑人间平安。参见季富政著，《中国羌族建筑》，西南交通大学出版社，2000 年 2 月第一版，第 241 页。

伦的通天塔（星相台）那样是通天之道。据考察分析，也许是碉楼在羌寨军事防御体系中真正的使用价值让古时的羌民以为是神明保佑，从而将碉楼的地位上升到精神层次，这种精神力量又反作用于物质空间的修建活动，久而久之因果循环使围绕碉楼建寨成为羌民族聚居空间的定式。总之，碉楼在羌寨中的重要地位应该是两者共同作用所确立的。

桃坪寨（图4—25）也许不能算是岷江上游羌族村寨的典型范例，因为它的形成与发展轨迹中有一般村寨所没有的特殊影响要素（主要是驿站的定点和乾隆时平定大小金川战役带来的集中繁荣）。然而从另一方面看，也许正是这些特殊因素的存在，使得桃坪寨的发展体现出更为强烈的"安全"目标方向性，从而淡化了其他因素的干扰，反而更能体现羌寨的精髓。

羌族具有纯朴而悠远的文化——这种文化的发展历程赋予它十分贴近生活本身基本需求的突出特质，没有通常的矫情粉饰。在这种文化影响下建设的羌族村寨，与汉地、藏区的村寨相比，形而上的影响因素（例如等级形制、避讳等）较少，而更多的都是出于人类生产、生活最为本质的基本要求，这种要求经过千年的发展与当地的自然环境条件相适应，形成了羌族村寨独有的特色。而这种特色也更为贴近人类定居的原本意义。

• 纯粹的农业型村庄——新叶村的发展历程[①]

概况简介：新叶村是浙江省建德县的一个普通小山村，过去隶属于兰溪县。村庄坐落在兰江和新安江之间，这两条江都是富春江的上游支流。村侧有两座高山，一是玉华山，一是道峰山。这两座山都是仙霞岭的余脉。它们的山麓相接，连成一线，形成了一个峡谷。两山连线的东南是开阔的谷地，适宜农耕。新叶村就位于两山之间峡谷的东南口上。玉华山有两股溪水、道峰山有一股溪水分别流经村落，灌溉着农田（图4—26）。

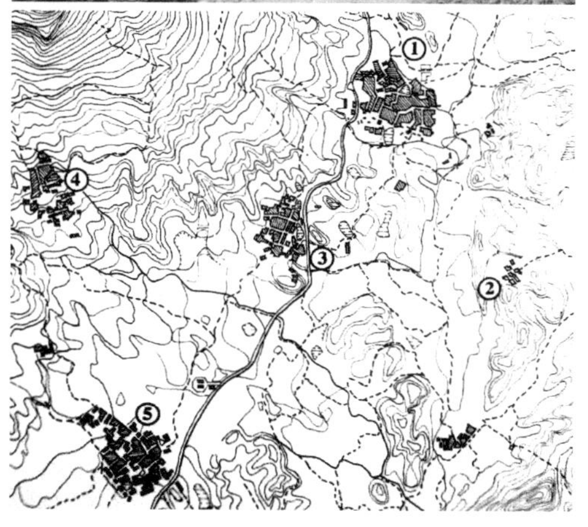

（上）图4—25　远眺桃坪寨
（下）图4—26　新叶村及周边村庄布局关系图
①新叶村；②三石田村；③上吴芳村；④江山村；⑤李村

① 原始资料来源于陈志华、楼庆西、李秋香著，《新叶村》，重庆出版社，1999年7月第一版。

发展历程简述：新叶村发展大致经历了四个阶段。

第一个阶段由元代至明初，历经四代，是新叶村的初步建立时期。村庄在两个重要家族首领的主导下初步发展起来。始迁祖（叶克诚）按中国传统风水原理选定新叶村村址，"筑室于道峰之南，玉华之东，以道峰为村之朝山，以玉华为祖山。"第四代东谷公带领村民开凿渠道，引来玉华山的双溪水以灌溉农田、泄洪排涝，改善了农业生产的基本条件。到这一期末，新叶村的人口由最初定居时的数人逐渐增加到约五十余人，主要从事农业生产。

第二个阶段从明宣德年间到成化年间，历经四代，是新叶村稳步发展时期。各个血缘分支得以均衡发展，村庄基本成型。这一时期末，新叶村已经发展到了六百余人，村民依然主要以农耕维生。

第三阶段从明成化年间到万历年间，是新叶村发展的鼎盛时期。历经二百余年的改造，新叶村的土地已经从原来漏水漏肥的紫沙壤熟化成适宜耕作的水稻土，农业生产力大大提高。由于农业劳动力的需求趋于饱和，部分村民转而离乡从事商业活动。各个支系的发展出现了很明显分化——崇仁、崇智成为主要的两大支，村民中也出现了明显的贫富分化和阶层区别。

第四阶段从明末到民国，新叶村的发展已经由盛而衰。所有的可开垦土地均已开垦殆尽，各房派之间的争斗加剧。出现了两次大的人口迁出：崇智堂因其显赫人物在开封为官发达，堂中族人大批随迁。随后两大支派的争斗中，崇仁堂逐渐占得上风——获得了新叶村主导权，并开始收买其他房派田产。而崇智堂（尚字辈迁祖宗）以"移宅就地"[①]为由迁往离新叶村约 2km 处的三石田村，至此，崇仁堂完全取得了村里的主导权。村中人口恶性膨胀，到发展期末已经增加到八百余户。

物质空间发展阶段特征分析：

第一个阶段：新叶村的发展在第一阶段又分为两个时期，首先是从始迁祖到三世祖，这是一个自然的定居过程。以农耕维生的人群在适宜地点择址生产生活。后世子孙的住宅围绕先辈的住宅散落于乡野中。村庄呈分散形态。第二是四世祖时期，新叶村经历了第一次大规模空间建设，不仅全面改造了村庄的农业灌溉体系，而且在村外西山冈修建了叶氏总祠（当地又称祖庙）、村内修建了有序堂（外宅总祠，图 4-27）。为了解决村中少年读书的问题，还在距离新叶村 3 ~ 4km 的道峰山坳修建了重乐书院。[②] 村中住宅逐渐在有序堂东、南、西三面发展起来。村庄初步呈现向心式簇团形态。

第二个阶段：新叶村经历了第二次大规模的空间建设。其最为重要发展是八世祖时的"建厅"——繁衍形成的十一支派围绕有序堂修建分祠（共计崇仁堂、崇礼堂、崇义堂、崇智堂、崇信堂等十一处），这些分祠呈半环形围

① 当地农村有"近家无薄田，远田不富家"的俗谚。在比较落后的生产力水平下，为便于田间管理和耕作，土地距离住宅必须在比较合理的通行范围内。一般来讲大约最远为 45 ~ 60min 的路程，也就是离家 2 ~ 3.5km 之间。

② 后来由于求学的人很多，逐渐形成了以书院为中心的杂姓村，现在已荒废。

绕在有序堂的左、右、后三面；支派的住宅又分别簇拥在本派分祠周围。后来，一些大支派又进一步通过“建房”分为更小的支系，修建祭祀本支祖先的祖屋，每房后代的住宅也围绕在祖屋附近。按照这种模式，同属一个血缘支脉的住房以分祠为中心聚集成团块状，团块之间的空地演化为村庄的主街——村庄构架基本成形。

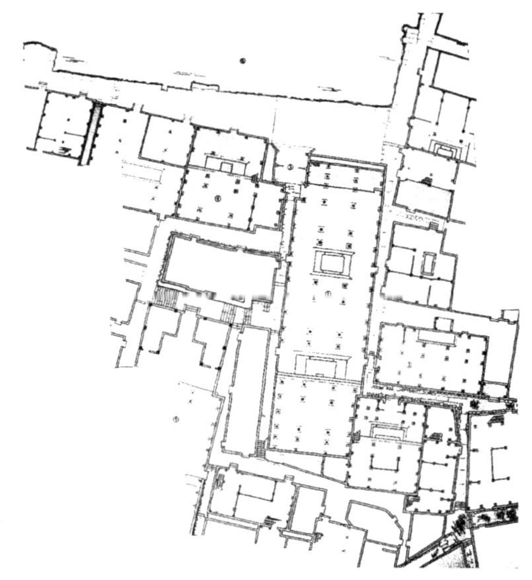

图4-27 有序堂及周边建筑、环境

这一时期的住宅占地较大，往往是较为严谨的合院式格局，比较富庶家庭的院落一般都还配设了花园和较大的园圃。村庄呈现出成熟的层级式簇团形态。图 4-28 及图 4-29 所示分别为荣寿堂和崇信堂及周边建筑的团块模式。

第三阶段：这一时期随着生产力水平提高和人口增加，村中建筑密度大大提高，村内空地几乎全部消耗殆尽。其空间形态演化处于层级式多中心簇团形态时期，虽然簇团形态仍很清晰、明确，但是各个簇团之间的发展已经不再平衡，崇仁堂、崇智堂团块发展占据了优势，具有了挑战原始核心（有序堂和祖庙）的向心力。尽管竞争过程中也力图通过强化原始核心，例如重修有序堂和祖庙，来明确村庄的空间秩序，但原来的空间形态已经逐渐解构。对村庄整体环境的建设也是本阶段的一个重点，在村边修建了风水性的文峰塔（攒云塔）和水口亭。在空间建设细节方面，因经商而受外来文化（江南）的影响，其建筑风格也随着发生了变化——出现了许多苏式门楼和雕刻。

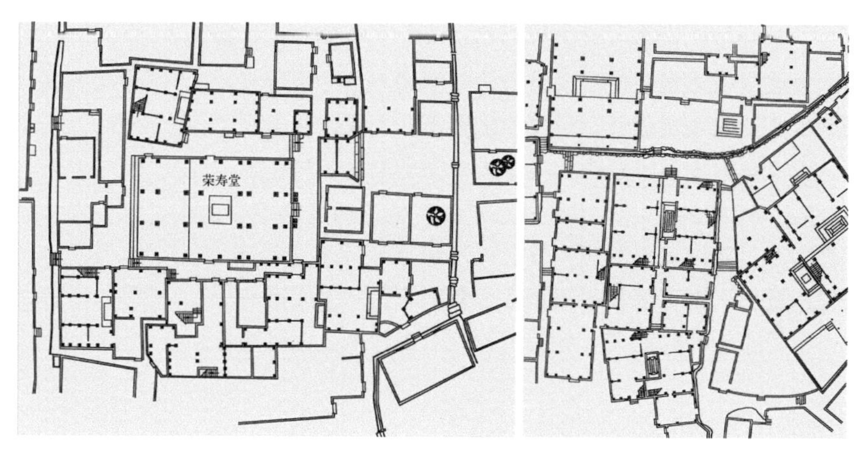

（左）图4-28 荣寿堂及周边建筑的团块模式

（右）图4-29 崇信堂及周边建筑的团块模式

第四阶段：随着建筑密度增高，已经不复存在单栋的住宅，全村成了一个鳞次栉比的大建筑群。除主街之外，其他建筑之间只有一条条细巷。村中的园圃已全部被侵占，村边茂密的风水林也开始被砍伐——村落局部生态环境遭到了破坏。两派的竞争以崇智堂主动和被动的两次迁出，宣告崇仁堂的胜利。明末，崇仁堂（分祠）迁至村中有序堂南侧的开阔地——前开半月形池塘，后建梅园，规模甚至超过了祖庙；而其他各派的分祠随着人丁的凋零而逐渐破败。这一期间尽管曾重修过有序堂（明末）和西山祖祠（清康熙），但是整个村落原先结构清晰的层级式簇团形态被打乱后，围绕新的簇团中心（崇仁堂分祠）进行重构。村庄呈现复合型簇团形态。后来又在村边修建了文昌阁（清同治）、官学堂（清光绪）等教育建筑和一系列宗教祭祀建筑（如玉泉寺、白云庵）。

物质空间建设特点及其形成机制分析（表 4–2）：

新叶村物质空间形态数据简表 **表4–2**

发展阶段	持续时间(年)	村内建、构筑物类型	数量	村内空间类型	数量	村寨规模(人)	村庄空间形态特点	发展主导因素
1	80	住宅、祠堂（2个）	2	居所、街道、场坝	3	50	单簇团	定居
2	150	住宅、祖屋、祠堂（11+2）	3	居所、街道、场坝、私宅园圃	4	600	单中心层级簇团	人口增加
3	150	住宅、祠堂、文风塔、水口亭	5	居所、街道、场坝、宗教、风水	5	2000多	多中心层级簇团	人口增加
4	400	住宅、祠堂、文风塔、水口亭、文昌阁、庙宇（2）、官学堂	7	居所、街道、场坝、宗教、风水、水塘、公共花园	7	3000	复合簇团	人口增加

新叶村是在相对封闭环境下形成的血缘纽带型、单产业模式[①]的典型村庄范例——是一个相当纯粹的小型农业生态系统。在这样的系统中，其空间建设因为人类需求的相对单纯而简单明了，并直接体现了空间形态及其建设和利用模式最初衍生时的基本规律。

1. 自然的影响：从新叶村农业生态系统的整体空间格局看，围绕在村庄周围的广大田地是保证村内人群生存的基本空间之一，用以提供生存和繁衍必需的食粮和其他物资。这部分空间的质量、数量和发展潜力关系到新叶村的存在和发展。在山岭和丘陵的约束下，新叶村处在类似封闭的空间环境中，这里可供农耕的土地总量是有限的。它的发展更多体现在质量改善方面，例如：通过两百年持续不断地努力，把漏水漏肥的紫沙壤熟化成适宜耕作的水稻土。正是这种空间总量的有限性使得在新叶村六百余年的发展过程中，不论人口如何增加，村庄的占地规模始终被限定在一定的空间范围内，从未出现任意扩张、侵占田地的情况。当人口增加超过了土地承载力时，族内竞争的压力就会迫使部分人口迁出：新叶村历史上发生的两次大规模的迁出，都可以从中分析出“食田不足”的原因——尤其是明末清初，崇智堂迁至距原新叶村约 2km 处，另建三石田村的缘由就是极

① 直到 20 世纪中叶，新叶村中都还没有商店，村民几乎都以农业维生。

为明了而直接的“移宅就田”。

2. 社会生产生活的需要：“村庄”由建筑集合成的村寨本身和由村寨控制的农田共同构成。步行时代村庄一般都控制在方圆 1.5km 范围内，大村庄的极限距离大致控制在 2～3.5km 范围内（新叶村方圆）。这是由当时社会生产、生活的需要所决定的，同时又和村庄形成和发展时的主要交通方式相关。因为，步行时代前往超过这个距离的地点耕种就是不切合实际的，太多的精力都浪费在了没有经济价值的走路上，同时又不能很好地进行田间管理。

3. 社会组织结构的影响：新叶村村庄内部空间的利用和建设，突出体现了以血缘脉络为主导的社会结构的影响，[1] 空间逐步发展扩张的过程与族群繁衍发展过程是紧密结合的。最初，住宅建设围绕着最先迁入定点的“祖屋”——后来演化为该村总祠“有序堂”。当人口增加到一定数量时，人们又依照血缘关系的远近进一步划分为小分支，每一分支的住宅建设也围绕着各自的“祖屋”——后来逐渐演化为每一支的分祠。所以新叶村中的建筑都结成以祠堂或祖屋为中心的单元，这些单元又围绕总祠形成“簇”状结构。单元与单元之间的空隙演化成村内的主要道路，其一方面的作用是划分各个血缘分支的“领地”，另一方面以解决各单元中人员、物资出入的起码需要。所以在新叶村这样的血缘性空间结构中，交通并不是主导要素。因此街巷往往并未进行统筹规划，都是宽窄不一、蜿蜒曲折的。

• 一个以农为本、以商为辅的村庄——诸葛村的发展历程[2]

概况简介：诸葛村地处楠溪江流域埠溪上游的丘陵地区，自然环境状况较好，宜于农耕且水陆交通便捷——由兰溪到徽州、严州、杭州的大路均经过该村，而且在丰水季节小船可以经由埠溪上段石岭溪抵达据该村 0.5km 处的新桥头（图 4–30）。该村是以姓氏为村名，聚族而居，其先祖[3]的思想对村庄发展具有深刻的影响。

图4–30 诸葛村及周边环境关系

① 按血缘关系结成的血缘社会是结构最为简单的社会组织方式，也是其他社会组织结构发展的基础结构。

② 原始资料来源于陈志华、楼庆西、李秋香著，《诸葛村》，重庆出版社，1999 年 7 月第一版。

③ 诸葛亮。

发展历程简述：诸葛村的发展大致分为三个阶段。

第一阶段由元代中期到明朝末年，是该村的初创阶段。诸葛村原名"高隆村"，取当年诸葛亮隆中高卧之意。随着人口增长，逐渐吞并周围异姓村落发展成为一个大型村庄，明末改名为诸葛村。这一时期诸葛村还是一个以农业为主导的农业村，村中没有商业设施和商业中心。

第二个阶段由明朝末年到清代中期，是该村的发展阶段。由于人口猛增之后，地处丘陵地区的诸葛村因耕地有限，农业生产不足以自给自足。明中叶之后为了解决生计问题，诸葛氏开始贩运药材（基于"不为良相、即为良医"的祖训），并在本村设店经营。便利的交通条件，使该村逐渐成为方圆 5 ～ 6km 之内的工商业中心。

第三个阶段从清代中期到清代末年，是该村的成熟阶段。由于太平天国起义导致的战争因素，该村经历了一次大的结构性调整。原来的商业中心高隆市被太平天国烧毁之后，商业中心村转到庄北面的上塘发展，并在其附近修建了商会，形成了新的商业中心。该村的管理在习惯上分为"村上"——宗族管理和"街上"——商会管理两大部分。

物质空间发展阶段特征分析：

第一个阶段：早期诸葛村是一个比较纯粹的血缘型村落，以诸葛姓家族为主导，处于以血缘为纽带传统农业村庄阶段。住宅结成以一座座房派宗祠或一座座"祖屋"为中心的团块。这些团块又以全宗族的大祠堂（丞相祠堂）为中心，构成整个村落。全村的中心是礼制中心。这个时期的村庄是单中心层级式簇团形态。

第二个阶段：诸葛村的社会生产模式发生了转变，商业成了支柱产业之一。在村庄的管理方面，已经由宗法社会逐渐向商业社会转化。清初沿着村外的主路形成高隆市，构成了布局紧凑的商业中心和商业街道。这些场所充满了蓬勃的活力，其影响逐渐超过了原来的礼制中心——丞相祠堂。尤其丞相祠堂前随着村庄的发展竟然连一块空地都没有留下。高隆市的发展改变了村庄西部的结构，诸葛村的局部空间形态转化为以集市街道为中心的带状空间形态，村庄呈现分区复合式簇团形态。

第三个阶段：商业发展逐渐成为与农业并重的主导产业，新商业中心（上塘）充沛的活力聚集了大量人气，其影响逐渐超过了原来的宗族活动中心，打破了宗祠在村庄空间系统中的绝对主导地位。由此诸葛村演化成为宗法中心与商业中心并存的双中心村庄。随业而居逐渐替代了聚族而居，这些都标志着诸葛村已经由血缘社会转向业缘社会。村里建筑的类型、数量、规模、质量、形制都远远超过了农业社会的需要。村庄空间是双中心复合形态（表 4–3）。

物质空间建设特点及其形成机制分析：

诸葛村是一个在传统的血缘纽带型、单产业模式的农业生态系统基础上发展起来的以血缘纽带为主、农业商业兼顾的双产业模式的农业生态系统。在它的发展过程中，突出体现了村庄从血缘社会组织模式向业缘社会组织模式转变过程中的各种变化。

诸葛村物质空间形态数据简表 **表4-3**

发展阶段	持续时间(年)	村内建、构筑物类型	数量	村内空间类型	数量	村庄空间形态特点	发展主导因素
1	400	住宅、祠堂、祖屋	3	居所、街道、场坝	3	单中心层级簇团	定居
2	300	住宅、祠堂、祖屋、商店、医馆	5	居所、街道、场坝、市集、商业街	5	分区复合式簇团	人口增加、商业
3	150	住宅、祠堂、祖屋、商店、医馆、庙宇、作坊、会馆、餐馆	9	居所、街道、场坝、市集、各种商业街、宗教、水塘、公共集会	8	双中心复合式簇团残留	商业发展

备注：村庄人口因缺乏资料无法统计。

1. 自然的影响：诸葛村的村址定点在当时具有“可樵”、“可渔”、“可耕”、“可易”的四大便利，这是自然山水格局赋予的。村庄的发展初期，“耕”就足以养其子民。整个村落生态系统的空间的特点与前文所分析过的新叶村类似——在村庄周围是“取食空间”耕地。为了保证有足够的生存之本，村庄顺应地形，本身选址于地表坡度较大的冈阜之上，不占农田水塘。

2. 社会生产生活的需要：农业经济时期，村庄人口增加到一定数量之后，仅凭农业生产是不足以自给的。诸葛村充分利用地利之便，走向了以农为本，产业多元化的发展道路：沿着村西交通干道形成了比较完整、紧凑的商业中心——高隆市。此时的建筑形制还比较保守，依然沿袭传统住宅形态。后来受战争影响，商业转到村北“老鼠背”附近发展，兴起了上塘商业区。上塘发展形成了一个辐射性开放结构的单元，冲散了以小宗祠为核心的团块结构。而且这里的建筑形制也演变成适应商业活动的典型形式——前店后坊。

3. 社会组织结构的影响：

[1] 早期，村庄内部空间形成了以血缘关系为基础的“簇”状单元结构。作为血缘社会组织结构纽带的“崇祖”心理在空间上的反映——祠堂建筑是整个村落空间组织结构的核心和纽带。诸葛氏的祖先安三公共有三子，所以村庄也分为孟、仲、季三块。三分之下又有许多房派，分别建有各自的小宗祠，被称为“厅”，其下还有更下的分支，建有自己的祖屋。由此，层层宗祠系统结成村庄空间体系的节点系统，形成以此为核心的封闭格局。

[2] 随着商业发展，村内的聚居形态也突破了原来的团块模式，在商业性质影响下，往往以职业为新的聚居纽带，在上塘（图4-31）周围形成了许多以职业为名的街道。新生成的村庄空间以街道体系为建构脉络，体现了业缘社会的聚居特点。

4. 文化的影响：孟、仲、季三分的空间方位和地形选择都受到中国传统文化的深刻影响。孟分是宗子，聚居于村庄中心的大公堂、丞相祠堂附近，以崇信堂为中心，是诸葛村的发祥地。仲分中文人较多，聚居于村庄东北部雍睦路（图4-32）、下塘路一带，以雍睦堂为中心。此处地势较高，取“君子性宜高洁”之意。季分中从商者甚众，聚居于西部高隆市和“老鼠背”一带，以尚礼堂为中心，取传统风水“西方属金”以求其利，同时又靠近对外交通道路，得流通之便。据分析这种三分格局在明代就已经形成。

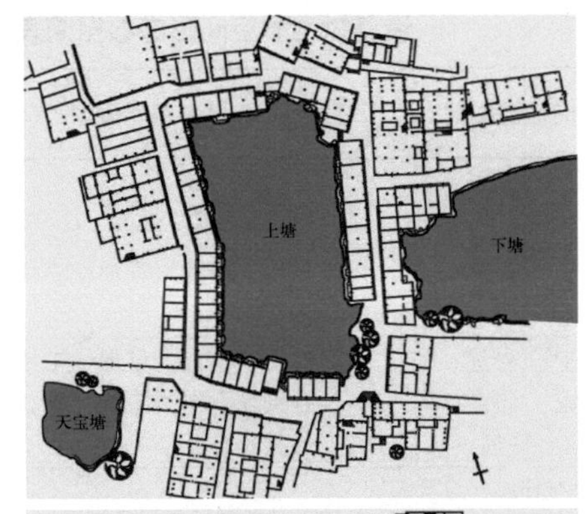

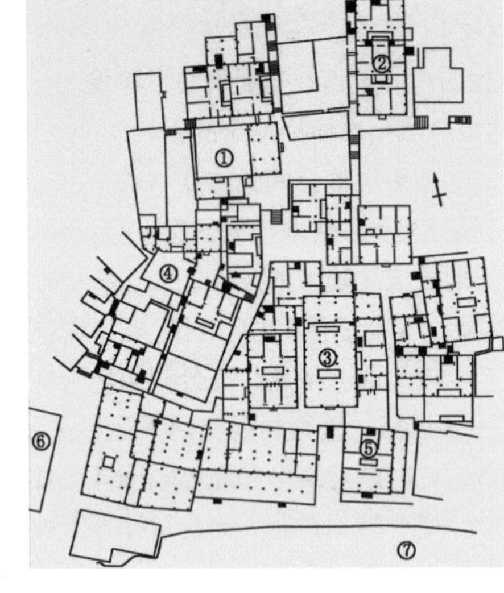

（上）图4–31　上塘商业区复原图

（下）图4–32　雍睦路住宅区团块空间构造

①雍睦堂；②五世同堂住宅；③大经堂；④天门；⑤下塘路65号；⑥上塘商业区；⑦下塘

• 以商业为主导、以农业为基础的村庄——党家村的发展历程①

情况简介：党家村所在的陕西省韩城地区处在关中盆地与陕北高原的过渡地带。属于暖温带半干旱区域，大陆性季风气候，四季分明、气候温和、光照充足，雨量相对较多。这一区域总体地势西北高、东南低，地形复杂、地貌多样。地区西北为山地，群山起伏重峦叠嶂；过渡地带为黄土丘陵，地形破碎、沟壑纵横，沟梁落差很大（100～300m之间）；东南为黄河及其支流川道的河谷带状滩地，与高原塬面呈阶梯状连接，落差在70～120m之间。该地黄土土层深厚、土质与营养结构合理，适于棉粮生长。党家村就位于韩城市东北9km的泌水河谷中，东距黄河3km。

党家村不同于新叶村和诸葛村的特点在于：它不是一个以单一宗族为主导的村庄，而是以姻亲关系为基础，两个宗族结成的一个具有统一组织结构的村庄。村名“党家村”实际上就隐含两姓姓氏——“党”和“贾”姓。

发展历程概述：党家村的发展大致可以分为四个阶段（图4–34）。

第一阶段从元代至顺二年（公元1331年）到元至正二十四年（公元1364年），历经33年，是党家村的“立地”时期。党氏先祖从陕西朝邑（今陕西大荔）逃难至此，佣耕于庙田。在东阳湾北塬壁上的窑洞中安身定居、繁衍生息，后东阳湾遂更名为党家河。此时期末，党家村只有五六户，约20～30人，以窑洞和简陋房舍居住，形成了村庄的雏形。

第二阶段从元代末年清代初期，是党家村的“初成”时期。党氏家

① 原始资料多来源于周若祁、张光主编，《韩城村寨与党家村民居》，陕西科学技术出版社，1999年10月第一版。

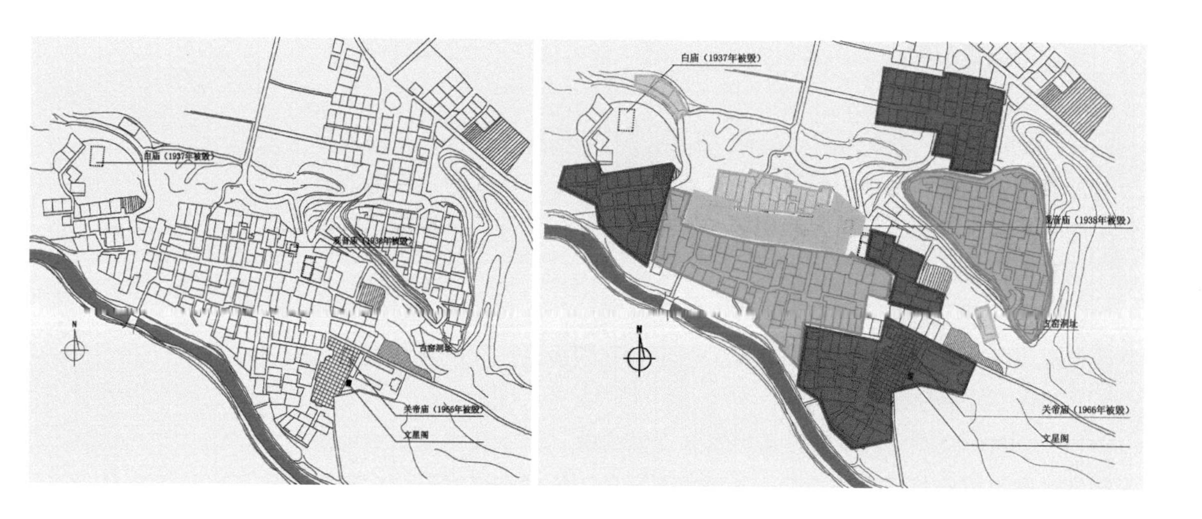

（左）图4-33　党家村现状总平面图

（右）图4-34　党家村发展分期图

族的姻亲贾氏迁居至此，构成了村落两姓共处的基本社会格局。在明初重农政策的推动下，党家村得到了很大发展，村落形态发生了巨大的变化。由于北塬崖壁可用于建窑的地段十分有限，人口增加后被迫下迁至泌水河滩东段农田边兴建新宅，窑居逐渐转化为屋居。到此期末，村落发展到二三十户，共计约一二百人。

第三阶段为清代中期，历经清乾隆、嘉庆、道光、咸丰四朝，约百余年时间，是党家村发展的"鼎盛"时期。乾隆盛世的太平环境下，村中贾姓人联络党姓人外出经商，其生意兴隆，党家村的经济得到了空前的发展。在这一时期不仅村名发生了变化，由党家河改为党家村；而且由农而商的产业结构大变化还促使村庄形态也随之发生了巨大的变化：全村翻建，形成以街道为主轴的格局；并建设了防卫性的上寨。后来由于经济发展受挫，从清末到民国末年，虽有数栋新宅建成，但仅仅起到补充作用；而从民国末年一直至1978年，党家村的建设基本处于停滞状态。

第四阶段为1978年之后，农村经济政策的落实使得党家村的建设又掀起了一个高潮。由于原村中住宅质量较好，仍有较强的可居性，所以新建住宅大多围绕在原村落周边。一是沿村西端延长大巷，在其两边修建新宅；二是沿村东端，在北塬壁下修建新宅；第三，也是规模最大的一片，位于上寨北面，紧靠出村大路（图4-33）。

物质空间发展阶段特征分析：

第一个阶段：村落的初成阶段，经历了由穴居到屋居的过程。住宅随意散落，村庄呈分散形态。

第二个阶段：党姓族人聚居于村落东头，贾姓族人聚居于村落西头。北部多为宅院、南部多为牲畜院和杂院。为方便取水，宅院与宅院之间形成了南北向的巷道。两姓各自以自己的宗祠为核心修建住宅，形成以血缘为纽带的聚团。村庄因而呈现双中心簇团形态。

第三个阶段：村庄形态演变的关键时期，全村进行了大规模的改建。主要分四个阶段进行。

[1] 形成大巷。为获得更多的建宅用地，村落向南发展侵占了部分农田和河滩地，在新旧宅地之间形成了东西走向的道路——大巷。新宅地与旧宅地中南北走向的小巷与大巷相接，形成“丁”字交叉口，构成了村落空间的基本骨架。

[2] 翻新旧宅。南部新宅院建成之后，经商所获巨大利润，为旧宅地的改造提供了大量可靠的资金。北部的旧宅被陆续拆除，翻建成高大的四合院。村落中心转移至大巷两侧。

[3] 泌水河改道。由于建设用地资源逐渐告罄，为了获得更多的可建设用地，党家村开始填土建院——向泌水河要地，迫使河道南移。这些院落多为生产生活辅助设施，房屋质量相对较差。由此，党家村形成了生活与生产用地相对分离的格局，在生活区和辅助区之间形成了一条东西走向的生产性通道。

[4] 建设上寨。清咸丰元年为防止捻军袭扰和地方上其他动乱，村中富户集资在村东北塬上购得土地 36 亩，修建了党家村 36 家上寨——泌阳堡。该寨东、东北、南三面都是 20 ~ 30m 高差的塬壁，仅西北与塬平接，建有高约 15m 的寨墙，挖有城壕、不留通道。全寨仅在南面下挖地道与下村联系。上寨沿寨墙建有环道，以利防御；寨中巷道为南北走向，以便与下村联系，因此宅院的布局呈东西向。上寨建成之后党家村传统村落的形态基本定型。尽管党家村改建中对原来的聚团格局有一定的继承——血脉相连的各支系大多相对聚集，贾氏亲族集中在村落的西北部；党氏长门位于村落东南角；党氏二门位于村落南部；党氏三门位于村落东部（图 4–35）。但是这种格局因为经济发展的变化、宗亲关系的松懈已经逐渐趋于模糊。整个村落物质空间形态的建构核心已经不再是一座座宗祠（尽管它们依然是村中重要的公共建筑），而是联系各个功能区域的道路系统了。因此，党家村这个时期的村庄呈现双组团（党家村和泌阳堡）格网状（道路）形态。

第四个阶段：党家村的后续再发展阶段。期间由于社会总体大变革影响，党家村的建设有一个相对停滞时期。后续的建设始于 1978 年以后，大致分为两个时期：首先是围绕原村庄的扩张，集中在村东和

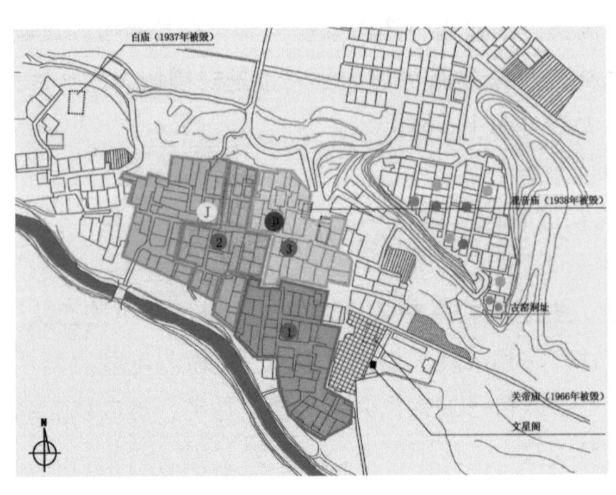

图4–35 党家村居住簇团空间格局

J.贾氏家族祖祠；D.党氏家族祖祠

绿色：贾氏家族居住势力范围；红色：党氏长门居住势力范围；橙色：党氏二门居住势力范围；黄色：党氏三门居住势力范围

村西两头，逐渐填满了泌水河以北、塬壁以南的所有用地。这种建设并没有改变原来村庄的空间格局；其次是20世纪80年代末期以后，作为一个完整的传统聚落，党家村不仅引起了众多学者的研究兴趣，而且成为陕西东部韩城地区的一个重要旅游景点。沿着韩城——党家村的公路，原有的散落民居（塬上的自然条件比塬下河湾要差）逐渐因交通之便聚集成新的聚落。此时党家村的空间呈现多组团分散形态。

物质空间建设特点及其形成机制分析：党家村空间形态（表4-4）与普通的传统村落相比，具有许多特殊之处。但是，在传统村落空间形态结构形成中起主导作用的因子，在这里依然发挥着它们的应有作用。

1. 自然的影响：党家村村落选址，突出体现了自然环境条件对村庄空间结构的影响。向阳的小河谷盆地：南北两侧土塬高于村址30～40m，使村落冬季免受寒冷的西北风侵袭，河谷冬暖夏凉——冬季温度高于塬上2℃，夏季则低2℃；既得向阳之利，又无干旱之虞。更重要的是避开了塬上的狂风和沙尘，所以河谷之中空气清新，村落干净、明快。整个村落北依黄土塬、南临泌水河，水陆交通也十分方便。这是农耕时代几乎最为完美的理想栖居之地。因此这是即使后来经济发展，村落依然在原址扩建的根本原因。

2. 社会生产生活的需要：在清朝中期之前，该村以农业生产为主导产业，但是就泌水河畔这一块葫芦形地段而言，可供耕作的土地十分有限，随着人口逐渐增加，经济发展开始感受到资源受限的压力。在这种情况下，由具有经商经验和传统的贾氏带领和倡导，村民开始从单纯农耕生产转向兼而营商。后来，村民的职业构成逐渐演变成为：党氏长门多单纯从事农业。在本村耕地难以满足需要的情况下，他们在韩城西北相对地广人稀的西山地区大量购买田地、山林经营"山庄"；而贾氏和党氏二、三门则以经商为主业。至此，党家村发展突破了它的村田所能提供资源的限制，从经商的河南和营农的韩城西山地区输入了大量的基金和物资，成为了以消费为主的村落。其建筑质量、建筑类型与本区域内以农业为本的传统村落有很

党家村物质空间形态数据简表 **表4-4**

发展阶段	持续时间（年）	村内建、构筑物类型	数量	村内空间类型	数量	村庄规模（人）	村庄空间结构特点	发展主导因素
1	33	窑洞	1	居所	1	20～30	分散	定居
2	450	窑洞、住宅、畜院、杂院	4	居所、生产辅助、街道	3	100～200	双中心簇团	人口增加
3	100	住宅、祠堂、祖屋、商店、庙宇、钱庄、当铺、烟馆、妓寮、作坊、马房、仓库、旅社、寨堡、望楼、学堂、牌坊、魁星塔、	17	居所、街道、场坝、商业街、宗教、水塘、防卫	7	缺资料	双组团、簇团残留、街道组织	商业发展
4	100	住宅、祠堂、祖屋、杂院、作坊、寨堡、学校、魁星塔	7	居所、街道、广场、生产辅助、防卫	5	缺资料	街道组织	人口增加

大区别——楼宇轩昂、装饰豪华。由于从事商业的主要场所并不处在本村（在河南），所以经济发展对村落的基本空间格局影响并不算大，主要是在村落主要街道两侧衍生有许多一般农业村没有的商业设施，例如：钱庄、当铺、烟馆、妓寮、金银器作坊；在村落周边形成为满足资金、物资运输、人员流动需求的马房、仓库、旅社等设施。

3. 社会安全的需要：韩城所在的黄河之滨，为古梁国①所在地。是我国古代文明最早的发祥地之一。北有龙门渡、东有少津渡，是山、陕交界处的重要交通关卡。春秋战国时期就是重要的兵家必争之地，战事频繁；以后各朝也都被列为军事重镇，号称"关中四塞之国"、"秦塞雄都"。金、元时期因地处边塞，曾被"掳掠一空、惨状空前"，成为了地广人稀之所；明成化年始，"胡虏"屡为边患，韩城也饱受滋扰；明末清初农民起义军又多次与官军激战于韩城；加之匪盗常常隐匿于西山诸峰，出没偷袭、强取豪夺，戕害平民，这种现象一直延续至民国末年。所以这种不安全的干扰因素对韩城地区的居住形态有着深刻的影响。党家村蓬勃发展的明清时期，也是韩城地区匪盗日渐猖獗的时期，所以党家村建设中最为突出特点是整个村落具有严密的防御体系。反映到空间实体上：

[1] 村落的路网格局具有强烈的排外性。所有的街道都呈"丁"字交叉，并有许多死巷（尽端巷道），外来人员难以明辨方位（图 4–36）。

[2] 具有严密的门禁制度。全村共有 25 处哨门，大巷东西两端的哨门是全村的主要门户，白昼开启、傍晚关闭；其余哨门平时均处于关闭状态。各门都由专人负责值勤，把全村划分为若干组团，利于分片、分组防卫（图 4–37）。

[3] 街道十分狭窄，本村人自称其为"巷"，利于防守。作为主要街的大巷宽度仅有 3m 多，而其他支巷的宽度也就 1.5 ~ 2.0m 宽（图 4–38）。

[4] 宅院大门不冲巷口。这种做法一方面保证了住户应有的私密性，另一方面又加强了宅院本身的防护能力。

[5] 修建望楼（俗称看家楼）（图 4–39），是登高瞭望、获取敌情、指

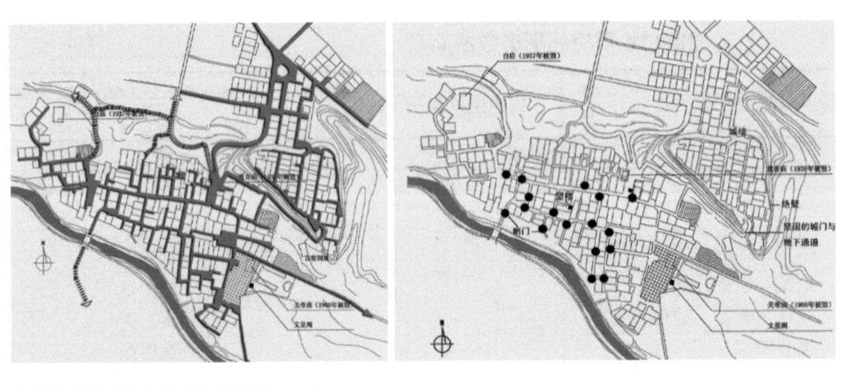

（左）图4–36　党家村街道详图
（右）图4–37　党家村街道设防图
说明：黑点为哨门设置的位置。

---

①《都城记》中记述："梁（伯）国，嬴姓之后，与秦同祖，秦穆公二十二年灭之。"韩城有梁山，故国以山名。

图4-38 大巷

图4-39 望楼

图4-40 垂花柱

图4-41 墙上的砖雕

挥避难、确保安全的值勤处，也是本村最高的标志性建筑。

[6] 修建兼具防洪和防御作用的高达 15m 的南墙。既解除了村南地势低洼区域的水患、加固了南部房宅房基；又起到了保护村落的作用。图 4-40 所示为垂花柱，图 4-41 所示为墙上的砖雕。

[7] 于地势绝险之处修建了具有完备防御设施的上寨——泌阳堡，为全村村民提供了可靠的避难场所。村寨相互呼应，成为党家村传统村落的有机组成部分。

4. 社会组织结构的影响：党家村是血缘社会性村落。与其他村落所不同的是，它是由“党”“贾”两姓姻亲所共同建设的。所以在党家村形成的初期（也可以从村名上将其划为“党家河”时期），村落依然呈现宗族社会最常见的“团块”式格局——党、贾两姓均有各自的祠堂，并修建了各自的公共设施，例如：饮水井、磨坊、私塾、道路等，形成本宗族的生活中心。两氏的祖祠分别位于各自亲族聚居地的中心——党氏族祠位于村落中心大巷的东头，贾氏祖祠位于村落中心大巷的西头，各支族分户另建宅邸时大多围绕祖祠。每一支族往往又有自己的分祠——据说党家村共有祠堂 10 座（另一说为 9 座），除去党贾两座祖祠和位于上寨的两座祠堂外，还应有 5 ~ 6 座分祠。本族村民聚居于分祠周围，在村落中形成了较为清晰的居住小领域——贾氏亲族集中在村落的西北部；党氏长门位于村落东南角；党氏二门位于村落南部；党氏三门位于村落东部。虽然后来历经土地关系的巨变、阶级地位的调整，宗亲关系趋于松懈，这种同族聚居的团状格局在后来村落发展中仍有遗存。

5. 文化的影响：党氏长门多单纯从事农业，据说从未染指商业。坚持中国传统文化“以农为本”的思想。其定居地也位于整个村落的东南角——也是与传统民居格局中长子的应该居住的方位相对应的。善于经商的贾氏居住于村落的西端，也很可能取“西方属金”，以求其利。另外党家村整个村庄的地形西北高、东南低，与女娲补天传说中“天塌西北、地陷东南”契合，为了求得吉祥，村庄建设专门在村庄东南角修建了一座风水塔——魁星塔。这既是一座祈求“文运昌盛”的塔，以期“学而优择仕”提高家族地位；也是一座水口塔，以镇住绵绵东流的泌阳水，留住“财气”；[①] 更是一根擎天柱，以托起“塌陷的天空”。因此魁星塔在党家村空间格局中具有十分重要的地位。这反映了中国民间文化的厌盛法在决定传统村落空间结构方面的作用。图 4–42 所示为党家村空间结构图。图 4–43 所示为党家村全貌。

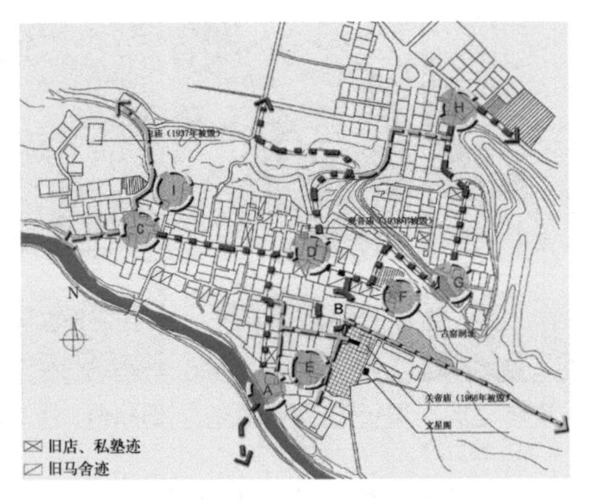

图4–42　党家村空间结构图

图4–43　党家村全貌
（摄影：毕凌岚）

4.1.2　村庄的物质空间分布型及其建设利用模式分析

农耕文明时代，农业生产的需要促使人类定居。这种生存场所的固定模式与一般动物有很大区别——大多数动物要么只在繁殖期，为了育雏才营建固定巢穴；要么是为了躲避天敌，需要一个相对固定的隐蔽所。而人类定居却是为了获得更为稳定的生存资源，所以作为农业文明时代人类定居最基本的模式——村庄，它的空间形态与结构是由生产需要决定的。

• 村庄的物质空间分布特点

[1] 村庄由“核心”村寨和周边的食田有机构成。

首先，村庄要达成对农业生产最基本资源——土地的空间控制。应该这样认为：“村庄”不仅仅包含常规意义上由建筑集合成的村寨本身，还应该包括由村寨控制的“食田”。[②] 所以村庄的基本空间形态可以形象地比作“细胞”型——由起控制作用的“细胞核”——村寨和供给生存资源的“细胞质”——农田以及在“细胞质”外围，界定村庄的领域的“细胞壁”共同组成。这个“细胞壁”可能是有形的，例如：天然的河流、山峦，人为修建的墙垣、界碑；也有可能是无形的，例如：人类的心理边界。

村庄是会生长的——“细胞核”的部分和“细胞质”的部分都会逐

① 中国传统风水学文化中认为“水”就是“财”，这也是造成徽派民居“四水归堂”，肥水不流外人田、藏风聚财空间格局的文化根源。

② 食田最基本的含义是指满足该村人口生存、繁衍基本需要的口粮田，在这里泛指由该村控制的各类农田。

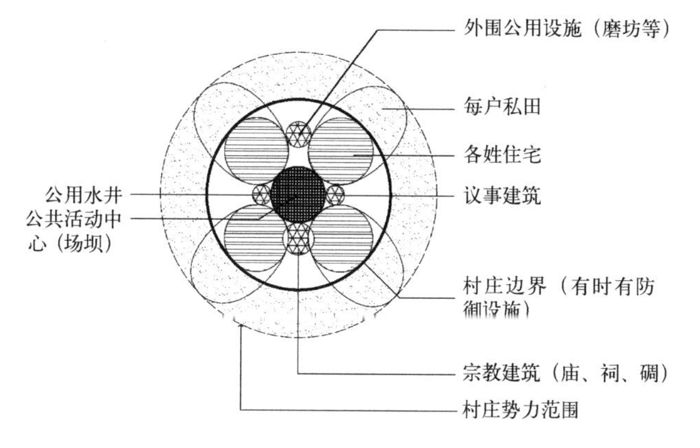

（左）图4–44　自给自足式村庄构建模式图
（右）图4–45　欧洲山村

步扩大，然而这种扩大并不是无限的。在特定地区一定历史阶段的人类生产力水平限制之下，每一个村庄都有它的极限规模。这是因为在既定的社会条件下，一个村庄影响力能够辐射的空间范围是确定的，由此其中食田的规模也随之基本确定了——而这些土地能够生产多少生存资料也大致有一个定数，由此决定了可以供养的人口数。超过这个规模，原村庄内部的一部分人会被迫迁出，到别处去建立新的村庄。自给自足的农业经济时代，一般村庄的发展都会经历以下列过程：初期，随着人类种群数量增加，村庄边界扩张、食田增加、宅地增加，三位一体并进发展；中期，发展抵达了宜耕极限边界后，村庄边界不再扩张，但食田和居所占地仍在继续增加——逐渐把村庄所辖空间范围内的其他用地，例如：树林、草地、河滩等逐步转化为食田和宅地；盛期，村庄的空间范围内所有可开发的宜耕土地被开垦殆尽，食田与宅地达到发展中的动态平衡；末期，村庄的宅地空间范围的建设密度急剧增大，有突破宅地界限的趋势。而食田的开发陷于停顿，甚至出现了缩减。村庄的生态环境开始恶化——水源枯竭、林地消失、食田产量下降、火灾频发；人类种群内部的生存竞争加剧——各种讼辩增加、治安事件频发、甚至发生械斗等。村庄处于分裂的边缘。图 4–44 所示为自给自足式村庄构建模式图。

村庄的发展具有自然的自律性，不会无限制地扩大。发展到达一定阶段，常常是处在盛期向末期转化的阶段，人口就会开始有目的地迁出，①以维持这个以人类种群为中心的小型半自然性生态系统的平衡。

[2] 村庄核心区域的村寨建设具有向心性。它的扩张往往呈现“团块”或“聚簇”发展的特点。如图 4–45 所示为欧洲山村。这种物质空间的向心性因为村庄社会组织结构的差异，而具有以下几种常见性成机制。

---

① 人类的迁出与动物的竞争失败被迫迁出有很大的不同，它分为两种类型：一种是村庄中的竞争失利者被迫迁出。例如，新叶村的崇智堂后期的被动迁至三石田村“移宅就地”。另一种则是村中的强势群体主动迁出，去寻找更好的生存资源。例如：崇智堂前期随当官的族人迁到开封。但是不论哪种迁出，都不是个体的迁出，而是以有特定内在联系的群体形式迁出的——在中国往往是有一定血缘族系的群体。

在一般的村庄中，核心区域村寨的选址常常“约定俗成”[①]地处于一定的范围内，这个定点范围必是最有利于生产和生活区域：在生产方面——不占良田沃土，离耕地距离适中，利于引水灌溉，便于开展多种经营；在生活方面——安全、安静、向阳、避风、用水便捷、景色优美，利于最为经济地营造安宁祥和的小聚落环境。村寨选址确定之后，居所的建设是以家庭为单位开展的。每家每户往往都保持一个友善的邻里距离——既便于相互照应，又互不干扰。同时大家共同修建必须的公用基础设施，例如：水井、磨坊等。出于公平原则，这些设施应该位于大家使用都比较方便的地点——常常是各户交通联系的几何焦点。日常生活中的各种活动（例如：碾米、洗衣、淘菜等）使得这些地点逐渐成为村寨中大家交流的场所。以后随着人口的增加，每户繁衍的子孙大多围绕原有的老宅建房，原来保持各户互不相扰的空地逐渐被填满，形成街巷。大家社交的场所成为了村寨的（非正式）公共活动中心。村寨的空间形态就呈现以公共活动场所为全村中心、以各家老宅为组团中心的分层级团簇状形态。这是在村寨兴建过程中自然演化的一种向心性。

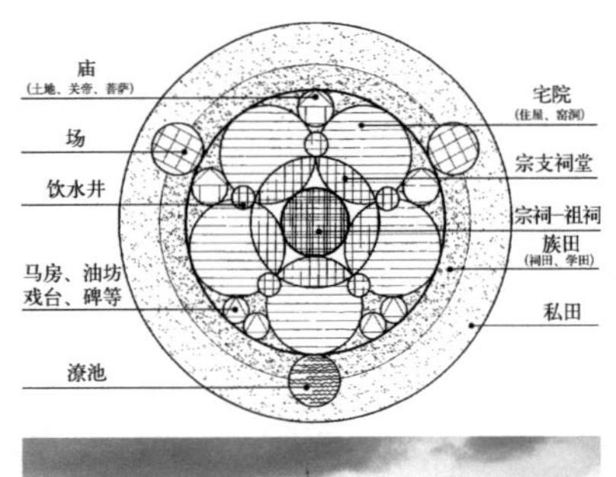

（上）图4-46　中国传统血缘型村庄空间模式图

（下）图4-47　西方以圣地为中心的村庄模式

在以宗族血缘为纽带逐渐形成的村庄里，后世的住所围绕先辈的住宅，像树木的年轮一样逐渐扩大。祖先最初的定居地往往具有特别的神圣意义，经过几个世代后，这些祖屋常常演化成为特殊的纪念性建筑——祠堂。以往大家家庭团聚的空间也逐渐转化为祭祀祖先等宗族活动的场所。由于同一血亲始祖衍生出不同的支系，每一个支系常常有自己的支祠，这个族系的子孙围绕这个祠堂修建居所；所有的支祠往往又都是围绕或傍生在祖祠的周边，因此就形成了以祖祠为全村中心、以分祠为组团中心的层级团簇状形态，这是以血脉维系的一种向心性。图4-46所示为中国传统血缘型村庄空间模式图。

在以宗教信仰为纽带的村庄，兴建村庄之初首先会对精神寄托的圣地进行定位，往往是先进行宗教建筑的奠基和修建，再围绕这些“圣地”修建居所。例如：西方的许多村庄都是围绕教堂建设的，教堂是整个村庄中最精美也最古老的建筑（图4-47）。而我国的傣族村寨建寨也首先是修建佛寺、侗寨要修建鼓楼。虽然许多信仰本身是由祖先崇拜逐渐演化而来

① 这个约定俗成是人类进入农耕时代以来定居经验的集大成。

的，但是这向心模式与宗亲血缘逐渐演化的祠堂式中心组织模式有着本质的不同。这种宗教的向心性具有绝对性和既定性，而祠堂式中心组织模式中，一个支系的强大是可能导致整个村落中心转移的，新叶村和诸葛村都有这样的例子。

在特殊时期和地域，村寨安全（包括生命和财产）成为首要因素时，村庄的建构会呈现一种特殊的向心性——以防卫性建筑为中心。这个中心建筑可能是预警性的，例如：瞭望塔、烽火台，便于村内成员及时掌握安全信息；也有可能是防卫性的，例如：城堡，便于村内成员及时疏散隐藏。大多数时候这两种类型的建筑是合而为一的。久而久之，修建堡垒或者望楼为村民提供庇护成为了社会地位的一种象征，只有德高望重的家族才能享有这种"重托"。例如：党家村本村望楼和羌族村寨中的碉楼和官寨。

[3] 村庄的道路系统多以村寨为核心，呈发散形态。

村庄的道路系统有很强的既定交通目的性。一般而言，从居住地到工作地的交通是最重要的。各户的耕地大多围绕在自己的住宅周边，[①] 并且尽可能地连成一片[②]——以便于田间管理。在忽略自然环境条件限制的情况下（假设村庄坐落于环境资源均衡的地域）村寨周边的引力（工作地）在理论上会呈现均衡状态。这样就会衍生出一系列从村寨出发到工作地（田间地头）的道路。道路的理想状态因而呈发散状。

[4] 村寨内的道路曲折迂回，鲜有直通。

村寨内道路的形成首先是基于各种必须的联系——从住所到田间或者从住所到井边等，这种道路往往是当地自然地形条件下的捷径，走的人多了也就成了路。所以在村寨形成的初期，内部的道路系统呈现树枝状结构：从每家每户的门口出发的小路，逐渐汇集成一条条到达各个公用设施（水井、磨坊、食田、庙宇等）的主路。村寨发展，其内部空间的自然生长是以建筑物或建筑群体（中国传统民居是以院落）为单位逐渐增加的，这种发展取决于个体需要，是不平衡和随机的。在这种情况下，各个建筑组团之间建设剩下"空隙"最终成为了街巷系统——大宗族分支组团之间的"空隙"宽一些，成了街道；宗族内部小支系组团之间的窄一些，就是小巷；公共建筑或设施门前宽敞一些地带就成了"广场"。这是一种由于村寨发展自然造就的不规则却十分经济的路网形态。

有些村寨的道路是与水系相结合的。但是，不论是自然形成还是人工开掘的水系都必须遵从水流特性和引水目的（饮用、洗涤、造景、防卫）的需要，因此大多数时候水系是屈曲回环的。尤其我国传统文化中对水系

---

① 这种方式并不是绝对的。因为定居的需要和耕地的需要是不同，宜居的地带可能离宜耕地带有一定的距离——从而使生产地和居住地相分离。但是只要自然条件允许，人们总是选择在耕地范围居中的地域建宅——这样交通距离均衡，可以提高整个村落的交通效率。

② 原生开垦的土地和后来通过买卖获取的土地或者通过分配获取的土地，它们的时空分布有很大的不同，也会影响个体的交通效率。

形态的认识更以百转千回为吉祥，有时还要人工改造自然水系，使之更为"顾盼生情"，例如：瞻淇村对村外大坑溪的改造（图4–48）。在类似这样情形下，以水系特征为基础所构建的路网自然曲径通幽了。这是由自然山水、地形状况共同造就的不规则路网形态。

还有一种迂回和曲折就纯粹是人为造就的了。经过定居过程中长期经验的总结，人们发现迂回的道路不仅在密集建设的情况下也可以错开各户的出入口，减少邻里之间的相互干扰；还能够迷惑侵入村寨的敌人，从而增加村寨整体的防卫能力。因此便在后来的村寨建设中刻意追求曲折，修建丁字街和死胡同。这种形态在突出防卫功能的村寨中十分常见，例如：党家村和桃坪寨，两者相隔千里并且处在完全不同的文化形态之下，然而出于防卫目的，其街巷都普遍采用了"丁"字构架的基本形态。

• 村庄的物质空间利用模式形成的基本规律

以往的研究分析常常把人作为自然界的特例进行强调，然而事实上人类的空间利用行为许多都是与人类的自然属性密切相关的。简单地讲：人类是以社会群体方式利用空间资源，建构"村庄"这种以人类为主导的半自然生态系统的。

[1] 自然环境对空间利用的影响：

限定了村庄的空间规模。

自然环境对村庄空间规模的限定有以下几方面作用：首先是人类定居的行为心理习惯问题。它是由人类种群在自然演进过程中逐渐形成的——人类定居总是倾向于选择地域界限明确的小型地理单元（由自然的山系、水系所围合）。这样的空间形式便于人类掌控，有利于安全。这就往往使得一个村庄有了确定的自然边界，它自然而然地划定了村庄的空间规模。第二是自然资源的分布状况。最重要的是宜耕土地的分布状况——资源的多少决定了村庄的大小，所辖土地越多，村庄规模越大；耕地面积相同的情况下，土地越是肥沃，村庄规模越大。它使得在资源分布较为均匀的平原地区，村庄的分布大致保持等距，呈现一种均质状态；而在资源条件分布不均衡的山区，村庄分布则向宜耕地带聚集，呈现集群状态。而且由于坡地耕种难度增加和山地交通便捷性的下降，山地村庄的范围和村间的距离也有所缩小。同时由于土地生产力的差别，几项因素综合作用使得一般情况下，山区村庄的规模都会大大地小于同等级别的平原村庄。

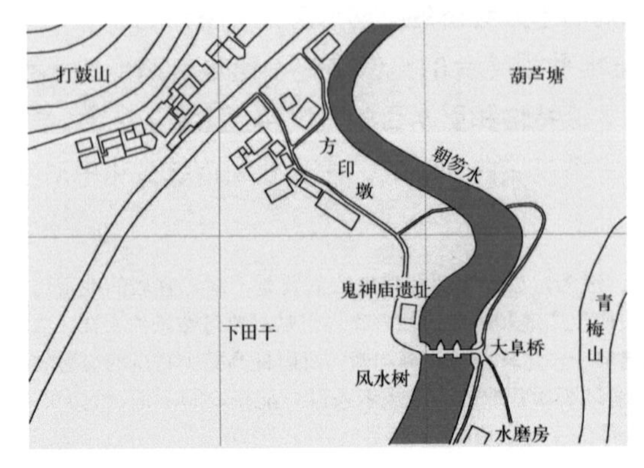

图4–48　瞻淇村改造水流示意图

决定了村庄中宅地与食田的空间关系。

适宜用作建设宅地

和适宜用于农耕的土地在本质上的要求是不同的——前者的首要决定因素是“安全”和“舒适”；而后者强调土地的“生物生产能力”。在村庄所处自然环境中这两种类型用地的自然空间分布特点，最终决定了村庄的空间基本格局。

决定了村寨建设的最基本模式。

在不同自然环境条件下追求“理想”栖境，就必须要有应对环境不良因素的建设措施，经过了历代空间建设的不断完善和方法演进，这些措施逐渐结成了特定自然环境条件下的既定空间建设模式，例如：陕北的土窑洞、重庆的吊脚楼，羌寨的碉房、傣家的竹楼。不论是宅地选址、居所格局、建筑组合还是建筑形式都有自然环境条件的深刻影响。即使同样是四合院，我国西北地区的院落狭长（南北向长、东西向窄），这样冬季可以接受更多的日照、防止西北风对内院的吹袭；夏季防止太阳曝晒，可以营造一片荫凉；而南方地区的院落形态方正、利于组织穿堂风，结合多雨的气候特点，往往有连续的檐廊。

[2] 社会生产对村庄空间利用的作用：

决定了村庄的基本空间规模。

前文分析村庄生态系统是由宅地和“食田”共同构成，而且村庄的食田和宅地必须保持一个相对的平衡。这个平衡可以用简单的公式加以表达：

$$M/A=m/a$$

$$M+m=q$$

式中 M——食田总面积；

A——生产满足一个人生存所需生产资料的土地面积；

m——宅地总面积；

a——满足一个人栖居所需的建设用地面积；

q——常数，指村庄所辖的总地域面积。

这个公式表达的意思是这样的：食田所能养活的人口等于宅地所能住下的人口。在以上公式中，有三个要素与生产力水平相关，分别是常数 q、A 和 a。它们与人类定居地和生产地的时空关系以及可以用于开发的土地相关。

首先，村庄的空间规模的决定要素之一是人类的时空感——这种感觉与人类的生理构造相关。人类主要是依赖于生理的疲劳度和对时间的感受来判断距离远近的。在没有疲劳的前提下，通常依赖时间尺度。统计资料表明：一般人类有“家园”感的区域是位于步行 5 ~ 10min 之内的范围，也就是方圆 300 ~ 500m；由于一个人一天的精力是有限的，到工作地点适宜的距离应该控制在总交通时间为 60 ~ 90min 之间（包括往返），最长不要超过 120min。也就是在中午返回午饭的情况下，最适宜的距离应该在 15 ~ 20min 内（每天往返四次）。也就是适宜的通勤距离应该控制在步行 800 ～ 1600m、骑自行车 2000 ～ 3000m（以时速 9 ～ 11km/h 计）、汽车[①] 4000 ～ 100000m（以时速 15 ～ 30km/h 计）之内。而不返回午饭的情况下，距离也最好不要超过 1h（往返两次）。因此极限的通勤距离则是：步行 3000 ～ 4500m、骑自行车 9000 ～ 11000m、汽车 150000 ～ 300000m 之内。超过这个距离，太多的精力就消耗在没有经济价值交通过程中了。提高劳动效率最有效的方式就是压缩没有"经济效益"的交通活动。不同社会生产力水平下，人类的主导交通方式不同。从最初的步行到借助车马，发展到以自行车、汽车为交通工具——个体交通效率飞速提高。高效的交通方式一定程度上促使村庄所辖范围扩大——人们能够在相同的时间内抵达更远地域，可以耕种更多的土地。所以在不同的时代，村庄的方圆面积有较大的区别，一般步行时代的村庄都控制在 2 ～ 3km 范围内。

一定生产力水平下，总有一些土地是不能被人类所利用的，所以一定地域范围内，可以被开发利用的土地总量是既定的——极限状态是可被开发的土地面积等于地域总面积。这个与人类的科学技术发展水平（也就是生产力发展水平）密切相关——生产力发达的社会具有将更多的原生土地转化为建设用地和农田的能力。

社会生产力水平提高还会促使生产效率提高，使得村庄土地的单产效率增加，*A* 值随之发生变化，从而可以生产更多的生活资料，养活更多的人口。生产发展也有了更多的剩余物资，可以进一步用于村庄空间建设——提高生存环境质量。同时建设技术的优化，都使 *a* 值也随之发生变化，人们可以在有限的建设用地面积上获得更多的实际居住面积。事实上，随着社会生产力水平的提高，现代村庄的规模比古代村庄要大得多——不仅是村庄的总体规模随社会生产发展而扩大、人口增加，而且村寨（宅地）也随之扩大和密集，同时建设质量也不断提升。许多地方出现了并村现象——原来分散的小村庄逐渐汇集成集中的大村庄。

决定了村庄的功能布局。

不同的社会生产、生活活动对相应空间有不同的要求。结合自然环境，在村庄所涵盖的地域范围内，既定的生产、生活活动都有相对应的最适宜地点：紧靠河边的鱼塘、河滩上的水浇地、台地上的旱地、山坡上的果林、房前屋后的菜地等都是根据各自作物的生长需要以及生产活动的特点布局的。生产方式差别还会使具有相同功能的空间单元布局有很大的不同：同样是粮食加工区（一系列用于粮食晾晒、粉碎等各种加工工作的场所——磨坊、晒坝、晾架、扬谷场等），依靠水力的，位于可以就近引水的河边；依托畜力的，着重考虑到就近使用的便捷性，往往紧挨村寨。

影响村庄的空间建设模式。

在不同的社会生产力水平下，人类的空间建设模式会有极大的区别，例如：陕北的传统窑洞民居虽然有适应于当地环境特色的诸多优点，但是这种建设模式

---

① 不论是公共汽车还是私家车——因为城市之中的道路的一般平均时速都只能是在 15 ～ 30km/h 之间。虽然有城市快速干道，平均车速可以适当提高到 40 ～ 60km/h，但是这种情况只适于快速干道沿线很有限的地域。

受制于当地土层的生成情况，使居所建设和发展有太多的地形限制。同时其本身也有卫生、防渗、易垮塌等一系列不宜解决的技术问题。所以只要社会经济允许，当地村庄建设就会舍窑洞而取屋居。但是，由于以前的房屋不能很好解决冬季的保温问题，所以富裕的村寨往往是屋居和窑居并举——冬夏窑居（冬暖夏凉）、春秋屋居（避湿防潮）。而社会生产力水平进一步提高之后，初步解决了屋居的保暖、隔热问题后，现在陕北地区的村庄已经越来越多地修建地上的房屋了。还有，以前大多数村庄的建筑都是平面铺开的——通过院落组织一栋栋一层平房，高起的建筑往往具有特殊的意义，不是风水建筑（塔）就是防卫建筑（碉）。而随着社会生产力水平提高，越来越多的村庄建起了楼房。最初是简单的一楼一底，后来普遍建设小三层。发展到极致情况下（特殊的文化和经济原因影响），有的村庄居然修建了6层以上的住宅。

图4–49　广东市郊农村的拔节楼

[3] 社会安全对村庄空间利用的影响：追求安全的生存环境是动物的本能。在定居之前，人类对临时栖居地选择过程中，安全是首位要素。定居初期面对自然强大的压力，安全性也是村庄必须考虑的重要因素——要尽量避免一切不安全的自然要素：首先是不良的地质条件和水文环境，以防天灾；其次村庄范围内的总体环境要为人们所熟悉和容易被掌控的，以防突发情况；第三通过各种措施建设完整的防御体系，修建围墙、壕沟、吊桥、望楼增强村庄内部的安全性；第四居安思危，通过一些空间上的特别规定维持和强化安全因素的影响力。例如，为了保证村寨的相对隐蔽，把寨旁的树林升格为"风水林"，定下村规民约严禁砍伐。安全性对人们空间利用的影响及其深远——没有安全感就无以为家，人们是不能全心全意地投入其他活动的。中国传统风水学说中理想栖居环境的选择要点很多都是出于安全，即使安全问题随着人类发展基本得到解决，① 人类不再是时刻担心受到威胁后，这种空间模式依然作为一种文化或者习俗被继续应用。

针对新的不安全因素，具有防卫功能的空间模式也在不停"进步"。

① 两万年前，村庄诞生初期，所要面对的安全威胁主要来自其他生物（例如大型猛兽）。然而，自从进入父系氏族社会之后，安全威胁就主要源于种群内部。人类自身的相互侵犯和屠杀成为了村庄防卫的重点。经过漫长的磨合，人类结成更大的社群——民族与国家。国与国之间、民族与民族之间的争斗逐渐成为了人类社会各类争端的主体。防卫体系也逐渐外化，重点设置于国与国、民族与民族之间的势力交错地带。处在这些区域的城镇、乡村往往都有比较完备的防御措施。而比较安全的腹地的城镇、乡村就没有必要耗费物力修建完整系统的防御工事了。

早期人类防御猛兽侵袭的简单工事与后来防御氏族战争和国家之间踏伐、侵轧的完整防御体系是不可同日而语的。更何况随着科技进步，人类的侵略性越来越强、破坏力越来越大。尽管有一系列国际条约的相互约束，但是安全威胁[①]却依然时时存在——各国不得不花费大量的人力、物力建立以国家为单元的、甚至以国家联盟依托的区域乃至全球的防御系统。正是这种外化，使得一般村庄的防御变得没有特殊必要。而且防御重点措施也从物质空间建设的物理屏障[②]设置转而利用先进的科学技术手段建构的"无形"的屏障，比如：防空火力网、电子干扰网等。

[4] 社会组织结构对村庄空间利用的影响：村落的物质空间生成过程往往与村庄地方社会的生成和演变过程相对应，就仿佛是村庄社会的一面镜子。"空间"是一种稀缺资源，空间利用和建设的社会本质就是在人类社会内部进行的资源分配。所以建成环境的空间组织在一定程度上反映了社会结构的特点。以血缘纽带性村庄为例，它的社会结构以家族血缘关系——也就是初级群体中最为重要的一种初级关系[③]为基础的，主要有两个结构层面：一是血缘亲疏，二是成员的社会地位。[④] 反映到村庄的空间组织上自然体现出下列两大特色：一是血缘更近亲族的住所相互靠近，形成相对紧密的空间簇。二是这些空间簇之间和空间簇内部都会按照社会组织原则组织相应的空间——社会地位越高的家庭的居所和社会地位高的亲族的领地处在越是重要而且环境条件相对优越的位置。这样的村庄空间组织，体现强烈的祖先崇拜特色。以中国的村庄为例，它的凝集核心往往是家族的宗祠。在非血缘性的村落中，如果组成村庄的各个家族势力相当，村庄就会表现出以公共生活为核心的空间结构特点——群体共同的空间利益处在建设首位，人们往往按照适用、公平、便捷的原则选定这些场所的空间位置，并确定它们之间相互关系。然后再以这个公共空间系统为核心建设各个家族的居所。不同的家族相对聚集成以血缘亲疏为纽带的空间簇团，这些家族空间簇团串联、围绕在核心公共空间周边。比如：大多数羌寨的空间建设，就以对水系和碉楼的规划和建设为核心。如果村庄内部不同家族之间的势力消长打破了平衡，村庄的空间建设就

---

① 这种不安全从根源上讲是地球上不同的人类社群争夺有限的生存资源所造成的。

② 主要是坚固的城墙和宽阔的城壕。城墙的高度、厚度和城壕的宽度、深度一直随着人类攻击能力的增强不断发展而不断增加。到19世纪马其诺防线的设置，可以说是这种传统防御体系发展的极至。另外中国的长城也是这种防御体系的典型代表。但是这种在冷兵器时代发挥过巨大作用的防御体系在现代武器（特别是飞行器用于战争之后）的强大攻击力面前丧失了原有的突出优势，因此逐渐被淘汰。

③ 初级群体：人类社会的基本单位。是一个相对较小的、有多重目的、交流与互动亲密无间的，具有强烈认同感的群体。初级关系：它是一种个人的、情感的、不容置换的关系。包含每个个体的多种角色和利益，以大量的自由交往和全部人格的互动为特征。参见：[美]戴维波·谱诺著，李强等译，《社会学》，第十版，中国人民大学出版社，1999年8月第一版，第174～175页。

④ 社会地位的形成具有复杂的内在机制，它由三个方面的因素共同构成：财富、权力、声望。财富是由个人或群体的全部经济财产构成，不仅包括货币还包括物品、土地、自然资源以及生产性劳动服务；权力是指个人或群体控制或影响他人行为的能力；声望是一个人从别人那里所获得良好评价与社会承认，是社会分层中比较主观的方面。这三者之间有一定的联动关系，例如富有的人往往可以通过经济交换获得权力、收买人心，但是也并不绝对。参见：[美]戴维波·谱诺著，李强等译，《社会学》，第十版，中国人民大学出版社，1999年8月第一版，第261～262页。

会转向以强势家族的空间需求为建设主体和重点，并有可能进一步转化为血缘性村庄。例如：徽州的瞻淇村（图4—50）。在血缘簇团空间内部，也是按照不同家庭和个体的社会地位进行空间分配的——地位越高的个体和家庭占有相对更好①的空间和环境资源。

[5] 文化对村庄空间利用的影响：人类建设的聚居物质空间环境是人类群体或社会共享的重要“物质文化”②成果。它是社会生活的一部分，折射并反映着非物质文化③的特点。对村庄的物质空间建设影响较大的文化要素包含：

人类与自然关系的价值观。

如何定位人与自然的相互关系，直接决定了整个栖居地空间在宏观自然环境中的空间定位、布局以及与自然生态系统进行空间协同的程度。例如：本着与自然相生态度的社会群体，它的栖居地空间建设必然是顺应自然，强调人建空间与自然空间的相辅相成。本着“人定胜天”观念的社会群体，它的栖居地空间建设必然以自我需求为主导，对自然空间的改造较大。

地方社会的生活方式。

这是人类基于自身生理需求，在所定居地的自然环境条件限制下，演化而来的一种与环境相适应的特定生活方式。它决定了栖居地空间的内在主结构。例如，沐浴在地中海和煦温暖阳光下的希腊，形成崇尚户外活

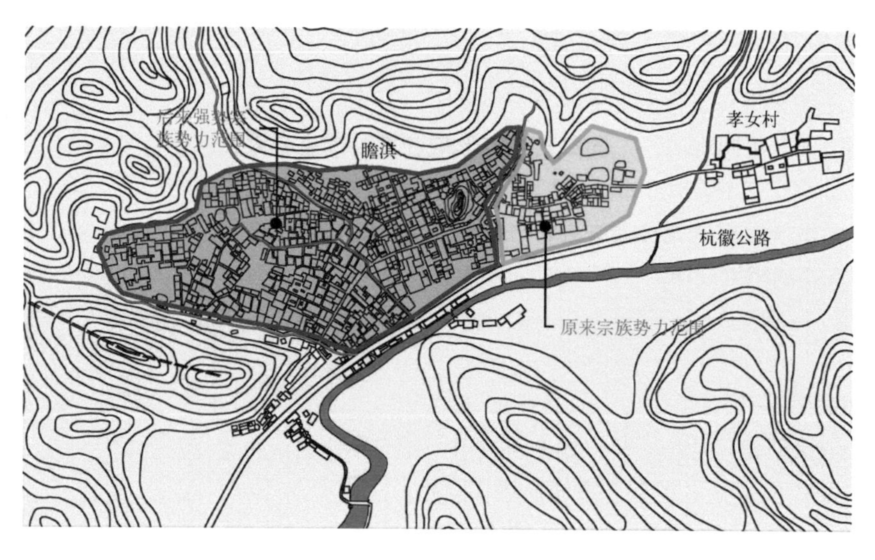

图4—50 瞻淇村总平面图
后来的汪姓家族将原来的章姓家族逐渐排斥出村

① 这个“更好”与地方社会最迫切的需要相结合，例如：在缺乏安全的地方是最安全的空间，在气候恶劣的地方是小气候最好的空间。

② 物质文化：一个社会普遍存在的物质形态，为物质文化。参见：[美]戴维波·谱诺著，李强等译，《社会学》，第十版，中国人民大学出版社，1999年8月第一版，第72页。

③ 非物质文化：是指抽象和无形的人类创造，例如：价值观、规范（社会习俗、民德与法律）、有关环境的知识和处事的方式等。参见：[美]戴维波·谱诺著，李强等译，《社会学》，第十版，中国人民大学出版社，1999年8月第一版，第63～74页。

的民俗，在他们的村庄中，人居房舍的空间地位就远远不如户外公共活动空间。而在重视家庭生活的地方社会，则特别重视家庭居所的建设。

地方社会有关空间利用与建设的各种相关规范。

这个规范涵盖的范围比较宽泛，既包括一般的社会习俗——某些社会族群在栖居地建设过程中习惯遵从的特定的空间组合模式，例如：福建客家土楼；也包括有一定约束力的关于空间利用和建设的民德——提倡或禁止的某些空间利用和建设方式，比如乡规民约中对风水空间的保护；还包含具有强制作用的法律——将空间建设与社会结构挂钩，并以国家机器为维持这种秩序的依托，例如：在中国封建时代，对不同地位人的居所和城镇空间建设的形制规模，都有详细的规定。违反这些规定是要被追究怠慢和僭越的罪名的。

地方社会共同意识形态的空间物化。

这是地方社会群体共同人类情感的空间物化表现，与空间审美意识的形成密切相关。一些特定的空间形态及其组合会给不同的社会族群完全不同的感受，所以在不同的地方社会中会有互不相同的空间结构。例如：中国汉族认为人、神[①]（往往是对难以预料的自然环境因素的人格化）必须分野，与神共居会对人不利，所以祭祀这些神灵的庙宇都位于村外，与人类居所相隔离。而一些持泛神论的民族，认为人神共居才更能表达对神的尊敬，所以祭祀神灵的庙宇修建以村庄内部，甚至是整个村庄的核心。

4.2 城镇的演进

人类聚居由原始的村庄演化为真正意义上的城市，经历了一万余年。这是一个人为和自然共同作用的过程。不同地区、不同时代城市形成和发展的主导因素和内在机制是不尽相同的。本节以中国城市为主要案例，试图通过对不同地域、不同时期、不同规模、不同发展历程的城市演进进行分析，从中寻找城市生态系统物质空间演进及其建设模式的相关规律。

4.2.1 案例分析

• 因通商贸易而兴的城市——丽江[②]

概况简介：丽江古城（大研镇）（图4-51）处在滇、川、藏交界处的滇西北横断山脉地域，坐落于美丽的丽江盆地中部。古城海拔2400m，总面积3.8km^2，现有居民6300户，总计约2.5万人。其主体（70%）为纳西族。

丽江古城（大研镇）的纳西本名叫"巩本之"。"巩"即仓廪之意，"本"即村庄之意，"之"乃集市之意，合起来就是"仓廪村之集市"。由其本名推断，丽

---

① 由人升格为神的不在此列。

② 主要资料来源：和湛主编，《丽江古城》，云南民族出版社，2003年9月第一版；布鲁斯·里著，《纳西纸书》，云南美术出版社，2003年9月第一版。

江古城之地原本是一个物资云集的市场——丽江不仅地处汉、藏、云南各少数民族势力范围交界的区域，同时还位于中国——印度“南方丝绸之路”和滇藏贸易“茶马古道”两条重要商路的交叉点上，是一个重要的物资转运点。

图4—51　丽江古城总平面

发展历程简述：丽江古城的发展大致可以分为四个阶段（图4—52）。

第一阶段：产生到元代，是场镇的自发演进阶段。大研镇所在地点北依金虹山、南靠狮子山，玉水河从中蜿蜒而过，东南有一片开阔的草原。其地势平坦、背风向阳、用水方便，便于从事物资贩运的马帮宿营、放马。同时这一地点又是整个丽江坝子的中心，与区内的白沙、文笔、东坝子等其他聚居中心地的时空距离都比较适中，自然而然地形成了一个地域性的商品集散中心。随着运输量增大，带动商业逐步兴盛，到元代初年原来的仓廪村已经发展成交易中心大叶场（此地名与纳西四大古氏族之叶支系有关）。

第二阶段：元代到清中期，随着政治地位提升，古城逐步繁荣昌盛。元代以后，叶支系依靠蒙古人的势力上升为纳西族中势力最大者。地域的政治、经济、文化中心逐步由唐宋时期的三赕城转移到大叶场；明初地方统治者世袭土司与中央政府的关系得到了进一步加强，叶支系的阿甲阿德因归附有功被封赏为世袭丽江府知府，并被赐姓为“木”。为了加强对地

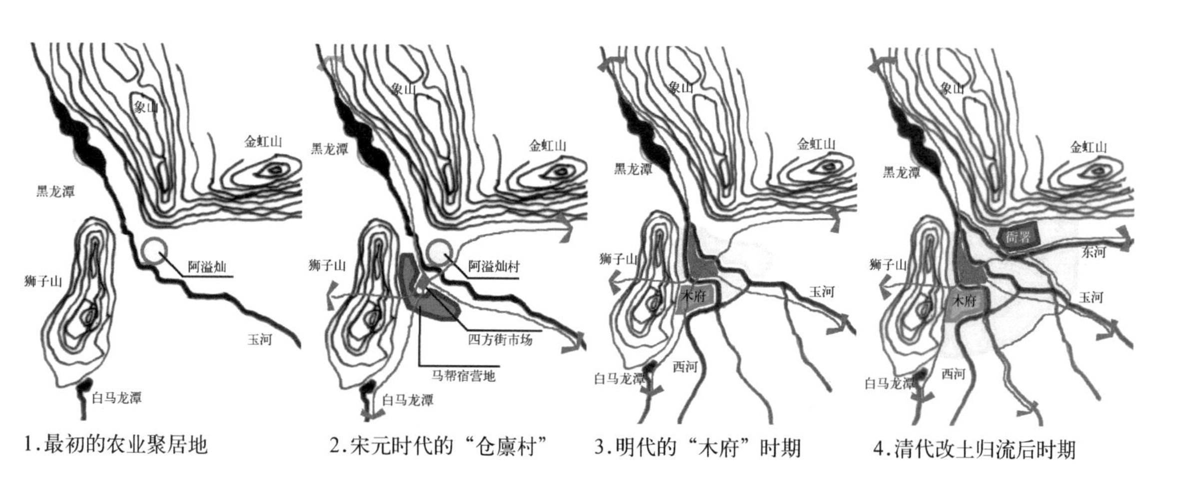

图4—52　丽江古城发展形成的历程

方的控制、巩固统治地位——木氏将自己的居住地从白沙迁移到此。中心地位的确立为大研镇注入了更为强大的发展动力，它逐渐成为了滇西北地区的首位城市；清代之前，纳西地区的对口贸易的重头是巴蜀，清初西藏与中央政府关系明确之后，纳西地区与藏区的"茶马互市"得到了官方的认可，丽江迅速发展成为对藏区贸易的重镇。清"改土归流"之后，流官知府的政治机构设立，进一步强化了大研镇的政治中心地位。同时一系列推动社会进步政策的实施，推动丽江文化、经济走向繁荣。

第三阶段：清末到20世纪40年代，社会动荡导致城市衰落。清代末年，云南境内的反清起义波及丽江，丽江在义军、地主武装、清军之间数次易手，造成街市毁坏过半、重要建筑（县署、学署、文庙、武庙、各大寺庙、重要祠堂）悉成灰烬、民众死伤数万，丽江的发展陷入衰退。

第四阶段：第二次世界大战期间，特殊物资运输需求带来的再次繁荣。第二次世界大战期间，由于日本的侵略，中国对外物资运输依赖滇缅、滇越两条国际交通线路，加上原来发达地区的许多部门和各种文化机构向"大后方"的迁移，给西南地区带来繁荣。此时丽江作为交通干线上重要的节点，又是大后方的大后方——生活平静而幸福、市场繁荣而稳定，因此得到了长足的发展，城市得到复兴。新的观念与文化也在这一时期大量传入丽江，古城步入了近代化的阶段。

物质空间建设特点及其形成机制分析：丽江古城的形成受到两大因素的左右，其一是水系、其二是商路。前者构成了古城空间结构的基本骨架；后者则是古城空间不断演进的动力源泉。

古城的胚胎由农业生态系统孕育（宋代之前）：象山、狮子山遮挡了西北的寒风，古城坐西朝东，避风、向阳——该地域的年均气温比周边地域高出2°C；依山傍水、取水用材方便，利于居家生活；地势平坦、土质肥沃，利于农业生产。是一个聚居农耕的适宜地点。因此纳西先民在源于黑龙潭的自然河流玉河转弯的凸岸边开始定居生息，也就是现在纳西地名"阿溢灿"附近。此地地势稍高，既得近水之利，又无水患之扰。这时的村庄形态呈团状。

古城的诞生由商机促成（宋元时期）：丽江地区"遏控滇藏、沟通巴蜀"的特殊地理区位，是商业发展的潜在机遇；宜人的气候、丰富的物产、水草肥美的草原、利于交易的地点是市场形成的物质基础。二者结合创造了滇西北地区的物资集散中心大叶场（大研镇的前身）。这是古城的场镇时期，其物质空间呈现自然的双核格局——以阿溢灿中心、河道为发展轴的居住组团；以四方街为中心、交通流线为发展轴的商业组团。

古城的成长由政治因素推动（明代到清末）：木氏土司统治地位的确立，促使地方政权走向稳定。为了加强对地方的控制与管理，统治中心由唐宋时的三赕城迁入大研镇。统治者对自己居所的建设带动了古城的又一次建设高潮——为构建木府的护城河而开挖西河，不仅为"宫室拟于王者"的木府平添秀色，而且为狮子山以南的农田提供了灌溉的便利。其后政治中心和经济中心的两位一体为古城发展带来了更大的动力，逐渐演化成商业繁荣、政治稳定的完整城镇。后来中央政府为了加强对少数民族地方的统治而"改土归流"，由此带来的民族交流还进一步促进了地方文化的兴盛，从而完善和提高了城市的层次。出于削弱土司影响力目的而大兴土木，兴建丽江府衙署并开挖东河——大力促进了灌溉和农业的发展、夯实了城市的经济基础。其物质空间演化成水网纵横、以水系为城市建设发展轴线；以四方街为中心、街道为商业区发展轴线，以重要建筑为不同社会阶层居住片区中心的开放式路网、水网相互嵌套的城市总体格局。在这一时期，古城曾经有一段时间的城墙。但是两次修建都因故损坏，中央政府也接受丽江古城历来没有城墙的事实，造就了丽江与中国其他古城不同的独特空间形态。

古城复兴由特殊的历史因素造就（清末到解放初）：经过清朝末年动乱造成的衰败期，丽江在二战的炮火中迎来了特殊的繁荣。繁忙的交通、物资中转、传统的商业背景为丽江的复兴注入强大的动力。随内迁而来的各种新观念涌入平静的边陲小城，促使城市脱离封建背景发展成为一个地方风格浓郁的近代城市。这一时期，丽江的传统商业区继续保持着兴盛的同时，在古城南端临近北通四川、南达昆明"官道"的下八河村区域新建了一批包含大量新型建筑（学校、幼稚园）的城区，赋予了古城新的结构单元，促成了古城的近代化。

古城的再发展（历史文化名城申报成功之后）：解放以后，随着川藏、滇藏公路的开通，丽江在平静的环境中完成了近代化的过程。其建设始终围绕着原来的古城，大部分公共设施都是在原有的机构基础上改建成的。20 世纪 80 年代之后，丽江因其人与自然高度和谐的民族城市格局重新被世人所认识。1986 年被列为国家级历史文化名城之后，为了保护原有古城的完整格局，丽江新城脱开古城发展，既保证了城市的现代化进程又为丽江的可持续发展保留珍贵的财富。1997 年古城在经历地震之后依然被选入了世界文化遗产名录。到 1999 年丽江已经发展为以旅游为主导产业的现代化城市。古城成为新丽江最为重要的组成区域，其基本空间格局和空间形态得到了完整保护，然而空间性质发生了极大的转变——旧瓶装上了新酒（图 4–53 ～图 4–58）。

图4–53　丽江的水岸生活1（摄影：魏青）

图4–54　丽江的水岸生活2（摄影：魏青）

图4—55　丽江的水岸生活3（摄影：毕凌岚）

图4—56　丽江的水岸生活4（摄影：毕凌岚）

图4—57　丽江古城丰富多彩的水岸生活（摄影：魏青）

图4—58　丽江古城现状鸟瞰

• 因水利工程而兴的城市——都江堰[①]

概况简介：都江堰市位于成都平原西北边缘与岷山山脉交接之处。地处自古以来沟通巴蜀与秦川、康藏等地方的交通要冲。其西北崇山蜿蜒、东南沃野千里，是历代民族贸易和边防的重镇（图 4—59）。城市原名灌口、后名灌县，均取意于战国末期蜀太守李冰所筑都江古堰"灌溉州县"之意。

① 资料来源：应金华、樊丙庚主编，《四川历史文化名城》，四川人民出版社，2000 年 10 月第一版，第 116 ~ 141 页。

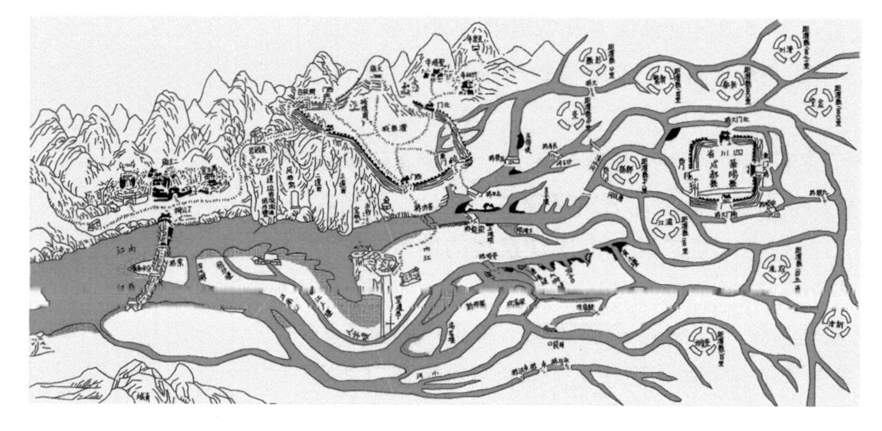

图4-59　都江古堰图

发展历程简述：都江堰市因堰而生。战国末期秦国蜀太守李冰率领蜀民修筑都江堰之后，留下常年维修人员在此繁衍生息。当地最早的定居点就是这样形成的，后来渐成集市逐渐发展起来的，距今已有2250余年。

都江堰以西的岷江上游地区，自古以来都由所谓的"六夷、七羌、九氐"的少数民族所控制，不同民族各部落之间的明争暗斗、夷汉之间的摩擦以及强大的吐蕃民族的威胁，使都江堰具有重要的军事地位。但是都江堰在汉晋时期大都不设防，只在需要时才临时驻军，因此并没有形成固定的城垣；唐代灌口是"用兵西界"外的主要基地，设为静军、作屯兵之所。但军亦无城，以巨木为栅。宋代仍作军砦治所，仍以巨木为栅、构成防御体系。宋代末年，甚至废军为砦，完全将城镇变成了军事要塞。其间在北宋元祐年间，因"军无城堞，每伐巨木为栅，坏辄以他木易之，颇费民力……"于是治所参军动员全城百姓"环城植杨柳数十万株，使其相连，以为界限，民得不困。"因此宋城俗名"杨柳城"。到元代时设为灌州，军民同治作为"外控汶川、所隔夷夏"的重镇，但依然没有城墙。直到明洪武初年，号令天下筑城，灌县才有了正式的城垣。明末清初的战乱使灌县城垣颓圮，城内一片废墟。后经历多代逐渐修复，并在城墙及周边制高点增设炮台，以增强城镇的防卫能力。然而，进入民国之后，城墙失去了原有的防卫功能，逐渐被拆毁，到20世纪70年代，仅余玉屏山脊的一段残墙。

举世闻名的中华丝绸文化肇始于蜀山（岷山），早在商周时期（蜀山氏、蚕丛氏时代）在都江堰地区就形成了一条与外界通商的"西山古道"，后来在此基础上延伸形成了后来的南方丝路——"蜀身毒道"。[①] 秦汉之前，都江堰是蜀地与北部中原交流的重要城邑。秦蜀守李冰得冉駹国民之助修都江堰，于是修建沟通川西平原与冉駹国的通道，也就是后世所称的"松

① 身毒，印度的华夏古名。此道在国内以成都为起点，向西南延伸，分为西道（灵官道）和东道（五尺道），在云南大理汇合后形成南道（博南道和永昌道），通向缅甸出境。南丝路在开明王朝迁都成都之前，是从都江堰以西的卧龙沟沿邛崃山东麓翻越巴朗山口，进入古青衣羌国，再经经徙（今天全）、严道（今荥经）与秦汉以后的丝路古道重合，史称"西山南道"。

茂古道”。这条山道使灌县成了与康藏民族地区开展贸易的重要中转中心，到清末，灌口镇已经成了四川西北最大的山货药材集散市场，其市井繁华，俗称“小成都”。

现都江堰市境内，宋代之前的郡、州、县变化较多，在今灌口镇南十多公里的范围内，分布着从新石器时代到宋代的多座古城遗址。然而在今灌口镇的位置上，自建镇初期就一直是区域内民众聚居的地域。2250年以来其位置一直没有大的改变。这一地域的发展可以分为以下几个阶段。

第一阶段：从建堰到唐代，是一个以维护都江堰正常工作的堰工为主体的自然聚居地。大致集中分布在古堰内江东侧，从鱼嘴到宝瓶口之间的狭长地带，此时城镇是没有任何防御设施的。

第二阶段：从唐代到元末，也就是灌口镇的军砦时期。由于西北吐蕃民族的逐渐强大，藏汉两地之间的摩擦日益增加，为了更好地加强对“天府之国”的保护，灌口镇成为“外控汶川、分隔夷夏”的军事基地。因此灌口镇以屯兵为主，军民杂居。城镇大致分布在岷江与白沙河交界的白沙镇到现在城内杨柳河之间的区域。城镇成带形，以巨木为栅、仍无城垣。

第三阶段：明初到清末，灌口镇正式筑城，城池依山傍水。西北城垣沿玉屏山脊构筑，扼控松茂古道；南临内江；东北城垣建于平原，城下是通往成都和邻近州县的官道。整个城市成不规则形。城北山峦起伏、城南河道纵横。图4-60所示为清光绪年灌县城图。

第四阶段：清末到20世纪70年代，城墙失去原有防御功能之后，对城镇空间发展的约束力消失，城镇建成区随着经济、社会的发展需要逐

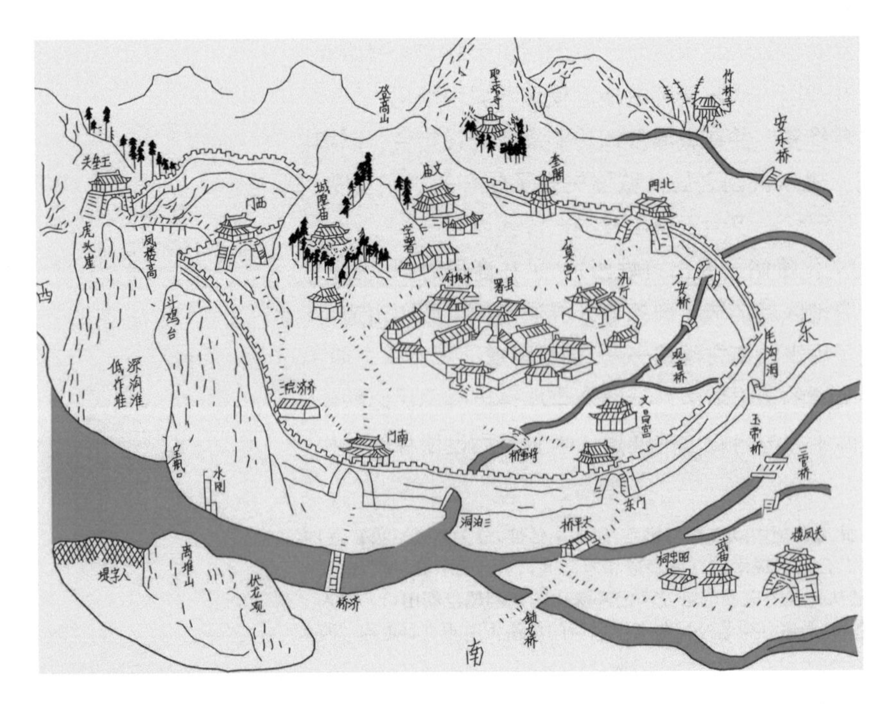

图4-60　清光绪十二年灌县城区示意图

渐蔓延。向西跨过了内江，重点在城南扩展，尤其是沿着灌口——成都的主要道路发展。

第五阶段：20 世纪 80 年代后，都江堰完成了第一次现代化城市规划之后。城市的发展强调与古堰的有机结合，按照城市功能需要分为几个不同的发展区域，分别有不同的发展策略。城市呈现以古堰为核心，沿古堰各条灌溉河渠发展的扇状形态。

物质空间建设特点及其形成机制分析：都江堰市城镇空间各个发展阶段的主导因素各不相同。其中古堰、军砦、市场是都江堰古城（灌口镇）发展的三大决定性因素。

城镇因堰而生，修建于 2250 余年之前古堰本身的形态始终影响着灌口镇的总体空间格局。古堰日常维修管理对人员的需要为城镇积聚了最早的人气。虽然当时聚居的确切地点现已无迹可考，聚居的空间形态也无踪可寻，但是根据后来城镇发展的轨迹反推，其最早的聚居点必是既与古堰相邻，又得交通之利。在古堰管理的重要节点上——堰首和堰尾区域，这是城镇形成的最初生长点。堰首聚居点应该位于古堰内江东侧，从鱼嘴到宝瓶口之间的岷江台地上。也就是以现今二王庙为中心的地域，是在最初治水大军"穿二山"的临时聚居地基础上发展而来的；堰尾的聚居点位于内江分为江安河、走马河、柏条河、蒲阳河四河的"一生二、二生三"分水工程处。从古堰形成到清朝末年的两千年间，灌口镇的发展一直没有超出过这两个最早萌芽处所框定的空间范围内。而且城镇坐落的方位也非传统"礼制"所既定的正南北向，而顺应古堰水系的西北——东南走向。即使民国之后，城市发展逐渐跨越各条分水支流，其城镇的基本骨架依然受着古堰水系的约束，呈扇面展开。

唐代之后，吐蕃的兴起导致区域政治经济格局发生重大变化，都江堰地区成了藏、汉两大民族势力范围之间的重要军事关口。因而，从唐代到清末的一千多年时间内，灌口镇都是重要的军事基地。城镇空间的演化更多地受到军事要素的左右，例如：唐代的灌口静军与沿江的各个据点上的捉守城（白沙、麻溪）等共同构筑了一个完整的防御体系，拱卫着当时"国家之宝库、天下珍货俱出其中"的天府之土。因而顺应山势，据松道之险得"一夫当关、万夫莫开"之利，是这个时期城市建设的重心。从明代灌口正式修筑的城池就可以推测出上述思路的影响——城市北面的城垣依山就势，把玉屏山余脉圈入城内，可以更好地依托山川险峻之势扼守"松茂古道"，而西南的内江也成为城市的天然城壕。

政治格局造成的隔阂的同时，也创造了更为迫切的交流需要——两大势力区之间的贸易活动不断地为灌口的商业发展注入活力，灌口成为区域的商品中转地，号称"搬不完的灌县"，其城镇物质空间不断突破原有体系的限制。例如：北宋元祐年间，因商业发展灌口人丁兴旺、城区向外扩展，在"杨柳城"外形成闹市。而古城最早的商品集散点是临近堰首聚居区的一块叫“凤栖窝”的平坝，符合“堰工聚居、渐成集市”的记载，而此地也一直延续到清代末年都是“茶马互市”的重要场所。城内的繁华商业区，也集中分布在商道穿城而过的主要线路上——交通便利使灌口镇的商业区集中分布于城镇西部。

到清代末年，都江堰古城（灌口镇）已经在封建体制下发展到了鼎盛时代，这时的城市格局如下：城市总体呈不规则方形。城北山峦起伏、景色秀美、环境清幽，以文庙为主体，建有祈祷文风昌盛的奎星塔，是书院、学校以及相应教育管理机构集中的区域，也是文人聚居之处，可以视作“教育区”；承接“松茂古道”的商路从城西穿过，形成灌口镇的商业主轴——其北端西街聚居了全城的玉器行，号称“翠街”。其南端东街是全城的商业中心，汇集了城中所有的重要商号。西街周边聚居的主要是外来少数民族，这种现象一直延续到今天——目前该区内还有两座清真古寺，是区域内回族的重要居所。城市南部聚居的主要是各省富商，东街周边还有众多的各省会馆，例如：贵州馆、南华宫。城镇的行政中心处在城市中心，主要包括府署衙门和各种管理机构。其中最为重要的有成都水利局（主管都江堰）、县署和府仓。而达官贵人的居所与此结合，汇集在城市东南大官街一带。东南城外，沿着前往成都的官道旁分布着各种生活用品市场，如米市、猪市。同时还有各种行帮会馆，如张爷庙、鲁班庙。这一区域周边应该是普通市民的聚居区。城区的道路呈不规则网状。建筑密度受山势影响，北低南高、东低西高，城市的重心偏于商道通过的城西。但是建筑的质量和艺术价值则受到居住阶层影响，城东高于城西。图4–61所示为民国时期灌县城图。

民国之后城墙的约束力消失，城镇扩大，逐渐跨越内江各大支流。受这些河道的影响，城镇道路如扇形放射展开。半城依山、半城水网纵横，形成山、水、林、城、堰相生相长的独特空间格局。在外江与江安河之间，形成了以教育、科研和工业生产新功能组团；城市中心片区沿东街延线（原成灌官道）生长，在老城外形成新的城市商业中心；沿浦阳河方向，与火车站结合构成了

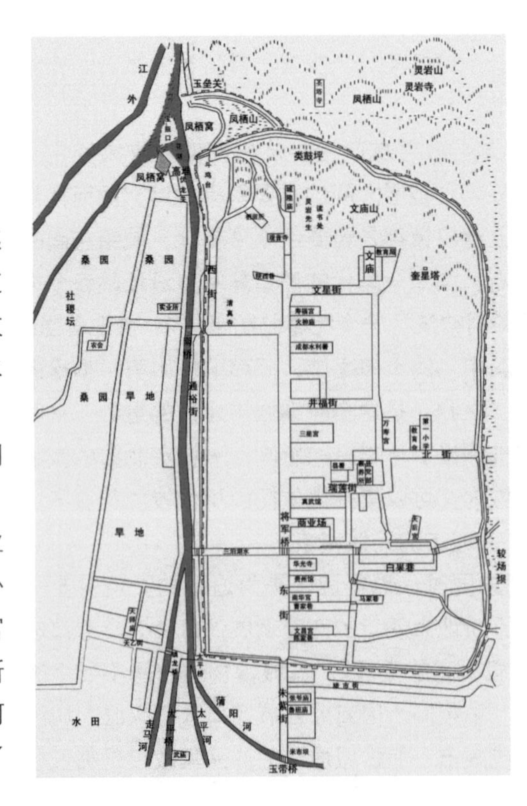

图4–61　民国时期灌县城图

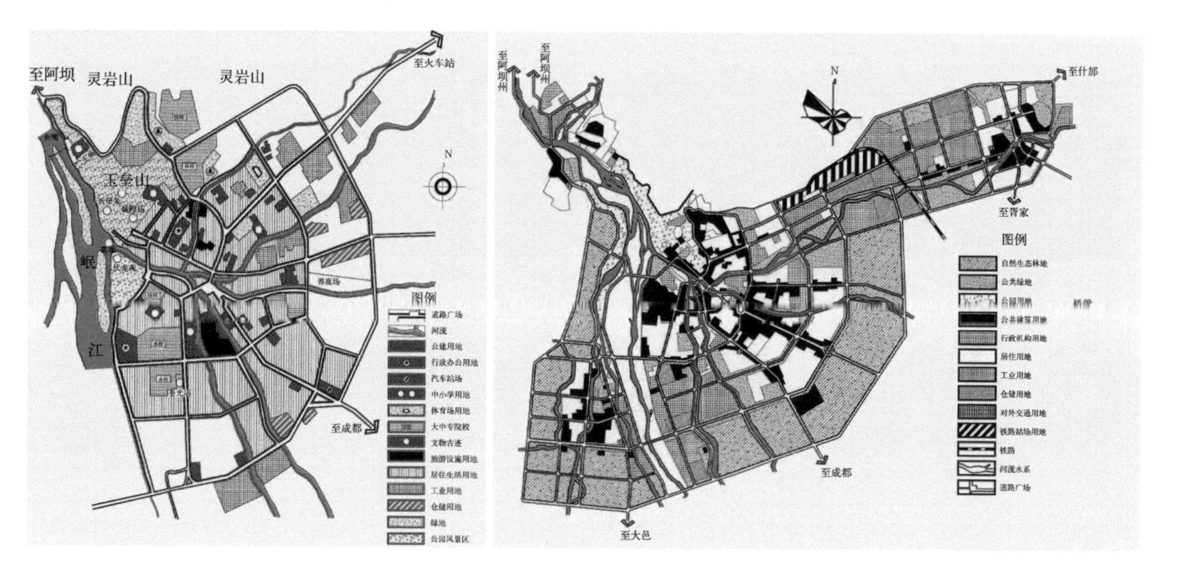

(左) 图4-62 1981年灌县规划

(右) 图4-63 1993年都江堰市总体规划

现代城市的工业生产组团；在原白沙捉守城处结合紫坪铺电站需要建设电站服务基地组团。这些区域相互独立，围绕着以千年古堰为核心的都江堰风景区。城市依托古堰水系的脉络，形成组团式空间格局。图 4-62 所示为 1981 年灌县规划，图 4-63 所示为 1993 年都江堰市总体规划。

- 因盐业生产而兴的城市——自贡[①]

概况简介：自贡坐落于四川盆地南部，沱江支流釜溪河畔。富有盐卤和天然气资源，享有“千年盐都”之称。关于自贡地区的井盐开发，有史可考最早可以追述到东汉的“江阳之盐”。魏晋南北朝时期，该地已因“出盐最多，商旅辐辏，百姓得其富饶”而名为“富世盐井”，并因此置富世县。此为因盐设县。历经唐宋，该地的盐业得到了较大的发展，宋太平年间合计年产盐量约达到了 54 万斤，盐业已经成为当地的主导产业。盐作为中国古代官方垄断经营的商品，是人民生活的必需品。它的发展与社会需求息息相关。明末清初，由于四川战乱频繁、民不聊生，盐业生产受到极大的影响——各盐区“井圮灶废”、“百不存一”。为了迅速恢复盐业生产，清初政府采取了一系列鼓励措施，在政策的鼓励下自贡地区的井盐生产得到迅速恢复，至乾隆三十二年（公元 1767 年）产盐已达 3600 万斤。清代末期，受太平天国运动影响海盐不济，四川地区的井盐行销两湖。市场的需求促使自贡地区的盐业飞速发展，清同治七年（公元 1868 年）产盐已达 15 万吨，造就了四川盐史上的黄金时代。其后自贡的盐业稳步发展，到 1937 年抗战兴起，海盐停滞，川盐再度济楚，自贡再次获得发展机遇——盐业一片生机勃勃。于 1941 年达到了建国之前的最好水平 26.3 万吨。抗战结束之后，自贡地区以井盐生产为核心的产业发展曾有一段时

① 主要资料来源：应金华、樊丙庚主编，《四川历史文化名城》，四川人民出版社，2000 年 10 月第一版，第 52 ~ 77 页。

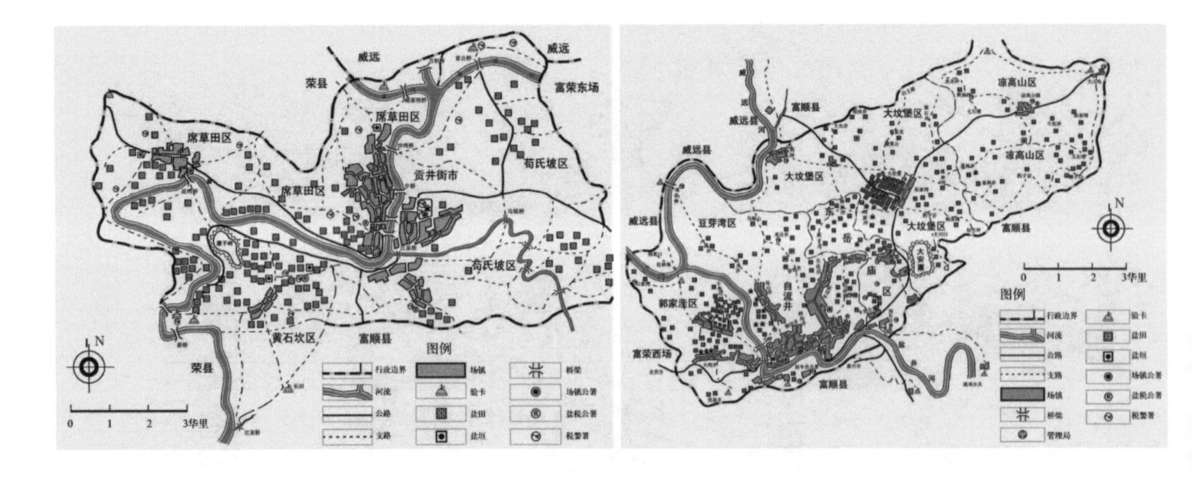

（左）图4–64 民国时期贡井地区图

（右）图4–65 民国时期自流井地区图

间的低谷。20 世纪 50 年代后自贡的化工业有了长足的发展——围绕井盐开发设立了一系列生产和研发机构，化工的产值逐渐超过了单纯的盐业生产。开始于 1963 年的三线建设，为自贡注入了新的活力，逐渐发展成为区域的工业生产基地和经济增长核心，到 1998 年已经成为幅员 4373km^2、市域人口 314.29 万的重要城市。

发展历程简述：自贡地区“因盐设县”，其城镇的发展历程与井盐的生产密不可分。稳产、高产的盐井就是自贡城市构建、生成的萌芽点。在区域内，由三个重要的盐场：一是贡井（图 4–64），位于釜溪河一级支流旭水河边，是区域内最早发展的盐场。汉代属江阳，北周时置公井镇。唐代时于此镇置荣州，因设镇为县。由此推断，贡井盐场已有至少 1400 余年历史，到明代此场年产盐已达 50 万斤，是井盐开采的传统地区。其二是自流井（图 4–65），位于原富顺县城以西 90 里的荣溪水滨。关于自流井最早的有籍可考的记述始于明嘉靖年间，同一份文献还记述了自流井开掘的原因——因富义、邓关两处老井塌毁。该盐场的探明和开采旨在弥补老井毁坏带来的税收不足，将自贡的盐业发展推入了新的时期。其三是大安的岩盐。清代咸丰、同治年间“川盐济楚”之后，盐业的迅猛发展造成卤水资源日渐枯竭，盐商纷纷采用深层钻井。清光绪十八年（公元 1892 年）在大安镇的杨家冲开采出岩盐矿，改变了单纯依赖天然卤水的井盐开采方式——逐步转向深井注水提卤的新型采盐方法。从而在大安镇的杨家冲、大坟堡、扇子坝形成了新的岩盐场。清代中期以后，原分属荣县和富顺县的贡井和自流井两大盐场因盐业生产的复兴逐渐联成一体，合称“富义厂”或“富荣厂”。清代后期，盐场生产步入资本主义手工工场阶段，在“川盐济楚”的市场需求和先进生产方式共同推动之下，自贡的盐业飞速发展，成为了四川井盐生产的中心。民国初年，虽两场仍分属两地，但已是“盐场① 称富荣、地方称自贡”，盐业生产与

① 这是指官方。

地方行政管理脱节的矛盾日益彰显。1911 年地方正式申请“两厂合以自贡成会，且可以脱离富、荣而置县。”[①] 未获批准后，1928、1932 年又两次再度申请，期间冠以“自贡”之名的政治机构、商会、同业公会已纷纷成立。1938 年 6 月终于由原四川省政府批准，于 1939 年 9 月 1 日，将自流井、贡井正式从富顺、荣县划出，成立了省辖的自贡市。因而自贡地区因井盐开采兴盛很早，正式设市却很晚。随着城市发展，到 1983 年，原荣县和富顺县的地域全部都划入了自贡市的行政区范围之内，至此，形成自贡反领富荣二县的格局。

其城市的发展大致可以划分为以下几大阶段。

第一阶段：南北朝到明末清初，形成了以大公井盐场为依托的贡井组团。这时的自贡地区还是单核城市形态。贡井区沿釜溪的河边街是整个区域的城镇核心。

第二阶段：明末清初到清代中晚期，形成了以自流井为依托的自流井组团。自贡地区出现双核中心的城镇格局。

第三阶段：清代中晚期到 20 世纪 40 年代，形成了以大安岩盐场为依托的大安组团。贡井组团和自流井组团因为盐业生产的兴盛，逐步沿釜溪河联为一体，城市开始呈现带状分布的特点。同时城市开始近代化。

第四阶段：20 世纪 40 ～ 80 年代，随着城市发展，相距较近的自流井组团与大安组团逐渐成为完整的一片，成为自贡的中心城区。随着铁路公路的建设，在中心城区的东南、西南、东北先后建成以新型制盐工业、化工业、电子工业为主导产业的城市组团，自贡形成了“众星捧月”的组团式城市格局。同时完成了城市现代化的过程。图 4–66 所示为自贡城市地图。

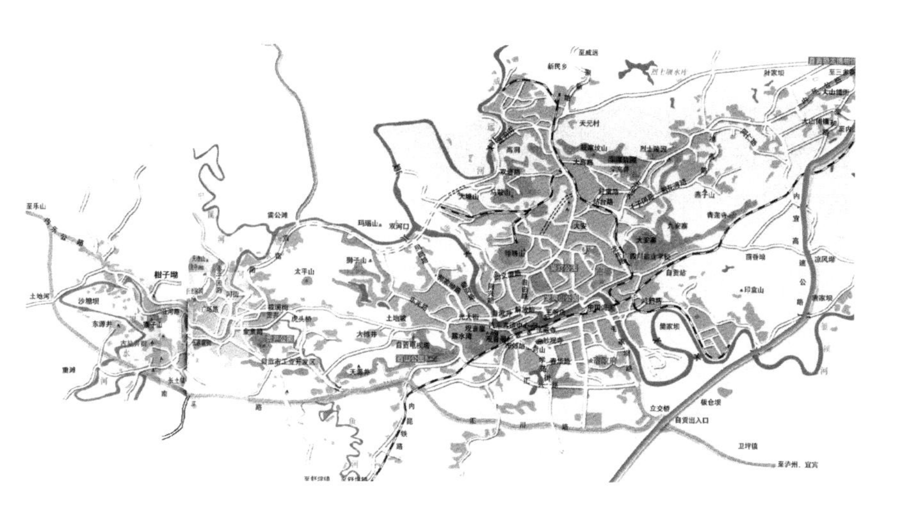

图4–66　自贡城市地图

---

① 1911 年 9 月，富荣盐场成立了“自贡地方监时议事会”，其《议事录》中记载“今自、贡联合之举，言人愿则两厂维新，土著具表同情；言地势，则犬牙交错，铿声车影相杂，久已浑为一厂；言情形，则两厂俱距县百里，分则呼声不灵，合则机关易设。”

物质空间建设特点及其形成机制分析：自贡城市物质空间形态的形成与演化和井盐盐场的逐步开发密不可分，在城市最早形成的三个增长极核——贡井组团、自流井组团、大安组团的建构中，我们可以寻找到共同的规律：城市发展受井盐生产和运输的制约。盐场的选址受制于井盐的资源蕴藏条件和采掘技术要求；运输取决于当地的交通条件和当时的运输水平。因而这三个组团都有两类增长点：盐场和码头。区域内符合上述条件的地点往往是先天既定的，所以依此为依托的城镇发展必须顺应自然，从而呈现出自由发展的态势。

贡井组团先河街、后老街，继而新街、筱溪、长土、艾叶，呈现出以水运码头为核心沿着通往各个盐场的道路扩张的趋势。而主要的生产区井架林立、盐灶罗列，在生产区周边是存盐的盐垣和公仓，在与码头联系的道路旁汇集有政府设立的相关管理机构和其他服务设施；而自流井组团也是如此，从火井沱生产区开始沿着釜溪两岸蔓延，逐渐发展到河东的六厂坝、新街，再推进到正街、灯杆坝、半边街，形成了自贡最繁华的核心区；大安的码头与自流井组团合一，所以它的发展重点集中在盐场区，从最早的燊海井开始到杨家冲、来龙坳、大坟堡、扇子坝。由于当时井盐的输出主要依赖水运，所以沿河的码头区就成了众商云集的黄金地段，城镇的发展也主要沿水道展开。主要的公共建筑都集中在码头区，主要分为两大类型：一是各省商人为了炫耀郡邑、"款叙乡情"而集资修建的同乡会馆——如陕西人的西秦会馆、广东人的南华宫、贵州人的霁云宫、福建人的天上宫、四川人的惠民宫等；其二是各行从业人员集资修建的行帮会馆——盐运商（船帮）的王爷庙、屠沽行帮的桓侯宫、烧盐人的炎帝宫等。加上原有传统信仰的各种祠庙，一时码头街市九宫十八庙罗陈，一派繁华景象。在码头区的主要街道上，除去各类宫祠就是政府监管盐业的各种府署和各种商铺。稍微僻静一点的区域则集中分布着各种档次的客栈和食肆。外围稍远的周边区域是密集的本地居民的住区。出身于地方的井主和盐商依然脱不开传统农耕文化的影响，他们的主要居所常常选在乡村，修建豪华的大片庄园，在码头上常常只有与办事机构合设的临时性居所。盐场区的正街上，主要是政府的办事机构、井主及其上层管理人员的临时居所以及各种小型商业铺户，主街的外围才是盐业工人简陋的住区。

虽然自贡地区的井盐开发已有1400余年的历史，但由于井盐生产资源开采的特殊性和历史上长期分属两县的行政原因，该地从来没有修筑过城墙。只有许多地方富户在非常时期为保自己身家而修建的小型寨堡——三多寨、大安寨等。而作为原来行政中心的富顺县城和荣县县城都是具有1400余年历史的古城，都曾经具有按照礼治规章修建的完整城垣。这也说明自贡的发展秉承的是经济规律，政治要素的干预是比较少的。

建国之后随着新型交通体系的建立，传统水运逐渐衰落。城市转而沿着公路扩张，后来铁路的通车，在其站场周边又形成了新的城市发展核。由于自贡地区山水相依、丘陵绵亘的地形特点，使得新一期的城市发展呈现"有机分散"

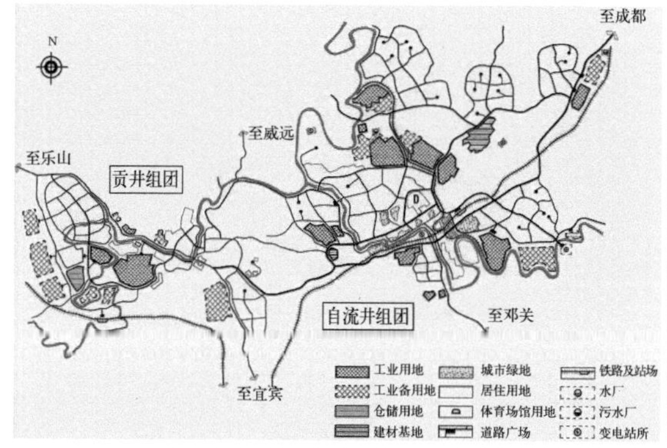

图4-67　1959年自贡市城市总体规划

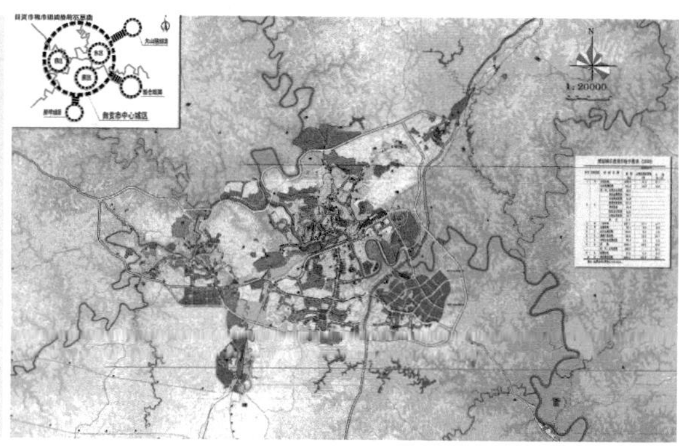

图4-68　2001年自贡市城市总体规划图

的组团式格局。[1]图 4-67 及图 4-68 所示分别为自贡市 1959 年及 2001 年城市总体规划图。

- 因对外开埠而兴的城市——上海[2]

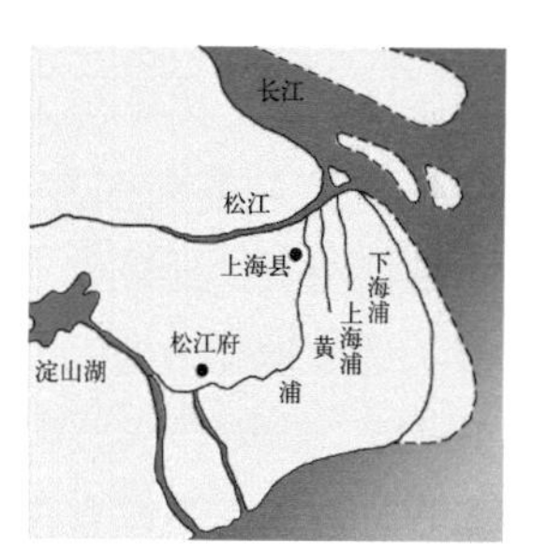

图4-69　上海浦地理位置示意图

概况简介：上海，目前世界的特大城市之一。地处亚洲大陆东海岸、长江三角洲东端，我国南北海岸的中点。西接太湖流域水网密集的沃土，北临长江入海口。黄浦江、苏州河蜿蜒境内，将上海与广阔的周边地域紧密相连——上海不仅是我国东部沿海的重要门户，同时也是江南地区重要的水陆交通枢纽。

发展历程简述：上海地区最早的兴盛始于唐代中期，由于农业、渔业、盐业（海盐）的繁荣而设立华亭县，县治设于现松江县城。宋代后期，因吴淞江上游航道淤塞，当时华亭县经济中心青龙镇的交通区位发生变化。在距青龙镇约 70km 松江下游的“上海浦”（图 4-69）附近形成了一个新的港口，从而集结成新的集镇，该镇被称为上海镇。到南宋末年，上海镇已经取代了青龙镇的地位，正式设立镇治。元初，上海成为了松江府的重镇，并因其在内外航运中的重要枢纽和集散作用而成为全国四大“市舶司”之一。当时上海镇已是商业发达、航运繁忙、建筑鳞次栉比。1292 年上海镇正式升格为县，立县之后，政治地位提高进一步促进了上海经济的繁荣，明朝永乐年间的“江浦合流”工程，极大改善了上海的航运条件，使其成为了天然良港，为上海未来的发展奠定了坚实的基础。清康熙年间对海禁的解除，促进了上海商业活动的繁荣，随着经济、生产、贸易、航运发展，

① 自贡是我国较早的具有规划的城市，从其正式设市开始就有 1940 年川康建设协会编制的《自贡计划经济试验区建设意见书》和 1943 年制定的《自贡市政府（民国）三十二年施政计划》。在《意见书》中提出“以自贡为中心母市、周边地区为田园子市”的分散发展格局。

②资料来源：伍江编著，《上海百年建筑史》，同济大学出版社，1997年5月第一版。《中国城市建设史》，中国建筑工业出版社，1982年12月第一版，1987年第三次印刷，第120～137页。庄林德、张京祥编著，《中国城市发展与建设史》，东南大学出版社，2002年8月第一版，第174～176页。

1685 年清政府在上海设立“江海关”，专司贸易税收管理，上海成为中国海上贸易最大的中转站。上海县城已经成为了经济繁荣的东南大都会。图 4–70 所示为清代上海开埠之前的城市平面。

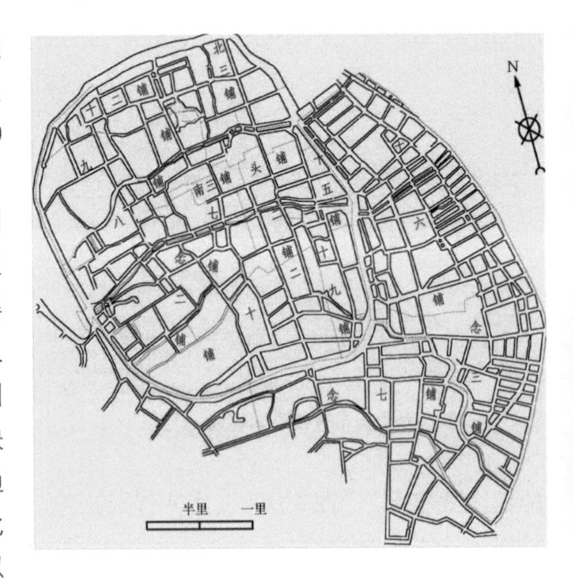

图4–70　清代上海开埠之前的城市平面

鸦片战争之后，上海成为《南京条约》所划定的“五口通商”口岸之一，上海于 1843 年底正式开埠。最初的条约中并未过多地赋予外国人取得土地的特权，[①] 因而开埠之初，因民族差异外国人很难在上海寻到适宜的立足之地。为此，上海英国领事要求当时的上海地方官为外国人专门划定一块居留地，而当时清政府也不愿“华夷杂居”，想通过画地为牢，将外国人限定在一定范围之内。因此 1843 年底中英两国政府共同在上海划定了“东以黄浦江为界、北以李家庄、南以杨泾浜（后称洋泾浜）、西以一片荒地为界”的土地作为通商外国人在华的聚居地，这也就是后来的“外滩”（图 4–71）。1845 年末，中英双方将陆续实行有关租地方法汇总成《上海土地章程》成为上海设立外国租界的法律依据。然而上海并未因圈定外国人的居留地而天下太平，其他各国接踵而至，也参照英国的样子划出一块。而且 1854 年各国领事又借故单方面修改了《土地章程》，摆脱了中国政府对租界的控制权，使得所谓的居留地逐渐转化为“国中之国”。建立租界本来是清政府企图限制外国人的一种策略，但随着租界建立，西方势力在上海的扩展便一发而不可收拾（图 4–72）。上海在西方殖民者的经营下，按西方城市模式迅速近代化，成为远东地区重要的港口和大都会。

近代上海的发展并不是在原来城镇基础上演进的，而是以城外租界

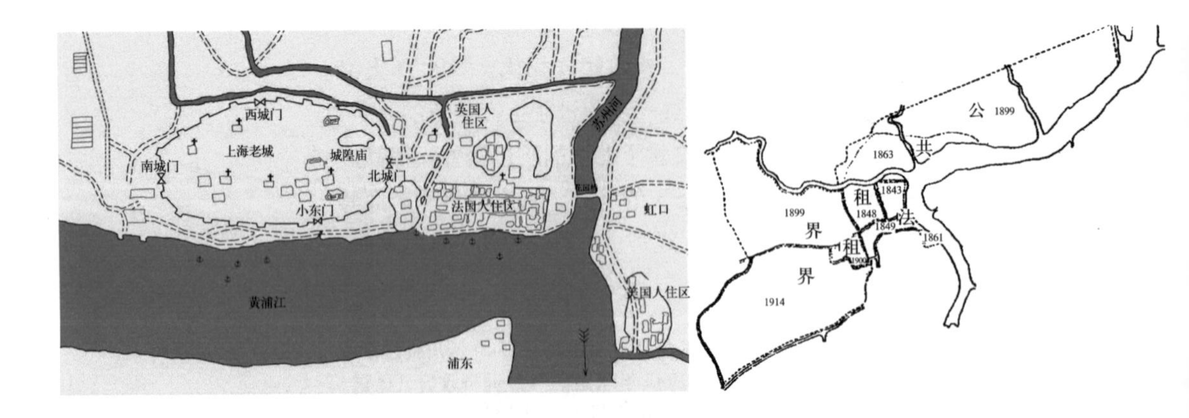

（左）图4–71　上海英租界最初选址图
（右）图4–72　上海租界历年扩张图

① 1843 年 10 月中英《五口通商附粘后条款》中规定“中华地方必须与英国管事官就各地方民情，议定于何地方，用何房屋或基地，系准英人租赁；其租价比照五港口之现在所值高低为准，务求允平。华民不许勒索，英商不许强租。……”

为基础发展并带动原上海县城逐步现代化的。从 1843 年到 1863 年的 20 年间，租界人口急剧增加、经济迅速发展，同时各国寻找各种借口扩张租界范围。到 1863 年上海的租界面积已经大大超过了上海旧城，上海市中心也随之转移到了租界。受到经济增长刺激，租界之外的地域也在不断地扩展和现代化。

后来由于江南地区持续的各种社会动荡，使得许多富户、官僚、豪绅、地主涌入上海寻求庇护，难民和失地农民也进入上海谋生，造成租界人口扶摇直上，从而使上海成为当时中国人口最多的城市。1880 年已达到 100 万。人口激增带来城市各个产业的兴旺，临港优势使得区域内各种非农生产向上海逐渐聚集。尤其 1895 年《马关条约》允许外国人在中国境内设厂，上海作为外商进入中国的排头阵地得到优先发展。到 1930 年，其人口已经增加到了 300 余万，包括外资在内的各种资本所开办的工厂 1781 个。工业的迅速发展和高度集中进一步推动了上海的繁荣，使上海从一个纯粹消费性的商埠转化为生产性的现代城市。可以说到 1937 年战争爆发之前，上海达到了其近代历史上的鼎盛状态。

战争爆发遏制了上海的发展势头，租界之外的地区在战争中受到了严重破坏，城市总体发展由此陷入停顿。但是大量难民涌入租界寻求庇护，造成即使是在战争期间，其人口依然迅速增加的独特现象。统计表明，1942 年上海仍有人口 400 万。高度聚集的人口和无法扩展的城市空间相互作用，使得当时上海除少数区域外的大部分城区总体环境趋于恶化。1945 年战争结束，国民政府回迁南京。原来西迁疏散的大量人口和各种机构陆续返回上海，上海市的人口在短时间内激增到 600 万。随即内战开始，上海的城市建设依然陷于停顿，人口膨涨进一步加剧了环境恶化。

新中国建立之后，上海的发展可以大致分为两个阶段。

1950 ～ 1980 年期间：由于国际形势的限制，上海失去了远东第一商港的优势。尽管它依然占据我国工业生产领头羊的地位，失去了国际区位强有力的支撑之后，其总的现代化进程比较缓慢。[①] 受全国性重大政策的影响，这一阶段上海的发展一波三折：首先的十年是从战争的创伤中迅速复苏的十年。城市建设的重点在于梳理原来混乱的城市结构，使之逐渐结成一个有机整体；其后的十年受加强“国防”需要和三线建设以及文革期间知识青年“上山下乡”的政策导引，从上海疏散了大批的工厂和人口，城市一度有所缩减；后来的十年，随着各种政策的逐渐放宽，知青逐渐返城，后来国际形势也发生转变，使得上海悄然的开始了新一轮的发展。

1980 年后：改革开放之后，上海的发展速度迅速提升。尤其是 20 世纪 90 年代初，政府决定开发浦东，突破由于黄浦江限制造成的浦西建设

---

① 但仍然是我国最先进的城市。这里的“缓慢”是同国际上的其他同等地位的城市战后发展的速度相比的。

用地不足、城市各个功能组团物质空间结构不尽合理的窘境。在国家特殊政策的大力支持之下，上海迅速重新崛起，优越地理区位所潜在的巨大发展动力得到释放，城市在极短的时间内飞跃了几个台阶，只用短短的十年时间就重新找回了自己的国际地位。图 4–73 所示为 1949 ~ 2005 年上海市城市扩展历程图。

物质空间建设特点及其形成机制分析：根据考古研究，13 世纪时的上海城镇初萌之时是围绕当时的市舶司（后来的县署）建设的。城镇以市舶司广场为中心，至少有 1 ~ 2 条干道街巷穿镇而过。街道两侧分布着居所、寺庙、学校和商店。到明代中期，城镇已有 5 条主要街道，城镇规模也进一步扩大。上海从建镇到明代中期一直没有城墙，后来为了防止倭寇侵扰，于 1533 年仅用两月就赶筑而成。因为先有城市后有城墙，所以城墙为不规则椭圆形。城门的开启也是结合城镇的特殊需要，上海旧城共有 6 个城门，其中 3 个都是朝东，面向黄浦江码头。由于水运起到至关重要的作用，城镇以交通干河为主线展开，主要包括东西走向的肇嘉浜、方浜、薛家浜和南北走向的中心河。形成河道纵横、桥梁众多的水乡景致。城镇发展并未受到修筑城墙的制约，而依托于黄浦江继续发展。由于上海的政治地位一直比较卑微，使其所受封建文化的制约反而较少。这使当地经济发展较少受到传统桎梏制约，从而趋于文化多元。其时上海城内文仕云集，兴建了大量私家园林，其中最为著名的豫园于乾隆年间被当地富商集资购买、重新修葺改为城隍庙附属园林，向公众开放。围绕豫园分布着大量行业公所和各种商店、摊档，形成上海旧城最繁华的商业中心。旧城内的其他街巷也分布着大量商店，这些商店大多按照同业集中的原则分布在一定地段，由此也使上海旧城的许多街巷都以商品为名。例如：豆市街、花市街、果子巷、彩衣巷等。同时旧城内还分布着大量的同乡会馆，例如：泉漳会馆、山西会馆、徽宁会馆、四明会馆等。这些都显示，上海在开埠前的城镇空间建

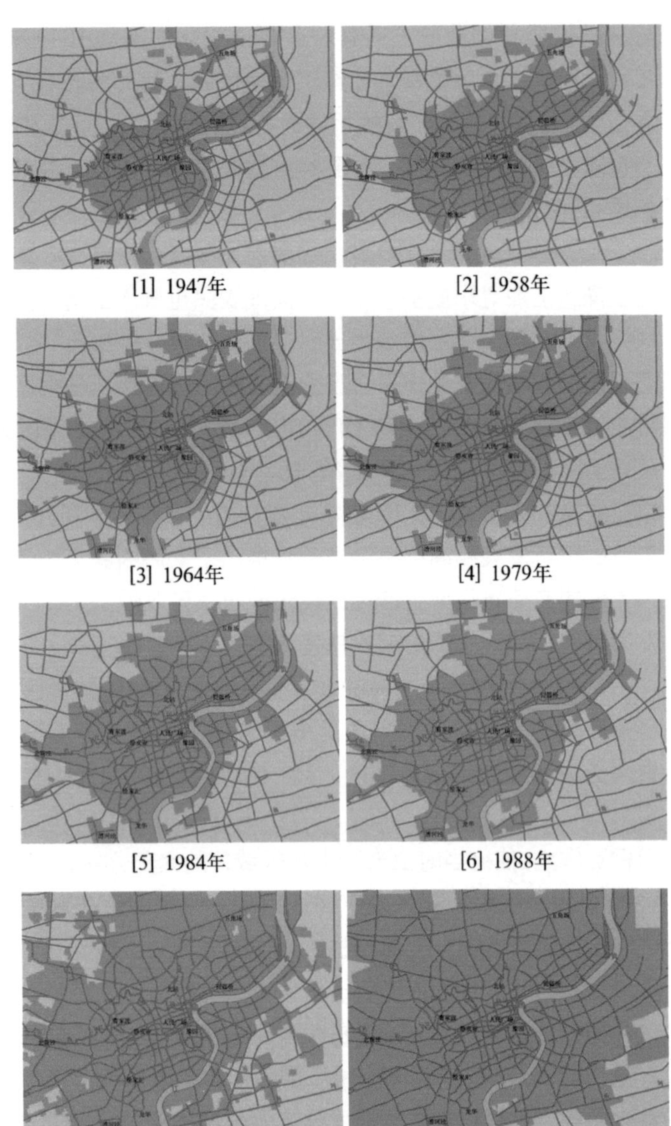

[1] 1947年　[2] 1958年　[3] 1964年　[4] 1979年　[5] 1984年　[6] 1988年　[7] 1996年　[8] 2005年

图4–73　1949～2005年上海市城市扩展历程图

设是以商业活动和航运中转活动为依托的。

1843 年上海有了第一块租界，关于这块租界的选址，英国人是经过深思熟虑的——当时表面上仅仅是一块芦草丛生、溪涧纵横的卑湿滩涂，实际上该地四面环水有利防卫，还临近县城商业中心，又没有城墙限制，具有宽广的拓展余地；濒临黄浦江，可以修建自己独立的码头；而且通过吴淞江可与广大江南腹地相通，更可以溯流而上进入长江直达中国内地。控制它就是控制了整个上海，并且有了深入中国的立足点。这样，各国租界就沿着黄浦江和苏州河等便于交通、利于防卫的区域蔓延开来（图 4–74）。近代上海的发展，实际上就主要是各国租界的逐渐扩展过程。

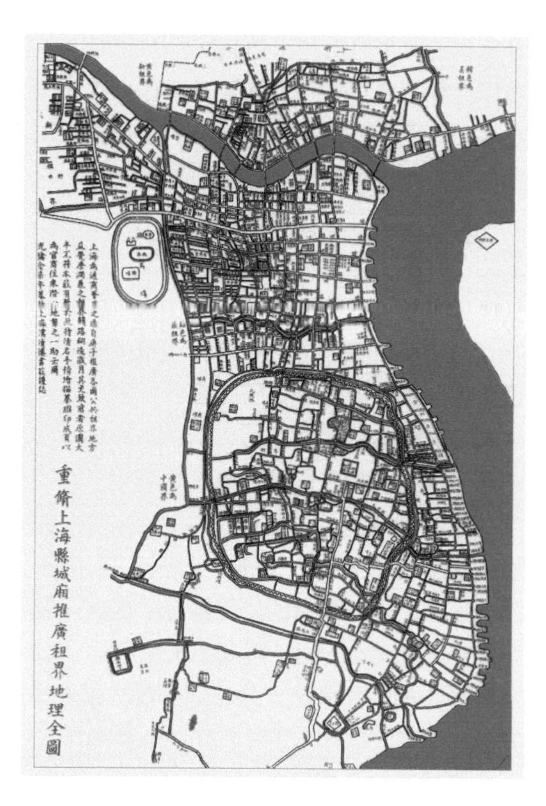

图4–74　清代上海早期租界及城市全图

近代上海租界和原老城区物质空间的发展道路是截然不同的。然而，不论是租界还是老城的发展都有一个共同的特点——缺乏长远计划。虽然各帝国主义对租界的最初选址煞费苦心，但是在租界的建设上却没有既定方针。因为当时的上海充斥着梦想在短期内迅速致富的各国冒险家，这种“捞一票就走”的心态使得整个租界的建设必然偏重于眼前既得的商业利益，从而忽视长远的城市整体发展。租界和老城分属多国管理，相互之间无法协调——道路与市政设施都是各成体系、各自为政，导致整个城市总体格局十分混乱，各个区域的交接地带常常形成瓶颈。这种情况下，市域范围内的大型基础设施布局也无法与城镇发展有机协调。例如：上海的铁路站场与城镇道路交叉严重，沪宁、沪杭、淞沪三条铁路包围分割城市，限制了城镇发展。同时铁道路口全部与城市街道平交，存在严重的不便和安全隐患。机场的布局更是随意，在铁路已经限制了城市发展方向的不利情况下，机场仍然布置在当时城市惟一便利的扩展方向——东北向上，根本没有考虑与城市发展的总体协调。以航运为依托的上海，其码头布局也不尽合理——在 95%的工厂和 92%的居民都集中在浦西的情况下，当时大量的码头和仓库却都位于浦东。大量物资不得不再次拖驳转运，这不仅增加了成本而且带来了极大不便。港口与铁路之间也缺乏必要的联系——没有水陆联运的码头，使得城市的整个运输效率都不高。另外，各种原因造成的人口聚集使当时上海的建设用地十分紧张，整个城市的建设密度都比较高。

在早期租界建设中，对商业利益的追求体现得淋漓尽致。租界大多数地区都采用当时常见的格网式路网——将城市用地划分为很小的街坊，大多数道路间距都在 100m 以下，有的甚至仅为 40 ~ 50m，导致道路用地比例占城市总用的比例偏高。[①] 然而，在道路比例偏高的同时，却存在严重的路网结构不合理——道路缺乏合理分工、交叉口过多、商业区交通不畅；同时道路生长与租界扩张的方向一致，以至于城市东西向干道比例远远大于南北向干道，容易造成城市局部地段拥堵。

旧上海的工业主要集中布局在沪南区、曹家渡、杨树浦三区，另外徐家汇、闸北、吴淞、浦东也分布有一些工厂。当时几乎所有的工厂都是沿江布置，与码头和仓库共同占满了整个岸线地带，既便于原料的输入又利于产品的输出。

城市中居住区的分布是与城镇扩展和就业情况相结合的。解放前上海以劳动密集型的工业为主导，因此在工业区周边自发形成许多条件恶劣的棚户区。其居住密度甚至达到了7000人/hm^2，普遍的密度也达到了3000人/hm^2左右。城市中心区则主要是普通居民的居住场所，其主要的住宅形式是适应上海城市发展独创的中西合璧的"石库门"。租界的扩展由黄浦江逐渐向西，在这个过程中城市发展逐渐趋于成熟、设施也逐渐完备，因此越后建成区域的环境条件越是优越。因此居住区也以最后的法租界虹桥西区一带质量最高。其主要建筑形式是豪华的花园洋房，总体的建筑密度小于10%、人口密度只有80人/hm^2。

城市的公共绿地十分缺乏，仅在租界内有部分小型公园和私家花园对少数人开放，而中国地界几乎没有什么公共绿地。

老城区的发展是在租界现代化的影响和带动下的自发膨胀过程。原来的河街（肇家浜、方浜等）与周边河道所构成的完整水系因为周边租界的西方式开发建设模式逐渐丧失通行功能，同时工业迅速发展造成了严重的水体污染，盲目建设的短期行为甚至使这些河街逐渐沦为排污渠，最后不得不逐渐填没。1912年原老城区的城墙因为限制了城市发展又失去了防御价值而被拆除，另建为道路。因此到20世纪初，上海旧城已经完全失去了原有的江南水乡特色，其城市格局消融在以租界为母体的近代城市结构中。自此，近代的上海才在地域意义上真正形成。到抗日战争爆发之前，近代上海发展到了鼎盛阶段。

抗日战争爆发之后，租界作为暂时的"孤岛"涌入了大量难民，因为短时间内对住房的大量需求，造成租界内爆炸式的畸形繁荣。然而，随着太平洋战争的爆发，租界也随之被占领。整个城市除去一些为军事服务设施以外，大部分建设活动逐渐陷于停顿。[②] 这种现象一直延续到解放。

新中国诞生之后，土地收归国有，使得对上海原先不合理的城市结构进行迅速调整成为可能。打通天目路、增加城市南北走向的主干道，缓解了外滩和延安路的交通拥塞；同时大量地改建棚户区，修建居民新村，迅速改善了广大市民的

---

① 当时仅有0.566km^2的租界的道路面积达到了0.0784km^2，占总用地的14.2%，到1864年这一比例上升为23%。

② 但是由于上海极为重要的经济地位，任何占领者都对上海的建设十分重视。日本占据时期就专门制定了详细的上海发展规划——企图把上海建设成为超大型的港口。而抗战结束之后，国民政府从1945年到1949年先后对上海未来的发展制定了三稿总体规划。只是这些蓝图都因为战争原因未能得以全面实施。

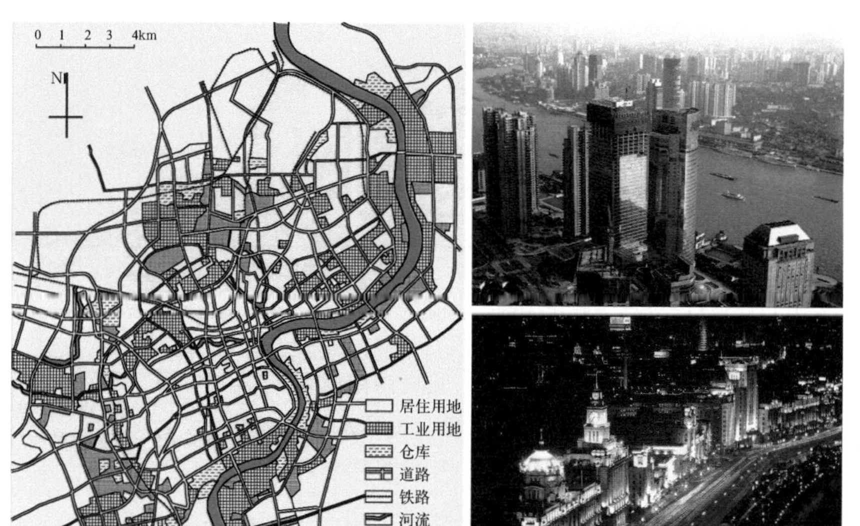

（左）图4–75　1986年上海城市总体规划

（右上）图4–76　上海新老外滩

（右下）图4–77　上海老外滩夜景

居住生活条件；梳理市政公用设施体系，改变各自为政的局面，把原来相互独立的小系统连接成可以互相调剂的有机整体；整理区域的交通体系，加强水陆联运，提高城市的运输效率；调整铁路站场和市区内的铁道线路，减少对城市生活的不良干扰；调整市区内工业企业布局、调整民用机场位置，为城市的发展储蓄更大的潜能。

对上海城市物质空间结构的全面调整开始于 20 世纪 80 年代末期，首先彻底梳理整个城市的交通体系——调整了城市的主要干道系统，着手修建地铁以缓解地面交通压力；调整了整个城市的功能分区，加强了各区之间的分工合作（图 4–75）；尤其是 20 世纪 90 年代初开发浦东，跳出了百年以来物质空间结构对现代城市的限制。将浦东与浦西结合起来通盘考虑，重新布局。并通过先进的技术手段（架桥、通隧）化解黄浦江这一天然屏障对两岸的阻隔，使沿江两岸的新旧城市金融中心合为一体，成为大上海进一步发展强有力的心脏。这一时期上海的空间格局不再仅仅决定于上海市内在的各种因素，而是与整个长江三角洲地域的城市群体和省际的联动发展结合起来。图 7–76 所示为上海新老外滩，图 4–77 所示为上海老外滩夜景，图 4–78 所示为城市中心的公园，图 4–79 所示为延承文脉的商业街区，图 4–80 所示为中心广场及其公建群。

- 近代票号汇兑业促成繁荣的城市——平遥[①]

概况简介：平遥位于黄河中游的黄土高原之上，地处汾河流域晋中

---

① 主要资料来源：宋昆主编，《平遥——古城与民居》，天津大学出版社，2000 年 11 月第一版。董鉴泓、阮仪三编著，《名城文化鉴赏与保护》，同济大学出版社，1993 年 9 月第一版。阮仪三作品集《护城踪录》，同济大学出版社，2001 年 3 月第一版。何依主编，《中国当代小城镇规划精品集——历史文化城镇篇》，中国建筑工业出版社，2003 年 3 月第一版。以及本人 1995 年 10 月现场踏勘收集的资料。

（左）图4–78　城市中心的公园（静安公园）

（中）图4–79　延承文脉的商业街区（新天地）

（右）图4–80　城市中心广场（人民广场）及其公建群

盆地的南部。东连祁县、北接文水，西临汾阳、南靠沁源。县境内南望太岳山脉，汾河、沙河、惠济河、柳根河（中都河）交织纵横，山环水绕、地势平坦而开阔。其古称“平陶”，又称“古陶”，属冀州。相传最早是帝尧的封地。春秋时期是晋国古邑、战国时为赵地；秦时废封国、立郡县属“平陶”；西汉时改置京陵、中都二县，三国、两晋、北魏移为“平陶”。因避北魏太武帝拓跋焘名讳，改名平遥。其建制遂定，迄今已有1500余年的历史。平遥古城坐落于县境西北惠济河、柳根河（中都河）冲积扇尾部，其建城有史可考最早可以追溯到距今2700余年前的西周时期。现存的古城重筑于明洪武三年（公元1370年），期间历经景德、正德、嘉靖、隆庆、万历等朝十次大的增建逐步完善而成。后来又经清康熙、道光、咸丰、同治、光绪历朝数次大修，保存至今。它是国内现存规模最大、保存最完整的明清古城之一。

因为山西是内地与关外交界的重要地区，为沿长城的“九边重镇”，自古战事频繁。同时地薄人稠，加之灌溉不利，农业生产收益很低，地力不足以养其民，所以山西自古商业发达。“晋俗以商贾为主，非弃本而逐末，土狭人满，田不足耕也。”[①] 平遥处在晋中腹地，历来人多地少。据明万历年间的《汾州府志》记载“平遥县地瘠薄，气刚劲，人多耕织少。”而且，平遥古城位于由内地通塞外、京城到西安两条重要驿路的交叉点上，使得当时的平遥作为商品集散地和物资转运中心在国内贸易中具有十分重要的地位。为谋生也是应社会的需要，平遥人经商之气风行，从而使平遥成为了“晋商”的发源地之一。

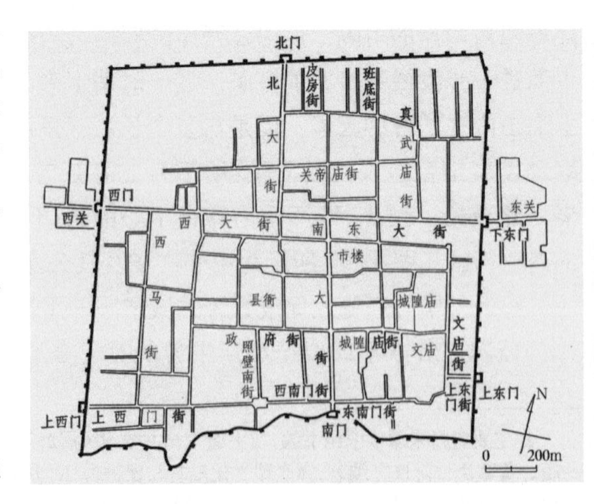

图4–81　平遥古城平面

发展历程简述：平遥（图4–81）由帝尧初封于“陶”算起，可称得上已经有五千年的历史了。其整个发展历程可以大概分为以下几期。

第一阶段：帝尧至周宣王时期，是平遥的自然聚落期。主要是民众自发聚居的过程，可能形

① 清光绪年间《五台县志》。

成了小规模的市镇。但目前已经无迹可考。

第二阶段：周宣王至明洪武三年，是平遥的故城期，也是城市第一个真正的发展阶段。根据文献记载：宣王时期周京丰镐常常受到猃狁[①]人的袭扰，于是派大将尹吉甫率兵伐猃，猃人败退于晋中以北。据传平遥故城为尹吉甫为伐猃驻兵而修筑的，因此可以推断最初的平遥城应该是一座军事堡垒。但是当时城址的确切位置现在已无法考证，只是相传尹吉甫死后葬于古城上东门外，现在的平遥古城上东门内尚存有尹吉甫庙。这种军事城堡的性质一直保留到秦汉初年才逐步改变，此时在平遥形成了具有一定规模的商业集市，真正意义的"平遥城"才诞生。其后就是在平遥故城基础上的稳步发展时期，延续了一千余年时间。

第三阶段：明洪武三年至清康熙初年，是平遥古城的建城期。它是现存平遥古城真正胚胎的成型阶段。明朝初年为了稳定政局、巩固政权，在全国范围内大兴筑城之风。当时平遥城因为"旧城狭小、东西两面俱低"，[②]而且年代久远——周宣王时尹吉甫率兵伐猃狁驻兵于此，扩筑而城，进行了彻底重建。主要是圈筑了城墙，并且确定了城中重要控制性建筑物的方位。后来历经数朝逐渐完善。

第四阶段：清康熙初年至辛亥革命，是平遥古城发展的鼎盛时期。它是平遥古城城市基本格局的完善和发展阶段。明末清初平遥的商业有了突破性的发展，城市建设随着商业繁荣而兴盛起来。主要在城内形成了五条重要的商业性街道。城市总体建筑质量得到大大的提高——不仅兴建和整修了一批重要的公共建筑，并且城市居民住宅质量也随之改善。到清代中期，古城随着山西票号[③]的发展达到了鼎盛期，进入了最辉煌的阶段。各种商业获得的厚利源源不断地涌入古城，繁荣了城市经济、提高了古城的建设水平。当时城内商业极度繁荣，除了五条主街之外，还形成了四条小街和东关、西关的专门市场。2.25km^2的古城内商贾云集、市肆繁华、行业众多。除票号之外，丝织棉织业、染坊颜料业、古董业都是当地的支柱产业。应运而生的服务性行业，例如：旅店客栈、食肆、驼帮、镖局也随之兴盛。有人曾经对平遥商业鼎盛时的行业门类进行过统计，竟有54

---

① 指我国古代居住在北方的民族。春秋时称戎、狄，战国后称胡、匈奴。参见：《新华辞典》（修订版），商务印书馆，1989年9月第二版，1991年11月北京第16次印刷，第973页。

② 清光绪八年《平遥县志》。

③ 票号又叫票庄、汇票庄或汇兑庄，是为了适应埠际间贸易开展而产生的一种专门性商业金融信贷机构。票号产生以前，商人贸易所需银两除去自身携带以外，大多由镖局械运。清中期之后社会动荡，运银不仅成本高昂而且资金安全没有保障，这样能够办理区域间金融汇兑业务的信用机构"票号"应运而生。当时全国共有票号51家，其中山西就占有43家，因此票号又称"山西票号"或"西号"。山西票号又集中在平遥、祁县、太谷，被称为山西票号的"三帮"。其总号往往设于山西、分号遍布全国。山西票号以平遥为最盛，鼎盛时期有22家，其中中国的第一票号"日升昌"，就是1823年创于平遥的。这些票号的创立以当地颜料、丝绸业兴盛为基础，加速了资金运转，又反过来促进平遥商业、手工业进一步繁荣，催生了一大批名商巨贾。

种之多。其商业网络不仅遍布全国，号称“有麻雀的地方，就有平遥人”。而且还远布国外——俄罗斯、蒙古、新加坡和南洋等地都有平遥商人的足迹。

第五阶段：民国至20世纪80年代初，是平遥古城发展的转型期。清末民初，随着现代银行业兴起，票号逐渐被取代。辛亥革命之后，票号随清政府灭亡而纷纷倒闭，平遥的经济逐渐萎缩。城市建设和发展陷入停顿。

第六阶段：20世纪80年代至今，是平遥的现代化城市形成期。数十年的发展缓慢使得平遥古城的基础设施落后、建设欠账甚多，古城的整个空间系统很难满足现代生活的需要——古城内居住用地面积仅1.59km^2，居住人口却由解放初的3万人增加到1986年的4万人、继而1996年的6.5万人。原来的独门独户院落发展成为杂姓混居、人口高度密集，各种违章搭建、插建严重，房舍年久失修、功能退化。全城道路以土路为主（硬化率仅占27%）、宽度狭窄（最宽的道路仅4～5m），已经完全不能适应现代交通的需要。因此古城出现了许多建设性的破坏。在有关专家的呼吁下，平遥调整了总体规划：一方面改善古城的基础设施配套情况；另一方面脱开古城修建新城。以求在保护精美的历史建筑和街区的同时，实现城市的现代化。城市产业结构也发生了重大变化，随着平遥的知名度提高，旅游业在平遥城市经济中所占据的地位已经越来越重要（表4–5）。

近年平遥旅游经济数据一览表 **表4–5**

年份（年）	游客人数（万人）	门票收入（万元）	旅游相关收入（亿元）
1997	12	104	0.125
1998	—	192	0.239
2000	16.2	777	0.78
2003	—	2289	2.2
2004	63	4800	4.3
2005	73	5750	5.3

说明：“—”符号表示缺乏具体数据。数据分别来源于山西省政府网站 http://www.shanxigov.cn，人民网 http://www.people.com.cn。

物质空间建设特点及其形成机制分析：平遥的城市发展不是一个完全的连续过程，期间经历了几次飞跃。这种飞跃使得平遥的发展具有阶段鲜明的特征，所以现在平遥古城保留的仅是一个阶段之后的城市空间格局——主要是明代以后的。以居住建筑为例，其80%都是明清建筑。这种阶段性的飞跃虽然抹掉了之前城市发展的许多痕迹，却完整地反映了某个时期城市空间建设的整体思路——为我们研究城市生态系统物质空间建设的阶段特征和地域特征提供了适宜的样本。平遥古城就是中国北方明清城市的典型标本。

平遥古城城市功能的空间布局分析：古城朝向为南偏东10°～15°，平面基本呈正方形，边长约1500m。东、西、北三面城墙均为直线形，而南城墙顺应柳根河（中都河）的流向“顿缩崛纮”。城墙外侧共有垛口3000个，突出的马面[①] 72个，储藏兵器的窝铺72座。城墙上共开有6座城门，均为瓮城。城墙东南

① 马面——为增加防御能力，在城墙上修建的向外突出的墩台。它可以用于瞭望和发射侧向火力。

（左）图4–82　平遥古城鸟瞰图
（右）图4–83　平遥的金井市楼

原有魁星楼、文昌阁，原物不存，后在原址修建有魁星楼1座。东城墙有尹吉甫点将台，其上高庙已毁不存。城墙外环绕着高、宽各4m的护城河，沿河遍植杨柳。整个城市以南大街为中轴，形成“四大街、八小街、七十二蚰蜒巷”的道路网络。城内公共建筑严格恪守左祖右社、文东武西、寺观相对的格局——左边是城隍庙、右边是衙署；文庙居东、武庙居西；左清虚观、右集福寺。全城的中心是金井市楼，它统领着城内的五十余座楼、台、庵、殿、寺、观、庙、坛，以及十余座牌坊井然有序地控制着全城的整体空间秩序。

平遥古城在这个以公共建筑控制城市重点地段的网络基础上，有序地分布着各种产业地带和居住区。城南以南大街为中心是主要的商业活动区。以上西门街为中心的西南片区主要分布的是名商富贾的豪宅；南门大街东南片区中位于文庙和魁星楼之间的地带，主要是文人的居住地；县衙附近则主要是官宦人家的驻地，城北是普通平遥市民的居所。沿城墙内侧，尤其是城北的部分原来保留有较大片的空地，估计是用于驻军的临时营地或较场。图4–82所示为平遥古城鸟瞰图。

平遥古城物质空间建设制约因素分析：

[1] 自然因素对平遥古城建设的制约主要体现在物质空间对气候条件的适应上。

平遥地处黄土高原，地势平坦广袤。地形条件对城市空间格局的影响不是主导性的，仅仅是城市的南城墙因水系形态略不规则。自然环境对空间建设的影响更多地体现在适应气候特点的具体建筑形态上，例如：平遥的民居主要居室大多是锢窑、[①] 院落是南北向的狭长形态。这些都是适应北方寒冷、干燥、风沙大气候特点的空间建设措施。

[2] 平遥古城的建设更多地反映了地理区位特点。

平遥因战事而生，并一直处在京畿防御体系（不论是以前的西安，还是后来的北京）上的重镇地位，本来它的空间建设就对防御极为重视。

---

① 锢窑——这是一种砖砌外墙和拱券，内填黄土的地上窑洞。它既避免了开挖式窑洞防渗、防水易塌陷的缺点，又具有冬暖夏凉的优点。

图4–84　平遥古城城墙与雉堞

而平遥逐渐走向兴盛的年代，却是中国逐渐衰落的时期——整体的社会秩序不够稳定、匪患严重，富裕的平遥自然招来更多的觊觎。因此平遥在它所保卫的富商的支持下，建设了在当时看来对一个县城显得有些奢侈的城市防御体系——坚固而雄伟的城墙、宽阔的城壕、所有的城门均为瓮城……；而且城内大多数居住区沿承“里坊制”，被划分一个个“堡”，[①]由封闭的高墙围合，出入通过由专人的看守的堡门，有些堡内还建有防火和瞭望的望楼；即使是没有建在堡内的住宅也常常以“半边盖”倒座高墙对外，十分封闭（图4–84）。

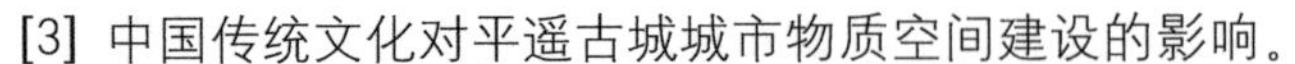

[3] 中国传统文化对平遥古城城市物质空间建设的影响。

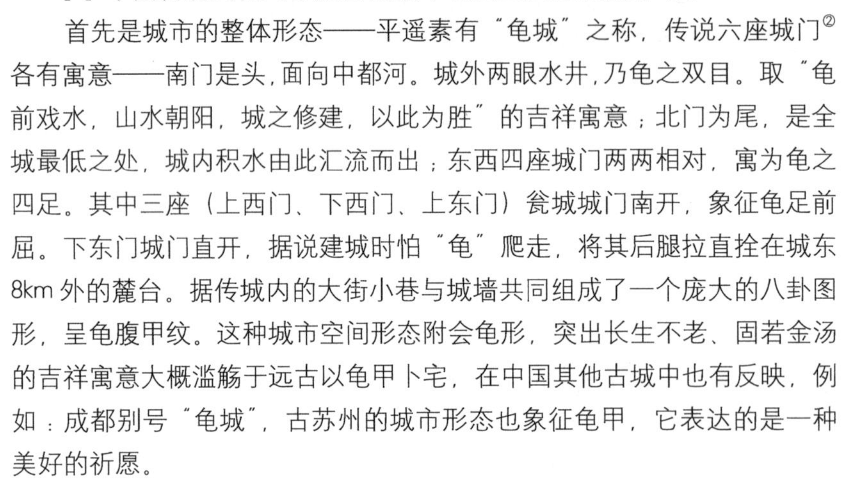

首先是城市的整体形态——平遥素有“龟城”之称，传说六座城门[②]各有寓意——南门是头，面向中都河。城外两眼水井，乃龟之双目。取“龟前戏水，山水朝阳，城之修建，以此为胜”的吉祥寓意；北门为尾，是全城最低之处，城内积水由此汇流而出；东西四座城门两两相对，寓为龟之四足。其中三座（上西门、下西门、上东门）瓮城城门南开，象征龟足前屈。下东门城门直开，据说建城时怕“龟”爬走，将其后腿拉直拴在城东8km外的麓台。据传城内的大街小巷与城墙共同组成了一个庞大的八卦图形，呈龟腹甲纹。这种城市空间形态附会龟形，突出长生不老、固若金汤的吉祥寓意大概滥觞于远古以龟甲卜宅，在中国其他古城中也有反映，例如：成都别号“龟城”，古苏州的城市形态也象征龟甲，它表达的是一种美好的祈愿。

其次是城市中重要建筑的选址——康熙年间《平遥县志》称“敷土定制，则立城池以为捍卫，有公署以肃临莅，有儒学以宏教化，有堤堰以备蓄泄，有桥梁则往来之道备也，有堡寨、坊市、村落则防御贸易之法行焉，有风俗则一方之习尚具焉、贞淫见焉。”它把物质空间建设与整个社会秩序的建立、文化的昌盛以及经济的繁荣联系在一起。所以城市中重要建筑的定位十分重要的“文化”背景。(1) 平遥城中最为突出的建筑是“市楼”，它位于整个城市“天心十道”的中心位置。按照传统规划观念，此处是城市的“正穴”，需开凿探井查明水质、地质，称为“金井”。平遥城“天心十道”之处也遗有一眼深井，亦名“金井”。[③]风水学说认为此穴位之气过盛，寻常百姓不能占用，“只能为衙署、庙堂所居，或立楼塔镇慑。”因此金井之上建有市楼，“金井市楼”是平遥古城的重要景观（图4–83）。以此为中心是全城最繁华的市井之地。(2) 古城中最重要的建筑是衙署和

① “堡”在当地话中读“补”音。每个堡内居住约50户左右，每户占地都在1000m^{2}左右。堡的管理有严格的门禁制度。

② 后文中城门的名称为俗名，其实每个城门都有正式的门名。南门为“迎薰门”、北门为“拱极门”、上西门为“永定门”、下西门为“凤仪门”、上东门为“太和门”、下东门为“亲翰门”。

③ 县志记载：在县中街下有井，水色如金故名。以色得名应属偶然，实乃风水探穴之探井。

城隍庙。按照“京都以朝殿位正穴，州郡以公厅位正穴，宅舍以中堂为正穴，圹墓以金井为正穴”的风水要求，衙署建于城西南的高地上，取“故虽广邈，断有一片高处，即是正穴”。以求城市发展平顺吉祥。“国之大事，在祀与戎”，[①] 城隍作为社稷之神，在城市中具有十分重要的地位。由于传统文化中，它不仅是一个城市的地方保护神，而且从唐代之后“主宰地方阴司”，与阳间的衙署共同“管理”城市。处于阴阳相济的平衡理论，在城市布局上衙署和城隍庙往往呈东西对称格局。(3) 文庙与武庙。传统社会中，文庙居东，五行属木，主“仁”，代表礼制尊卑有序的观念；武庙居西，五行属金，主“义”，是世俗社会平等和谐的象征。平遥也遵从这种风水观念，又因“地师家以辛巽为文明，故郡国之祠多在东南。”[②] 所以，以文庙为中心的教育区就位于城市西南隅。为了强化风水作用，平遥城墙的西南角还修建了文昌阁、魁星塔。在“学而优则仕”的儒学教化下，国人形成了培文脉、壮人文、兴学办教的地方风俗。因此在中国古代城市中，规模最大、形制最高、祭祀最为隆重的庙堂往往是文庙。据《平遥县志》记载，文庙由三组建筑组合而成，左为东学、右为西学、中为文庙。其规模和建设精美程度都远远超过了当时的县衙。在文庙周边还建设有卿士书院、西河书院、超山书院等一系列教育建筑，它们与文庙和文昌阁、魁星楼等共同组成平遥的文化区。从有关文庙修建的记述和考古鉴定年代推断，这种格局在金代已经形成。武庙即关帝庙，由于关羽在中国普通市民阶层心目中是集“忠、悌、仁、义”于一身的完人，所以城市中功能最庞杂、数量最多的庙宇往往就是关帝庙。平遥城中也有不止一座关帝庙。然而与文庙相对的关帝庙居于城西南，被称为武庙。从其名称[③] 推断修建年代应该是明代之后。除了上述三组重要建筑，平遥故城中最大的道观（清虚观）和佛寺（集福寺）也是两两相对——前者处于东大街下东门内路北，后者位于西大街下西门内路北。图 4–85 所示为热闹的街巷景观，图 4–86 所示为平遥城墙的瓮城。

（上）图4–85　热闹的街巷景观

（下）图4–86　平遥城墙的瓮城

第三，平遥古城修建时把对儒家的推崇用数字象征的手法在城墙上，三千垛口象征孔子门人三千、七十二组马面和堞楼象征其门人中有贤人七十二位等。

总之追述到根本，平遥古城修建的文化象征意义源于中国传统社会层级结构的要求。其空间体系严格按照中国传统礼制中所设定的理想城市格局修建。这种城市空间模式深刻地反映了中国封建社会结构的特点——

① 《礼记·祭义》。

② 《平遥县志》之《创建文昌阁并凿泮池起云路碑记》。

③ 关羽在宋代被封为王，其后历代都有加封，明万历年间进爵为帝，才崇为“武庙”，与文庙并祀。

尊亲长幼有序。城市不同的方位之间都有一定的等级秩序，空间的等级秩序与社会的等级秩序是相互对应的。而且每一个方位都有一定文化意味，这种意味又是与社会等级相对应的。例如：传统社会结构中文官的地位在总体上高于武官（相同官阶），而方位上东尊而西卑，因此形成文东武西的空间格局；同时东属木主"仁"，象征和谐；西属金主"义"，有杀伐的意味，象征威严。社会的空间结构通过文化的象征意义得到了强化。所以整个平遥古城的城市格局和重要建筑的布局均依托于礼制和中国传统文化中风水学说的有关规定，将社会结构的空间定制推到了刻板遵循的境界，以至于显得有些生硬。

- 北京[①]

概况简介：北京位于华北平原的西北隅。西部和北部有群山环抱——西部为太行山北段，称为西山；北部为燕山山脉，称为军都山。境内主要河流有永定河、潮白河、北运河。北京古城就坐落在永定河冲积扇之上，整体地势西高东低、北高南低，向海岸敞开。该地属暖温带半湿润大陆性季风气候。

北京地区是我国人类文明发祥地之一，考古发现说明早在65万年前就有人类（北京人）在此繁衍生息。新石器时代北京地区的古人类文明兼有仰韶、龙山、红山文化的特征，说明当时该地已经是一个重要的文化交融地区。约在四五千年以前在北京地区已经有了较为完整的人类定居点体系，衍生形成了独立的"国家"燕和蓟。[②] 后来蓟衰为燕所并，燕迁都于蓟，北京地区成为了燕国的政治中心。秦朝时置广阳郡，治所蓟城；西汉时改为燕王封地，都蓟城；东汉置幽州；隋代改幽州为涿郡，治所蓟城。隋唐之后，蓟城成为北方军事重镇。宋代国势衰微，北京地区属少数民族政权契丹和女真的势力范围。契丹（后改国号为辽）会同元年（公元938年）改幽州为幽都府，建号南京，亦称燕京，作为陪都。金（女真）贞元元年（公元1153年）迁都燕京，在辽南京基础上参照北宋开封修建京城，号中都。蒙古（元）至元四年（公元1267年），在中都东北另筑新城，九年（公元1272年）改号大都大兴府，为大元帝国的政治中心。明朝攻陷大都后，改为北平府，为燕王朱棣的封地。永乐元年（公元1403年）改称北京，十九年（公元1421年）明成祖（燕王朱棣）正式从南京迁都北京，改称京师。清顺治元年，世祖入关，依旧定都北京。民国初年，北京仍为首都，后民国定都南京后，改为北平特别市。1949年中华人民共和国成立，改北平为北京，定为首都。目前北京市是中华人民共和国的政治和文化中心。

发展历程简述：北京是我国的七大古都之一，有文字可考的城市历史三千余年，其发展的历程大致可以划分为以下几个阶段。但其各个阶段发展非常不平衡，这与中国的整体政治经济军事格局有着密切关系。

第一阶段：秦统一中国之前。诸侯割据，北京是地方政权的统治中心。

---

① 主要资料来源：阮仪三主编，《历史文化名城保护与规划》，同济大学出版社，1995年5月第一版。《中国城市建设史》，中国建筑工业出版社，1982年12月第一版，1987年7月第三次印刷。方修琦、章文波、张兰生、罗海江、李志尧，《近百年来北京城市空间扩展与城乡过渡带演变》，《城市规划》杂志，2002年第26卷第4期，第56～60页。

② 公元前11世纪初，周武王姬发封召公奭于"燕"、封黄帝后裔于"蓟"。

第二阶段：秦代至宋代，这一阶段全国的政治、经济、文化中心都位于黄河中游地区，北京（当时的幽州）作为“九边重镇”之一，是中央政府控制边关地区的军事堡垒；由于它极为重要的军事区位——西面北面有燕山、太行为屏障，北出塞外可达辽河、黑龙江流域，南瞰华北平原，东控渤海。交通发达，地形攻守兼备，是兵家必争之地。这时的北京是中国北方重要的地区中心城市和军事重镇。

第三阶段：辽到金。“幽州之地，左环沧海、右拥太行、北扼居庸、南襟河济，诚天府之国。”① 当时的北京具有在中国北方地区难得的优越自然、地理条件使得北方地方少数民族政权在此建都，以此为统治中心。北京步入了作为中国北部政治中心的发展阶段。

第四阶段：元代。元朝存在的时间虽短（仅八十余年），但在中国历史上却具有重要意义——它的统一将历来处于中央政府所辖之外（主要由各个少数民族控制）的土地纳入了大一统的国家范围。加强了中央与地方、内地与边疆的联系。使中国作为一个多民族的统一国家得到了进一步的巩固与发展。北京作为大元帝国伟大的首都，是当时世界上最为壮观的著名城市之一。它也开始了北京作为统一的多民族国家的政治中心的发展阶段。

第五阶段：明清时期。“天下山川形势，雄伟壮丽，可为京都者，莫逾金陵。至若地势宽厚、关塞险固、总扼中原之夷旷者，又莫过于燕蓟。……要之帝王都会，为亿万年太平悠久之基，莫金陵、燕蓟若也。”② 明朝初年的国内形势下，定都南京（应天府）是合宜的。然而，随着北方疆域范围的扩大，南京的统治辐射力减弱，为了加强对全国的统治，明成祖把都城迁至其藩属驻地北平，改称北京（顺天府）。北京古城随后迎来了作为统一多民族的封建帝国首都发展的鼎盛时期。

第六阶段：民国。北京的近代化转型期。适应近代城市发展的需要，北京逐渐增建了一些原来没有的城市空间单元，例如火车站。但是这一期间城市受到多次战争的影响，整体发展十分缓慢，而且有些区域还出现了衰退的现象。

第七阶段：中华人民共和国建都之后。北京古城的现代化发展阶段。在原来古城的基础上，城市迅速现代化，一方面城市建成区迅速扩大，增加了许多古代城市没有的功能单元，促使整个城市由单纯的消费性转向生产性城市；另一方面，一些原来十分重要的城市功能单元由于使用功能的丧失而逐渐消亡，比如北京壮丽的城墙；第三，广泛进行了一些适应现代城市生活、生产需要的城市空间改建，例如街道系统的改造。这些发展很大程度上改变了城市原来完整的空间结构系统，实现了城市的现代化转型。

物质空间建设特点及其形成机制分析：北京地区的城市发展虽然有三千余年的历史，但是每个时期的城市发展过程是不连续的。每一次统

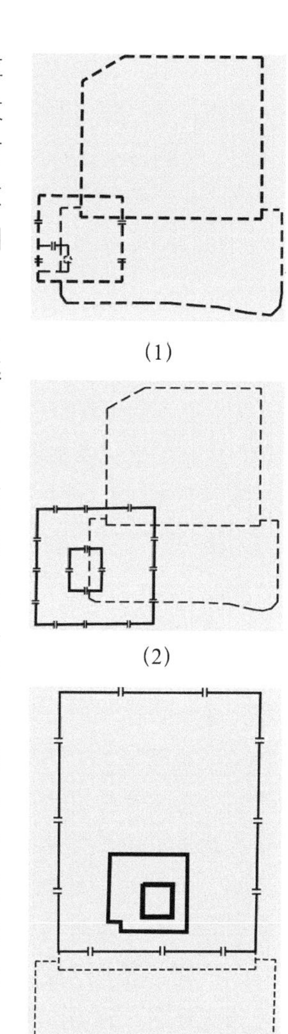

图4-87 北京历代城址变迁
1. 辽南京时期；
2. 金中都时期；
3. 元大都时期
注：虚线为明清北京。

①《日下旧闻考》。
②《日下旧闻考》。

治者的更迭，都会为北京的发展打上了阶段性的句号，同时也划定了一个新的开端。金中都大兴府之前的城市发展痕迹已经很难考证。① 而且辽代② 之前的城址可能是随政治经济发展在一定地域范围内不停地移动的。所以从城市空间脉络延续性出发上溯，现在北京的城市胚胎孕育于辽代。

辽之后北京的发展有一个特点——可能一个发展阶段延续了好几百年时间，但这个阶段城市的基本空间格局却是在该阶段开始的数十年甚至十数年间就已经确立。比如：元大都的全面规划建设仅用了十六年时间；而明清北京的全面建设也仅仅用了二十多年时间（全面的建设也是约十六年）。辽代之后不同发展阶段的城市空间格局有一定的内在联系，但更多的是飞跃。然而不论怎样变化，从辽代到明清，历代北京的建设都有一个共同的范本——《周礼·考工记》中有关理想王城空间格局的记述："匠人营国，方九里，旁三门。国中九经九纬，经涂九轨。左祖右社，面朝后市。市朝一夫。" ③

各阶段北京物质空间发展分析：

[1] 金中都是在辽南京的基础上，参照北宋汴京的城市模式修建的。虽然是少数民族的都城，却因为女真族缺乏相应城市建设经验而基本上仍然延续汉族城市空间建设的基本思路。尤其是金灭北宋之后，直接从汴京拆回了许多精美建筑于中都重建。所以不论是城市格局还是建筑风格，中都与中原都没有本质的区别。城市为大城、皇城、宫城三重套城，宫城居中。宫城北部是帝王的居所、南部是办公区。皇城内宫城之南西为官署区，东为太庙区。宫城北部主要是贵族的居住区，西部是皇家花园。皇城北设有全城最大的市场；道路体系为"井"字格网形态，有东西、南北纵横共六条主街，居中的是御路；在城外东北角山林秀绝之处还有供皇家游乐的御苑。

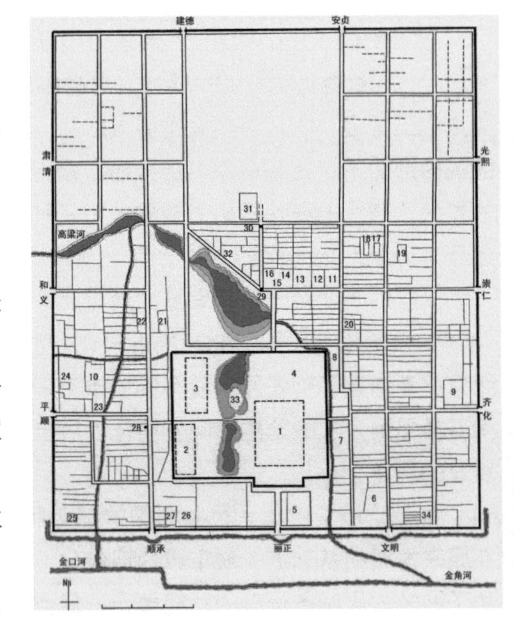

图4—88　元大都复原平面图

[2] 金末元初朝代更迭的战争中，金中都遭到了很大的破坏。所以元代定都北京时，抛弃了原来中都的城池，以中都东北御苑的琼华岛为中心新建大都城（图 4—88）。

① 考古发掘证实在房山县琉璃河董家林村是西周封国燕的政治中心。

② 文献记述金中都是在辽南京基础上改造扩建而成的。

③ 参见：贺业钜著，《考工记营国制度研究》，中国建筑工业出版社，1985 年 3 月第一版，1987 年 9 月第二次印刷，第 24 ～ 25 页。这个理想城市的范本形成于奴隶社会的周朝。它把城市的空间结构与国家的社会结构统一了起来，通过对空间形式地位高低的人为规定（以高为贵、以多为贵等原则），来强化统治者至高无上的地位。这个城市建设的空间模式在封建社会发展的初期并没有得到完全的贯彻，因为适于奴隶时代的城市空间体系并不能完全适应封建城市政治、经济、军事发展的需求，但是汉代之后对孔子儒家思想的推崇，重新强调了《周礼》的重要作用。考工记中理想王城的模式对后来的城市建设的影响越来越大。从宋代开始逐渐成为城市空间建设的标准范本。

新城依然是外城、皇城、宫城三重套城格局，基本模式比照《周礼》的记述，前朝后寝、左祖右社、面朝后市。皇城居于城市中心，其东部为宫城、东北是御苑、西南为隆福殿、西北是兴圣宫、中央是海子。规划有一条严谨的南北向中轴线，南起丽正门，穿越皇城、宫城，抵达全城几何中心大天寿万宁宫中心阁。重要建筑均围绕中轴对称设置。宫城分为南北两个部分，前朝后寝。皇城依然主要是办公和贵族的驻地。宫城以南东面有崇仁库、太史院、文明库、礼部，西面有义库、刑部、顺承库、兵部，两两遥相呼应。外城主要由五千多个开放型街坊组成。在皇城之后布置全城的商业中心，符合面朝后市之制。其他商业设施大都处在城内各个交通要冲和人烟稠密之地。考虑到蒙古族独特的游牧习惯，大都城内北部平坦、开阔且自然水草丰美之地留有大片没有固定建筑限制的空旷之地，以供放牧和帐居。大都的道路系统以宫城为中心呈棋盘状，由南北东西九纵九横主干道交织成道路体系主构架。除少数斜街之外，其他街巷多是横平竖直的。元代科学家郭守敬为大都设计了完善的水系——由高梁河、海子、通惠河组成的漕运系统和由金水河、太液池构成的宫苑用水体系，它们不仅解决了用水和运输问题，还绿化、美化了城市。在城市建设的同时，大都还预埋了全城的下水体系，组成了完善的排水系统。由于政治中心的特殊需要，大都整个城市空间形态突出表现了中规中矩、主从有序、尊卑有别的人伦秩序。但对原始环境的自然条件，在城市建设中加以了匠心独运的利用——城市中心的海子、水泡被规划为漕运的终点港池，根据自然形态建设斜街，形成了城市商业中心。元大都的整个空间形象是由规整的静态建筑轴线和自由的动态自然水系交织而成的。两条脉络的交叉点是全城的中心宫城和御苑，集人工建设和自然景观的最精华之处为皇家所用。城市建设不仅体现了礼制的要求，还反映出“天人合一”自然观念的影响——城市建设中处处体现了这种动静相得益彰的思想，规整的街坊中穿插着寺观园林和私家花园，利用自然景观进一步突出城市空间的主、从秩序。整个元朝存在的时间虽然短促，但元大都却是世界城市建设史上当之无愧的精品。

[3] 元末明初的战争并未对元大都造成很大的破坏。而明王朝最初也并未定都北京，使北京躲过了“去王气”的焚城。徐达营建北平府，只是为了缩减修城资费把城北五里空旷之处划出城外，所以大都整个城市格局被很好地保留了下来。明代的北京是在元大都基础上，根据《周礼》，比照南京城制为蓝本改建、扩建而成的。“初营建北京，凡庙社、郊祀、坛场、宫殿、门阁规制悉如南京，而高敞壮丽过之。”甚至将宫殿、城门的名字也都原样保留。初建的北京为长方形三重套城。宫城居中，称为紫禁城，象征天帝居住的紫宫禁地。按照前朝后寝格局布置，分为外朝和内廷两部分。所有的建筑均围绕贯穿宫城南北的城市主轴线，呈对称、向心式格局。皇城内主要是各种祭祀建筑——宫城前是太庙和社稷坛，宫城后原来元代宫殿基础上修筑景山以镇王气，宫城西侧以太液池为中心是皇家御苑西苑，

西苑以西、宫城以东对称布置着佛寺、道观，以及皇家仓库等其他辅助设施。宫城主轴是整个城市的主轴，以这个轴线为中心对称设置许多重要的建筑——天坛、山川坛、朝日坛、夕月坛、地坛。皇城正门（天安门）之外是千步廊，其两侧分别是各部最高国家行政办公区，大多也是对称布置。皇城外东侧集中修建了十座王府。其余部分基本沿袭元制，分为 37 坊街巷胡同。繁华商业市肆承袭“前朝后市”之制，集中在皇城后鼓楼处。明代行会制度发达，同类商业相对集中，城内一些地域形成了集中定时的集市，比如：米市街、瓷器口、猪市大街等。

图4—89 明清北京总平面图

明代改建北京将城内河道截断，漕运不再进入城市，城中的商业中心逐渐南移城外，在东四牌楼和正阳门外形成了繁华的商业街区。后来城市人口增加极快，到嘉靖、万历年间（公元 1522 ～ 1620 年）接近百万之众，在城南已经形成大片市肆和居民区。由于边防吃紧，嘉靖年间（公元 1553 年）加筑外城，将天坛和先农坛包进城市，形成了明清北京独特的“吕”字形格局。① 这样内城主要居住的是官僚贵族、地主商人，外城主要是平民。

清代北京较明代格局并无多大变动，只是将内城部分居民迁出，在内城修建了八旗兵营和一些王府。清中期以后北京建设的重点集中在城外西郊海淀一带的园囿区，② 尤其是清雍正、乾隆以后，皇帝多住御苑中，王公大臣为了方便上朝，纷纷将府第移至西城，城市的政治中心西移。同时清代商品运输多依靠大运河，运河由城东通至通州，所以各类仓库大多集中设于城东，东城经济得以发展，成为名商大贾、各省商业会馆云集之所。因而清代北京有“贵西城富东城”的说法。

明清北京的道路系统以元大都道路骨架为基础，延承直线棋盘式格局（图 4 –89）。城市的主干道除南北中轴线之外，主要是通往各个城门的大街。由于皇城居中把城市分为两个部分，缺乏直通的东西向主干道，两个半城之间的联系不是很方便。城内的水系一沿元制，只是漕运不再入城，河道失去了交通功能。由于城中除了寺庙道观、王府花园之外没有专门的集中绿地，随水系延伸的自然绿地就成为北京城内最重要的景观区。

---

① 本来外城是要包围大城完整一圈的，形成依然保持宫城居中的四重套城格局。但是由于经费不足，仅仅修建了急需防卫的南半城。后来明王朝逐渐衰落，再没有能力加建北半城，“吕”字格局就这样被保留了下来。

② 主要是三山五园，即万寿山、玉泉山、香山，畅春园、圆明园、清漪园、静明园、静宜园。

（左）图4–90　20世纪30年代的北海公园（家传老照片）

（右）图4–91　20世纪30年代大学生在北海游玩（家传老照片）

尽管没有集中绿地，但是居住院落中树木众多，北京全城依然掩映在绿荫之中。清代整个北京的人口已经超过了100万。

[4] 清王朝灭亡之后，北京加快了近代化的过程。但是由于我国始终处在内忧外患的战争阴影之中，北京从堂堂帝都降为一个消费性城市，其发展始终十分缓慢。而且由于城墙的存在，城市与乡村泾渭分明。北京的城市空间依然主要局限在城墙围合的区域之内，城墙之外的城市物质空间主要沿着各城门向外略有延伸，形成小小的城关区。除了继续填充城墙之内的空地以外，只是一些原来的城市空间单元在新需求下发生了一定的功能转变，例如：一些皇家御苑逐渐开放，成为市民休憩的公共场所（图4–90、图4–91）。

[5] 1950年之后，重新确立了全国中心城市的地位之后，北京城市迅速发展，尤其是拆除了城墙之后，城市核心区迅速向四周扩展（图4–92、图4–93及图4–94）。城市建设的重点在于"变消费性城市为生产性城市"，20世纪50～60年代逐渐增加了一些原来没有的城市功能单元，例如：以原来的京师大学堂（北京大学）、留美预备学校（清华大学）为中心的西郊海淀区往颐和园、圆明园一带扩展成教育科研区；东向的八里庄、双井、劲松以及西向的石景山一带形成了两个新建的工业区。20世纪60～80年代，北京城的各个方向上均有扩展，1958年规划曾经提出发展"分散集团式布局"空

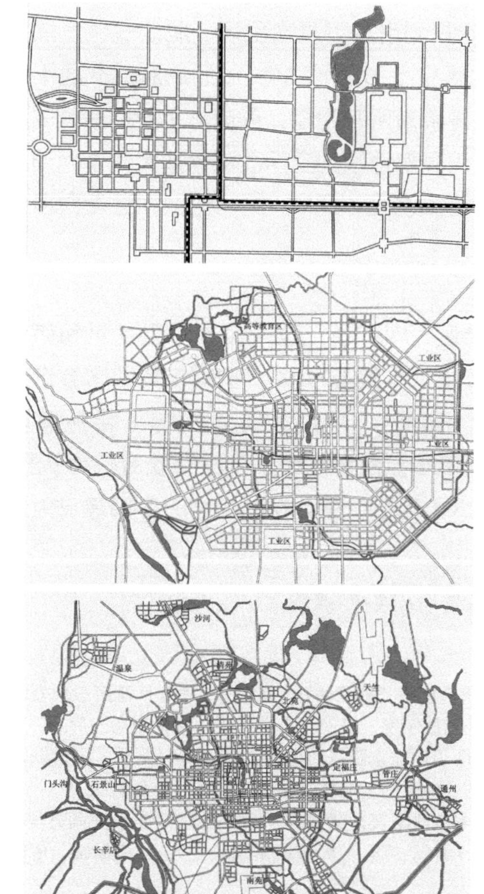

（上）图4–92　20世纪50年代梁一陈首都规划方案

（中）图4–93　1954年修正的北京市规划草图

（下）图4–94　1959年北京市总体规划示意图

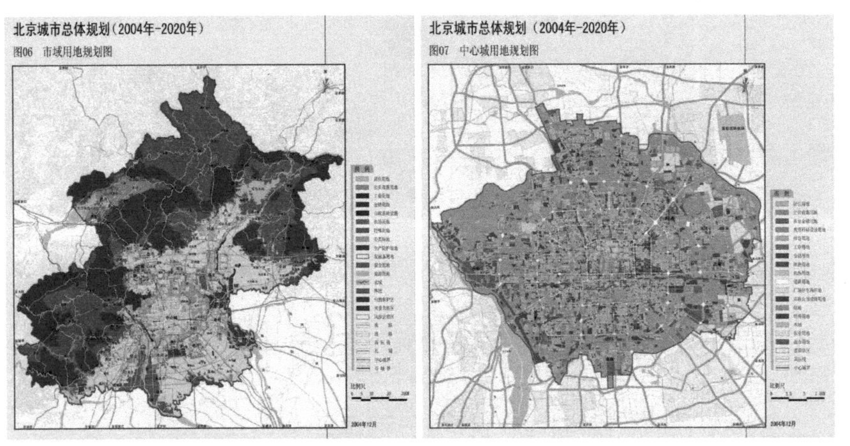

（左）图4–95 2004年北京市城市总体规划之市域用地规划图
（右）图4–96 2004年北京市城市总体规划之中心城用地规划图

间形态，在此方针指引下，北京曾一度出现过“跳跃式”的空间发展特征，但是由于其后的特殊阶段的特殊政策影响[①]以及后来城市规划对空间发展的阶段性指导[②]滞后，造成北京“分散式集团布局”未能形成，城市主要呈蔓延式扩散状态（俗称“摊大饼”）。

[6] 20世纪80年代改革开放之后，北京迎来了新的一轮大发展。20世纪90年代之后，北京在规划引导下再次呈现“跳跃式”发展模式，城市空间发展首先在合适的区位上形成“飞地”；然后通过交通干线逐渐发展成连片的楔形城区；最终填满所有空隙，形成与主城区联片的城区。在边缘迅速扩张的同时，城内局部地段的空间改造也如火如荼，通过功能置换逐渐加强了现代城市中心商务区（CBD）的功能，并逐渐向多中心模式发展（图4–95、图4–96）。

• 华盛顿[③]

概况简介：华盛顿特区（W.D.C）位于美国马里兰州和弗吉尼亚州之间，地处波多马克河顶端，面积174km^2。1790年美国国会选定长、宽各为16km的地区建都。由乔治·华盛顿聘请法国工程师皮埃尔·夏尔·朗方制定规划。1793年国会大厦奠基，1800年政府机构从费城迁入。发展至今，城市人口约计63.8万，是世界上少有的专门建设为政府驻地的国际性都会城市。[④]

物质空间建设特点及其形成机制分析：

① 主要是文化大革命期间所提倡的“见缝插针”的建设方针，任意挤占规划绿地、绿带，以及计划经济体制下的无偿用地划拨制度，促使北京发展成了密集布局的形态。

② 改革开放以后，北京建设用地需求膨胀，而规划制定相对落后，同时缺乏与其重要性相匹配的法律效益，对城乡结合地区的土地转化和建设缺乏引导和制约。

③ 主要资料来源：[意]L·本奈沃洛著，邹德侬、巴竹师、高军译，《西方现代建筑史》，天津科学技术出版社，1996年9月第一版。《外国城市建设史》，沈玉麟编，中国建筑工业出版社，第112～113页。

④ 参见：荆其敏、张丽安编著，《世界名城》，天津大学出版社，1995年2月第一版，第389页。

[1] 华盛顿首都规划时期美国城市物质空间建设的时代背景。

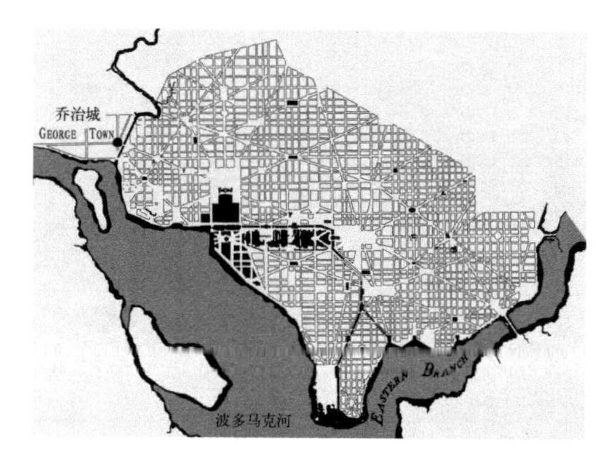

图4-97 朗方规划的华盛顿中心区平面图

因为开拓者在美洲这片新土地上没有发现可供借鉴的合适的建设方式，美国早期城市建设的传统因素来自移民的本土（主要是英国）。开拓活动的特殊需要要求在很短的时间内迅速建设必要的基本城镇空间，所以早期美国城镇物质空间几乎都是按规则的几何平面形式来规划建造①的，当时的人们把城市规划看作一种简单的几何问题——城市土地是由纵坐标和横坐标划分而成的。每一块地皮都是以数字区别于其他地块，可以开展任何建设活动而不妨碍其他地块。规划的目的只是为了保证基本空间利用公平的基础上，把对使用的限制降到最低程度（也许是受到美国宪法的文化影响，个人自由的地位至高无上，其规则要求将对个人的限制是降到仅仅是必需的最低限）。这种对"自由"的追求使得尽管美国的城镇看上去类似于常见棋盘格子的巴洛克平面规划，具有同样的规整性，但却没有透视的整体感。

美国早期城镇空间建设过程中，有一位重要人物——前总统杰斐逊。他以其建筑师的身份对当时美国城市的发展施加了重要影响：一方面由于教育背景，在建筑审美范畴，他崇奉理想的古典主义。他的倡导使得当时美国的公共建筑大量采用古典主义风格。另一方面，他想以理想的方格网形式来划分各州的地理边界，这种基于测量法的人为划分方式随着1785年土地法令②的执行，在美国都市和乡村的地形风貌中留下了深刻影响。在一定程度上促使了城市规划棋盘式格网系统的推行。

经过独立战争，1773～1781年间美国殖民地逐渐脱离了英国，作为一个国家，它需要一个承载国家组织机构的城市空间实体——首都。当时，美国首都建设的空间形式选择更多是基于政治原因："美国必须有成长的时间和扩展的地盘；……而美国却没有牵制那些傲慢国家的策略。在复杂的、鲨鱼成群的国际外交中，确实需要一个能体面地接待外国外交官的漂亮首都城市。在设计精美、陈设考究的房间里举行一次'美味的'宴会，即使不能掩盖、起码也（可以）模糊一下连一只海军舰队也没有的事实。一桌丰盛的美酒佳肴能够否认破产的丑闻；而像里士满

① 当时的几位规划专家在1811年的总结报告说"一座城市是由房子组成的，同时街道呈直角交叉，可以减少房屋的造价，居住起来更方便。"他们还以同样无所谓的态度论证了不设广场和露天空地的正确："没有必要建立广场；人住的是房子，而不是广场。"

② 当时的土地法令规定：新地区应按照子午线和平行线的格子划分。许多农业用地和建筑用地的界限由主要网状系统（用一英里长宽的正方形组成）的倍数和约数来规定。

（左）图4–98　美国华盛顿城市中心鸟瞰

（右）图4–99　尺度雄伟的中央大草坪

(Richmond) 议会大楼那样杰出的公共建筑，就可以从某种程度上纠正对松树地带木头小屋的粗陋形象的不良影响。"[①] 因此华盛顿的规划、建设不论是在空间气势还是艺术成就上都在追求与欧洲城市同步。其城市物质空间规划中着重贯彻了当时流行的巴洛克式[②] 规划思想，而不是早期美国城镇常见的单纯棋盘式方格网系统。图 4–98 所示为美国华盛顿城市中心鸟瞰。

[2] 华盛顿城市物质空间建设的特点。

朗方 (Pierre Charles L'Enfant，1754—1825) 在进行华盛顿规划时，以热那亚、拿波里斯、威尼斯、马德里、伦敦、巴黎、阿姆斯特丹这八个欧洲城市为借鉴，把巴洛克的空间概念引入到传统方格网系统中：城市的空间构图服从于与波托马克河 (Potomac) 岸呈直角汇合的两条纪念性轴线；同时以通向国会大厦和白宫的许多放射状线型大道呈对角去切割格网。朗方自己对规划意图的解释强调：这种做法不仅可以形成空间对比；而且可以加强城市重要地点之间的通视，以缩短实际的空间感受，这样可以增加"情趣"。虽然在现实中，朗方强调的空间效果在当时因为空间尺度对比过于巨大的反差而并不明显，但是经过两个多世纪的发展，1791 年设计的街道系统依然满足了作为"伟大"联邦政府首都的现时代需要，不仅包括艺术形象上的需要也包括实际的空间使用功能上的需要。朗方在当时美国全国人口还不到 400 万的情况下，英明地将华盛顿的规划人口规模预计为 800 万。主要道路更是宽达 50m，使得直到今天，城市依然能够较好地运转。所以，后工业（信息）时代美联邦首都的空间结构依然延承着 1791 年的脉络。图 4–99 所示为尺度雄伟的中央大草坪。

---

① J.M.Fitch, Amercian Building, Boston, 1948, 第 37 页。

② 巴洛克规划是以扩展空间关系为准则的观念为基础的，城市中的每一座建筑的构图以整个城市有机体为准则，居控制地位的建筑，它在构图中起到焦点的作用，城镇与街区以它的轴线为基准。城镇的整体效果不仅必须是几何规整性的，而且必须直接使人们把它作为精确的统一体来看待，常常与城墙的四周相合。

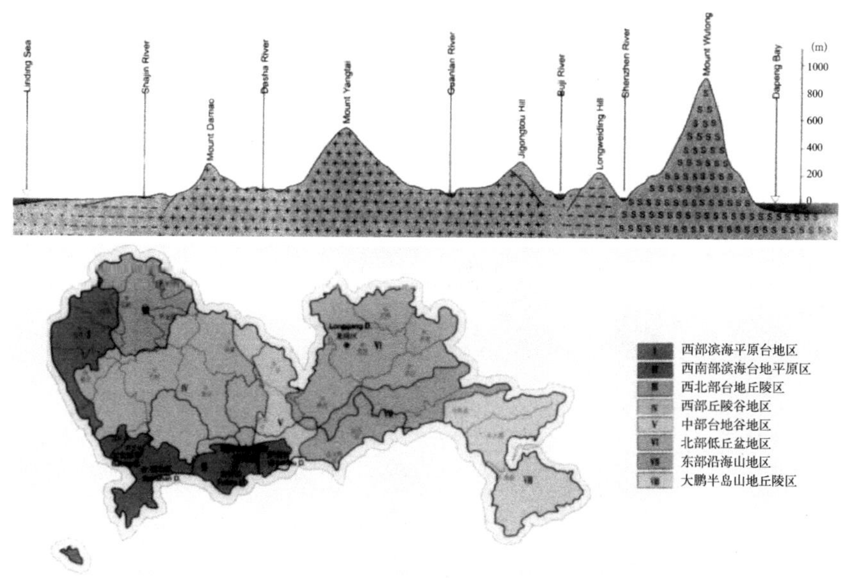

（上）图4–100 深圳大茅山——梧桐山地貌综合断面图

（下）图4–101 深圳地形地貌分布状况

深圳地形构成一览表

表4–6

地形类型	比例（%）
低山	9.2
丘陵	39.67
台地	22.6
阶地及平原	26.17
其他	2.96
总计	100

• 深圳①

概况简介：深圳市位于中国广东省珠江口东岸。东临大亚湾，南接香港，西隔伶仃洋与珠海相望，北与东莞、惠州市接壤。其城市辖区面积 2020 km^2。其中深圳经济特区位于城市南部，背山面海、风景优美。东起大鹏湾背仔角，西连珠江口安乐村，北靠梧桐山（图 4–100）、羊台山，南与香港新界接壤。是一个东西长 49km，南北宽约 7km 的带形区域，其总面积 327.5km^2。深圳是香港与大陆连接的惟一陆上通道，也是中国目前最大陆路口岸。

深圳地处亚热带海洋性气候区，日照时间长、气候温和，夏长而不酷热、冬短而无严寒。降水丰沛、雨热同季。常年主导风向为东南风。由于山脉阻挡，深圳较少受到台风的直接侵袭。

深圳的总体地势东北高、西南低。市域地形丰富多样，由低山、丘陵、台地、阶地、平原构成（图 4–101 及表 4–6）。全市共有大小河流 160 余条，分属海湾、东江、珠江口三大水系。这些河流大多是山区河流，河道纵比降大、河流流程短、汇水面积小。其中最大的河流是深圳与香港的界河——深圳河。深圳西有珠江口、伶仃洋，东有大亚湾、大鹏湾，海岸线绵长，总计有 229.96km。

深圳的诞生源于 1979 年的一个大胆改革设想——设立一个中国对外窗口。就是在这样的政策指引下，深圳迅速发展起来。它是一个全新的城市，中国最大的移民城市。从 1980 年 5 月深圳正式成立时辖区仅有 31.4 万人口、

① 主要资料来源：深圳市规划国土局申报 UIA 专项奖材料中文版《深圳—一个新兴的现代都市》和《寻求快速而平衡的发展——深圳城市规划二十年的演进》。孟晓晨、石晓宇著，《深圳“三资”制造业空间分布特征与机理》，《城市规划》杂志，2003 年第 8 期，第 19 ~ 24 页。朱喜钢、官莹著，《有机集中理念下深圳大都市区的结构规划》，《城市规划》杂志，2003 年第 9 期，第 74 ~ 77 页。

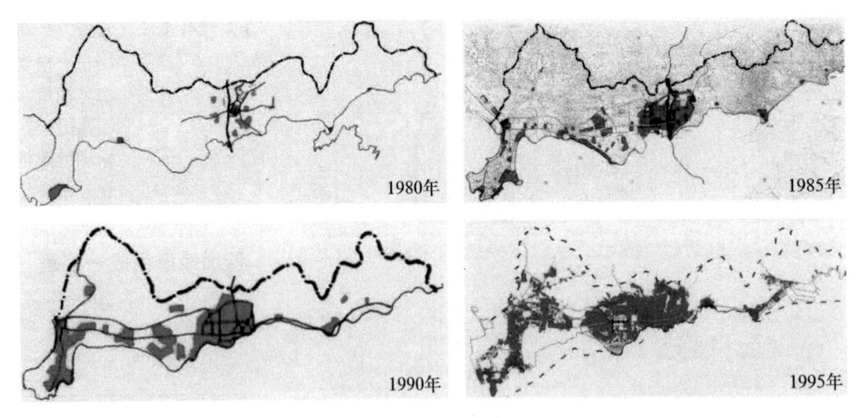

图4-102 深圳市历年城市扩张示意图

城镇人口3万人，人均GDP仅624元人民币、城市建成区3km²，到1998年底已经发展成为城市人口390万、人均GDP达到3.06万元人民币（当时居全国首位）、城镇建成区面积约300km²的特大型城市。它的形成可以称得上是世界城市建设史上的奇迹。图4-102所示为深圳市历年城市扩张示意图。

发展历程简述：虽然考古发现表明，深圳地区的人类聚居史可以上溯到6000年以前。但是长期以来深圳不过是南疆边陲——宝安县的所在地。以传统的农业、渔业和海产养殖业为主导产业。其社会、经济、文化、教育和城市建设都相对（与周边地区相比）十分落后。这种状况一直延续到1980年。回顾深圳成城的23年历史，其大致可以分为以下几个阶段。

第一阶段：1979年之前，自然演进阶段。深圳地区（宝安县）经过漫长的演进形成了以农业为基础的聚居点——初级的村镇体系，由县治深圳镇和下辖的一系列自然形成的定居点组成。城镇建设水平很低，各种县级管理设施散布在贯穿宝安的公路和铁路的交叉点附近。

第二阶段：1979年到1986年，深圳的起步阶段。城市建设从无到有，首先在建设起码的设施、保证初步城市发展需要的基础上，同时加强规划，以规划指导城市发展。在计划经济体制下，确立了"建成以工业为主，兼营商业、农牧、住宅、旅游业的多功能综合型经济特区"的总体目标。可以说这是深圳的工业发展阶段，主要以出口加工业为城市的主导产业。城市发展集中在对香港有交通优势的罗湖、蛇口、沙头角约10km²的地域范围内。图4-103所示为1979年深圳城区图，图4-104所示为1982年深圳城市总体规划草案。

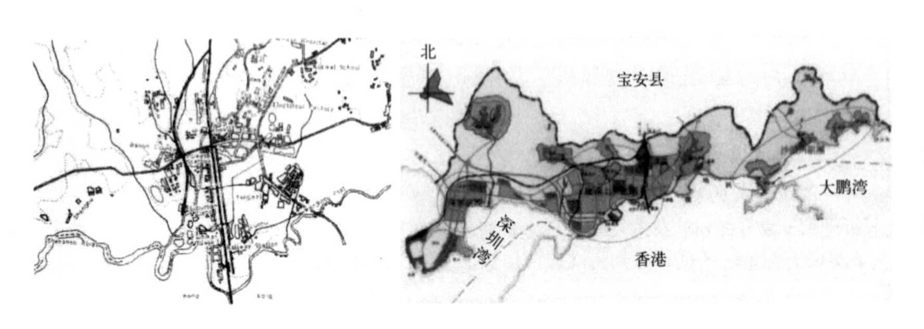

（左）图4-103 1979年深圳城区图
（右）图4-104 1982年深圳城市总体规划草案

第三阶段：1986年到1992年，城市扩张、转型阶段。1987年和1989年深圳率先改革了土地使用制度并实施了住房制度改革，进入了市场经济引导城市发展的阶段。土地价值释放拓展了城市建设投资能力，引发了城市建设高潮。城市社会经济快速增长、规模迅速扩张、建设水平逐步提高、功能配套逐渐完善，当时的城市建设基本满足了同期经济、社会快速增长的空间和基础设施需要。深圳作为现代化大都市的空间构架基本搭建形成。罗湖、上埗等城区建设初具规模，城市主要沿着规划的东西向轴线展开，开始呈现"带状组团式"的城市总体空间格局。但是由于土地成为当时各级政府、企业和原村民进行原始资本积累的主要途径，规划未能从根本上控制土地的普遍投机行为，土地开发遍地开花。土地过分投机刺激了深圳工业和三产在全市范围内的普及性发展，也造成了很大的负面影响：一方面一级土地市场失控、三通一平造成水土流失、生态环境破坏；另一方面，经济持续高速增长促成了农村地区快速城市化，由于当时缺乏有效的监控管理机制，造成村镇建设失控，各类建筑沿着交通干线低质量蔓延。这个阶段是深圳房地产业、工业、三产迅速膨胀的时期。城市建设在市域范围内全面展开。图4-105所示为深圳第一版城市总体规划。

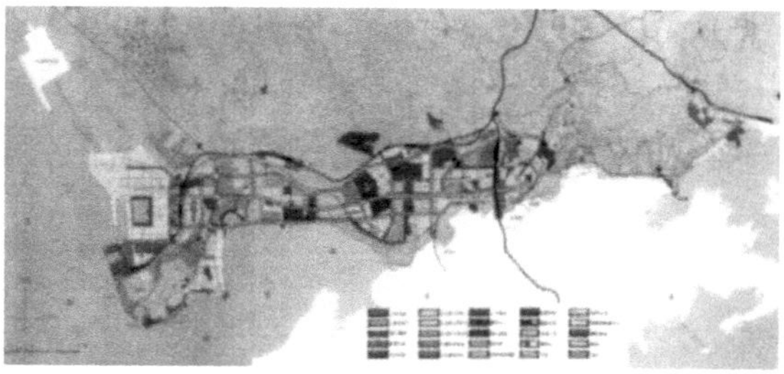

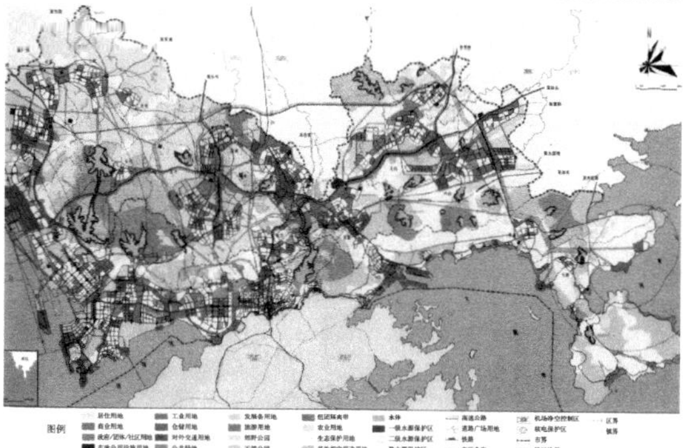

(上) 图4-105　1986年深圳第一版城市总体规划

(下) 图4-106　1996年深圳城市总体规划(1996-2010)

第四阶段：1993年到1998年，调整提高阶段。深圳已经成为综合实力较强的特大城市，社会经济步入了稳定发展时期。在中央政府对经济过热和土地开发宏观调控政策指导下，深圳为了保持经济持续、快速、健康发展进行了政策调整，遏制土地盲目开发、着手调整经济结构、强化发展优势，提出了建设国际城市、区域中心城市和花园式园林城市的战略目标。从过去单纯追求速度转向速度和质量并重，城市建设继续在市域范围内全面展开：一方面完善城市结构，重点建设地铁一期、滨海大道、机荷高速、东部高速等交通设施；另一方面按照国际一流水平建设城市中心，提高城市的服务水平；同时开展了一系列环境综合整治和城市形象建设工程，例如：对水土流失、河道污染、生活岸线的治理和城市绿化美化、灯光工程、景观工程等。深圳的城市运行效率和环境水平有了大幅度的提高。图4-106所示为1996年深圳城市总体规划。

第五阶段：1998年之后，环境优化、社会与经济均衡发展阶段。深圳已经成为经济实力上的强市。为了给城市积聚更大的发展潜能和内在动力，保证可持续发展的后劲，深圳将发展的重点转向进一步优化城市的产业结构、强化城市社会建设和城市文化的培育方面。城市中心地区协同周边市镇全面发展。一方面强调结合自然环境特色，进行市域乃至更高层面大区域城市地域生态格局的合理建构。另一方面，对城市建成区内的空间环境质量进行全面提升，加强了对特殊自然原生地的保护、市民休憩场所的建设、城市文化设施的配套，以及原有工业设施的改建和再利用。城市综合环境质量已经成为深圳空间建设的绝对重点。城市整体空间结构开始由“带状组团式”向“网状组团式”转变。

物质空间建设特点及其形成机制分析：深圳发展的过程中，尽管城市规划曾经一度在由计划经济向市场经济的转型过程中对城市物质空间发展的控制力减弱，但是回顾二十余年的历程，城市规划对深圳城市物质空间的演变始终起到了至关重要的指导作用：从初期的被动适应市场逐渐转变为引导城市综合发展，并越来越强调环境保护和以人为本，较好地调控了城市整体发展。深圳的城市总体规划在城市的自然山水格局基础上，立足区位的优势与特点，在城市开始建设的初期就为深圳确定了“带状组团式”的基本空间结构模式。该空间结构模式是基于19世纪末的“带形城市”理论。重点在于促使城市沿交通线绵延，防止因城市迅速发展，空间建设过于聚焦于一点而导致的环境恶化。后来深圳的城市发展证明，这种模式较好地适应了深圳城市发展的需要，突出了深圳的优点、特点，是深圳在高速、快节奏建设中能够保持空间扩展的有机、有序的重要保证。所以，可以说深圳是中国比较少有的能够按规划控制模式发展的现代城市。①

城市发展的初期，根据城市经济主导产业定位——“三来一补”的社会生产模式，交通优势在城市空间结构形成中起到极为重要的作用。因此深圳首先是在与香港具有通关优势的罗湖和蛇口地区聚集发展，形成了城市进一步扩张的核心。这一阶段深圳城市发展的节奏极快，城市空间是在多种建设要素的激烈冲击下交织形成的。由于过于强调经济发展，社会生产功能的空间需求被提到首位。城市空间建设首先满足生产的空间需求，因此各类工业区的建设以及与之配套的其他服务区是本阶段城市发展的重心。这阶段深圳的城市中心位于作为口岸的罗湖区，社会生产集中在与罗湖毗邻的上埗工业区（主要是外运依靠公路，走罗湖口岸的小型企业）和蛇口工业区（外运依靠港口的大型企业）。图4-107所示为珠三角广、深、港、澳一体的区域发展规划。

---

①深圳能够基本按规划控制发展，与深圳城市规划体系随着城市发展而不断地改革和完善密切相关，从而保持了规划对城市建设的切实指导。(1) 1980～1986年，深圳市就建立了计划经济体制下的完整规划体系，本着高标准的要求制定了一系列规划，较好地指导了深圳的初期发展。(2) 1987～1992年，城市建设机制从计划经济向市场经济转型。传统城市规划面临土地市场初步形成的带来的各种挑战。同时，城市经济实力增强，各种城市功能外溢。深圳一度出现了规划失控的局面。为了适应市场经济，并加强对失去之外乡镇建设的监控，深圳进行了规划体系改革。将规划扩展到三阶段五层次。(总体规划——次区域规划——分区规划——法定图则——详细蓝图)。(3) 1993～1998年，为了解决规划控制与城市建设之间的一系列矛盾，深圳建立了“规（划）土（地）合一”的三级垂直管理架构，对土地资源进行了全覆盖式控制，较好地保证了城市建设与周边资源环境的合理保护与相互协调，从而实现了国土资源优化配置。

随着社会经济的发展，深圳的生产企业布局呈现随着城市空间规模扩大而逐渐分散的趋势。结合城市道路交通的发展，各种行业在不同的区位逐渐形成自己的行业重心，为进一步的分区聚集、有机分工创造了一定的先决条件。深圳的城市空间格局也逐渐发展成为“单核中心放射状结构”。以“罗湖——上埗——福田”中心组团为核心，形成沿交通动脉向东、中、西放射的“三主两副”城市发展轴，形成若干个具有不同功能分工的城市组团。这种空间格局是“带状组团式”模式的初期发展阶段，较好地适应了快速发展城市早期空间扩展的需要。利于在具有区位优势的空间节点进行自组织式城市功能集中，并结合自然条件对城市空间进行有机扩散。总的来讲，深圳这阶段的城市空间发展与交通轴的延伸密切相关。特区内有规划控制，这种现象还不算特别明显，但还是形成了一个沿着深南大道的城市发展密集带。而在特区之外的其他地域，城镇沿着交通线布局的状况就十分突出——形成了西部沿着广深公路、东部沿着深惠公路、中部沿着观澜高速路扩展的三条带状空间轴。图 4–108 所示为深圳市中心区鸟瞰，图 4–109 所示为深圳优美的城市空间环境。

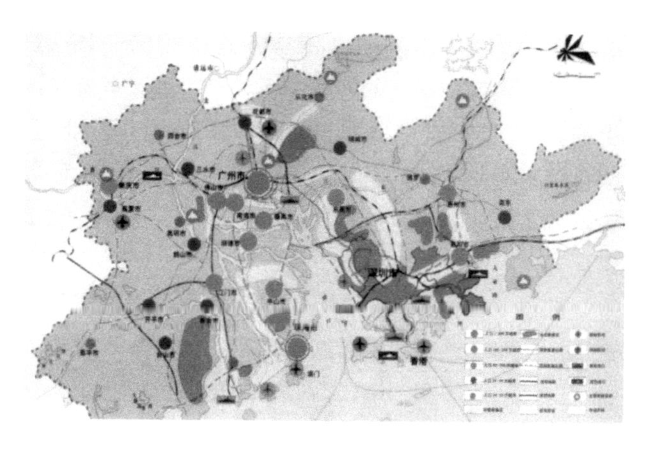

图 4–107　珠三角广、深、港、澳一体的区域发展

总的来讲，深圳的飞速发展使得城市内部空间的演替性极高，空间稳定性相对较差，空间格局处在不停变换的状况之中，主要体现在以下方面：

[1] 城市中心区也随着经济、社会发展而不断漂移。随着深港西部通道规划所带来的机遇，107 国道、广深高速、滨海大道相继建成，城市中心区不断随之西移，从最初的口岸罗湖、福田到现在的南山。这是交通区位优势所具有强大空间发展引导力造成的，也是未来深圳空间扩展的主导模式。

[2] 城市内部不断出现功能置换。在最初的罗湖、上埗工业区现在已经出现了城市功能置换，原来的工业厂房正在被一些商业、文化、居住空间所替代，这些区域发展逐渐突破单一功能的约束，成为了综合性的城市空间。

（左）图4–108　深圳市中心区鸟瞰

（右）图4–109　深圳优美的城市空间环境

4.2.2 城镇生态系统物质空间演化规律分析

从以上城市案例的分析中，我们看到人类聚居由原始的村庄演化为真正意义上的城市，是一个人为和自然共同作用的过程，因此城市生态系统发展具有组织与自组织两种不同的内在作用机制。城市发展过程中这两种机制作用发挥的不均衡造就了一般城市发展的两种脉络：组织模式，由定居⟶建城⟶城市；自组织模式，由设市⟶定居⟶城市。

前者往往是社会财富① 在某个定居点上聚集到一定程度，产生了强烈的防卫需求，从而经过定居者详细而周密的计划逐步建成的；或者是社会的某一个阶层（往往是统治阶层）出于某种特殊需要，在经过精心选点之后，按照一定的理想蓝图兴建的。所以这种类型的城市发展的重要阶段都受到人工控制，我们把它称为人工控制发展型（规划性）城市。后者是社会发展到一定水平，由社会分工引发物资交换的需要促成的。常常是在利于互市的地点首先形成市场，市场商机吸引以此维生的人在此定居。商业兴盛到一定的程度之后，财富积累形成了防卫需求，从而建城形成城市。后者发展的每一个阶段都是由社会逐步演进的需要引发的，尽管在每个阶段里人们也会根据自身的要求对物质空间建设进行控制，然而其中每次质的飞跃都源于自发积累的动力。所以我们把它称为自发演进型（弱规划性）城市。

事实上任何一个城市发展都受到组织和自组织两种机制的共同作用。每个城市都有自发演进阶段，即使是控制发展型城市也不例外；当然自发演进型城市也并不是完全没有规划，其发展的每一个阶段中，人们都在对原有物质空间结构进行梳理的基础上因势利导，这也是一种〝规划〞。因此，控制演进和自发演进是城市发展不可或缺的两种方式，对两种发展脉络城市类型的划分主要是根据城市发展关键阶段的主导演进方式来确定的。

• 自发演进型（弱规划性）城市物质空间演进规律

〝自发演进〞形成的城镇是一个人口受某种因素吸引或推动而在某地逐渐汇集的过程。在其演进过程之中，很少会有专门针对其空间形态发展而预先框定的〝蓝图〞。空间形态形成的动力往往源自于人类社会发展的某个阶段自然而然的需求。

[1] 物质空间分布特点：自发演进型城镇物质空间的发展常常体现出一种渐进性——随着城镇社会人口聚集、经济发展、文化丰富的合力不断演化。这种情况下，城镇物质空间分布往往具有以下特征。

具有促进城镇演进的生长核空间。这些空间往往是区域内综合自然环境条件最优、最利于人类聚居和开展相应生产、生活活动的场所。

这个生长极核空间所占据的地域一般是区域内人类某种活动开展的最佳地点，它为城镇形成提供凝结核，并且往往在城镇发展过程中不断地为其注入活力。例如：都江堰是灌县城形成的根本原因——因为堰址的确立是受到大区域山川地理形势及水文条件约束的，它必须是四川盆地理水的关键点；同样上海的形成源

---

① 这个财富是泛指，既包括物质财富也包括精神财富。

于港口位置的变迁，如果不是由于宋代末年的科技手段所无法扭转的航道淤塞，今天屹立于东海之滨的世界性大都会就应该叫"青龙市"，而不是"上海市"了；丽江更是如此，四方街的区位是滇西北地区时空距离、自然条件最恰到好处的马帮贸易集散地。

这类核心空间对城镇演化的影响是巨大的：如果由于环境因素变迁，这种原发活动的区位优势丧失、城镇在一定时间段内又找不到其他"动力核"的话，城市就会逐渐衰落；反之，即使有什么天灾人祸让城镇遭受灭顶之灾，它依然会非常顽强地在原址重生。例如：大运河沿岸的以商贸和运输兴盛的大部分城镇在清朝中期之后，因海运兴起和后来铁路运输的发展而逐渐衰落；而在黄河没有改道之前，古代的徐州因地处交通要津，虽屡次被全城淹没、冲毁，却不断在原址重建。[①] 当然，在一个城市漫长的发展历程中，生长核空间也并不是一成不变的。这种改变既有可能是功能上的，例如：丽江四方街由马帮贸易集散地转化为今天旅游区的中心广场，也有可能是功能和空间的双重转移，例如：灌县虽然成于古堰，却是兴于"松茂古道"。

城镇整体空间布局比较自由。城镇物质空间与自然山水格局紧密结合。

首先，这类城镇初成就受到自然要素的必然影响。例如：水系、山川形态对当时交通、灌溉的约束，矿产资源蕴藏对开采的限制等，这些要素形成的自然随机性和影响人类城镇建设的必然性和既定性，使得"自然演进"的城市不得不"因天时、就地利"。所以城廓往往不能中规矩，道路难以中准绳。其次，汇集于这类城镇的人群重在求利，[②] 他们更看重空间营造所产生的经济效益，对于某种特殊空间格局所附带的文化象征意义的追求只能沦为其次。

城镇路网构架往往呈不规则形态。

这类城镇干道路网的形成常常先于定居，它们是由促使城镇生成之相关人类活动的交通需求所决定的，遵循交通活动既定的方便原则和快捷原则。后续的其他城镇功能往往依附于交通带来的便利和发展机遇，所以它们的空间需求从属于交通需求。例如：丽江通过四方街的放射状道路骨架就是由通往各个主要贸易区的运输道路建构而成的；因商港而兴的荷兰城市阿姆斯特丹的"鹿角"状路网，与其港口的天然形态密切相关（图4–110、图4–111）。综上所述，这类城镇路网的生成是本着交通便捷和运输需求的必然理性，而不是基于常规理想状态之下的几何理性。因此其城镇路网建构与大区域交通格局相关，大多呈不规则形态。

城镇空间功能分区不很明确。

这类城镇往往没有明确的既定空间功能分区。在城镇产生的初期尤

---

① 明代中期在遭受了历史上最严重的一次水患之后，曾迁址另建。但仅仅十几年又迁回原址，因为优越的区位对于城市发展而言是不可被替代的。

② 这个利是指广义的经济利益。

其如此——各种相关的活动都因为核心空间强大的吸引力而聚集在这一地域周边，取其便捷却难免混乱。后来随着各种人类活动量的猛增，在城镇中针对不同人类活动需要，空间开始自发分区——按照活动类型与生长核心关系的紧密程度聚集于城镇中不同的空间区段，并在最初形成的地段自然演替。这种聚集一般没有强制性的约束，所以空间划分也不是截然的。在不同功能之间的过渡区常常呈现各种空间类型犬牙互错的局面。

(上) 图4-110 阿姆斯特丹城市平面图

(下) 图4-111 阿姆斯特丹水城景观

城镇发展先城后墙，甚至没有城墙。

作为古代城镇十分重要的物质空间限定要素，城墙在自然演进城镇发展过程中所起作用却不是必然性的，并没有贯穿城镇演化始终。几乎所有的这类城镇在其发展初期都没有防卫性的城墙，即使区域形势十分险恶。因为求利活动本身的风险性和随着整个社会状况波动的不规律性，使得在城镇发展早期投入大量资金兴建防御体系是既不合算也没有必要的。所以只有当城镇演化进入了相对稳定的时期，当时又确有防御需求时才会加筑城墙。例如：上海直到明代中期才因为倭寇的袭扰，赶筑了城墙。

即使建有城墙，也并不能约束城镇的空间形态。特别是城镇演化的动力源泉位于城墙之外时更是如此。例如：上海在原老城外东侧与黄浦江之间的地域继续沿江扩展、灌县也在其城南沿成都——灌县的官道扩展。由于城墙是在城镇建成之后修筑的，所以，它必须要顺应城镇已有的空间形态。即使是在自然约束力不突出的平原地带，自然演进性城镇的城墙也很难方正，而往往是不规则的。

[2] 自发演进型（弱规划性）城市物质空间建设模式特点：

自发演进型的城镇空间建设往往以其经济发展对空间的利用模式为主线，因此"经济动线"模式决定了它的基本空间格局。

以往我们在探讨水乡城镇物质空间格局时最为经典的结论如下："其城镇空间受当地自然水系形态的约束……。"然而深入探究，发现当地自然水系纵横、比比皆是，而又为什么会在这个特定地点萌生城镇？而城镇发展又为什么会一定沿着这条水道扩张呢？可见，单纯地将城市所在地域的自然空间格局作为城镇物质空间形成和发展的原因是不尽客观的。事实上，更为科学并符合事物发展规律的解释应该如下："在当时当地的客观条件下，水运是综合运力最强的运输方式。在某些特定地点——往往是水道的交叉点或者水陆联运的转换点形成物资转运的市集，城镇随市集的兴

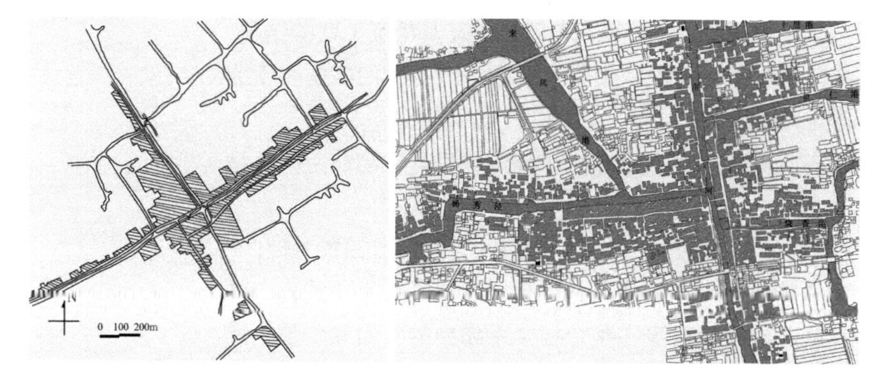

（左）图4–112　上海南翔古镇
（右）图4–113　浙江西塘古镇

盛而诞生。并且随着对水运的依赖，沿着作为主要运输干道的河流蔓延。”也就是说，城镇物质空间分布形态本质上是由人类空间利用模式决定的。这也就是类似的自然河道基本形态下，由于人类活动对河道功能划分的不一样，不同的城镇会生成不同空间格局的根本原因。例如：同样以“十”字形河道为依托，各个方向运输能力均衡的城镇形成了“风车型”格局（比如南翔），而各个方向运力不均衡的城镇可能形成“L”形格局（比如西塘）。图 4–112 及图 4–113 所示分别为上海南翔古镇及浙江西塘古镇。

由此，在自然演进的城镇中，其空间格局与促成城镇产生和发展的主导性人类社会生产活动的空间利用规律密切相关。也就是形成城镇发展动力之源的相应人类活动的既定空间利用模式往往决定了整个城镇的基本空间格局。例如：井盐采掘随矿脉变化的模式就决定了自贡城镇空间的拓展方向——哪个区域矿兴则城兴、矿衰则城废；另外制盐和运盐对水的依赖是城镇依托水系发展，城镇总体空间结构与自然水系紧密结合的根本原因。

城镇物质空间单元的基本组织对应于城镇居民的职业结构，自发演进成许多“自然区”，[①] 在城镇物质空间的次级层面上构成“业缘”式社会空间格局。

脱离了土地束缚的城镇居民，他们的社会组织情况与村庄有很大的区别：尽管初级关系依然是人们生活的基本需要，但城镇中的社会交流是由更多的次级关系所建构的。人们更多地遵从于正式的、契约化的、非人格化的、专门化的社会关系。在这样的情况下，职业成为了社会个体进行社会定位的主要指标。所以自发演进的城镇体现出“从业而居”的特点，与大多数村庄的“聚族而居”有很大的区别。在前文所分析的诸葛村，我们就可以发现这种转变过程对人类聚居形态的深刻影响。“同业聚集”现象不仅在文中重点分析的自发演进型城市中存在，而且是世界上大多数城镇都有的共同特点。城镇中的商业、政府机构以及其他设施都倾向于聚集在城市的某些特定区域，这种现象并不是由人们精心策划、刻意为之的，

① 自然区：是以物质个性和生活在此的居民的文化特征为其特征的空间区域（帕克，芝加哥学派）。参见王兴中等著，《中国城市社会空间结构研究》，科学出版社，2000 年 6 月第一版，第 16 页、第 44 页。

而是物质空间适应于各种社会活动及其相互关系、不同产业及其相互关联的结果。例如：纽约有服装区、洛杉矶有电视制片区、大部分城市都有各种门类的“工业园区”和相对集中的“中心商务区”。

城镇空间类型和结构随着社会经济发展而变化。经济越发达，物质空间类型越丰富、结构越多样。

经济的宏观概念指“社会生产关系诸方面的总和，它是社会上层建筑的基础。”[①]经济是人类文化中最为重要的范畴之一，也是所有社会制度中最为重要的。个体在社会经济活动中的地位有助于他明确自身在整个社会系统中的身份和价值，所以每个社会都会有某种经济制度。历史上最简单的社会经济制度很少超出家庭范围，这种基本的生存性经济中没有贸易、市场、税收，社会角色自然地与个体的生物特征挂钩，比如：年龄、性别，所以在这个阶段，经济因素在社会角色确定中起不到决定性作用。村庄就是这样的例子，人们往往更关心你是谁的子女、谁和你具有亲缘关系。随着社会生产的发展，剩余产品促成了交换的发生，交换中心演变成一种新的社会活动中心——市集。同时交换进一步促成了社会分工，维持社会运作的物质生产跨越了家庭甚至地区，经济成为地方社会形成的纽带和稳定发展的基础，人们的社会角色和定位更多地由他们所参与的经济活动来确定了。

城镇经济越发达，其结构越复杂、涵盖的社会分工越细致，空间利用分野越大——基本空间类型也越多。而且由于涉及的社会生产关系更为庞杂，空间利用模式也越多样化——与高度复杂的经济秩序相伴随的也包括空间秩序的复杂化。这不仅可以从上述城镇的空间演化案例中得到证实，而且村庄空间的发展趋势也说明了这一规律。从表 4–1 到表 4–4 所列举的统计数据看，每个村庄的物质空间类型在同种结构下，随着经济总量增大而增加（如新叶村）；而当村庄的经济结构发生变化，空间结构的类型会由大的爆发或缩减——趋于复杂则爆发、趋于简化则缩减。这种规律也可以从上海发展的起伏过程中得以证实。

交通[②]流线是自发演进式城市最为重要的城镇物质空间结构脉络。

交通最直接的意思是指“往来通达”，在城镇生态系统中交通的基本作用在于两个层次：其一是指人本身由一地到另一地的过程。这也是通常意义上我们所定义的“交通”，是交通一词的狭义概念。其二是指人以外的其他事物由一地到另一地的过程。这些事物既可能是有形的，例如某件物品；也有可能是无形的，例如一个信息。所以第二个层面中对前者的准确概念我们通常称为运输，而后者我们通常称之为通讯。交通发展的最初阶段，人类本身就是最重要的运输和通讯工具——物品转移和信息传递都依赖于人本身的物理活动，这也是为什么今天依然用“交通”涵盖所有往来通达的根本原因。

城镇诞生离不开商品交换，没有市也就没有“城市”。而各种交换都是以人类的交通活动为基础的——各种商品必须发生从一地到另一地、从一人到另一人

---

① 参见：《新华辞典》（修订版），商务印书馆，1989 年 9 月第二版，1991 年 11 月北京第 16 次印刷，第 466 页。

② 此处的交通是广义的，泛指各种互通有无的人类活动。

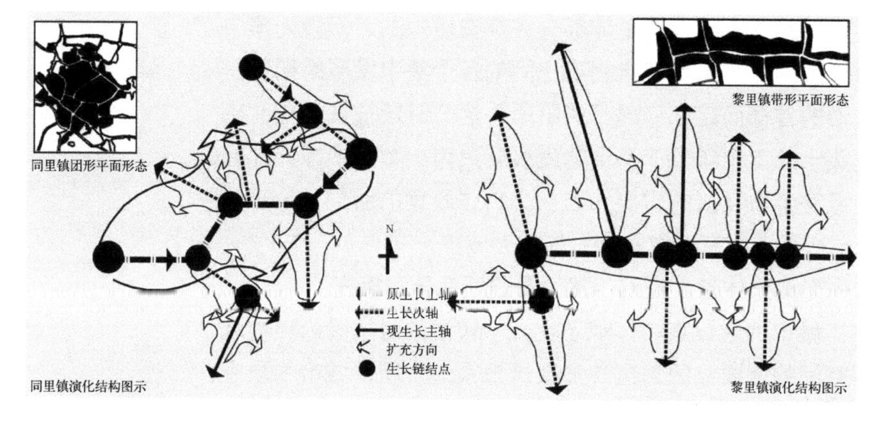

图4—114　同里、黎里古镇空间演化的时序结构及形态对比图

的位移。大量的物品有规律的从一地到另一地的需要促使交通流线生成。自发演进式城镇大多与区域交通流线密切相关，它们不是交通流线上枢纽——各种交换的发生地、各种类型交通的转换地，例如：前文所分析的丽江、都江堰、上海；就是不同物资的生产地——交换的发生源，例如：前文的自贡以及江西的景德镇。因此交通流线上的各个环节在这些城镇都有着特殊的地位，或者是城市必不可少的空间功能单元，比如码头，或者是各个空间功能单元之间相互组织形成有机整体的结构脉络，比如道路、水道。因此，城镇的扩张与村庄的团块模式不同，它往往围绕交通流线拉力方向呈带状延展。图 4—114 所示为同里、黎里古镇空间演化的时序结构及形态对比图。

• 控制发展型（规划性）城市物质空间演进规律

控制发展（规划）而成的城市往往是受一些人类历史事件影响，在一些具有特殊区位的地点迅速聚集的。其演进过程之中，一般都会有一个专门针对其建设目标预先设计的空间形态发展“蓝图”。物质空间形成的动力往往源自于人类社会发展某个阶段的特殊需求。因此空间形态的演化也常常体现出一种阶段式的飞跃性——随着城市统治者（管理者）对城市社会人口聚集、经济发展、文化丰富的发展采取的引导政策不断跳跃。这种情况下，城镇物质空间分布往往具有以下特征。

[1] 物质空间分布特点：

城市物质空间基本构架体系往往在较短的时段内集中生成。建设活动往往由特殊的历史事件引发。

控制发展型（规划性）城市的物质空间体系基本构架的形成往往集中在很短的时间内，这种城市发展初期的爆发性特点大多是由于该城市所处地域的人类社会发展过程中所积聚的内能集中释放而造成的。社会内能集中释放在人类发展过程中会形成一个个特定的历史事件（比如：王朝更迭、抵御侵略等），控制发展型（规划性）城市形成和发展过程中的阶段性跳跃就是这些历史事件在物质空间领域的反映。这类城市的建设集中体现了在一个较短时间段内，该地域人类社会对某一系列特定空间需要的紧迫性，所以城市物质空间体系的基本构架和主体部分往往在很短的时间段内集中形成。例如：前文所列举的实例中，北京城市物质空间的各个集中发展时期都是作为不同政治实体实施统治的首都而定都、建都的阶段，这个时段往往只是北京一个完整城市发展周期的头十几二十年。而深圳的发展就更为典型，中国大陆在较长时期积累的对社会、经济全面发展的需要，因一个特殊政策的引导，短短的二十几年内就从无到有地创造了一座有世界影响力的特大城市。

城市物质空间发展首先形成整体基本框架，然后再逐渐完善和填充。

控制发展型（规划性）城市的建设集中体现了在一个较短的时间段内该地域人类社会对特定某一系列空间的需要。因为这种需要极为紧迫，所以城市物质空间建设就会首先以这一些空间为主体，搭建出整个城市物质空间形态的基本框架。例如：明清北京的城市形成就首先是建设满足起实施统治需要的基本空间体系。包括容纳各种国家机器的空间——祭祀庙堂、办公殿宇；保卫国家机器安全的空间——层层重重的高墙叠雉、又深又宽的城壕宫河；维持统治者正常生活的空间——富丽堂皇的皇宫、王府；实施统治的基础设施空间——通达政令、运输物资的道路、运河。这些空间的相互组合，构建了当时北京的基本空间框架。这一部分的建设前后仅用了 19 年时间，然而其他进一步完善城市功能的空间，是随着城市整体的发展在其后很长的时期逐渐填充进这种规划性城市肌体的。例如：整个明清北京的发展历程历时七百多年，才造就了这一人类城市建设史上瑰宝。这种现象在以军事需求为城市空间建设原动力的城市中体现的更为突出：城市防御体系构成了基本的空间框架，其他的城市功能有时还会因为对防御的过度强调而萎缩。在以经济动力为主导的控制发展型（规划性）城市也不例外，整个城市往往以经济发展或者更为具体化地以社会生产空间体系为城市空间建构的框架系统，比如，深圳发展最早编制的是“出口加工区规划”，其对生产空间的强调不言而喻。

城市物质空间整体形态规整，有比较强烈的几何特征。城市内道路网体系也往往组织成有特殊几何规律的形态。

控制发展型（规划性）城市的整体空间形态往往依据各个地域的“理想城市”模式进行建设，这些脱离自然环境的理想城市模型的整体形态都常常是或方或圆[①]的基本几何形——由此只要环境条件允许，这类城市的整体空间形态就会体现规整几何特征。这种形态往往通过城墙予以标定，因此一般的规划控制性城市都首先修筑了城墙。

历经数千年的建设经验积累，棋盘式方格网形态的城市道路体系因为其对人类空间建设体系较好的适应性而成为城市内部空间组织的经典建设形式。要在较短的时间内建构具有完整性的城市空间，不论是东方还是西方、不论是古代还是现代都会优先采用这种以方形为母题的空间体系。这既是传统的继承、文化的惯性，也是一种出于提高建设效率的最为简单、经济、便捷、高效的模式选择。因

① 方形理想城市与格网式的路网可以很好地结合。圆形理想城市是基于建设经济性，最小城墙长度可以围合最大的城市面积，而且在各个方向上的均匀性有利于城市防御。

此大多数控制发展型（规划性）城市都以几何形态的“格网”型空间组织模式为基本范本，使城市内的道路体系一般也都具有一定的几何规律。

为了突出某些城市空间的特殊地位，人们在城市空间组织的时候，会利用特殊的一些几何手法[①] 对它们进行强调。在规划（控制）性城市空间组织中，常用的几何手法有两种：一是通过独特的街道组织形式形成空间焦点，突出其重要性。例如：以重要建筑为中心的放射路网格局。二是利用空间与空间之间的几何对应关系，来突出一系列特定空间的与众不同。例如：形成贯通全城的空间轴线。这些空间组织手段都是控制发展型（规划性）城市空间形态几何化、规则化的原因（图 4–115）。

城市空间的社会、经济功能分区比较明确。

由于城市空间建设有预先设定的“蓝图”，与之相对应，城市生活方方面面的空间定位一般都事先有所安排。尽管这种安排只是以某一社会阶层、甚至某几个人对这些事物的认识为基础，并不见得一定符合未来城市发展的轨迹，但是这种安排使规划性城市往往具有比较明确的社会、经济的功能分区——特定的城市功能处在特定的空间范畴内，它们之间有着特定的物质空间组合关系。虽然这种空间定位会随着社会、经济发展而发生变化（最为常见的是因为功能演替造成空间格局模糊、空间异化度降低），但是预先埋入的“基因”在相当长的阶段内始终会发挥它们相应的作用。例如，明清北京“前朝后市”的空间格局并没有因为主导市场形成的交通区位格局改变而彻底变化。[②] 后海地区（图 4–116）在封建社会阶段一直保持有商业中心的功能，直到今天这种功能依然在某种程度上被继续延续着。

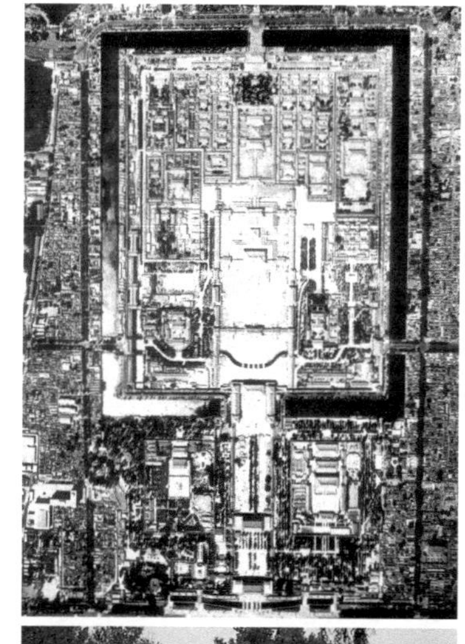

（上）图4–115　主导明清北京的核心空间——紫禁城

（下）图4–116　北京后海今景

城市整体的物质空间系统由特定节点和重要建筑交织的网络控制，这种结构往往反映一定的哲学思想。

由于控制发展型（规划性）城市往往是由某一系列特殊的物质空间迅速搭建出城市初期的整体基本构架体系。这些空间体系的重点建筑和特定空间节点

① 人类一直以来都在模仿自然的同时，不停地寻求以某种方式证明自身与其他自然生物的不同——因为规则的几何形态是自然演化过程中极为稀有和罕见的，所以人类在可能的情况下，都会运用这种方式标明自身独特的价值。

② 明代后漕运不再直接进入北京城，而是在城东码头下货。因此，明清两代北京的商业中心转到老城东南。主要的仓储区位于东门外，以此为中心形成大宗商品批发交易区；而零售业的中心则转到城南正阳门的大栅栏。

主要城市空间功能单元的情感意象 **表4—7**

城市空间功能单元	情感意象	
	积极	消极
居住区	温馨、幸福、宁静、祥和、融洽	平淡、琐碎、家长里短
商业中心	繁荣、积极、自由自在、兴奋	忙碌、无序、纷乱、嘈杂、紧张
政务中心	权力、威严、庄重、公平、秩序、民主	高高在上、冷漠、官僚、压抑
体育中心	拼搏、健康、积极向上、友谊、公平	混乱、嘈杂、紧张
科技研发中心	博学、才干、智慧、成熟、进取、高效	劳累、压抑、工作狂
教育机构	进取、活力、积极向上、友爱互助	压抑、竞争
医疗中心	圣洁、高尚、希望	焦虑、疾病、困顿
公共活动中心	友爱、交往、悠闲、轻松、快乐	松懈、消极、无所事事
交通枢纽	忙碌、高效、井井有条、繁荣	烦躁、匆忙、紧张、疲劳、混乱
工业区	繁荣、井然有序、成就、丰硕、竞争	污染、混乱、紧张
城市绿地	悠闲、心旷神怡、自由自在、浪漫	—

备注：此表参照郑毅主编，《城市规划设计手册》，中国建筑工业出版社，2000年10月第一版，2005年9月第7次印刷，第344～345页表格编写。

组成的空间网络就成为整个城市其他功能单元空间生成的基点或者依托。然而这种控制体系并不是随意生成的，而与筑城目的相关。这种相关性就使得基于这种目的的理想空间假设成了城市修建的范本，而这种理想范本的深层根源是有关空间建设的哲学思考——也就是千百年来，该地域范围内人们有关某种类型空间意象的定式。比如：作为统治中心建设的城市，其空间格局就突出反映统治阶级实施管理的空间象征意义——空间规整、建筑宏伟、秩序井然、尺度巨大等，这种特定的空间形态蕴含的深层哲学含义就是以空间的稳定性、秩序感象征政治的稳固、威严和层级。

[2] 控制发展型（规划性）城市物质空间建设模式特点：

控制发展型城镇的物质空间建构往往以某些特殊的发展需要对空间的利用模式为主线。尽管这些需要既有可能是社会的，也有可能是经济或军事的，但是它们往往都假借当时城市政权机构的力量（号召）而得以实施，因此一般被称为"政治动线"式空间模式。

城市的萌生具有各种各样的内因与外因，应该说其物质空间的形成必然受这些原因共同作用。但是这些因素在城市发展不同阶段所起作用是不均衡的，每个阶段都会有相应的主导要素。前文我们分析的自然演进型城镇中，其空间格局的形成与促成城镇产生和发展的主导性人类社会生产活动的空间利用规律密切相关。而与自然演进型城市相比，控制发展型城市的物质空间建构，特别是其从无到有的产生过程中必然有突发性要素推动——而能够具有这种强制性的"瞬间"推动力的因素就是政治。至于主导该城市生成的深层原因究竟是哪种，此时已无关紧要。因为它不过是促成政治要素发挥国家机器强制作用的推动因子，并不直接作用于城市空间建设本身。只有出于某种政治目的的需要，才能在特定的时间、特定地点促成了某个城市在很短的时间段内产生或者某个城市某个阶段的飞跃式发展。

这种政策号召力促使人们在较短的时间段内集中大量的物力、人力投入特定城市物质空间体系的建设中。这种阶段性的特定空间利用模式往往会影响未来整个城市的基本空间结构。这种现象在政治中心式城市中表现得最为突出，因为这种城市性质使其建设目的和手段完全和谐。比如：北京在六百多年前形成的政治中心空间模式到现在依然影响着目前其作为共和国首都的空间格局；但并不是每一个受政治因素主导发展的城市都是政治性的，最突出的例子就是深圳。从城市性质而言，深圳市一个不折不扣的经济城市。尽管有人认为深圳特殊的城市区位是城市诞生的根本原因，但如果不是二十几年前，中国所面临的国际形势促使当时的领导阶层做出改革开放的决定，并选定深圳作为"窗口"，深圳的产生可能还需要一个相当漫长的等待期，而且可以想见它的发展速度远远不会因为有现在的政策扶持而发展得这样迅猛。深圳在其后每一个阶段的扩展都与城市当局的发展政策紧密相关——尽管发展政策本身是基于种种经济规律和区域策略制定的。

城市物质空间组织受到特定阶段城市管理（统治）阶层（阶级）的空间利用需求、空间审美情趣以及哲学思想观念的影响。

事实上，并不是在城市中生活的每一个人都平等地享有对城市空间建设同样的发言权。[①] 不同社会模式下，主导城市空间建设的人群是不同的。工业社会以前，社会组织模式使得对城市空间建设的主导权集中在人群范围极小的上层阶层的个别人手中。因此城市物质空间格局的组织往往受到这些特定阶层的空间利用模式的左右；而对空间审美范畴享有话语权的人群范围就更为狭窄，甚至由至高无上统治者个人的好恶就可以决定整个城市的风格。进入工业社会之后，人们参与城市空间建设的机会大大增加，但是大多数市民仅仅关注与自身生活密切相关的城市局部空间，只能够决定城市局部空间的建设模式。然而这种决定大多数情况下也并不是通过直接参与施加的，而是通过特定的代言人——城市物质空间建设方面的专业人士（特定的精英阶层）实施的。这批作为中介的特殊阶层本身是具有独立思想的，他们对大众意志的转述也往往是经过自身诠释加工之后的结果，并不能保证绝对真实。更何况在控制发展型城市中，整体物质空间格局的形成是一个与大众日常生活有一定距离、而且持续时段很短的事务。这使得它不可能照顾到城市芸芸众生庞杂的个体思路，只能以特定精英阶层（专业人士＋管理阶层）对城市物质空间建构的研究结论为基础。

城市物质空间格局反映城市形成时期城市社会阶层划分及组织状况。

控制发展型城市空间组织与城市形成时期城市空间建设主导阶层对空间资源利用和分配理念有关。这种理念也有两个发展阶段：工业社会之前，空间资源的分配与社会等级制度紧密相关——上层社会（统治阶层）占据着城市中环境条件最好、区位条件最好、最安全、最重要的地段，这些地段是整个城市建设的核心；其他社会阶层根据自身在城市社会中的地位进一步分配空间资源。所以，人们在城市中"分层而居"，城市的物质实体空间组织与社会空间结构有直观的匹配关系。工业社会之后，城市

① 尽管对理想城市社会的假设是这样的——参见欧文的新协和村理论。

空间资源（土地资源）作为一种生产资本，它的直观经济价值在空间体系建构中得到了特别的重视。对空间资源的分配突破了制度化的社会等级体系，而更多地依赖个体的经济地位。城市物质实体空间建构模式的形成过程中对经济空间结构的体现更为直观，而社会空间结构隐藏到了经济结构的背后。这种物质空间建构模式是城市由政治中心式的消费主体转向经济中心式的生产主体过程中，适应社会化大生产的必然结果。但是控制发展型城市在工业革命之后遵从经济空间结构的模式与自发演进型城市的物质空间通过渐进磨合形成适应于各种社会活动及其相互关系以及不同产业及其相互关联的“从业而居”空间模式有很大不同。它的预先设定性使得物质空间组织仅仅是基于特定阶层所认知的空间架构规律，按照他们的空间组织理念建立。这也就是为什么虽然工业社会之后大多数城市都存在大量经济地位较低的居民，却没有哪一个控制发展型城市在空间建构的时候会着重考虑他们的空间利用模式——较低的社会地位使他们丧失了对空间建构的发言权，只能适应既成的城市空间结构。利用被其他阶层淘汰的空间资源，处在城市空间建设模式的“边缘”。所以，事实上控制发展型城市物质空间格局的主要反映当时城市管理（统治）阶层对社会阶层划分的认识，不管是有意（工业社会之前）还是无意（工业社会之后）。

专题 4-1：19 世纪巴黎城市改建中的阶级话语权分析①

拿破仑第三时期的巴黎改建是现代城市规划历史上的一个重要事件。它不仅奠定了制定现代城市规划的技术基础，而且在规划建设实施方面做了众多尝试——尤其在规划的过程控制、制定规划管理法规、筹措建设资金和协调各方利益方面。我们从数据来看看这一改建的真正成效：1853～1870 年的 17 年间，巴黎人口从 120 万增加到了 200 万，在拆毁了 2.7 万套旧住宅的同时修建了 10 万套新住宅。法国公民的平均收入从 2500 法郎增加到了 5000 法郎，巴黎社区的收入从 20 万法郎增加到了 200 万法郎。而改建工程所花费的 25 亿法郎中只有 1 亿法郎是由国家支付的。也就是说这一建设活动的大部分资金是由改建活动本身的收益滚动支付的。同时巴黎城市本身也通过改建基本实现了现代化，摆脱了中世纪城市对现代城市发展的束缚。对作为当时欧洲大陆最大的交通枢纽——巴黎进行了有效分区，每个分区中心在功能上各有侧重，城市结构适应了现代城市功能的需要，这在当时是独一无二的。而且改建系统地梳理了巴黎的市政基础设施——为城市配备了相对完善的供水、排水、电力、燃气、路灯以及公共交通（马车）。同时还兼顾各方利益修建了覆盖全城的公园体系，这些公园与新修和拓展的宽阔街道创造了近代巴黎为人称道的新城市景观，以至于巴黎成为了其后许多城市规划和建设的范本——法国的塞纳、德国的维也纳、美国的华盛顿、澳大利亚的墨尔本、墨西哥的新墨西哥城等。所以，从建设成效分析巴黎改建是一个普遍受益的活动。但是，正是这个普遍受益的建设活动在历史上备受争议：许多批评都集中针对当时改建工程的规划和执行者——巴

① 主要资料来源：[意]L·本奈沃洛著，邹德依、巴竹师、高军译，《西方现代建筑史》，天津科学技术出版社，1996 年 9 月第一版。第 57～89 页。《外国城市建设史》，沈玉麟编，中国建筑工业出版社，第 103～105 页。

黎的行政长官奥斯曼的艺术修养和品位上，说他主导的大规模拆建毁掉了巴黎如画的风光；争论还集中在改建过程中的利益分配上——建设收益被地主和投机商瓜分，其他阶层并没有从中获益。针对这一改建是非成败的众说纷纭，我们应该站到其历史和社会背景下来进行分析。

首先，巴黎当时的改建是其社会经济发展的必需：当时的社会经济发展状况对物质空间和基础设施支撑体系的需求是中世纪城市空间所无法满足的。当然，矛盾所导致的环境恶化当然不会在统治阶层居住生活的区域首先体现，但是作为统治阶层对这种矛盾反应的迟滞甚至会导致社会动荡——公共卫生问题造成的瘟疫流行、为生存环境所迫而进行的“革命”等，这最终也会损害统治阶层的利益。所以，当建筑师还执着于建筑风格的讨论时，城市总体环境的规划和建设的迫切需要已经为社会改革家和工程师们所关注。这也是正如许多当时的文件和资料所记述的那样：“奥斯曼的文化修养似乎差了一点，但与当时的大多数批评家相比，他的……思想更现代化。……，能够了解并牢牢把握当时的现实。”“奥斯曼尽管毁掉了几处风景如画的地方，但他至少用高技术和卫生的改进对此作了补偿。”城市的工业化需求是巴黎城市改建的基础。

其次，在作为“革命之都”的巴黎实施统治有相当的政治难度，军事手段是保证政权稳定的重要因素。而中世纪街道便于巷战的优势对于一个有深厚革命传统城市的统治者而言无疑是致命的，因此本着利于统治者军事活动开展而进行的改建就十分必要。

查阅历史文献，我们可以得出这样的结论——巴黎19世纪的改建有着社会、经济的深层原因，但是其直接诱因却是利于实施统治的政治军事因素所致。在这个不同因素作用机制的背后也充分体现了不同城市社会阶层对于城市建设活动“话语权”的分配。首先这种改建有着强烈的政治目的，所以统治阶层的决定权在这一规划改建中得到了充分体现——不论是从法律保障还是启动资金的支持方面，以统治阶级为主体的政府都发挥了重要作用。这直接决定了这一工程能否开展和顺利进行。其次是新兴的资产阶级和地主利用他们所掌握的种种资本参与了对改建工程所获得经济利益的瓜分。他们利用对城市土地资源的掌握和参政权与统治阶层达成了妥协——尽管之前的法令曾规定因改建需要占用土地可以带有强制性，并且被占土地上的公共财产合法；但是1858年参议院最终决定“凡适于建房的土地，一经征用并根据制定的计划在上面施工，就必须物归原主……”，这意味着公共工程所带来的增值归属于地主本人。因此这些人普遍将工程征地变成了一种牟利的手段。第三，城市中的工人阶级也因为其“革命权”而通过政府某种程度上改善了生存环境。巴黎改建拆毁了位于其东区的贫民窟，但也通过国家介入的方式为相对弱势的群体提供了一些廉价住房——作为帝国皇帝的拿破仑先后为此拨款一千余万法郎；而成立于1853年的米户斯工人居住协会协调私人资金和国家拨款进行了许多工人村建设方面的尝试。但是弱势群体终究是弱势群体，这种改善面对日益膨胀的城市人口的住房需求而言是杯水车薪。所以，改建并没能从根本上解决平民的居住问题——旧的贫民区被拆毁、新的贫民窟又萌生。图4-117所示为奥斯曼的巴黎改建规划。

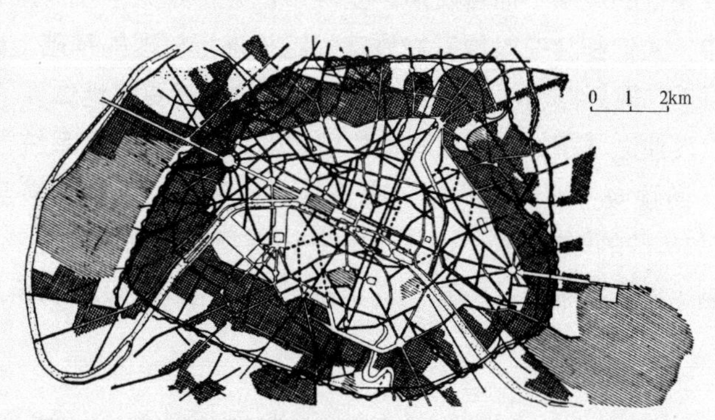

图4-117 奥斯曼的巴黎改建规划

与城市形成目的相关的空间利用模式是城市物质空间格局的主导脉络。政策推动力是规划（控制）发展城市空间演进的重要动力，与政策导向相配合的空间类型和结构模式发展最快，成为一定时期内城市物质空间建构的主导型。

控制发展型城市往往是基于某些特殊机遇，在政策号召的基础上迅速建成。建设中人们总是优先集中物力财力建设与发展机遇（建城目的）相关的物质空间，所以与这些行为相适应空间利用模式就成为这些城市空间建设的主导脉络。城市因时而变、因势而变，引导城市发展是通过政策达成的——这些政策常常是对不同时期建设成果的反馈矛盾的相应应变。所以控制发展型城市发展的阶段特征比较明显，在一定阶段总是以某些类型的城市物质空间建设为主体，而这些空间又往往是当前政策所倡导的。例如：深圳建设初期，生产性的工业区就是建设的重点；又如：现在我国大多数城市市民居住空间环境质量的平均水平还偏低，在“建设小康社会、提高基本生活环境质量”政策号召下，尤其是在还有具体数字指标衡量的前提下，近年来针对居住的房地产开发一直是城市开发的主体。政策对于城市空间演进具有明显的推动作用，响应政策的物质空间发展得最快。

4.2.3 两种城镇空间演进模式的对比——自组织发展和规划控制发展[①]

自组织（self-organization）的概念来源于物理学，在对热力学第二定律的研究过程中发展出的耗散结构理论（dissipative structural system），[②] 改变了人们对整个物质世界发展的认识。作为一个开放、复杂的巨系统，城市具有明显的耗散结构特征。其中各种人类活动所造就的位势差引发的各种流动，促成了城市物质空间的形成和聚集，这些表面看似混乱的聚集，在“隐藏秩序”作用下通过演化发展自组织地整合成一个有机体。

任何事物发展都有组织与自组织两种模式，城市发展也是如此，任何一个城市发展都会受到两种机制的共同作用：控制发展型的城市也有自发演进阶段，人类不可能对城市纷繁复杂的一切都做出事先安排，规划只能是针对其中的重要、关键的部分，由它们搭建起城市发展的基本骨架，骨架之间部分的填充都是城市自发演进的成果；而自发演进型城市也并不是完全没有规划，其发展的每一个阶段中，人们都会在对原有物质空间结构进行梳理的基础上因势利导，这也是一种“规划”。规划控制性城市的物质空间建构模式更多地体现了系统组织演化的特点，而自发演进城镇的物质空间建构模式则更多地体现了系统自组织演化的特点。

回顾城市发展的历史，有众多自发演进型城镇，甚至一些大型的现代城市（例如美国的休斯敦，图 4-118）在没有规划控制的情况下，依靠城市自组织演化机制也发展得很好。但是“自组织”式的空间建设和利用是因“需”而行的，通

---

① 参见：段进著，《城市空间发展论》，江苏科学技术出版社，1999 年 8 月第一版，第 88 ~ 96 页。

② 耗散结构是一个开放的、非平衡系统，由于不断地与外界进行物质、能量交换，产生自组织现象，使系统实现由混沌无序向有序状态转化。

过在具有优势区位的地点进行物质空间扩展以及不同空间类型之间的演替，来逐渐促成整个城市物质空间组织的有序。它是众多城市发展因素相互制约和作用的结果，需要比较长的时间来磨合。其空间类型与数量往往同该城市生态系统的阶段需求有较好的匹配，由此在自发演进城镇的平衡阶段，其空间结构的效率极高。通观大多数自发演进的城镇，其空间结构体系都能够在有限的空间中发挥较大功能，具有强大的活力。

图4-118 美国休斯敦城市鸟瞰图

然而并不能因为城市物质空间演进具有自组织性，就忽视了对控制发展（规划）的作用。古代城镇以“理想城市”为蓝图的规划模式，较好地适应了当时城市作为政治中心和军事堡垒的功能要求和形象象征意义。而现代城市与传统城镇相比，不仅规模巨大、结构复杂，而且城市发展的干扰因素众多、发展节奏极快。虽然城市自组织发展最终也能协调各个方面的发展矛盾，但是现代城市演化节奏“时不待我”，如果物质空间系统不能尽快适应和更新，城市发展就会为此付出高昂的代价。这种情况下，在协调城市中各个层面、各个系统的发展矛盾方面，城市规划具有突出优势。事实上规划引导下的城市物质空间发展并不等同于相应规划文件中文字或图纸中所描述的虚拟规划图像。现代规划只是人类干预城市物质空间演化的一种手段，它是在总结以往城市发展规律的基础上，适时、适地直接作用于建设行为本身——把空间功能整合的过程寓于空间建设过程之中。好的规划通过强弱适宜的干预和控制，能够促进城市物质空间自组织机制完善，起到较好的宏观控制和综合协调作用。从而使城市生态系统处于最佳发展状态，城市物质空间系统发挥最佳的整体效益。所以城市物质空间发展的组织性是以发展的自组织性为基础的，是对其规律的发展和运用，是一种因势利导。

4.3 影响城市生态系统物质空间形成与演化的功能性要素

城市是具有多重功能的复合系统。每一类城市功能的运作都有其对于物质实体空间的相应要求。具体的城市建设中，大多数不同类型实体空间的建构都会一定程度上侧重某种城市功能，或者在其发展的不同阶段上侧重不同的城市功能。这样以某一类功能要素对空间利用要求会主导相关物质空间的建设，继而通过这类空间与其他空间的关系作用于城市物质空间组织的总体格局。总的来讲，以下功能性要素为影响城市物质空间建构的主要因素。

4.3.1 自然环境

自然环境包括原地环境条件（地形、地质、水文、气候）和原生生态系统（由植物、动物、微生物等生命主体以及与物理环境错综复杂的作用关系共同构成）两方面的要素。它们都直接或间接地影响着城镇物质空间建构，是城市发展的外因。

• 影响城市选址

自然环境条件对城市选址的影响主要有两种作用机制。

[1] 从宏观的城镇体系角度出发的区域空间定位。

它涉及城市的区位问题，是由城镇与城镇之间的相互关系决定的。这种关系相互交织把区域范围内的城镇组织成一个整体——城镇体系。它的确立首先受制于该体系所处区域的宏观地理格局——自然地理格局的规模制约着城镇体系的规模和层级，它的形态影响着城镇体系的空间格局；其次是每个城镇由于先赋条件差异而具有的不同城镇职能——在农业文明时代，城镇的产业结构很大程度上依赖于城镇地域的一类产业（主要是农业和矿业）。它与自然环境和自然生产（自然生态系统的生产性）的相关性使得城镇职能在很大程度上由自然环境决定。进入工业社会之后，尽管工业化生产在一定程度上可以脱离自然生产的制约，但是我们不能否认整个社会生产的基础（一类产业）与自然环境的密切关系，生产效益很大程度上依然与环境密切相关（特别是与原料地挂钩的产业）。更何况工业生产本身也有对生产环境的相关要求，这些要求的满足也是不能脱离自然环境的（比如：某些产业对用水条件和地形坡度的要求）；第三是各个城镇之间相互联系的途径——是依赖于陆路、水路还是航空，每一种类型都与自然环境密切相关。自然水系的格局会影响航道设置和港口的位置，满足机场苛刻要求地点的空间位置会直接左右城市的空间格局和发展方向，而铁路、公路的定轨选线无一不受环境条件的制约。这三种模式集合而成的交通区位关系虽然会随着社会生产力水平（包括科技水平）变化而变化，但始终脱离不了受自然条件的左右，参见表4–8和表4–9。

[2] 具体城市物质空间建设用地范畴的确定。

在一定社会生产力发展水平下，适合人类作为空间建设用地的土地资源的自然空间分布是一定的。这种原地条件的可建设性是由自然造就的，它的空间定位

地形坡度对物质空间建设的约束　　表4–8

空间功能单元	适宜建设的地形坡度（%）	备注
机场	0.5～1	工业用地采用垂直布局模式时地形坡度可以适当增大
铁路站场	0～0.25	
一般工业用地	0.5～2	
一般居住用地	0.3～10	
主要对外公路	0.4～3	
绿地	可大可小	

表格来源：《全国注册城市规划师执业考试应试指南》，同济大学出版社，2001年5月第一版，第390页。

机动车道路纵坡控制值　　表4–9

纵坡控制值 道路类别	最小坡度（%）	最大坡度（%）	限制坡长（m）
城市快速干道	0.2～0.3	4	800
城市主干道	0.2～0.3	5	400
城市次干道	0.2～0.3	6	300
城市支路	0.2～0.3	8	200
备注	限制坡长指道路处于最大坡度情况下		

表格来源：《全国注册城市规划师执业考试应试指南》，同济大学出版社，2001年5月第一版，第162页。

是也自然生成的，人类强行改变这种格局必须付出巨大的代价——所以，大多数城市的空间格局都与城市所在地点的环境条件紧密联系，与自然条件相适应。这只是显而易见的建设工程问题。事实上城市选址还涉及建城者复杂的自然观念（哲思）——包括对人与自然关系的思考和对自然环境景观的审美，甚至更高层面的文化象征意义。这些都决定了自然生境的山山水水、芸芸生灵是通过一种什么样的方式融入城市物质空间格局的。也就决定了人类具体选择哪一片自然空间开始城市建设。

• 限定了城市的空间规模

一定社会生产力发展水平下，城市的空间规模有两个有限性：一是城市影响力的空间规模——常常是城市的辖区规模有限。这是由自然地理格局和交通条件确定的。二是在这个辖区范围内，适合人类作为空间建设用地的土地资源是一定的，因此在特定城镇的空间领域范围内，自然环境提供的可进行城镇建设的资源总量又一个相对的定值，这个定值就是该阶段城市发展用地的极限空间规模。随着社会生产力水平提高，城市影响力范围会有所变化，可用于城市建设的土地资源也会有所变化，但是它的最终规模始终是由先天自然格局决定的，人类所作的不过是随着建设能力提高或者经济实力增强把原来不适于城镇建设的用地转化为可以建设用地罢了。可以说这些土地资源宜建与否的自然属性却是早已确定了的。

• 决定了城市功能的空间布局

可建设用地资源分布状态与土地自然属性息息相关，它的空间分布特征限制了城镇的总体空间布局形态，例如：是“组团式”（可建设用地比较分散情况）抑或是“集中式”（可建设用地集中分布情况）。

不同城市功能的空间需要是有差异（既包括空间规模的不同，也包括形态、结构的差异）的，这使得适于不同城市功能的相应土地资源是有区别的，这些特定属性土地资源的自然空间格局也就制约了相应城市功能单元布局以及不同单元在空间上的相互关系。以地形坡度为例，区域内适于机场建设的用地资源的自然坡度不能离0.5%～1%要求差距太大，否则会造成建设费用的大大增加。综合机场距离城市的时空要求（最好处在通勤30min之内），那么如果以城市为中心，机场地点的选择就往往是既定的，参见表4–8。

• 影响城市空间建设的基本模式

不同自然环境条件下，物质空间的建设模式是互不相同的，其根本的原因就如《齐民要术》中指出的“顺天时、量地利，则用力少而成功多”那么简明——适应自然原地环境条件的物质空间建设效益最高，具有最好的经济性。自然环境的空间特色就是城市空间特色的有机组成部分，人与自然和谐使得每一个城市的空间结构都应该是独一无二的（图4–119）。

自然环境是城市生态系统物质空间建构的外因，外因必须要通过内因起作用。这些内因主要是对人与自然关系的哲学思考。可以想见，基于简单“人定胜天”理念的城市建设过程，是不可能形成与自然山水和谐共荣的城市空间格局的。人与自然是否应该相互协调、以怎样的方式协调都会形成对特定城市物质空间的不同构想。但是自然环境生成过程的不可逆性，让我们必须牢记“开弓没有回头箭”的道理：空间建设一旦实地展开，自然就已经随之改变。

4.3.2 社会经济（生产、消费）

社会生产对城镇空间结构的影响可以从两大方面进行阐述：社会生产模式——主要包括产业结构和社会生产效率，是城镇建构的经济基础；社会生产力水平——主要包括科学技术发展水平和科技推广应用程度，它们一方面通过影响劳动生产率作用于城镇的经济基础，另一方面通过改变人类的空间利用和建设模式，来影响城镇不同功能单元的用地条件、空间需求、相互之间的时空关系，直接作用于城镇物质空间结构。

• 影响城镇的空间规模

在工业社会之前，大多数城镇的空间规模受限于能够提供多少剩余产品——也就是能养活多少脱离农业生产的人口，这些人口又可以建设多大的城镇。反映到直观要素上一则在于腹地的大小，二则在于可用于生产的土地以及它的生产能力（肥沃度），三则在于社会生产效率（在单位土地上生产物资的多少）；除去第三要素受社会生产最直观的影响之外，社会生产（尤其是科技发展水平）对前两者都有非常重要的间接影响力。

[1] 城市腹地的大小主要取决于一定时间范围内城市影响力可以到达的最远距离。它显然与交通和通信的技术水平密切相关。

[2] 一定地域范围内、一定生产力水平下，可以被开发利用的土地总量随着人类的科学技术发展水平而变化——人类可能把更多的原生土地转化为建设用地和农田。

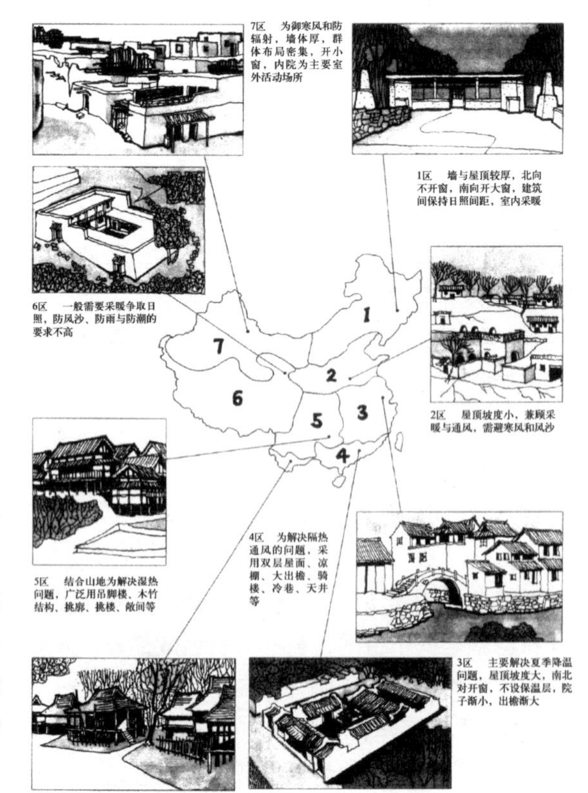

图4—119　我国不同气候区的特色民居

[3] 土地的生产能力固然有其自然形成的要素，但是不同人类耕作技术也会对它产生巨大的影响。例如：中国古代人为增加土壤有机质含量的耕作技术，不仅使农田越耕越肥，而且造就了半人工化的特殊土壤类型——水稻土，大大提高了地力。

工业社会之后，城镇空间规模的影响因素更为多样化。其中二、三产业发展对空间的需求，以及这种需求同第一产业和生活的空间需求之间的平衡关系在很大程度上影响了城镇的总体规模。尽管社会生产力水平提高使城市生态系统可以通过与更大、更远地域农业生态系统的耦合来维持自身平衡，但是在既定发展阶段，毕竟有一些需要有严格时空限制，城镇总体的空间规模和城镇中某一特定功能的空间规模都不可能无限扩张。

• 影响了城市功能的空间布局

不同的社会生产、生活活动对相应空间有不同的要求。结合自然环境，在城市建设用地涵盖的地域范围内，既定的生产、生活活动一般都有相对最适宜的地点。然而这种既定性并不是一成不变的，随着社会生产力水平提高、技术更新，城市不同功能单元之间的空间关系会有一定的变化，这种变化会引起整个城市物质空间结构的转变。例如，随着交通、通信技术的发展，城市不同功能区域之间在时间距离不变的情况下，实际的空间距离得到了极大的扩展，这就使得同一个城市的物质实体空间能够延伸到更广阔的地域空间范围之内，避免不同功能单元之间相互干扰的可能性和机动性有了相应的"空间"技术依据，从而使得城市的空间格局能够更加分散。同样，建筑技术的发展，使人们能够在有限的土地资源基础上建造更多的具有实用价值的空间，它又为相关城市功能的聚集提供了相应的"空间"技术支撑，使得城市空间布局能够更加集约化。更突出的是随着社会生产力水平的提高，人与环境、人与社会之间的关系都发生了巨大的改变，这种改变会从根本上促使城市功能空间布局理念变革。

• 影响城镇的空间建设模式

社会生产力对城镇生态系统物质空间结构的直接影响在于三个方面：一是社会科学技术水平提高促使空间建设技术模式改变，简单地讲也就是建筑施工技术水平的提高。比如：水下掘进技术的成熟才使得我们能够修建穿越海峡的海底隧道；同样超大规格整体吊装技术的成熟，才能够推进模块式建筑的发展。二是社会科学技术水平提高促使物质空间本身建构技术模式改变，也就是通常所说的建筑新结构、建筑材料的产生与运用。例如：建筑结构从传统的梁柱式砖石结构、木结构，发展到今天的各种大跨度建筑的新型空间结构、超高层建筑的剪力墙、筒体结构等。这种改变不仅使物质空间的实体类型日益丰富多彩，而且还同时促使城市空间组合方式也日趋多样化。甚至还改变了城市居民的生活方式——比如许多室外的运动项目现在都可以在室内开展，从而避免了天气的干扰，使运动成为全天候的休闲活动。三是社会生产力水平提高使得城市经济实力提高，具有了采用相应建设模式的经济基础。这使前两者对空间建设模式的影响力才能真正发挥出来。例如：高层建筑的诞生已经由一百多年历史了，其全套技术的成熟和推广也有了近半个世纪的历程，但是高层建筑在我国却只是近二十年来的"新鲜"事物。也就是最近十几年来，高层建筑对于中国的大城市来说才是从经济上切实可行的一种空间建设模式。

4.3.3 社会结构

社会结构是指"一个群体或者社会中的各要素相互关联的方式。"[①] 这个概念是对其直观表象的描述，事实上社会结构可以理解为人与人之间、群体与群体之间的内在关系，通过这种关系，分散的个体和社会单元组织成为了有机整体——社会。这种关系是城市的一种软性、潜在机制，它并不直接作用于城市物质空间建设，却通过一系列的间接作用，对城市空间结构进行着内在、必然的影响。社会结构对城市物质空间建设的间接影响力发挥主要有以下几种途径。

• 作用于市民的思想观念，通过影响人们的社会行为模式来影响城市物质空间结构

社会结构可以直接影响物质空间建设和利用的相关行为模式。比如：地缘性社会结构和种族性社会结构在城市中的移植，使得产生于特定乡土的空间文化能够在城市异地生根发芽，形成某些城市区域的独特空间组合模式。比较典型的案例就是中国古代商业城市基于"乡亲"观念，同乡聚居形成的街区空间结构往往与原住地空间利用模式相关，同时为方便"畅叙乡情"，这些街区往往都以公共集会的同乡会馆为中心。这是地缘社会结构在城市空间结构中的切实反映。

• 通过与社会结构相配套的政治结构，自上而下地左右全民的意识形态，形成与特殊社会结构相适应的生活方式和理想物质空间模型，从而决定城市的物质空间结构

例如：基于农耕文明需要，中国古代城市的主要功能是对全国或地区进行政治统治和军事控制，大多数城市始终是政治中心和军事堡垒。这种社会结构背景下，"家国同构"——个人、家庭、社会与国家浑然一体，社会群体和个人的自由和权力湮没于皇权之中。这种意识形态使得整个城市空间结构的组织也充分体现了基于"服从"的统一组织秩序。"国家自产生之日起，就凌驾于社会之上，兼并和同化了整个市民社会。而强大的皇权、牢固的封建宗法关系、庞大的纵向官僚统治体系、严格的政治等级制度以及重农抑商、重刑轻民等传统意识形态，都是实现这种同化的主要支撑体系。……其结果是……大一统、专制的政治经济体制导致了中国城市空间结构和布局的封闭、内向特点，作为市民社会交往和活动的开放公共空间自然无由产生。"[②] 由于市民社会无法独立发育，城市公共空间

---

① [美]戴维·波普诺著，李强等译，《社会学》(第十版)，中国人民大学出版社，1999年8月第一版，第94页。

② 陈锋，《城市广场、公共空间、社民社会》，《城市规划》杂志，2003年第27卷第9期，第56～62页。

就失去了存在的社会基础。同时这种意识形态下形成的私人生活与公众生活无法区分的生活方式（比如皇家无家事），也使得公共空间没有了演化发展的动力。因此中国传统城市（尤其是作为政治中心的城市），是极端缺乏专门性的公共生活物质空间的，仅有的是与商业活动相结合的"街市"。

• 与社会结构相应的社会管理（政治）制度模式对物质空间结构存在客观影响

例如，中国古代封建社会城市，早期严格的里坊式管理制度使城市的空间结构相对单纯、形态封闭。而宋代以后在商品经济发展的触动下，里坊制逐渐消亡，封闭的空间体系也随之改变。又如，新中国成立后，相当长的一段时间内，由于特定的历史条件和特殊社会因素的影响，社会成员以各种身份组织到各个单位之中，……这种单位"与其说它是社会学意义上的社会组织，还不如说是政治学意义上的政治组织。它实际上是国家组织的延伸，其功能与活动方式、范围都有'小政府'的性质"，[①] 这种社会管理模式以单位办社会的形式把城市市民的生活圈层被限定在由单位院墙包围的封闭空间之内，在强制简化了社会结构的同时，削弱了社会成员之间原本应该多样而丰富的社会交往活动。从而在根本上约束了城市公共活动空间体系的自由发展，造成建国之后相当长的一段时间内，除了为政治活动服务的公共空间之外的许多原来颇具中国特色的其他城市公共活动空间类型（例如会馆）消失，其整个体系退化、功能萎缩。政府运用行政手段组织、管理和监督城市建设活动，城市物质空间结构必然带上特定时期政府行为的政治色彩，这是管理模式间接影响物质空间结构的根源。

4.3.4 社会安全

"安全"是人类仅次于生存的基本需要，人类定居一方面是在于社会生产模式的转变，另一方面则是从安全的角度出发，营造更利于人类繁衍生息的场所。每一个城市都是其区域范围内的焦点，各种人类活动的汇集带来了社会财富的聚集，在城市发展的初期，这种聚集带来的觊觎所引发的不安全因素一直是城市防卫的重点。因此进入城市发展阶段之后，如何防范人类内部纷争，维持城市社会的安定与和谐往往是城市管理（统治）者的重点。冷兵器时代，坚固的防卫体系对于城市来说至关重要，它们往往是进行城市建设时优先发展的物质空间，因此那时城市的空间基本格局与以安全防卫为目标的物质空间实体关系密切——大部分城市的基本形态都受制于城墙走势所圈定的基本形状，而城市内部的空间结构也与城门开启方位等要素紧密结合。以中国古代的唐长安城为例，安全（这里重点是

---

① 孙晓莉，《中国现代化进程中的国家与社会》，转引自陈锋，《城市广场、公共空间、社民社会》，《城市规划》杂志，2003年第27卷第9期，第56～62页。

指当时统治者的安全）因素在城市物质空间结构形成中起到了至关重要的作用：

[1] 宏伟而坚固的方形城墙框定了整个长安的基本空间形态；

[2] 为了防止内乱、便于管理，城市划分为一个个相对独立的方形街坊，每个街坊都有坊墙、坊门，形成了封闭的街道空间形态和景观特色；

[3] 作为统治中心、也是城市财富最为集中的宫殿区包围在专为它们设置的宫墙之内，建构了长安的"重城"空间格局；

[4] 为防止城市内乱，宫殿区位于城北，紧靠城墙而且有专门的出城通道，使统治者进可攻、退可逃，形成城市政治中心偏于城北的空间布局形式。

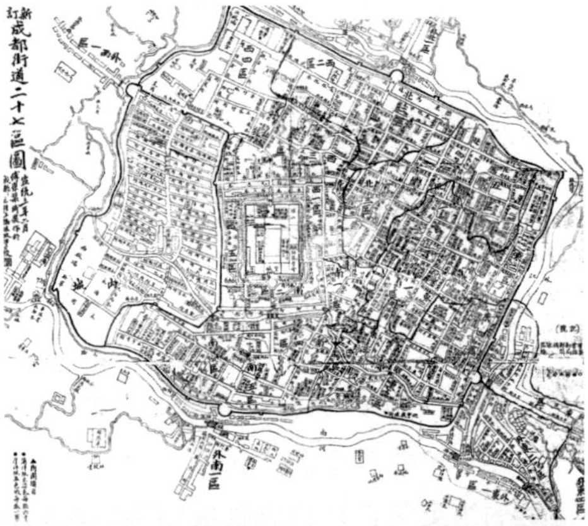

(上) 图4–120 成都宣统年间城市平面图

(下) 图4–121 成都市中心区现状平面图

说明：以上两幅图的对比可以清晰地看出城墙对成都城市空间格局潜在而深远的影响。尽管城墙已经早就拆除，但是它强烈的空间痕迹经过近五十年的城市发展依然存在，并将继续存在下去。

由于这部分防卫性空间实体往往是城市最坚固、持久的物质形态，它们一经形成，对城市空间结构的发展具有强烈的限定性——许多延续千年古城到今天仍然无法消除古老城墙的影响，尽管其中许多城市在进入工业社会之后，强行拆除了城墙。例如：中国的北京、成都（图 4–120、图 4–121）等。

由于人类的攻击手段随着社会生产力水平提高而提高，作为应变的防卫空间组织模式也在随之变化。例如，为了减少城市在遭受敌人轰炸时遭受的损失，分散式城市空间格局在二次世界大战之后的城市建设中得到了广泛地推广——我国的"山、散、洞"发展策略和前苏联首都莫斯科的组团式格局都是出于这种思路。特别是莫斯科规划中对森林与城市核心区之间不超过 40min 的时空布局模式，就是出于和平时期可以改善城市环境、方便市民游憩，而战争时期则是疏散城市功能、便于人员尽快隐蔽的全面考虑。随着科技进步，现代城市安全的防卫体系越来越以为设备为主导（例如建设全面的预警系统和防空炮火网），而具有防卫性的空间实体在注重建造技术的提升可靠性的同时，其高昂的建设成本也使得空间利用更注重"平战结合"——防卫性空间与其他功能空间相结合。最为成熟的结合方式就是城市地下的人防系统与地下交通、商业设施的结合，这在莫斯科、东京、伦敦等城市地下空间系统建设中都有突出体现。

现代城市安全性物质空间随着城市发展逐渐“化形为力”，古代城市独立存在的堡垒和高墙深壕现在已经被基于各种先进技术并与其他日常空间相结合的复合功能空间系统所取代。但是安全问题在城市物质空间结构中的重要性并不会因此削弱，如何在新问题挑战下，防患于未然，发展利于全民安全的空间格局是建设中的重要课题。

4.3.5 社会文化

人类可能是惟一具有文化的生物。文化可以看作是一种代代相传的生活方式，由独特的价值观、知识、行为模式等鲜明的特征所塑造。就文化对城市空间结构的影响机制而言，它首先是在以往若干代人积累的空间环境“知识”为基础的，其次是特殊的人群和个体根据这些相关知识建立的既定空间相应的利用和建设行为模式——往往是一些关于理想城市或者理想家园的设想，第三是切实城市物质空间建设过程中相关社会群体（投资者、管理者、设计者、使用者）之间不同文化背景下“理想空间”理念的磨合和碰撞。所以基于文化本身的多样性以及不同文化之间相互交流融变，它是造就城市空间特色、景观多样性，以及结构复杂性的根本原因之一。例如，中国古代基于“天人合一”自然观的风水学说有关“理想居所”的设定——“吉地不可无水”、“不同方位有不同的特点和吉凶，因此城市功能布局需要方位特性相和”、“自然环境的山水形态也有不同的属性，人建空间要扬长避短”等都深刻地影响了当时的城市选址以及城市内部的空间组织。因“地师家以辛巽为文明，故郡国之祠多在东南。”，[①] 东方五行属木，主“仁”，代表礼制尊卑有序的观念；这种观念与孔儒思想的崇高地位相结合，是以祭祀孔子的文庙一般都处在城镇的东南。孔子因教化而闻名，所以当时大多城镇的教育区、文化区都围绕在文庙周边，居于城镇东南隅。

①《平遥县志》之《创建文昌阁并凿泮池起云路碑记》。

5 城市生态系统物质空间结构的建构演进规律

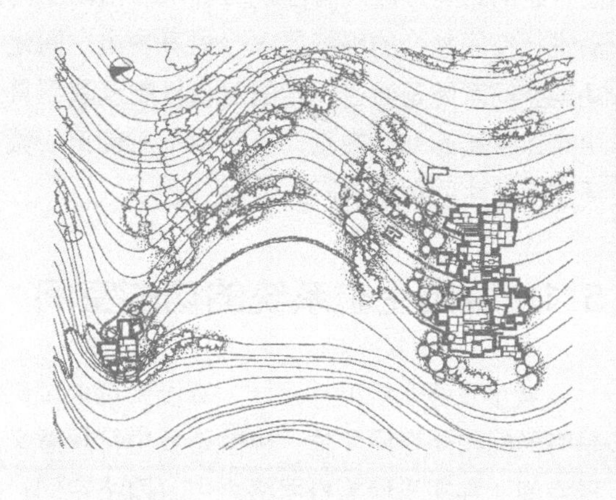

城市生态系统空间形态与规划

鉴于城市是复合功能系统，任何城市空间都可以根据城市的自然功能、社会功能和经济功能划分为自然空间、经济空间、社会空间三种功能空间类型。每一种功能空间都根据相应城市功能的需要，通过一定的内在结构结成一个有机的空间系统。但是，社会系统、经济系统、生态系统活动的开展（也就是自然空间、经济空间、社会空间）与具体物质实体空间单元并不是完全僵化对应的——有些活动需要一系列物质空间系统配合完成，而同时一些具体物质空间又具有满足多种系统不同活动开展的功能。这些系统活动的相互交织和重叠，使得物质实体空间系统的结构形成既有基于各种系统活动空间需求的直观要求，也包含对各种活动进行空间整合的组织要求，更有物质空间建构规律的本位要求。事实上，三类功能空间系统是通过一定的复合机制反映到具体物质空间实体上，最终形成现实中可以直接感知、在生产生活中不断使用的城市生态系统物质空间，这是城市物质空间结构的自组织形成过程。

5.1 城市生态系统的功能空间

城市生态系统的"空间"在不同层面上的概念范畴具有很大不同，它既可能是有形的物质空间实体，也就是我们常规意义上谈论的三维空间；也有可能是无形空间，存在于计算机网络之中（网络空间）或者构建于人与人错综复杂的关系之间（人际空间）。已往对城市物质空间的研究偏重于表象空间的几何图形形态和结构，但是城市物质空间的发展不仅仅是一个空间建构组织过程，它同时也是一个生态过程、经济和文化过程。作为自然——社会——经济复合生态系统的城市，每一个物质实体空间存在的根本客观理由就在于它是履行某种城市功能所必需的场所①条件。

5.1.1 城市自然空间

长期以来，在城市建设过程中对当地原生自然环境的认识大多是基于"人工环境与自然环境"相对立的哲学理念，因此原生生态系统与人建物质空间环境的关系总是带着"二元对立"的特征。在人工生态系统与原生自然生态系统之间好像总是在为了争夺发展的土地（空间）资源而相互竞争，在以人为本的思想指导下，原生生态系统和它们所占据的自然环境成了人类"革命"的对象。人类发展

---

① 场所——是人文主义方法论空间概念的核心内容。早期的对场所的理解是"人们感受在内的程度"（瑞福 Relph，1976）。后来舒尔茨（Norberg Schulz）以海德格尔存在主义哲学为基础重新定义了场所的概念，认为场所是人存在的立足点，具有"定向"和"认同"的功能，……它使人"成为自然的一部分"。在物理形态上，"场所"与"空间"的三维特性是相对应的，但是这个词包含了简单的物理概念"空间"所不能涵盖的人文特征，比如情趣、气氛等，也就是所谓的"场所精神"。城市场所具有两重意义：其一是场所的实体——它们构成了城市"静态"的空间，它们的组合关系是场所的静态结构；其二是场所的主观意义，即该空间对城市生活的目的意义。人们在生活过程中使用空间的行为模式以及在场所中经历的感知印象，它反映了场所的动态结构。参见：王兴中等著，《中国城市社会空间结构研究》，科学出版社，2000 年 6 月第一版，第 80 ～ 83 页。

在不断地向原生生态系统要地（空间）的同时，出于自身狭隘的卫生理念、凭借一知半解的自然知识、依靠破坏力超强的技术手段，力图改变原生生态系统历经亿万年演进形成的运行模式。尽管这些作为都是基于“为更多的人创造更美好生存空间环境”的良好愿望，但是人类改天换地的巨大努力所带来的事实结果是怎样的呢？城市扩张了、河岸硬化了、河堤加高了、建筑高大了、住房宽敞了，但自然宜人的空间不见了，城市景观变得枯燥而生硬，与人类相亲相近的生物不见了。有害生物，例如：苍蝇、蚊子、老鼠却未见消失；洪水频率和危害增加，清澈的河水也变混浊、变臭了；人类的各种疾病也在增加，尤其是恶性的传染病（例如非典）。这一切的一切最终向人们揭示了这样的事实——原生生态系统对于城市而言的存在价值并不仅仅是基于审美的景观功能，而更多的是因为它对于维持城市生态系统平衡具有某些人类尚未发现和难以替代的潜在作用。前者人类通过仔细的观察在 18 世纪就可以对其表象模仿得惟妙惟肖（例如当时英国的自然风景园林），但是后者的作用机制直到现在人类依然无法剖析清楚（生物圈Ⅱ号实验失败就是例证）。因此，对于城市生态系统来说，功能意义上的自然空间概念不同于一般情况下我们所知、所说的自然空间，尽管它们大部分的要素相同。

• 基本概念

自然空间是指在城市生态系统中负有维持系统平衡作用的，为城市生态系统提供生态服务的，以自然生物生产（除人类及伴人生物而外）为特征的孑遗原生生态系统、半自然的农林生态系统以及部分模仿自然的人工生态系统在城市空间地域范围内所占据的空间领域。

自然空间是城市社会与原生自然互动过程的结果。

自然空间具有多种环境功能，例如：气候调节和稳定、旱涝灾害的减缓、空气和水的净化、废弃物的解毒与分解、生物多样性的维持、病虫害爆发的控制、人类文化的发育与演化、人类感官心理和精神的益处等。自然空间的服务功能为城市所创造的财富是巨大的，这可以从对全球自然生态系统的服务功能统计的经济效益折算中窥得端倪：全球整体的（自然）生态系统每年经济效益高达 33 万亿美元，其中全球生物多样性每年产生的价值约在 3 万亿美元左右；[①] 英国剑桥大学和美国马里兰大学的 19 名经济、生物学者在美国《科学》杂志上发表论文指出，有效保护生态系统而从自然界能够得到的利益每年最少为 4.4 万亿美元，最多为 5.2 万亿美元。为了实现人与自然相互支持健康地共同演化，减少城市发展与自然环境的对抗性，防止灾害加剧、环境恶化、生活质量下降，在都市区域中尽可能多地保有生态用地是极为必要的。只有这样才可以满足城市环境优化、

---

① 转引自：2002 年 8 月 29 日《中国环境报》第一版：《地球峰会，拯救地球》，记者：毛磊、姜岩、青泽、李文飞。

人类全面进步、社会可持续发展的要求。

城市中的自然空间不仅仅涵盖常规意义上城市建设用地中的绿地——以各类公园为主体。其构成中更重要的成分是在城市环境下保留的当地原生生态系统孑遗地——自然保护区、山林、湿地、自然河道，以及面积较大的半自然生态系统——农田、经济林地、鱼塘等。

各类城市公园和景观绿地虽然是人类与自然互动最直接的区域，但它的主要功能是环境审美——创造硬质环境与软质环境相和谐得城市景观。这些绿地的建构成分是经过人工精心挑选的、空间形态是按照人类的审美修正过了，而且多数使用后人满为患。它虽然也为城市提供了一些生态服务（比如绿色植物生长产生的氧气），但是它的健康生长是需要人类大量投入的，这包括平时的日常维护和对突发灾害（火灾、病虫害、酸雨）的救护。因此它的生态服务功能是比较差的。有时甚至基本没有生态服务功能，还需要专门的特殊维护才能存续。事实上，城市中的原生生态系统孑遗地才是城市生态系统中生态服务功能发挥的关键。它历经长期演化具备了自我更新能力，对正常的自然灾害有相当强大的自我适应力、抵抗能力和恢复能力。它不仅仅能够在进行生物生产的同时为城市涵养水源、防止和降低灾害损失、改良气候、净化空气、美化环境，同时还是宝贵的动植物基因库，对维护城市生态系统的物种多样性具有特殊意义。

而城市中的半自然农业生态系统的重点功能在于为城市提供社会消费品（蔬菜、水果等副食品）。作为城市日常基本生活的保障基地，这种功能是超越了单纯生态服务范畴的，是整体城市生态系统食物链的重要组成部分。当然，农业生产同时还提供了一定量的生态服务功能并且丰富了城市景观（田园风光）。

自然空间三大组成部分都以绿色植物生长为表象特征，但是如前文所述，它们的功能侧重和生态效率是有很大差异的。要维持城市生态系统平衡和高效运作，这三者缺一不可。这其中又尤其以对原生生态系统孑遗地量的保留、形的控制、健康的维持最为迫切和重要。因为它的主导功能——生态服务，不像美丽的景观、丰富的农产品那样可以为人们直观感知，而是相对隐形的。它对空气和水体污染的消除、对各种自然以及人为灾害的抵御往往是人类用现代技术、花费巨大投资也无法完全替代的。而自然环境变化的滞后性往往使得只有在这些功能失去之后，人类才幡然察觉，但已为时太晚。

- "自然空间系统"之实体空间的建构模式

城市生态系统中自然空间系统的实体空间建构分为两大层面。

[1] 宏观层面上表现为人类社会与原生生态系统的互动。

在城市生态系统所占据的空间范围内，人类按照自己的目的改造自然和环境，形成以社会生产和服务功能为主导的城市物质空间；而同时原生生态系统中的各个物种为了生存，不断发展其生存技能以适应城市硬质环境。两个过程交互作用，形成由斑块（patch）、廊道（corridor）、基质（matrix）、缘（edge）等基本形态要素构成复杂的系统。观察者所处的不同层面上，这些形态要素在某种程度上可以相互转化，

案例 5-1[①]：南京市自然河流水系丧失的代价

南京市原有以护城河、秦淮河、金川河为主导的三大水系，协同九曲清溪、运渎、杨吴城壕、南唐护龙河及其支流水系，和以玄武湖为主导的三百多个湖泊水塘，它们共同构建的水系具有水运、排涝、蓄洪一体的功能。但是到 20 世纪 90 年代末，城市众多支流水系因城市开发而大量消失，而湖泊也仅剩保留在公园中的几个著名的。最重要的玄武湖不仅面积大大缩小而且因与长江联系微弱而导致水质下降，失去了对长江的调蓄功能。这种人为造就的排涝不畅，蓄洪容量减少汇同城市硬化，绿地减少造成的洪水汇流时间缩短、洪峰增大，使得南京市区在雨季常常大面积积水，并且洪水泛滥频发。加上长江上游地域同样的问题，水灾的内忧外患已经造成了巨大的经济损失——原长江新济洲的警戒水位为 9.5m、到 1983 年为 10.98m、1995 年为 10.76m、1998 年为 11.24m、1999 年为 11.10m，使该地每年用于防洪的资金就是 5000 万元人民币，但是新济洲的年国民生产总值还不到 4000 万元人民币。因此 2001 年南京市政府不得不决定迁出岛上所有居民。

例如：从区域范畴来讲，自然性和半自然性的空间是“基质”、城镇等人工建设的空间是异质性的“斑块”和“廊道”；而深入城市建成区内部，则人工建设的空间是“基质”，公园、湿地等自然和半自然性的空间成为异质性的“斑块”和“廊道”。但是，既定性质的空间是与一定功能的空间层次等级相对应的。它们通过复杂的纵向、横向结构体系联系成有机整体。

在高速城市化时的某些城市区域，城市的自然空间（生态服务功能用地）已经从大区域的景观生态本底（基质）退化为地段内的残存自然“斑块”。这些残存“斑块”生态服务功能的发挥直接受制于“斑块”本身内在机制运转是否正常。而其正常存在状态的维持和可持续发展的能力一方面源于“斑块”面积的大小（“斑块”面积越大，自我完善、造血功能也就越强），另一方面则在于它与外界沟通能力的强弱。强大的沟通能力（通过“换血”功能）能为“斑块”生长引入各类急需要素，保证“斑块”的肌体健康。所以，“廊道”在城市建成区域的自然空间格局中起到至关重要的作用。“廊道”或“廊”[②] 专指具有线性或带形的景观生态系统空间

---

① 资料来源：杨冬辉，《城市空间扩展对河流自然演进的影响——因循自然的城市规划方法初探》，《城市规划》杂志，2001 年第 25 卷第 11 期，第 39 ~ 43 页。

②“廊道”或“廊”是景观生态学的一个重要概念。景观生态一词最早在 20 世纪 30 年代由 C.Troll 提出。Troll 认为，景观代表生态系统之上的一种尺度单元，并表示一个区域整体。1986 年，美国学者 R. Forman 和法国学者 M.Godron 将景观定义为由相互作用的镶嵌体（生态系统）构成，并以类似形式重复出现，具有高度空间异质性的区域。1995 年 Forman 进一步将其定义为空间上镶嵌出现和紧密联系的生态系统的组合，在更大尺度的区域中，景观是互不重复且对比性强的基本结构单元。我国景观生态学者肖笃宁认为，景观是一个由不同土地单元镶嵌组成，且有明显视觉特征的地理实体；它处于生态系统之上，大地理区域之下的中间尺度，兼具经济价值、生态价值和美学价值的复合功能系统。景观生态系统具有鲜明的层次性。学术界通常把它划分为三个层次：一是宏观尺度的整体空间构架；二是中观尺度的典型空间组合型；三是空间元素的基本形态特征。

类型和基本的空间元素。其最基本的空间特征是长宽度比。除了空间特征的相关定义之外，"廊道"或"廊"的生态学意义在于它具有"沟通"和"阻碍"的双重功能：其一，对于"廊道"系统内部或由"廊道"所联接的空间单元而言，"廊道"的连通性便于内在要素的交换和流通；其二，对于"廊道"两侧的空间而言，"廊道"的异质性却阻隔了它们之间的要素交换和流通。因此在生态学意义上，"廊道"在自身成为独特的生态子系统的同时，还是划分两侧完整"生态功能单元"的重要天然依据。通过"廊道"系统的连通，"斑块"在某种程度上可以突破城市硬质空间环境的约束，不仅保证了自身的持续存在和发展，同时也尽可能地发挥了有限生态用地的生态服务功能。

[2] 微观层面上自然空间结构与自然生态系统的基本建设者（由各种绿色植物组成的植物种群）在城市系统中适应不同环境的空间利用模式相关。

这一模式一方面是通过植物之间物种竞争形成相对稳定的物种间空间分配关系；另一方面是植物群落历经长期演化适应于特定环境系统，形成的相对稳定的对应关系，与环境的地形、地质、土壤、光照、水文、微气候等因素息息相关。人类往往可以通过在微观层面的具体措施，改变整个城市地域的自然空间格局。例如：抽干湿地的水使之变为可事农耕的田地，修建堤坝垫高河滩"创造"城市建设用地。

长期以来我们一直比较重视环境物理条件对城市物质空间结构形成的影响研究，而忽视了原生生态系统生物能动性的相关作用，因此对自然空间系统实体空间格局形成的规律掌握上有一定的偏颇。事实上自然生物坚强的求生力，在人类威慑下的城市环境中表现地更为淋漓尽致——只要人类的扰动停止，其他生物就开始了自然的生存演替过程。不论是大的垃圾场、废弃地、污染地还是细小的街角、屋檐，只要有阳光雨露，生命总是顽强地存在着（图 5-1、图 5-2）。例如：英国伦敦郊外的垃圾场，因为少有人类活动而成为了野生动物在城市中重要的栖息地——在那里我们可以看见狐狸用废弃轮胎搭建巢穴，野生花草在瓦砾中茁壮生长；更为极端的例子是在东京新干线铁道钢架上，乌鸦居然用各种钢丝衣架修建了"钢结构"的新家。所以事实上，发挥生态服务功能的自然空间与人类所认识的"自然空间"在事实上的空间领域范畴内有极大的区别——对维持城市生态系统平衡具有至

（上）图5-1　安身于钢铁森林之中

摄影：久保田英世（世界野外摄影大赛1997年获奖作品）

（下）图5-2　城市环境中街边犄角的野花

（我渺小、我卑微，可我依然美丽）

注：所有的花草均拍摄于成都青少年活动中心。

关重要作用的一些特别功能单元所处的地域，以往常常被认为是不卫生"疫病"源地（湿地）或者不利于建设活动开展的区域（地质状况不良的区域）。这种错误认识仅仅源于适宜人类自身生存条件的某种衡量标准。这种与事实不符的出发点使得这些地域通常被评定为没有"价值"，而成为人类弃置危险废物的场所或者拿出"战天斗地"精神进行改造的空间。结果，这种改变往往适得其反。自然空间系统的形成没有僵化的构架或模式，而是一个充满活力的过程。

5.1.2 城市经济空间

自从城市生态系统步入"经济城市"阶段，城市物质空间建设与各种经济活动的关系就变得如此密切——以至于城市建设的重要任务之一就是为各种各样的社会经济活动安排适宜的场所。经济作为城市的重要功能，其内在结构关系到城市生态系统主要能量流动和物质循环的内在机制。每一种经济活动都有对场所的相应要求，这种需求相互作用，造就了城市经济空间。

- 基本概念

经济空间事实上是一系列与城市经济结构相关的物质实体空间互动和分离。

城市最重要经济结构通常被分为——能源结构、产业结构和消费结构三种类型，但是与实体空间相互作用更为直观的是产业结构。能源结构与实体空间的互动因为能源传送的流动性特点而具有潜在性和贯穿性。消费结构变化会带动相应空间需求的产生和发展，从宏观层面上决定了城市未来的产业类型偏重和发展趋势。由此在物质空间领域更注重这种变化带给城市生态系统物质实体空间的应变与发展趋势。① 它们都是一种潜在的作用机制。

经济空间结构对城市物质空间实体的影响具有整体性、全面性，作用于城市的社会生产、生活的方方面面。以下以社会生产空间结构为重点论述各类经济空间结构与物质实体空间互动的相关规律。

- "经济空间系统"之实体空间的建构模式

"经济空间系统"的实体空间建构模式是指这些经济功能空间在物质实体空间层面上进行场所互动和分离的内在机制。

[1] 产业类型对经济空间结构的影响：社会生产空间结构是城市生态系统经济结构中产业结构所造成的物质实体空间互动分离的内在机制。根据社会生产作用对象的不同，目前产业类型通常被划分为三大类。

一类产业：直接以自然物为作用对象的产业类型。

这些自然物可能是自然生态系统生物生产的结果，例如：动物、植物，

---

① 以人们所最为熟悉的消费结构代表是恩格尔系数的变化为例：随着恩格尔系数降低，城市的产业类型往往日趋丰富、空间结构体系日趋复杂。

由此形成畜牧业、渔业、农业、林业产业门类。也有可能是地球物理化学过程所造就的特殊物质，例如：各类矿藏，由此形成的采矿业。

因为该产业门类所作用对象的自然属性而受到环境的制约力最大。它的空间布局必须与相应的自然条件对应。例如：采矿业受矿脉的地理空间、地质状况以及矿产储量、品质的影响，人类在该产业空间布局方面的能动性只能是通过对开采技术选择而获得。同样，特定生物物种自然生产特点是与环境共同演化而成的有机整体，并不会因为农业技术而有本质改变。农业生产的异地模式不过是人工模仿该物种的自然生存条件、或尽量维持其最佳生存条件而已，这种技术需要很大投入，往往是出于应付极端条件的挑战。所以，对于一类产业而言最为经济的生产模式就是顺应自然、尽可能地利用自然。

二类产业：以一类产业产品为作用对象的产业类型。也就是通常意义上的工业（加工业），根据其产品门类分为涉及人类日常衣、食、住需要的消费品产业和社会生产必需品的生产资料产业。

随着科技进步和交通运输的发达，二类产业中除了部分特殊的原料地产业之外，对自然环境的依赖性已经越来越弱化了。它的空间布局主要与以下几个因素密切相关——各种产业工艺特点、交通运输状况、城市中心区区位、基础设施系统状况。

1）交通体系对工业生产经济空间结构的影响规律。

大部分工业生产企业的空间布局都有强烈的"通道效益"——向交通动线周边聚集，这是由于在可能的情况下企业总是争取最佳的交通区位，以便于同城市外部的经济体联系。这种现象不仅在现代城市体现突出，在古代城市中也是如此。它也是造成城市发展轴向扩展的重要因素。其中不同产业类型对运输条件的不同依赖模式进一步分化了生产企业的空间布局。例如：制造业因为两头在外（原料、市场），对运输的需求量大、要求高，因此靠近"通道"对于企业而言更为十分重要。而企业对外交换的规模又进一步分化了这种空间布局，大型企业更多地依赖交通枢纽（例如港口）、小型企业产品外运则主要依赖公路（因为灵活便利）。

2）城市中心区位对工业生产经济空间结构的影响规律。

由于区位优势的作用，企业分布基本遵循随着距离衰减的原理——离城市中心区越远，企业分布越少。各种产业集中分布于距离市中心一定的区域范围内（在深圳这个数据是30km范围内，1994年占93.4%、2000年占85%），并尽量靠近市中心（深圳的数据是10km范围内，1994年占56.2%、2000年占33.8%）。

各种工业产业依据对各种生产服务行业[①] 辅助功能的需要紧密程度分布在离市中心不同时空距离的圈层范围内。由于生产服务行业通常聚集在城市中心区域，因此城市中心区的布局对行业的分布会产生相应的影响。例如：高科技型行业（尤其是其中的研发企业）对信息有极强依赖性，而且其从业人员（主要是中高收入

① 生产服务业是为生产和商务活动提供服务的行业。主要包括：金融业、保险业、信息、咨询、法律等。

阶层和高知阶层）对生活品质的要求较高，所以对市中心的依赖程度是最高的，主要分布于城市核心区。因此城市基础设施和综合环境提供的便捷信息交流条件、商务活动场所和良好生活设施是有效吸引高新企业的关键条件；而资本密集型行业则属于另一种向心型。生产所需的大规模基础设施投资使得如果企业远离城市，所有的建设成本都必须依赖企业自身，从而降低了基础设施运行的规模效益和集约效益，这会提升生产成本。所以这一类企业大多依附在基础设施健全的核心区周边；而劳动密集、低技术型行业属于离心型。这些行业会在偏离城市中心区的其他区位形成自己的重心，企业的数量随着距离城市中心区距离增加而增加，在 20%～40% 之间形成各自的高峰（目前大致距离市中心 20 ～ 30km）。对于这些技术含量较低的行业，一方面中心区信息中心、金融中心、商务中心的服务功能相对重要性下降，另一方面市中心相对高昂的生活成本对于其大量企业雇工这些中低收入阶层而言较高，因此企业往往依托城市核心区以外的次级生活中心（主要是对居民提供便捷的日常生活服务）建构。

随着城市规模的扩大，企业的空间分布呈分散化趋势。随着城市规模扩张，城市中心区开始空间和功能的分离，逐渐由单核中心向多中心模式转化。生产企业也各自随着对不同中心功能的依托而产生相应的空间分化，企业格局也逐渐分散化。例如：远离城市中心区的卫星城镇如果能够提供比较优越的环境和便捷的交通条件，也能够吸引高新企业落户发展。在吸引要素中，生活环境、就业条件、服务设施、交流气氛、文化氛围都十分重要，有的时候甚至超过了单纯的硬件设施。但是这种相对于主城区的分散必须以与主城区能够保持便捷的联系为基础，在卡斯特尔和霍尔著《世界的高技术园区》一书中分析：日本的筑波科学城和韩国的大德科学城不够成功的原因主要是由于选址距离城市太远，造成诸多不便，大大降低了吸引力。从世界上比较成功的高新技术开发园区及城市核心区的距离多在 1h 的交通圈内。

3）不同政策的行政边界对工业生产经济空间结构的影响规律。

生产企业有时会靠着行政边界布局，尤其在边界的某些特殊空间点上（通常是进出口通道区域）形成聚集的形态。其中的根本原因来自两个方面，一是正常地对边界两侧经济体制、发展水平、产业结构、生产要素价格的合理配比与利用。例如：在深圳有两条这样的产业带。沿特区与香港的分界线，既可以利用香港的各项优质服务设施（港口、机场、金融、信息等），又可以享有特区的种种优惠政策和低廉的生产要素（例如劳动力成本）；沿特区与非特区的分界线，主要是利用特区内外的土地和劳动力的价格差，同时又把与香港的空间缩减到最小，既降低生产成本又保持较低的运输成本和时间成本；二是利用边界区的管理真空，规避约束，以降低成本，谋得更多利润。例如：国内普遍存在的各省交界区域的污染企业密集区，就是利用边界区管理不便造成的"三不管"特殊"优势"，恶意逃避控制污染的正常成本支出，以谋求更多的非法利润。结果给相邻的各省都造成了极为严重的环境资源损失和生态破坏。前者是正常利用政策差异谋得更高的企业效益，而后者则是钻管理的漏洞。

4）社会要素对工业生产经济空间结构的影响规律。

这是一个比较特殊的规律。常规意义上讲企业布局最重要的是怎样利用空间区位优势，降低成本（劳动力、交通等）获取更高额利润。从这种牟利的惟一目的出发，社会要素如果不能为生产带来额外的利润，一般而言是不会对产业布局有影响力的。但是的确某些社会要素会为提高生产效率贡献极大，在“人情”的润滑下大工业生产也显得不再那么冷酷无情。尤其对于企业的管理者，在商场中合理利用人际关系便于获得更多的发展信息，某种程度上利于促进企业发展。因此如何利用社会要素促进企业效率，是目前比较新的一个研究领域。在深圳的企业布局中社会要素就有一定体现：深圳的主要经济动向由香港、广州轴线拉动，所以形成了一条沿香港——深圳——广州交通干线的西北—东南走向的经济轴。由于在广东东莞地区已经形成了较大规模的台资产业聚集区，所以深圳台资企业主的一个重要的联系方向是向北，因此台资企业的空间布局偏于北部；而港资企业主主要与香港联系，其企业的空间布局偏于南部。

5）不同产业本身的生产特点对自身空间布局的具体影响规律。

不同产业的生产特点是有所不同的，这种生产特点都是基于如何降低生产成本、获得更高生产利润原则的。在生产过程中，对工业企业空间布局最为重要的影响环节包括原料输入、生产工艺要求、产品输出、废物（副产品）处理。

原料输入和产品输出都与运输量的发生量密切相关，体现为产业空间布局对交通系统输送能力大小和便捷度的依赖。原料输入量极大而产品相对集约的企业，出于降低运输成本的要求，会尽量地布局在原料地周边，由于这种与原料产地的紧密关系它们被称为原料地产业。主要是与一类产业密切相关的加工业，例如：矿产品初加工和农产品加工产业等。而另一些产业则由于对产品信息反馈要求极高，需要对市场信息做出尽可能迅速的应变，从而靠近产品消费地，这类产业被称为消费地产业。以前这类产业会尽量靠近“市场”布局。例如：19世纪的英国棉纺业，其原料产地往往是印度或美国，但是纺织品的色彩、式样都是与市场需求联动的，为了及时掌握这些信息，企业主不得不在靠近市场（欧洲）的地方组织生产。现在，随着信息技术的提升，空间距离对信息传播的约束力已经大大降低。许多原来典型的消费地产业的空间布局已经突破了单纯空间距离的限制，而更多地根据其生产工艺要求进行选址。但是，仍然有一些具有引导消费潮流的产业不得不时刻保持与主导消费市场的密切联系，比如意大利的高级时装产业。自从进入工业社会之后，随着市场全球化的进程，社会生产组织也日趋全球化，不同地区在生产不同环节上的优势互不相同，产生了越来越多两头在外的“技术型”产业。减少流通过程中的转换环节、提高运作效率对于降低运输成本就十分重要，因此产业与交通枢纽的关系日益密切，大量的临港（临交通枢纽）工业区随之诞生，生产规模与港口的运输能力息息相关。

产品生产工艺对生产企业在地域范围内实体空间确定的限制是多方面的。这其中既有用地规模的限制，也有地质、地形的限制，有一些特殊的产业还有既定用地空间形态的限制。例如：为发挥集约效益，钢铁、石化、纺织等行业往往相关产业集结成群体，这些联合企业组成相对独立的工业小区，必须要有完整和足够规模的用地。其中年产100万吨的钢铁联合企业的用地空间规模就大概需要200hm²，加上配套协作企业，以它为核心的工业小区面积大约要在400～600hm²之间；大部分工业用地对地质承载力的要求都是比较高的，土壤耐压强度一般不能小于1.5kg/cm²，因为投资巨大，为防止灾害造成损失，用地选择一定要规避不良地质地段和受洪水威胁的地区；选择具有与生产工艺相配合的自然地形坡度的地域可以降低企业投资、提高生产效益，所以利用重力运输的水泥厂、选矿厂可以利用坡地；而电缆厂受工艺限制，其用地必须是长条形的，而且长度以超过1km为宜；另外有些产业的生产工艺对基础设施状况有比较严格的联动要求，例如：高能耗产业对能源的要求、高耗水产业对水源的要求。不仅产业类型不同对空间实体定位条件会有诸多限制，就算是同一产业也会因为工艺不同、机械化程度不同、内部运输方式不同具有产生不同的空间实体定位与建设要求。例如：自动化程度较高的化肥厂占地面积只需要传统生产模式厂区面积的1/10；采用传送带组织内部运输的钢厂面积只需要以铁路组织内部运输的传统模式钢厂的1/4。科技发展会进一步促使生产集约化，提高产业的土地利用的附加值和效益。①

废物（副产品）处理。工业生产过程中会产生大量副产品，对于该产业而言这些物质不再产生直接经济效益，以往常常把这些物质视作废物排放或弃置。然而这种常规的末端处理模式，使大量废水、废渣、废气、废热以及噪声人为地进入了自然环境，加重了原生生态系统循环的负担，甚至超出环境阈值，干扰了整个生态系统平衡，继而造成生态灾难。20世纪前半叶发生的著名的世界八大公害事件都与工业生产的副产品不合理排放脱不了干系。结合这些问题，关于工业污染的防治除了在工艺流程中增加相关环节（污染处理设施）之外，如何在区域空间布局方面结合当地的自然环境条件（地形、气候、水文）尽量地防止和降低可能的污染和突发事件（生产事故）对其他城市功能单元和自然生态系统的破坏是十分重要的。具体有以下原则。

关于废气排放——首先，有废气排放的产业不宜过分聚集。一来会加重局部地区的空气污染，二来有些废气可能会发生化学反应产生新的污染物质。其次，不利空气流通的地域不宜布置有废气排放的产业。静风频率高的地区、盆地谷地地区都容易因为空气流通不良造成废气无法有效扩

---

① 参见同济大学主编，《城市规划原理》，中国建筑工业出版社，1991年11月第二版，1995年11月第八次印刷，第78～90页。

散而形成灾害，因此这类产业布局必须考虑当地风速、风向、风频、季节、地形等因素。第三，必要的情况下必须考虑设置具有一定宽度的防护隔离带以保证其他城市区域的环境安全。

关于废水排放——首先，清洁的水是国民生活和经济发展不可或缺的重要资源，因此废水排放最重要的是要防止对水资源的破坏。应该严格按照相关规定对水源地水体进行保护——不仅要在水源地周边一定范围内设置保护区，还要根据当地的地质、水文状况划定特定的保护区域（尤其是水源涵养地）。在这些地区不能设置任何类型的有污染产业。其次，排放含有不同污染物废水的产业最好不要集中布置，一要全面考虑环境的承载容量，既包括考虑大区域的总容量，也要关注局部地域的区段容量，避免造成局部地区环境不可逆转的破坏。二要严防污染物相互反应生成新的污染物。第三，防止由废水排放引发的其他问题，特别是对生态要素改变而造成对自然生态系统的损害。例如：含有过多营养物质的废水造成水生植物疯长，过度消耗了水中的溶解氧，造成大批鱼类死亡。废水改变了水体的酸碱度，造成鱼卵不能孵化等。所以必须关注废水排放产业和特殊生态用地（尤其是保护区）的空间关系。第四，注重废水与土壤生物生产之间的对应关系，防止废水污染土壤带来的危害。因此，城市重要的农业基地与废水排放产业的空间关系也必须关注。

关于固体废弃物处置——首先，自然环境对大多数人类固体废弃物的转化周期十分漫长，所以必须考虑固体废弃物（尤其是其中的有毒、有害物质）对环境的长期影响。因此对固体废弃物处理场所的空间选择特别要注重与城市发展之间的关系。其次，应注意废弃物处置地与环境敏感区域的空间关系，防止二次污染引发的环境问题。第三，对废弃物处置地（填埋场）进行再利用（转化为城市建设用地）时，要考虑可能的潜在问题对未来城市功能的影响。例如：垃圾腐化造成甲烷溢出引发的爆炸曾经在美国造成了人员伤亡，就是因为在垃圾填埋地上建设了住宅区。

噪声——首先，注重产生噪声的产业与噪声敏感的城市功能单元之间的空间关系；其次，可以通过设置一定宽度的空间隔离带或者特殊的屏障来消除噪声干扰。

废热——废热不存在对环境的物质影响，突出的问题是它改变了一个重要的生态要素，温度。尤其是有温度的废水对水环境的干扰极大，严重时甚至会造成地方原生生态系统的崩溃。例如，当水温的正常波动规律被破坏后，一些水生动物不能正常繁殖。气温的正常波动规律被破坏后，一些特殊的物种会爆发。这些都会造成对生态系统运行的干扰。所以在城市空间布局中要避免某些产业生成的废热对环境敏感区域（尤其是自然保护区）的影响。

各种产业所产生的众多副产品表面上是一种废物，事实上都是“放错地方的资源”。通过对城市物质空间布局只能是减小和降低它们对局部城市区域或特殊城市功能单元的影响，并不能彻底消除它们对城市生态系统的损害。这是一种既未治标、更不能治本的权宜之计——它把本应该由人类解决的问题推给了自然。因此，只有改变理念从城市生态系统的全局出发，对它们进行合理利用才能从根本上消除和减少污染。城市空间布局只能作为应对突发环境问题、防患于未然的预防措施。

案例 5-2：深圳“三资”制造业空间分布特点[①]

深圳的工业自 1979 年从几乎为零开始，到 2000 年末发展到总产值 2672 亿元。其中限额以上“三资”制造业产值占到了工业总产值的 78%。历年统计数据还表明：1986 年以来，深圳工业“三资”企业产值一直保持在工业总产值的 60%以上，最高年份曾经达到 83%，基本涵盖所有行业门类，是深圳工业生产的主导力量。因此从“三资”制造业空间分布可以一定程度上发现工业生产的基本空间结构。深圳例子表明：

（1）靠近中心区的地区（小于 10km）一直是企业聚集度最高的区域，但是其密度随着时间而逐年下降；10 ~ 20km 范围内初期密度虽然很小（由于没有规划工业区），但是因为靠近中心区其发展最快，密度不断增加；初期 20 ~ 30km 范围内密度虽然很高（由于规划工业区都位于这一区域），但是因为距中心区距离较远地位不断下降；30 ~ 40km 范围内、大于 40km 范围外的密度虽然有所上升，但所占份额始终较少，反映了区位劣势（表 5-1 及图 5-3）。

（2）不同的产业空间分布的倾向性不同，高科技型行业和资本密集型行业属于向心型；劳动密集、低技术型行业属于离心型。城市中心对于技术含量高、资本密集型的行业吸引力高。企业数量随距离中心区的距离增加而有规律的减少。技术含量较低的行业，中心区的重要性下降，行业会在偏离城市

三资企业以深圳市中心为圆心的环带分布状况一览表（%） **表5-1**

距中心区距离(km)	1985年	1990年	1994年	2000年
小于10	55.2	59.8	56.2	33.8
10～20	7.4	12.2	16.8	25.7
20～30	33.7	26.3	20.4	25.5
30～40	1.2	1.7	3.8	6.0
大于40	2.5	0	2.8	9.0

注：参见“以深圳市中心为圆心的环带分布表”，孟晓晨、石晓宇著，《深圳“三资”制造业空间分布特征与机理》，《城市规划》杂志，2003 年第 8 期，第 22 页。

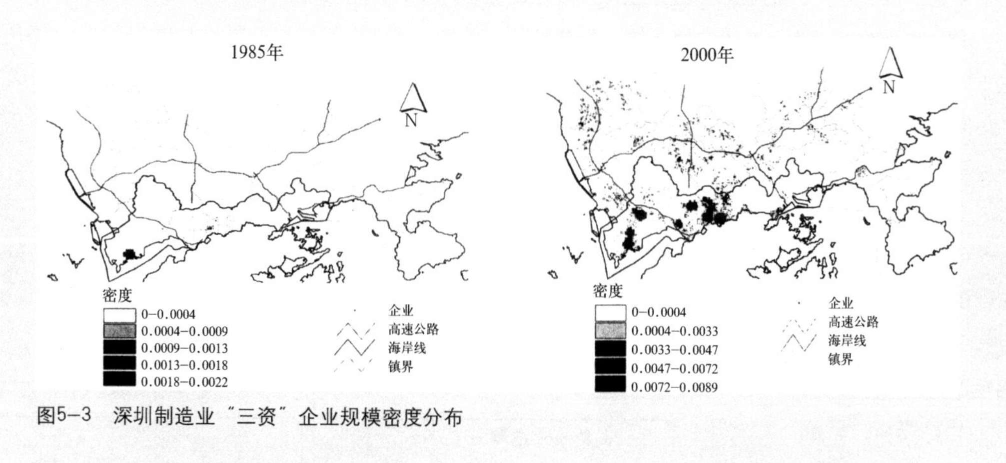

图5-3 深圳制造业“三资”企业规模密度分布

① 资料来源：陈伟新、吴晓莉，《高新技术产业的空间选择与规划——以深圳为例》，《城市规划》杂志，2002 年第 26 卷第 4 期，第 80 ~ 83 页。孟晓晨、石晓宇著，《深圳“三资”制造业空间分布特征与机理》，《城市规划》杂志，2003 年第 8 期，第 19 ~ 24 页。

中心区的其他区位形成自己的重心，企业的数量随着距离城市中心区距离增加而增加，在20%～40%之间形成各自的高峰（表5–2）。

深圳制造业“三资”企业的行业空间分布特征分类 **表5–2**

类别	距离百分比（%）				
	20%以内	20%～40%	40%～60%	60%～80%	80%～100%
向心分布：					
化学原料及化学品制造业	37.9	30.4	19.6	12.1	0
印刷业及纪录媒体的复制	47.6	27.2	12.9	12.2	0
电子及通信设备制造业	43.9	30.3	17.9	7.9	0
仪器仪表及文化办公用机械制造	41.8	34.4	16.4	7.4	0
高技术产业	44.9	35.6	18.6	0.8	0
离心分布：					
电气机械及器材制造业	30.4	33.0	20.2	16.4	0
服装及其他纤维制品制造业	33.7	43.5	12.3	10.3	0.2
金属制品业	25.0	37.8	18.4	18.8	0
文教体育用品制造业	25.7	32.2	28.5	13.1	0.5
皮革皮毛羽绒及其制品业	30.8	37.7	14.6	16.9	0
塑料制品业	14.3	40.4	27.4	17.5	0.3
家具制造业	16.9	39.3	28.1	15.7	0

注：参见“以深圳市中心为圆心的环带分布”表，孟晓晨、石晓宇著，《深圳“三资”制造业空间分布特征与机理》，《城市规划》杂志，2003年第8期，第22页。

深圳市共有高新技术企业237家，其中42%位于福田区、40%位于南山区，共占193家；剩下的44家位于罗湖、盐田、宝安、龙岗4个区，其中宝安区数量最多，约占40%以上。高新技术企业主要分布于城市核心区，在空间上表现出强烈的相对聚集性（表5–3）。

（3）企业生产用地沿交通线路布局，形成带状空间形态。在没有规划控制的地域表现得尤为明显。在市区内部虽然有集中建设的上埗和蛇口两大工业区，但是在它们之间沿着深南大道仍然自发形成了一条明显的产业带。而在市区之外，由于规划约束力较小，形成沿西部广深公路、东部深惠公路、中部观澜高速的三条产业带。

（4）在深圳形成了两种沿行政边界的带状发展区域。一是在深港边界区形成靠近蛇口港的西部制造业组团（与香港之间由客货运输联系）、靠近文锦渡和罗湖口岸的中部组团（深港相通的主要关口）、东部围绕中英街形成沙头角组团。二是在特区边检站周边形成工业生产组团，例如：南投检查站外的宝安工业组团、布吉检查站外的布吉工业组团。

（5）深圳〝三资〞企业还有一个特殊的分布现象，〝台资〞企业的空间布局偏北；〝港资〞企业的空间布局偏南。

深圳高新技术企业空间分布表 **表5–3**

分布范围	全市	特区内	特区外
高新企业数量（个）	237	208	29
比例（%）	100	88	12

资料来源：《深圳科技纵览》。

备注：深圳高新技术企业的分布空间约为20km^2，而整个城市的工业用地面积为130km^2。

三类产业：以提供各种服务为特征的产业类型。常见的有金融、商务、教育、科研、设计、咨询、法律、生活服务等不同门类，根据服务对象可以划分为对人、对社会组织制度、对技术几种类型。

三类产业的作用对象主要是人，主要进行以人为基础建构的制度和规章（行政、法律、金融等）的服务和知识与技术的开发。所以其产业空间布局方面受自然环境的绝对约束相对较少，但是与其他产业、交通以及其他社会要素的实体空间具体定位关系密切。

1）交通因素对三类产业经济空间结构的影响规律。

城市三类产业的空间布局与城市的交通体系密切相关。采用不同的城市路网格局和交通发展策略，会造成完全不同的基本形态。例如：美国学者兰姆（Richard F.Lamb）通过对40个城镇的商业网点的实证研究归纳总结出城市中早期商务中心、早期汽车引导扩展区商业、混合用地商业、铁路引导型商业及外围商业带六种商业类型的空间格局。主要动因就是交通。交通基础设施越完善，交通状况越便捷的区位，第三产业的发展潜力越大。表5-4所示为不同零售业态的空间选址特点。

不同零售业态的空间选址特点　　表5-4

业态	空间选址	交通特点	备注
大型零售店	城市繁华区	交通要道	
超级市场	居民区、商业区	交通要道	
大型综合超市	城乡结合部、住宅区	交通要道	
便利店	居民区、医院、娱乐场所、机关团体、企事业单位所在地以及交通枢纽	主干线公路、交通节点	
专业店	常设在繁华商业街、商业街、零售店、购物中心内，或者同业聚集称为专门的专业市场	交通节点	针对同业聚集时的特点
专卖店	在繁华商业区、商业街、零售店、购物中心内		
购物中心	中心商业区、城乡结合部	交通要道	
仓储式超市	城乡结合部	交通要道	大量停车场
说　明			

资料来源：曹连群，"商业零售业态分类规范与商业网点布局规划"，北京建设规划，1999（5）。

不同的第三产业门类与交通系统的结合模式是不同的，一般分为动线模式和枢纽模式两种类型。前者强调对交通系统持续不断的流动性赋予该类产业的发展机遇和动力，所以其空间形态往往依附交通的线状模式，呈带状。例如：商业设施对持续不断人流的依赖性，沿路的商业设施往往有较高的人气。后者强调由交通带来的与其他城市功能单元联系的时空便捷性赋予该产业类型发展的聚焦效益。所以其空间形态往往依附特定的交通枢纽区形成团状模式。例如：商务办公区往往依托区域交通中心，为业务发展谋得便捷。第三产业与交通体系的这种相关是有层级性的。虽然其宏观的定位布点决定于城市级的交通体系，然而产业的具体发展往往是对应于次级城市道路网络带来的具体通达性。如果这种对应产生错位，不仅不能带来相应的正效益，还会对交通系统的功能产生干扰。例如：沿着快速干道布置零售商业，不仅难以聚集足够的商机（车速太快、街道连续感差），还会对交通畅通带来负面影响。对应不同的三产门类，其相对层级的路网体系的具体空间形态也是相互配合的。例如：零售商业为主导的街区与以商务办公为主导的街区的道路形态就有明显的形态区别。

2）人口分布的空间重心与三产空间分布重心有明显的正相关关系。

人口越密集的地方，对各种服务的需求越大。第三产业就会在一定的区位内迅速聚集，产生规模效应带来聚集经济。这种特殊的地理区位由于历史（发展的逐渐积累）和交通（人多的地方，交通需求量大，相应设施配套完善）的优势，逐渐演化为经济区位，最终形成对三产的强大凝聚力。所以第三产业往往与城市居住生活空间系统相互配合，它们相互之间的空间结合关系会进一步反过来影响城市整体的物质空间格局，并导致交通组织模式的变革。

3）第三产业经济空间结构存在空间聚集现象。

第三产业往往以人的各种需要为基础形成相互关联的产业网络。这种需求相关性造成第三产业往往会以某一个大型具体企业或某一类产业为凝聚核心，形成相关各类产业的空间聚集。例如：在中心商务区周边，必然有为大量人群生活服务的基础餐饮设施。而政府机构周边常常汇集了与相应政府职能相关各种中介和咨询服务产业。各种产业覆盖的重叠程度越大的地方，各类服务便捷性越高，对人群的引力越大。产业内部的竞争和不同产业间的互补会进一步推动聚集取得空间扩张。在条件许可情况下，如果这种汇集具有足够的动力，该地区就会发展成为一个具有中心地地位的复合城市中心。事实上，各级城市中心正是由具有不同功能的第三产业空间聚集点建构而成的。

4）第三产业空间结构与城市优质景观环境资源分布具有互动现象。

由于第三产业的主要作用对象是人，其产业类型的分布就与相应产业所针对的人性化要素相关。城市之中各类景观要素的存在与人类亲绿、亲水的自然属性密切相关。这种以人为本的对应，使得某些类型的第三产业门类具有突出的向优质景观环境资源周边聚集的空间布局特点。尤其是与城市“游憩”功能相关的产业表现得更为突出。以我国著名的风景旅游城市杭州为例：在其著名景点西湖周边，靠城市一侧分布着该城市最重要、级别最高、规模最大的各类商业、休闲、文化中心。这部分功能在此聚集固然要付出因景观环境质量提升而带来的经营成本提高，但是被环境所吸引的更多消费人群所带来的盈利，已经足以使这种付出物有所值。这是一种对因自然吸引而造成聚集的人文再创造。

案例 5-3：广州大型零售商店空间分布特点[①]

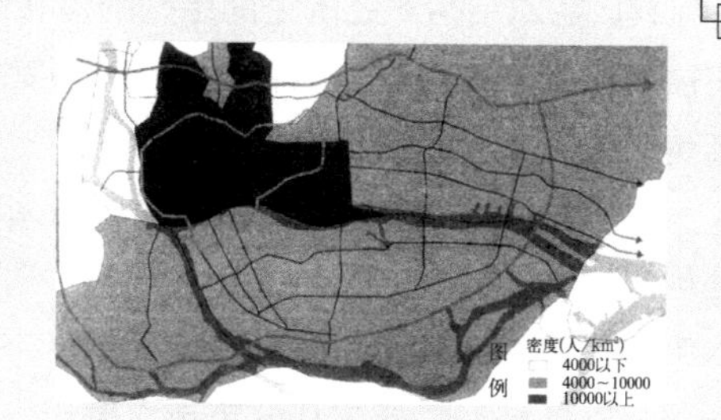

图5-4 广州市区人口密度图

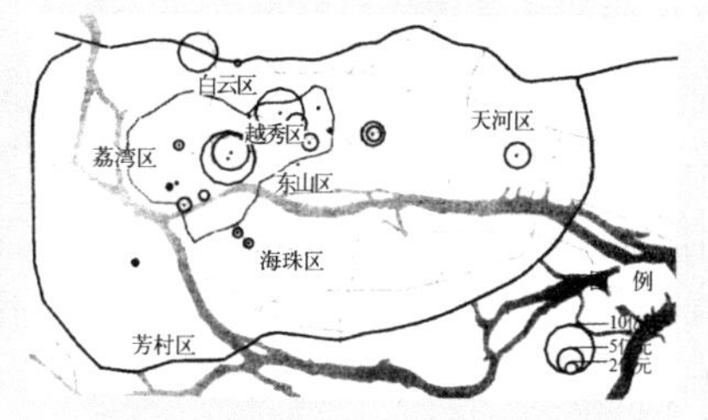

图5-5 1998年广州市大型零售商店营业规模

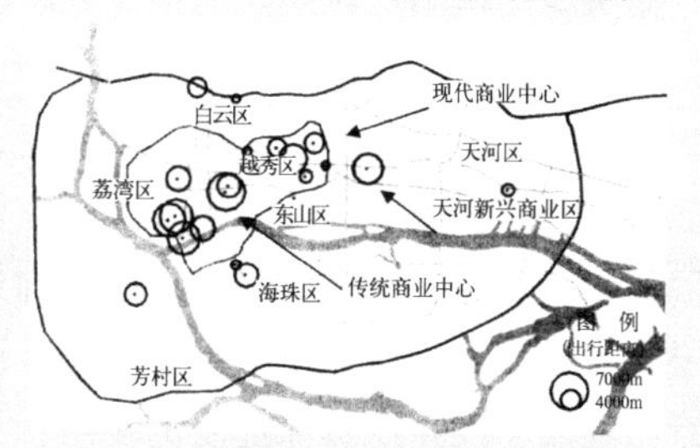

图5-6 1998年广州市大型零售商店消费者出行情况

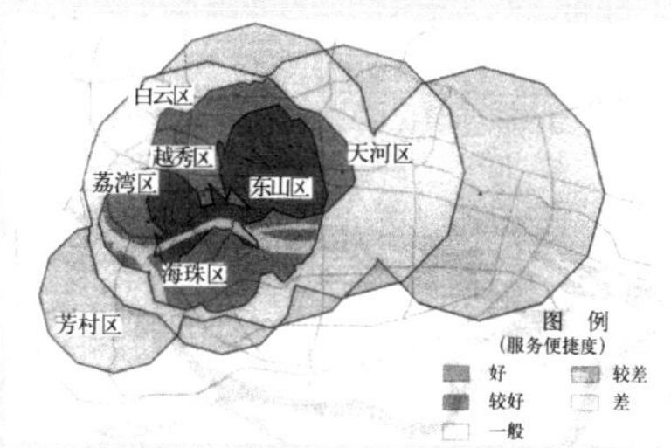

图5-7 广州市大型零售商店服务便捷性分析

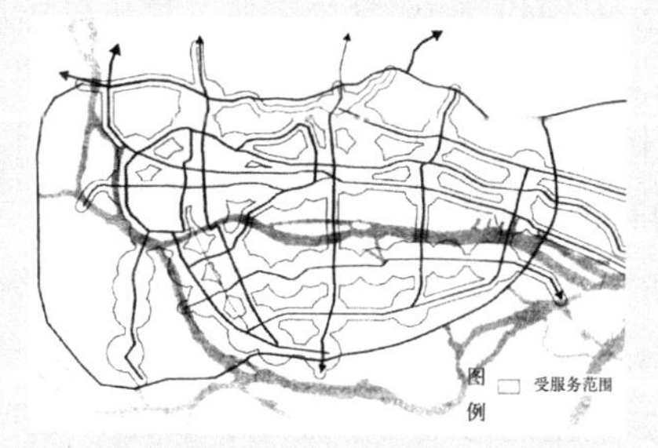

图5-8 广州市中心城干道便捷度分析

广州商业发展经历了这样的基本历程：20 世纪 80 年代，以本地零售商业为主体；20 世纪 90 年代初期，零售呈现多元化倾向，中小型超级市场、连锁店、精品店纷纷出现；20 世纪 90 年代中期以后，大型零售商店向购物、娱乐、休闲多功能复合方向发展，数量、营业面积猛增，规模大型化、设施现代化、环境精品化。零售商业突破本地模式，外资、外地商业设施逐渐介入。

广州的实例表明：

(1) 商业中心形成时间越久、商业服务等级越高，其服务覆盖范围越大（消费者平均出行距离越大）。因此，大型零售主要集中在旧城区，由里向外呈现圈层分布的结构模式。服务等级由核心的峰值区向外围递减。

(2) 不论是传统商业地区还是现代新兴商业中心区，营业额都有一个明显的等级体系。由 1 ～ 2 个特大型商场引导该区零售业发展。

(3) 人口密度高的地区，商业中心的数量多而且规模大（图 5-4、图 5-5）。

(4) 零售商业越密集的聚集区，服务越是便捷，消费群体越多样化（图 5-6、图 5-7）。

(5) 零售商业布局与交通状况密切相关（图 5-8 及表 5-5）。将现状各个商场的营业额与各个商场周边 500m 范围内的道路网密度作相关分析，相关系数达到 0.66，呈正相关。同时大型零售的分布及现状营业额与其临近主干道和主干道交叉口之间也有很大的相关性。（临近交通干道的平均距离为 207m；临近交通干道交叉口的平均距离为 705m，最小值为 125m。）靠近交叉口的大型零售商店营业额较大，反之较小。

服务便捷性等级划分表　　　　表5-5

重叠度	0	1	2～4	5～7	8以上
受服务等级	差	较差	一般	较好	好

资料来源：许学强、周素红、林耿，《广州市大型零售商店布局分布》，《城市规划》杂志，2002 年第 26 卷第 7 期，第 25 页。

① 参见：许学强、周素红、林耿，《广州市大型零售商店布局分布》，《城市规划》杂志，2002 年第 26 卷第 7 期，第 23 ～ 28 页。文章选取 1998 年广州 21 个营业面积超过 $5000m^2$ 的独立门市零售商店位研究对象，包括零售店、大型综合超市、购物中心和仓储式商场。

[2] 能源结构对经济空间结构的潜在影响："能源结构"指的是城市生态系统中能源总生产量和总消费量的构成[①]及比例关系，分为能源生产结构和能源消费结构两大类型。

与自然生态系统主要依赖植物转化和固定以太阳辐射形式直接输入该系统所处地域的太阳能有所不同，城市从诞生时始，就主要依赖人工从系统外输入能源以维持系统的平衡和发展。输入城市生态系统的能源在城市中进行了转化，很大一部分以各种产品形式从城市再次输出。因此，能源对城市生态系统物质空间实体产生作用最直接的机制就在于"输入与输出"流动性的相关要求。

不同类型能源的特点互不相同，但是其利用流程都有生产⟶贮藏⟶转化⟶输送⟶利用的五个技术环节，其中任何一个环节的技术更新都会带来与之相关的物质空间模式的变化。例如：我国北方许多城市以煤炭为主导能源，因此建设了大量的堆场来满足煤炭贮存的需要、建设多条城市铁路满足煤炭调运的需要。同时大部分大型企业都建有火电厂，将煤炭转化为电能。这种需要使得城市仓储用地比率相对较大，而且工业区的空间布局受到控制环境污染和便于铁路铺设的制约。后来国家为减少大城市环境污染问题，倡导"坑口发电"，把煤炭转化为电能之后再输入城市。这种转变一方面大大减少了煤炭堆场在仓储用地中的比例，另一方面变电设施大大优于火电厂的布局灵活度，也改变了城市工业区布局的空间模式。城市生态系统的能源构成会涉及到多种能源形式，每种能源利用流程的技术要求也是有一定区别的，这种构成和转化的复杂情形造就了城市生态系统物质空间系统具体应变的复杂状况。不过通常来讲，一个城市都会以其中1～2种能源为主导，它们的利用要求就会成为该城市能源结构影响物质空间的主导模式。

长期以来，以矿物能源为主导的城市能源结构在社会生产、生活过程中造成的污染问题一直困扰着城市，以我国为例：煤炭长期以来一直是我国城市能源消费的"主力军"，煤在燃烧过程中产生的有害物质带来了严重的大气污染和酸雨。尽管通过积极的能源结构调整，煤炭消费量在一次性能源消费总量中所占比重由1990年的76.2%降为2000年的68%。但"2001年，全国废气中二氧化硫排放量1948万t。其中工业二氧化硫排放量为1567万t，占二氧化硫排放总量的80.4%；生活二氧化硫排放量381万t，占二氧化硫排放量的19.6%。烟尘排放量1059万吨。其中工业烟尘排放量841万吨，比2000年减少了11.8%；生活烟尘排放量218万t，占烟尘排放总量的20.6%。工业粉尘排放量991万t。"[②]有环境数据统计的341个城市（包括县级市）中，有64个城市属于二氧化硫污染控制区，118个城市属于酸雨控制区。虽然通过控制，到2000年酸雨污染控制区和二氧化硫污染控制区内的二氧化硫比1997年都有所减少，空气中二氧化硫浓

① 通过人工各种途径输入城市的其他能源——通常分为以下几类：(1) 太阳能源。以煤炭、石油、天然气为代表的化石能；以沼气为代表的生物能；以水能、风能、海洋能为代表的运动能。(2) 地热能。(3) 原子核能。(4) 天体作用能。以潮汐能为代表。

② 资料来源："2001年全国环境统计公报"，2002年6月25日《中国环境报》第二版。

度达到国家二级标准的城市由1997年的82个增加到118个，酸雨漫延的趋势得到基本控制，但是总的形势依然非常严峻。由于煤炭所占比例的降低，一次性能源生产总量中石油、天然气这些相对比较"清洁"的能源所占比重已经由1990年的19%和2%上升为2000年的21.4%和3.4%。在一些石油类能源占比较高的城市，例如：广州、北京、上海等特大城市，我国的大气环境污染已经开始由煤炭型污染转向石油型污染——其空气中二氧化氮浓度相对较高。因此彻底改变对化石能源的绝对依赖，采用与自然环境"亲善"的生态能源，[①]才是解决城市大气污染的治本之路。

另外，城市能源结构的不合理还会直接影响城市物质空间环境——2003年重庆市环保局调查了市域范围内一千余户小城镇居民，其中65.8%的家庭仍然直接烧柴，平均每户每年消耗薪柴3370kg，这种能源结构直接导致重庆市小城镇绿化水平极低，人均尚不到4m^2。其中生态性绿地所占水平更低，大多数小城镇周边的自然林都因为用柴而被砍伐殆尽。

生态能源的利用同常规能源的利用在技术层面上有许多不同。以太阳能为例，不论是利用太阳能集热还是利用太阳能发电，都需要在建筑屋顶安装集热板或光电池板。而且为了提高利用效率，建筑的朝向也有一定的要求。比如：在德国北莱茵—威斯特伐利亚州的"太阳能住宅开发项目"[②]中，力图通过采用太阳能集热器、太阳能电池、被动式太阳房等技术减少住宅对常规能源的使用。其中1998年开始实施的盖尔森基兴—俾斯麦的住宅项目包括72个住宅单位，占地4hm^2。每年供暖的能源需求比1995年降低了40%～60%。其中太阳能收集器满足了65%的热水需求，光电装置提供了40%的能源需求。但是，该项目为了有效利用太阳能，房屋的朝向就有一定的限制——冬天要使房屋最大限度得热，而夏天却要避免接受过多的热量。所以即使是采用东西朝向的房屋，安装了太阳能集热器的屋顶也是南北向的。这种朝向限制在被动式太阳房的设计中体现得更为充分——大多数被动式太阳房都是南北向的，而且南面开有大窗以便于阳光进入建筑内部。这种由能源技术限定的特殊物质空间形态必然在未来随着相应能源利用模式的推广而逐渐在城市空间中占有越来越大的份额，因此必将从相对较小的范畴（建筑）逐渐影响到更高层面的城市物质空间结构（区域）。

5.1.3 城市社会空间

人类是社会性生物，其生存是社会性生存，以他为建设者的生态系统的空间架构规律也必然打上社会性的烙印。谈到社会空间，就不得不首先提一下城市物质空间的社会性问题。这是一个任何城市中都切实存在的

---

① 生产和消费过程中不排放或很少排放对环境有害的废气和废水等污染物和造成环境问题（例如破坏生态平衡）的能源。主要包括风能、太阳能、潮汐能、沼气，以及部分水电等。

② 资料来源：Kirsten Jane Robinson 著，王洪辉译，《探索中的德国鲁尔区城市生态系统：实施战略》，《国外城市规划》杂志，2003年第6期，第18卷，第12页。

空间使用现象——具有不同社会属性的人利用城市物质空间的方式各不相同，城市中的某一些实体空间被特定的社会群体所占据，并在一定的阶段排斥其他人使用的现象。例如：高档的娱乐场所通过消费价格，将城市社会的大多数成员都排斥在该空间之外。绝大多数的社会学家认为人类行为是由社会结构所塑形的。人类对物质空间的利用也是一种社会行为，由此社会结构是城市生态系统物质空间结构形成与发展的重要、深层内因之一。

• 基本概念

物质空间所谓的社会性由其使用者的社会性所赋予，城市社会空间系统就是一系列与城市社会结构相关的实体空间互动和分离。

由于物质实体空间受到自然、社会、经济的复合影响，其结构与城市的社会结构并非完全相互对应，但是社会空间结构对物质实体空间的具体形态与组织结构有着必然而深远的影响。城市社会空间结构的研究最初是从城市社会居住空间的分离现象引发的，现在对社会空间结构的研究主要集中于以下几个方面：

[1] 各种人群日常生活的社会空间系统。

[2] 社会空间系统的人类生态学根源。

[3] 社会空间基础的物质性要素和非物质性要素之间的作用机制。

[4] 各种社会现象① 的社会空间结构模式。其中居住空间结构演变和城市社会区域划分研究是城市社会空间结构研究中最为基础的部分。

• 社会结构对社会空间的作用机制

"社会空间系统"的实体空间建构模式是指这些社会功能空间在物质实体空间层面上进行场所互动和分离的内在机制。

除了组成社会的人以外，社会还有其自身的存在。社会结构就是指"一个群体或者社会中的各要素相互关联的方式。""社会结构的产生在于人们对稳定的社会环境的需要。"② 尽管社会与生物有机体相似，但与生物体最大的不同在于社会的各个部分并不总是为整体利益而通力合作的。社会的一个基本特征是建立了一系列共享的规范（不同的规范适用于不同的社会单元）。通过规范把个体集合成群体、把群体组织成社会，提高社会作为整体的运作效率，使社会的存在跨越单个个体的生死。这种规范就是社会结构的体现。在人类社会中，既有正式结构——明确陈述的法律、规定、纪律和程序；也有非正式结构——错综复杂的世俗人际关系。社会结构的功能就在于通过内在的组织规则，一方面明确个体在社会运作过程中的职责；另一方面把分散的个体整合成为一个有机整体。这种分离性和整体性就是社会空间互动和分离的根本原因。

在社会结构体系中，地位和角色是重要的组成要素。地位是指个体"在群体或社会中被社会性地定义的位置"，角色是对"群体或社会中具有某一特定身份

---

① 主要包括：居住分化与社区、居民意识与行为、社会场所感知、生活的社会基础、城市组织、社会生活领域、住宅与市场、城市生活质量、社会背景与政治、土地利用权属和管理等。

② [美]戴维·波普诺著，李强等译，《社会学》（第十版），中国人民大学出版社，1999 年 8 月第一版，第 94 页、第 179 页。

的人的行为期待"。一个人占有的是地位，扮演的是角色。每一个社会人的身份都是一系列复杂的角色集。地位与角色既是个体特征的明确，也是群体形成基础。所以尽管一些空间利用是个体行为，却具有相应的社会属性。尤其是空间利用的社会属性会随社会结构固有分层、分群特征强化，社会空间的特征也会更加明晰。

[1] 社会结构在空间资源的社会性分配中发挥的作用，是形成社会空间分野的根本原因。其中，社会分层是直接作用机制。

尽管地位的概念并不一定涉及等级高低的问题，但是"在每一个已知的人类社会中，人们都倾向根据财富、权力、声望将人及其社会地位排出等级。这种排序被称为'社会分层'。……所有社会都存在一定的社会分层体系，所谓社会分层是一种根据获得社会需求物品的方式来决定人们在社会位置中的群体等级或类属的一种持久模式。"① 社会地位较高阶层的成员在社会资源分配的过程中往往具有一定的优势，这种优势既是吸引低层社会个体向上流动的动因，也是高层集团排斥流动的原因。同样的因素也存在于对空间资源的占有、利用过程之中，分层是城市社会空间分离的重要原因之一。

在不同类型的人类社会中，社会分层的模式具有一定的区别。最初，人的地位完全严格由出生的血统决定（种姓制），这种地位一经确定终生不变。后来随着社会发展，社会地位是建立在社会等级制度这种群体成员资格的基础上的。虽然等级制度里成员的资格要宽泛和松散一些，但是社会地位的改变仍然是非常困难的。② 所以在这种社会发展阶段，城市社会空间结构体现出比较绝对的时空分离，而且这种分离大多是被赋予了法律地位的制度化社会空间隔离。③ 这种现象在世界各地的古代城市中都有存在：以唐长安为例，皇宫居于城市北部，围绕皇宫24个街坊尺度比其他街坊大很多，是上层阶级的居住地。而从御苑兴庆宫到城南专用花园曲江池还修建了沿着城墙的夹道，作为皇家的专用道路。这种情况下，跨度大的两个阶层很难有空间上的交集，空间共用只会发生在社会等级相邻的阶层中，因此社会空间演化极其缓慢而且很难发生，④ 城市的社会空间体系呈现凝固状态。

---

① [美] 戴维·波普诺著，李强等译，《社会学》（第十版），中国人民大学出版社，1999年8月第一版，第96～113页、第261页。

② 随着社会发展，个体地位绝对化会造成不同阶层之间的强烈对立，进而影响社会稳定。这种地位压迫发展到一定的阶段会引发大规模的暴力冲突，这是一种通过武力打破社会分层，又重新确立的过程。这种过程会消耗大量的社会财富。经过若干次斗争，上层阶级从维护自身长久利益角度出发，为阶层之间的流动提供了一些法定途径，比如中国古代的"科举"。尽管这种体制下的阶层改变是非常稀少的，但是这些制度从而在一定程度上消解了阶级对立的极端矛盾，维持了整个社会的稳定。

③ 通过一系列法律规定了侵入空间的罪责与惩罚。有时空间隔离甚至会成为一种文化制度，例如：高层成员出行必然首先"净街"，屏蔽一切闲杂人等，这种原来基于等级制度的空间隔离发展成今天的一种礼仪。

④ 必须有特殊的社会诱因造成的"革命"来打破这种僵化格局。

[2] 社会结构变化造成空间资源社会性分配机制的改变是现代城市社会空间互动的根本原因。

工业革命之后，"法定"社会等级制度被打破，先赋地位[①]的重要性有所下降，自治地位在社会阶层划分中的重要性不断提升，社会阶层之间的流动频繁，社会结构也因而日趋复杂。城市社会空间的绝对分离状况由此打破，开始表现出一定阶段性的相对隔离以及周期性转化。城市社会空间体系演化过程也越来越复杂、进程节奏越来越快，物质实体空间变化受到社会因素的制约也越来越大。由于社会结构日趋复杂，社会阶层界限越来越模糊，以层级作为标准的绝对化社会空间体系逐渐退出了历史舞台。基于相互认同、相似的经历的社会群体，成为社会组织的核心。以生活方式为标准的社会空间体系成为影响现代城市物质实体空间系统的主要社会模式。

- "社会空间系统"之实体空间的建构模式

由于社会活动而产生了社会空间的联系，也是社会活动造成了社会空间的分离。复杂的社会空间体系使得城市之中每个社会成员都通过社会网络在城市物质实体空间中寻找着自己的活动场所，并在这个过程中与客观空间环境相互适应和协调。社会空间结构是通过具体的人、具体的行为作用于城市物质实体空间的。

社会空间在物质实体空间最突出的表现就是"居住分离"现象——城市社会中不同的人群聚居于城市不同的区域。并进一步造成"日常生活地域的分离"现象——城市社会中不同的人群生活、工作的空间领域互不相同。这种分离主要有三种社会空间结构模式。

[1] 社会组织空间结构——与社会组织结构相关的空间互动与分离机制。

其中最为重要的结构有社会经济地位、家庭类型、种族三方面。

社会经济地位：它把社会空间与经济空间更加紧密地联系在了一起。由于工业社会之后，经济地位成为衡量社会地位的重要指标，形成与以往极为不同的社会空间分布规律。城市社会空间区域的划分与土地价值规律密切相关。在工业化发达的国家表现为：低收入居民以高密度聚居方式占据内城地价高地域——通过分享空间、接近工作地点来降低日常生活花费；高收入居民以独立分散的低密度居住方式占据外围郊区地价较低的地域——用购买大片土地和远距离通勤的高昂花费换取接近自然的良好生活环境。

在这样的社会空间规律作用下，与物质实体空间相对应的主要要素有两个：一是地点，二是环境。随着社会发展、社会经济结构的进一步复杂化，这种空间分化趋势所涉及的要素越来越多。社会阶层的细化和相对聚集促使城市居住社区类型日益多样化。这种分布具有明显的同心圆式或扇形空间模式（图 5-9）。

家庭类型：这种分离以年龄为数量特征，城市居民在不同的寿命阶段会居住在不同的城市区域。同时这也和家庭结构相关，具有不同人口组成的家庭有着对

① 先赋地位是以出生为基础就被指定或拥有的，通常不能被改变的社会地位。例如：种族、民族、年龄、性别、父母的社会地位等；自致地位是在一个人生命历程中，作为个人努力与否的结果而拥有的社会地位。例如：职业、教育水平、宗教等。

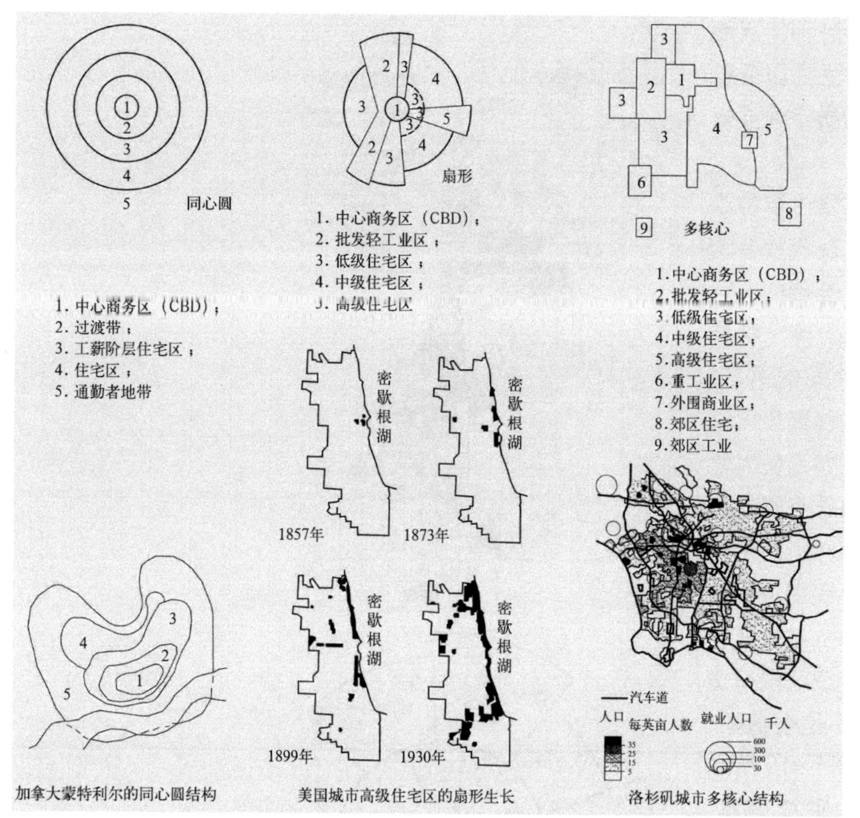

图5–9　城市空间扩散的三种模式

所居区域的不同要求。这种现象表现得最突出是在培育后代的阶段——考虑到孩子受教育的空间环境问题，使人们普遍向着认为利于孩子成长的居住密度较低、犯罪率较低、教育资源更好的区域迁居。这种机制作用下，在西方国家表现出越靠近市中心、家庭规模越小的现象。这是因为西方市郊社区居住环境较好，基础教育设施配套全面，社会环境相对比较单纯、交通情况比较简单，从而比较适宜于孩童成长；而市中心区尽管市政公用基础配套设施和公共空间配套比较全面、完备，但是市区复杂的经济、社会、交通环境存在众多的潜在危险。在我国这种现象表现得更为复杂一些：首先，因为我国重视学校教育的传统，家长认为上什么样的学校对于孩子的成长至关重要。其次，我国教育资源分布具有比较突出向心性，越靠近城市中心越丰富、教育质量越高。客观上一方面造成了学校发展不均衡；另一方面使市民具有突出的“恋城”情节。为了杜绝择校，中国执行就近入学政策（主要针对小学、初中）——学生户口和居住地与学校所在地必须统一。这种政策造成名校周边居住用房价格飞涨——完全超出了其应有的客观价值。而且在名校周边出现了子女年龄与学校就读年龄段相一致家庭聚集的现象。

在这种规律左右下，与物质空间相对应的因素主要是承载教育资源的学校、保证儿童活动的场地以及良好的生活环境。有的时候，也会出现老年人的迁居现象，对于这种情况而言：医疗服务机构、日常生活服务机构、良好的生活环境等物质空间要素就成了引力源。

种族：移民城市最常发生以种族为特征的居住分离现象。现代社会的这种分离基本是以自愿为基础的，它不同于制度化的种族隔离。同一种族居民相对聚集只是因为共同的语言、生活习俗、宗教信仰。这种聚集能够带来许多方便和好处，例如：使为他们特殊生活方式服务的物质空间的建设成为可能。这种结构相对应的物质空间要素往往是与种族习惯相关的具有特殊功能的空间，例如：与穆斯林对应的清真寺。这种社会空间规律造成的物质空间模式结构不是很清晰，一般呈模糊的团块状。图 5–10 所示为 1957 年美国芝加哥的种族聚集，图 5–11 所示为美国波士顿种族居住空间分离模式。

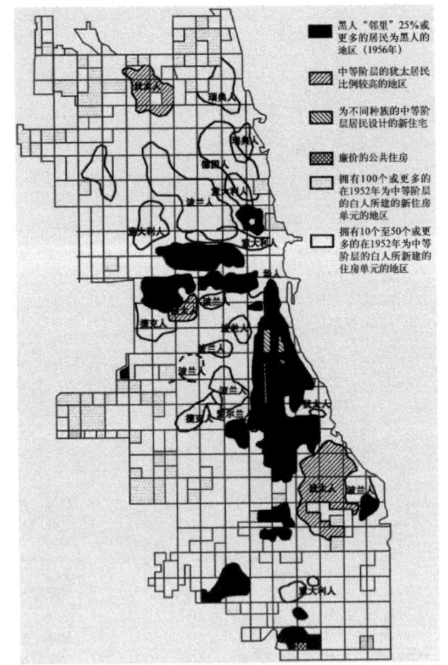

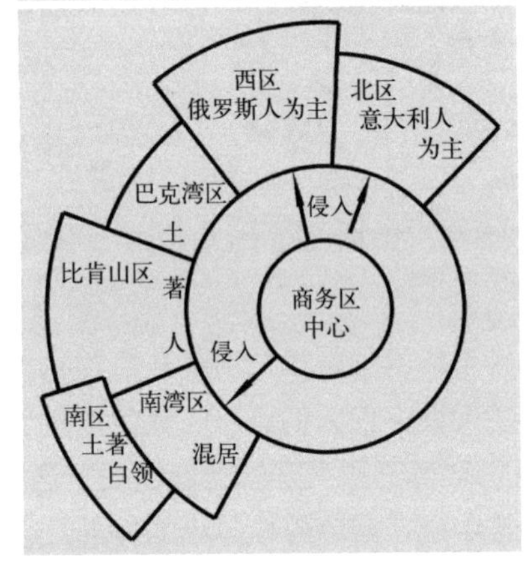

（上）图5–10　1957年美国芝加哥的种族聚集

（下）图5–11　美国波士顿种族居住空间分离模式

[2] 社会文化空间结构——与人类意识形态相关的空间互动与分离机制。

由文化的不同而形成的社会空间是在世界范围内各个城市都广泛存在的一种普遍事实。文化传统及其发展变化对城市生态系统物质空间组织和建设产生的影响，不仅形成了空间的文化特色，而且使物质空间环境也成为了文化不可分割的组成部分。这种作用是交互的。

空间的文化意蕴：以中国为例，传统城市空间格局中“象天法地”的基本思想对封建社会时期的城市具有深刻影响。中国人认为易学卦律代表着宇宙逻辑，反映事物发展的未来运势。在传统城市布局中讲究用空间构建吉祥的卦形，在帝都以求统治稳固、在商镇以求生生不息，所以常常以空间的“数”来象征——南北东西交织的四条大街将城市分为四个部分代表一年四时，纵列十三坊象征一年有闰，九代表壮大，六代表成熟等。

这些现在看起来甚至有些荒唐、不合科学逻辑的空间数理关系，事实上反映了人类逐渐认识自然规律的历程。古人发散式的联想思维模式将各种自然现象贯穿于整个人类社会前进过程中，逐渐演化成为特殊的文化

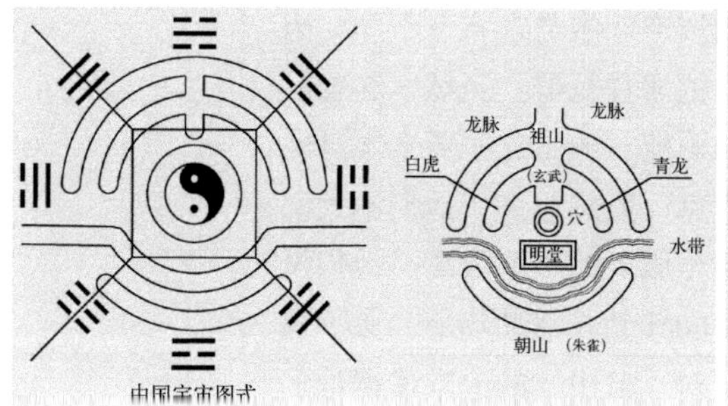

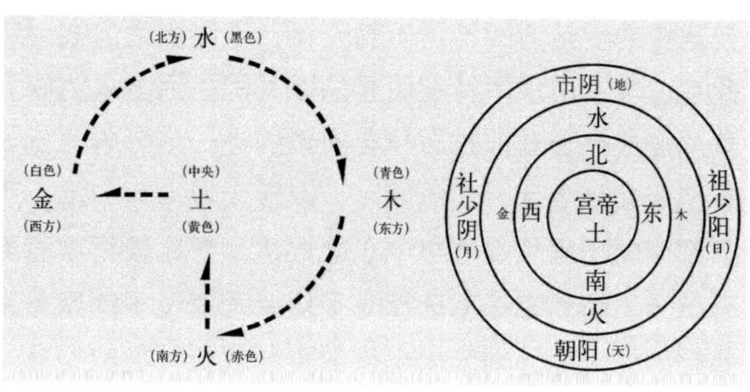

(左) 图5-12 中国理想风水图

(右) 图5-13 中国古代五行思想在城市与建筑方位中的应用

现象。这些文化中有关空间结构的种种风俗、习惯往往是通过漫长的"试错"过程，在低技术状况下积累的最适于当时生产、生活现状的空间利用模式。尽管这些状况会随着人类对环境认识水平和建设技术水平提高而有所改变，但是之所以会被称为"习惯"，最突出的就在于其中的"惯性"——这是对以往人类行为"神化"的结果，在与现实没有既定矛盾的情况下，普遍存在的人类"崇祖"心理使它会长期存在下去。特定空间形态在不同文化背景下往往具有不同的涵义，在不同文化背景下成长的人的空间利用模式也因此会有很大区别，但是其中根本的心理根源却是类似的——本质上是一致的"求吉"心理（图 5-12、图 5-13）。例如：中国人一再强调的房屋的朝向与主人职业协调的说法和西方人忌讳与数字 13 相关空间的惯例。因此具有美好、吉祥意蕴内涵的空间形态，成为了人们竞相趋附的引力之源。

不论是怎样的社会形态，都会有因为空间意蕴不同而产生的空间互动和分离。比如上一章分析的诸葛村中，不同支族、不同职业的人群居住在具有不同涵义的空间区位。又比如西方广场具有的开放、自由、交流的社会空间内涵，使得众多与这些特性相关的人类活动都向广场周边聚集。

生活方式：城市社会空间的确立越来越依赖软质的社会要素。其中对社会空间体系影响最大的是社会生活方式。"仁者乐山、智者乐水"，这句先贤名言极其概括地阐明了具有不同生活态度的人对自然空间的倾向。事实上城市源于自然、高于自然的建设过程在城市环境中创造了更为丰富的空间类型，为不同生活方式的人提供了更多、更能切合他们生活特色的空间。

传统城市生于斯长于斯，其城市内部社会构成相对简单，大多数居民的生活方式往往都是基于同一社会价值标准体系的，少有离经叛道的非主流生活方式出现。在这种状况下，城市各个局部空间结构体系的建立都常常以某种特定空间文化模式为依据，城市空间形态整体性很强，因生活方式不同形成的各局部区域空间形态分野与社会层级的差异关系密切——往往与阶层、职业、富裕程度等社会纵向体系的要素相关。

现代城市的人口聚集和流动，造就了复杂的社会内部结构，在主流层次和主干文化的基础上，具有丰富的次生层面和分支文化。这种包容性使居民的生活方式不再千篇一律。不同生活方式对物质空间的需求各有不同，因此在城市中出现了特征明显的以共同生活方式为媒介的居住社群。当然，这些社群的形成也受其他方面社会因素的进一步影响，例如职业，但是这些要素本身也是形成独特生活方式的原因。以现代城市之中的“丁克”家庭为例，他们中大部分都倾向于居住在城市中心区周边，都比较喜欢有健全服务的小型公寓。他们没有孩子，因而在住宅选择时不需要考虑过多的家务空间和幼儿活动场所，更不需要杞人忧天地计划未来小孩教育和成长环境的好坏；对“自由”的追求使得他们不愿意投入过多的时间对付生活琐事，因此完备的社会服务就十分必要。这就是针对这些人需要的“酒店式公寓”产生的原因。这种状况下，他们可以有更多的时间进行社会性活动，关心与自身生活方式相关设施的空间布局，例如：办公区、娱乐区、商业区、大型公共文化设施、体育设施等。而正是这些要素汇集形成城市空间系统的核心——城市中心区，所以为了方便自己利用，“丁克”们的居所往往选择靠近城市中心的区位。当然生活方式差异造成的城市人群空间利用的不同模式还有多种类型，对这些模式研究成果的运用在目前城市房地产开发业中是极为普遍的现象。可以说人们生活方式日益丰富而造成的居住方式多元化是城市房地产业产品日趋多样化的根本根源。同时，这个原因也促使城市物质空间日益丰富多彩。

[3] 社会生产组织空间结构——与科学技术发展相关的空间互动与分离机制。

城市社会生产空间结构与人们的“就业——居住”行为模式密切相关。这与现代城市的功能分区有密切关系，不同产业的空间分离，造成了相应从业人员聚居区的随之分离。而这些区域物质空间建设也因为主导人群的特点具有了不同的空间组成要素和形象特色。

其中对城市社会要素配备和空间结构影响最大的是脑力劳动者与其他劳动者聚居区的分离。我国目前大多数城市中都有相对集中的“高校区”，类似国外的“大学城”。这些智力开发和生产机构的周边一方面聚集大量的高质量社会服务设施，例如：各类国家实验室、图书馆、信息库、体育场馆等；另一方面汇集了各种产业的研究开发和推介机构，例如：各种研究院所、设计院、试验工厂、鉴定咨询事务所等，这些设施云集使得这些区域具有了强大的社会经济实力和社会服务水平，因此在物质空间层面上具有了良好的城市硬质景观环境条件；同时大量受过高等教育人员的居住和就业集中，使该区域的社会结构层次较高，能够在文化和社会层面上形成以此为基础的良好的城市软质空间环境；物质空间和社会空间的多重优化，使得这些区域成为城市居民选择居所的热门区域。在我国这种趋势更为明显，因为大多数依托高校的教育体系（从幼儿园、小学、中学到成人教育）利用高校固有的硬件设施，都具有相对较好的教学条件和水平，更为大多数重视教育的中国家长看重。“名校近邻”、“傍依高校”成为高校周边区域房产项目吸引买家的重要广告语。还有大量商家借此提升自己所开发社区的档次，造成高校区土地价格飞涨。具有与“高校区”类似情况的还有城市“高新科技开发区”。所有的脑力劳动者聚居区在“知识经济时代”都出现了地价提升、环境改善和人口聚集的现象。这种智力要素最终转化为经济要素，把许多社会经济地位相对较低的人群逐渐排挤了到区外。

总之，"一个特定的空间特征的存在是由于其履行了某种重要的社会功能。"[①] 随着城市规模增大，众多社会属性差异巨大的人口使得各种社会变换层出不穷。城市物质空间形态被迫随之迅速应变——各种社会变化使得社会空间的距离梯度加大，在物质空间上越来越多形成新的社会空间单元，组成城市内景象多变的社会空间"马赛克"式镶嵌图。

5.2 城市生态系统的物质空间

5.2.1 基本概念

"结构"是一个具有多重含义的词语。最为常用的意义是指事物的内部构造，而在科学层面上的"结构"指构成整体的各个部分及其组合方式。[②] 然而，我们在剖析一个事物的构成规律时往往把组成要素与组合方式分开论述，称之为"组成要素"与"结构"。这时的"结构"就专指一种组织关系。按照这种关系所建构的整体或系统，将具有不同于其各个构件元素功能的新功能。相同的"组成元素"按不同的"结构"组成的系统，也许会具有完全不同的功能和作用。因而，从某种程度出发，"结构"才是赋予事物相应功能的真正原因。这也是研究"结构"的重要意义。

在本书第3章中对城市生态系统空间研究涉及的基本概念进行了辨析，重点在于区分城市空间规划与建设领域所涉及的"空间结构"概念和生态学领域的"空间结构——空间利用与建设模式"的区别。就城市生态系统本身运行过程中所涉及的物质空间实体的生成和演化而言，这两个概念都存在有一些不足。

从城市物质空间结构的形成过程来看，首先，已往物质空间领域的研究虽然也针对空间组合的动态过程，但是主要以组合结果为重点。而事实上空间结构是一个动态过程，相对的稳定（某种结果）只具有阶段性。真正的"结构"寓于城市生命主体（包括人类自身）使用和建设物质空间的过程之中。其次，已往的研究在建筑设计领域关注的重点是物理层面的空间组合关系（长、宽、高）带给人们的抽象美感，有时必要的功能都被置于次要地位。而城市规划领域虽然关切的层面相对理性和科学，但是往往以一些绝对的功能切块割裂了以人类为主体的城市生命系统和空间建设利用之间的有机内在联系，忽视了空间结构建构具有强烈的复合性的事实。第三，尽管人类在城市中具有绝对的主导地位，但是城市中客观存在的事

---

① [美]戴维·波普诺著，李强等译，《社会学》（第十版），中国人民大学出版社，1999年8月第一版，第74页。

② 参见：《新华词典》，商务印书馆，1988年修订版，1989年9月第二版，1991年11月北京第16次印刷，第451页。

实空间结构依然会受到除了人类之外的其他生命成分的客观作用。这些事实都表明，已往物质空间领域的“空间结构”中的疏漏随着城市生态系统的升级而日益明显，已经给系统的综合平衡造成了严重的负面客观影响。

而生态学领域的“空间结构”又偏重于指“组成城市生态系统生命主体的各个物种对城市生态系统空间范围内的空间资源的占有、利用以及对系统内部空间的建设模式。”它所探讨的城市生态系统“空间结构——空间建设和利用模式”固然深入研究了城市各种生命主体具体的空间建设和利用规律，但这种主体的活动规律与现实之中的城市物质空间建设活动开展的事实运行规律之间存在非常大的差异。也就是说，生态学领域的规律虽然反映了事物的本质，但是因为建设活动本身的操作特点，这种深层的生物行为规律又是无法直接指导现实的物质空间建设的。

所以，在上两章研究了人类种群和城市生态系统空间建设和利用的深层规律之后，本节提出以功能空间为基础，重新定位城市生态系统的空间结构。

城市生态系统物质空间结构：[①] 城市生态系统内各类功能空间整合在物质空间层面上的空间区位分布特征及其组合规律。

各种城市生命主体的空间建设和利用行为规律（也就是生态学意义上的空间结构）的总和结成了作用于物质空间环境的“合力”。城市生态系统的各种物质要素具体的空间位置以及相对位置关系都由这股“合力”所左右，是它协调了各种城市功能对物质空间的需要，形成了具体的“功能空间”。而最终城市生态系统物质空间实体的具体形态也是由“功能空间”结合各自系统的需求、系统与系统的关系以及当时建造技术水平、经济可行性等要素之后，进一步整合后所确定的。

所以，城市生态系统空间结构的概念所要发挥的关键作用就在于贯穿传统物质空间建设领域的“城市空间结构”概念和生态学领域的“城市生态系统空间利用模式（空间结构）”概念，将城市作为完整生态系统的内在空间建设规律与为人们日常所感知的实体空间的构建有机结合起来，便于人们理解城市物质空间生成和演化的真正本质。

5.2.2 城市生态系统物质空间结构的特点

物质空间系统是所有城市功能子系统运行的载体，是各类生命主体的“栖息地”和各类城市活动发生和相互作用的场所。它的形成与发展所受的制约因素最多。不仅这些制约因素本身就具有复杂的内在机制，而且各个因素之间的相互作用和影响关系也十分错综复杂。在城市生态系统的各种内、外因素共同作用下，物质空间系统必须具有相应的丰富程度和多样性。不相同的城市物质空间单元按照一定组织规律结合成一个具有自身内在逻辑性和有机整体性的空间系统。这些“组织规律”就是城市生态系统物质空间结构，它在保证物质空间系统本身完整的基础上配合其他功能子系统的运作。为了满足对物质空间组合多样性、复杂性、

---

① Spatial structure of urban ecosystem。

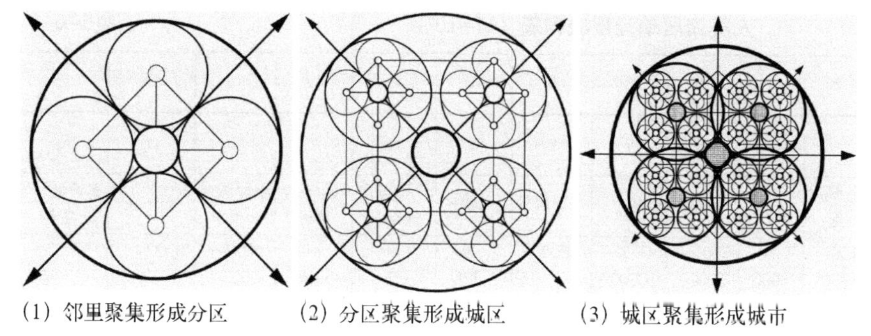

图5-14　城市微观结构的等级构成

有机性要求，物质空间结构是城市生态系统中最为复杂的结构之一。

对城市空间结构的研究一直以来都是城市物质空间建设领域的重点，其具体结构模式的研究成果是极为丰富的。在亚历山大"并非树形"的"网络状"模式曾经关注的多因素、多层面作用机制下，越来越多的研究发现城市的空间结构具有层级特点。以1999年Hildebrand Frey在《设计城市——迈向一种更加可持续的城市形态》一书中所提出"可持续城市的微观结构"为例，他将城市的结构表述为"城市单元可具有不同的用地规模和人口"，是"开发密集区（具有供应中心的邻里、分区、城区和城市）和交通系统（公共汽车、LRT和铁路，其节点相应地分布在不同等级的城市单元中心）的等级体系"。（图5-14）虽然作者关心的这种体系是以传统的分级模式和中心地理论为基础，将人口、用地规模和具体的向心式空间形态进行了对应，但他明确地指出了城市物质空间的层级特点事实。

已往的研究中对城市生态系统层级特点揭示得最深入的理论是希腊建筑师C·A·道萨迪亚斯于20世纪50年代创立的专门研究人类聚居的"人类聚居学"。[①]"人类聚居学"将对城市生态系统物质空间子系统层级结构的研究与对人类聚居行为的研究密切对应。其目的在于吸收建筑学、地理学、社会学、人类学等学科成果，在更高的层面上对人类的聚居行为进行全面而综合的研究。其重点之一在于了解和掌握人类聚居的发展规律，其二在于解决这一过程中的具体问题，以创造更好的人类生活环境。图5-15所示为社区的等级层次体系。

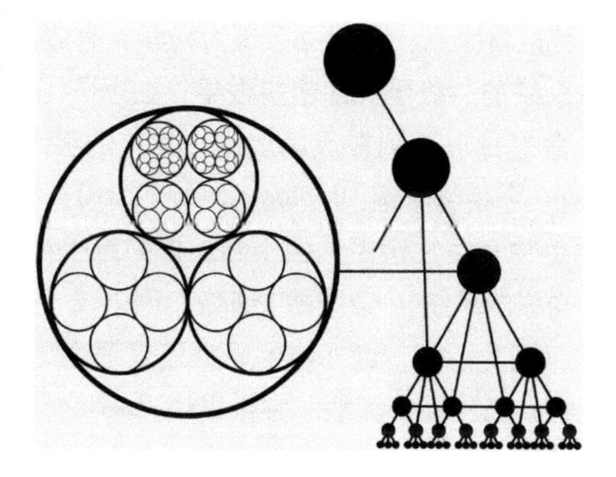

图5-15　社区的等级层次体系
（依据C·A·道萨迪亚斯"聚居的等级体系"绘制）

① 资料来源：吴良镛著，《人居环境科学导论》，中国建筑工业出版社，2001年10月第一版；《中国大百科全书——建筑、园林、城市规划卷》，中国大百科全书出版社，1988年5月第一版，1995年4月第2次印刷，第363页。王朝晖著，"关于可持续城市形态的探讨——介绍《涉及城市——迈向一种更加可持续的城市形态》"，国外城市规划杂志，2001年第2期，第41～45页。

人类聚居单元层级列表（M=10^6） **表5–6**

人类聚居单元	1	2	3	4	5	6	7	8	9	10	11	12	13	14	15
社区等级				Ⅰ	Ⅱ	Ⅲ	Ⅳ	Ⅴ	Ⅵ	Ⅶ	Ⅷ	Ⅸ	Ⅹ	Ⅺ	Ⅻ
单元名称	人体	房间	住所	住宅组团	小型邻里	邻里	小城镇	城市	中等城市	大城市	小型城市连绵区	城市连绵区	小型城市洲	城市洲	普适城（全球城市）
人口数量范围			3～15	15～100	100～750	750～5000	5000～30000	30000～200000	200000～1.5M	1.5M～10M	10M～75M	75M～500M	500M～3000M	3000M～20000M	20000M及更多
聚居人口规模	1	2	5	40	250	1500	9000	75000	500000	4M	25M	150M	1000M	7500M	50000M

表格来源：吴良镛著，《人居环境科学导论》，中国建筑工业出版社，2001年10月第一版，P230页，表7－1。

C·A·道萨迪亚斯认为人类聚居是指各种人类生活环境。由五大要素组成：自然界、人、社会、建筑物、联系网络。它包括各种规模的乡村、城镇。他按照聚居规模的大小把人类聚居分为15个层级单位：个人⟶居室⟶住宅⟶住宅组团⟶小型邻里⟶邻里⟶集镇⟶城市⟶大城市⟶大都会⟶城市组团⟶大城市群区⟶城市地区⟶城市洲⟶全球城市（表5–6）。C·A·道萨迪亚斯不仅划定了人类聚居的规模层次，还借鉴赫胥黎（Sir Julian Huxley）的做法，将地球上的生物分为3个等级——第一等级是最简单的细胞；第二等级是动物、人等生物体，第三等级是人类聚居。并进一步地将人类聚居的15个单元划分为3个层面：从个人到邻里是第1层面，即小规模的人类聚居；从城镇到大城市是第2层面，即中等规模的人类聚居；从大都会到普适城（全球城市）为第3层面，即大规模的人类聚居。每一个层面中的人类聚居单元具有相似的特征。

C·A·道萨迪亚斯对人类聚居层级规模的判定是以人口规模和土地面积的对数比例为基础的。这种层级结构是一种比较直观和表面的描述。受到当时相关学科研究成果支撑的影响，并未涉及其中具体空间结构的解析。这一理论对于不同规模层级单元之间的具体发展演进脉络的关注尚不够深入。但是它的研究为后来的研究提供了一体化的有机着眼点，并建立了更为科学、有效的方法体系。

在生态学领域对生命系统的层级研究却起步很早，在1971年Odum就对此作过详细讨论——他认为生命是由一系列在尺度上从小到大的组织层次（levels of organization）的系统构成的一个生物学谱（biological spectrum）。

根据最新知识绘制的生物学线性谱中，由小到大排列着生物大分子、大分子种群（相同大分子在一起构成的系统）、细胞器、细胞、组织、器官、有机体、种群、生态系统和全球生命系统（图5–16）。进一步的研究还发现在这个系统带谱上的系统结构并不完全相同，共有三种基本类型：完全系统（perfect system）、破缺系统（broken system）、同构系统（homologous system）。这其中生物大分子、细胞、多细胞生物个体、地球生命大系统属于完全系统；细胞器、器官、生态系统属于破缺系统；生物大分子种群、组织、种群属于同构系统。这些子系统在系统的垂直方向上排列为三列——P列、B列、H列，位于同一序列的各层次系统为同一类型。这些层次系统呈现出螺旋形的系统结构特征（图5–17）。

• 物质空间系统的层级构成

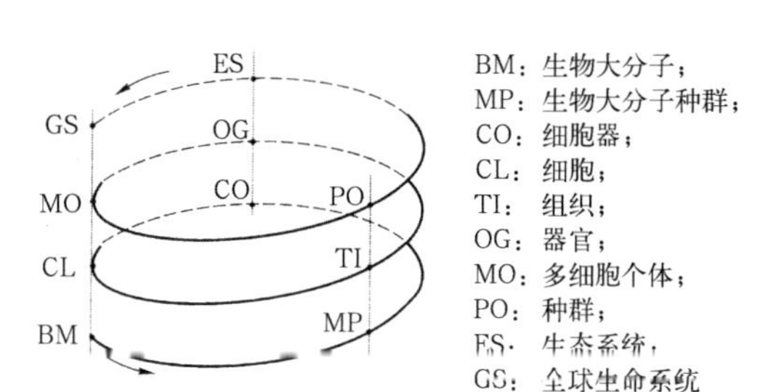

（上）图5-16 直线形生物学谱

（下）图5-17 生命系统的螺旋结构示意图

城市生态系统的物质空间系统具有与地球生命大系统类似的结构。在城市空间层级系统的谱带上，从小到大分别是：房间、房间组、建筑体、建筑、建筑群、组团、功能区、综合区（镇）、城区、城乡复合体、大城市、城市群，共十二个层级（图5-18）。其中：

房间（room）：指由墙壁、房顶、地面、门窗以及必要的基础设施所限定的供人们使用其内部的最小空间单元。房间的大小、形状以及内在设施往往由房间使用功能所决定。在外部空间设计中，"房间"也指用各种手法围合、限制的供人们使用其内部的最小外部空间单元。例如：以矮墙、树篱、水面、铺地等元素划定的没有屋顶的，具有明确用途的外部空间。

房间组（room group）：按照功能相同、相近、相关集群的组织原则集成的空间集合，以满足人类比较复杂的空间需求。也包括外部空间设计中相应类型的集合。

建筑体（building）：具有完整、规则的空间边界，系统的内部空间组织，以满足人类一系列基本活动需要的空间组合。

建筑（architecture）：由建筑体及其周边相应的外部空间环境和配套设施所构成的有机整体。它不仅能够完整地满足人类某一系列活动的需求，同时还具有相应的外部功能，例如：形成城市街道景观、围合广场、体现地方文化等。

建筑群（architecture complex）：由一系列建筑构成的，为满足某种城市功能而形成的具有特定联系的建筑组合。例如：大型综合医院就是由一系列具有不同分工的医疗建筑所组合而成的建筑群。

组团（cluster）：由具有不同城市功能的建筑、建筑群体和外部空间序列集合而成的，能够全面满足某一类城市基本活动需要的地段。例如：住宅组团是由住宅群、学校、邻里活动中心、小游园等场所共同构成的；工业组团是由车间组、仓储空间组（仓库和堆场）、管理建筑群、研发建筑、生活建筑群所共同构成的；大学则主要由教学楼群、实验室群、文体建筑群、学生宿舍群、教师宿舍群、管理与研究建筑群、生活服务建筑群、运动场馆、外部空间等所共同构成的。

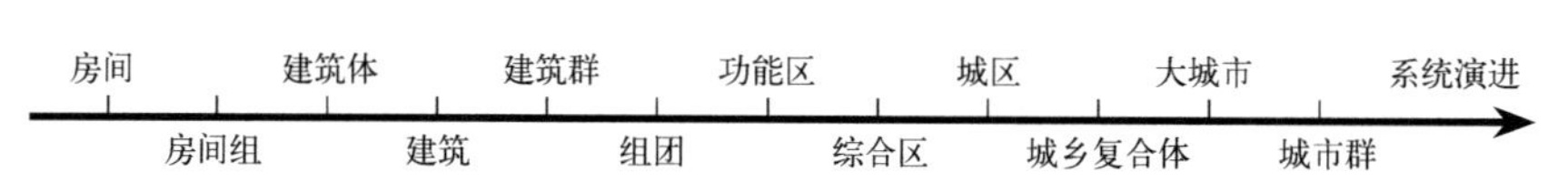

图5-18 由一系列从小到大的组织层次系统构成的城市生态系统空间系统

功能区（function units）：由具有不同功能的建筑群、组团和外部空间序列按照一定的内在规律有机组成的，可以系统地完成以某一类城市功能为主导的所有相关城市活动的地区。例如：住宅区就是由住宅组团、社区文化中心、社区商业中心、社区工业组团、社区教育体系（中学、小学、托幼）、社区开放空间系统（各个层级的户外运动空间、休闲活动场所）、社区内在交通运输系统等单元按照一定内在规律建构的以满足人类定居及其相关需求为主导的城市功能区；而XX工业区则往往是由一系列生产组团、仓储中心（各类仓库、堆场）、动力中心（热电厂）、科研中心（研究院、实验基地）、培训中心（职工技校）、管理中心、生活组团和交通运输系统（各级道路、各种工业管道）交通枢纽（火车工业站）、防护绿地系统、废弃物处理系统（各种废弃物收集管道、网点，工业污水处理厂、工业垃圾处理厂）所共同构成，以生产满足人类需要的某一类产品为主导的城市功能区；"大学城"则是由具有不同教学与研究重点的学校和学院、研发中心、综合实验基地、实验工厂组团、管理中心、信息中心、居住生活组团、文化中心、体育场馆、商业中心、开放空间系统、道路运输系统等一系列单元构成的以人才生产和各类精神财富创造为主导的城市功能区。

综合区（town district）：由城市生态系统整体运作中相关的城市功能区和组团按照一定组织规律建构的，具有以某种城市系统活动为主导的完整城市功能，在空间上有一定的相对独立性和完整性的区域。例如：在受地形限制山地地区，根据建设用地和交通情况划分出的"城市片"；或者在平原地区从行政管理的规模效应出发划定的"管理片"。在某些时候、某种程度上，综合区就可被视作具有某一突出主导职能的小型城镇生态系统所占有的空间范围。

城区（city region）：由多个在功能上分工合作的城市综合区集合而成，可完成城市生态系统各类主要功能，具有与周边地域明显不同空间环境特征的地域范围。城区可以被视作一个完整的城市生态系统所占有的空间范围，也就是通常意义上的城市建成区。

城乡复合体（city-country complex）：城区及其周边郊野区域有机构成的整体。在功能上，城乡复合体是城市生态系统和农业生态系统复合而成的完整系统，能够在某种程度上"自给自足"；在空间上，它们是由斑块、廊道、基底所构成的连续性大地景观体系中观尺度的一个完整单元。

大都市（metropolis）：由多个城乡复合体嵌合而成的，通过系统性分工合作而形成的更大地域范围内的大型城市生态系统。在功能上大都市地区不仅仅要满足本区域内的人类种群和其他生物的各种生物生产和人类的社会、经济、文化生活的各种需求，而且通过贸易、信息等各种网络对全球生命大系统的相应环节发挥作用；在空间上，它是由斑块、廊道、基底所构成的连续性大地景观体系较大尺度的一个完整单元。

城市群（megalopolis）：多个大都市地区由于地理分布上的相对集中，根据其各自的区位优势，通过系统分工集合而成的巨型城市生态系统。除了具有大都市所具有的所有功能之外，城市群更突出对全球生命大系统的主导作用——它们往往是区全球生命大系统的区域节点。在空间上，城市群是由斑块、廊道、基底所构成的连续性大地景观体系宏观尺度的一个开放性空间单元。

• 物质空间系统结构特征

这 12 个层级的系统并不是沿着系统演进轴简单地排成一列，从分析得知，相邻层次的系统结构并不完全相同，它们也分别属于完全系统、破缺系统、同构系统三种类型，并且在系统演进轴上周期性地重复出现。如果将系统演进轴弯曲成螺旋形，这些各个层次的系统就排列成垂直方向的三列：处于同一位置的系统为同一种类型，具有很好的自相似性（图 5–19）。其中：

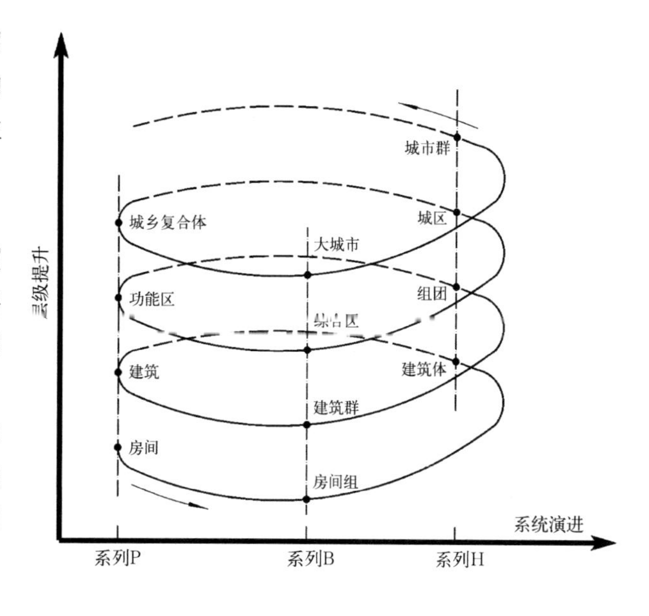

图5–19 城市生态系统物质空间子系统的螺旋结构

P 列——完全系统（perfect system）：包括房间、建筑、功能区、城乡复合体四个层次。这几个层次系统具有组织化程度高、各组分间关系复杂并且制约紧密的特点，具有明确的调控中心，是可以独立行使功能、独立存在的自持性单元。这类系统可以不依赖上一个层次的系统存在。其对抗外部干扰的能力较强，但是系统部分组分去除时，对系统运作的干扰极大。

B 列——破缺系统（broken system）：包括房间组、建筑群、综合区、大城市。这些层次的系统虽然具有一定的内在组织，但是其功能和结构是破缺的，系统不是一个自持单元。它必须与其他系统耦合才能够存在下去，功能也比较单一。其结构和运行均由上一个层次的系统控制，主要为上一层次的系统服务。虽然具有一定的抗干扰能力，但是内稳态并不完善。

H 列——同构系统（homologous system）：包括建筑体、组团、城区、城市群。同构系统的实质更接近"集合"，由大量相同的组分构成，结构简单，自我调节能力不强。没有内稳态，系统组分可以分离和扩散——扩大系统规模或建立新系统。

• 物质空间系统升级的变化规律

空间系统每一次升级，一方面在结构和功能等基本方面与原有层次有相似性，另一方面在结构和功能方面又具有进一步的发展，对外部环境能够更好地适应。总的说来，随着系统升级：

[1] 系统的体积显著增大：只有具有足够的空间，才能促使系统进行子系统分工、形成不同的功能群体。否则环境容量限度的要求会将系统限制在某个饱和层机制上。以居住组团升级为居住功能区为例，建设用地面积往往成倍扩大。以我国《城市居住区规划设计规范》（GB 50180—93）的相关规定数据作为参考，居住组团用地约为 1.4 ~ 5.4hm^2，而居住功能区用地却在 9.8 ~ 30hm^2，相差 5 ~ 7 倍。

[2] 组分增多：不仅包含随着系统层次增加，在相应层面上增加的组成成分，而且有时以下每一个层次的组分也会随之增加。例如：当居住组团升级为居住区后，不仅要增加与居住组团平级的特有的功能区级公共活动设施组团——文化活动中心、行政管理中心、小学等，而且每一个组团还会应大系统的需要，通过增加组分或者提升功能等方式产生系统耦合，以利于大系统的空间和功能的分工合作，更便于联系为一个紧密的空间实体。又如：20 世纪 70 年代莫斯科总体规划中把城市分为七个不同的城区，每一个城区都承担有一项或几项其他城区所不具备的全市性公共服务功能。由此来增加城市各个分区之间的聚合力，将各个分区联系成为一个协作无间的有机整体。

图5—20 莫斯科总体规划组团模式示意图

说明：圆圈中为重要的城市公共设施分布点。其中1.“苏共22大”公园；2.列宁山——高二级文化休息公园——艺术公园；3.莫斯科军区公园——索科尔尼克文化休息公园——驼鹿岛国家自然公园；4.西北休息区；5.“伟大十月60周年”公园——科洛缅斯基国家自然保护博物馆——波里索夫水库；6.西姆金水库周边公园群；7.前苏联国民经济成就展览会——奥斯坦金诺公园——苏联科学院总植物馆；8.伊兹玛依诺夫休息公园；9.库兹明文化休息公园——库兹明森林公园；10.察里津诺公园；11.比泽夫公园；12.胜利公园——沿塞都尼河河湾公园群。

[3] 结构和功能更为复杂：系统在功能分化的基础上，往往形成专门化的空间体系，这样不仅增加了空间与功能配合的紧密度——产生了更多的空间形态，提高了空间效率；而且使得空间组合的方式更为丰富，选择性更多——演化出更多的结构形式。

[4] 系统的结构和内在调控机制更为复杂：系统每一次升级，涉及的影响因素都在不断增加。不仅要调控本层次的系统运作，而且会制约以下的各个层次的相关运行；同时以下各个层级的系统运作也会通过反馈机制影响高层级的调控机制。

[5] 系统的内在稳定性增加：系统升级后运作机制更为复杂化——各种影响机制交织呈现网络化形态，从而增加了对于外部干扰的抵抗力、消解力，系统稳定性大大提升。

[6] 系统寿命延长：每一类建筑物和构筑物根据其结构类型、施工状况、环境因素都会有一个理论寿命，例如：一般住宅的理论“寿命”为 70 年（尽管也有通过尽心维护使用百年或以上的特例）。而一个居住片区寿命常常长达数百年——以北京老城中某些胡同民居片区为例，在没有激烈的社会政治、经济、文化动荡的情况下，它们通过缓慢的自我更新维持内在活力。而一个城市只要环境条件允许，寿命可以是“无限”（指到目

前而言)——虽然历史上有许多城市因为这样或那样的原因衰退和灭亡了，例如楼兰；然而也有众多的城市历经上千年甚至几千年风霜依然活力澎湃，例如：埃及的开罗、意大利的罗马、土耳其的君士坦丁堡、印度的德里、日本的京都以及中国的北京、苏州、成都。

[7] 对土地资源的利用效率增加：单位土地面积上"财富"蓄积量增加，对土地资源的利用率增加，系统利用"空间"资源更为充分。将不同层级的空间系统进行比较，系统升级后新增加的组分往往需要更多、更高强度的"财富"投入，而且系统升级之后，这些区域单位面积将发挥更大的空间效益——由此提升了高层级的整体平均值。这种现象是由生态系统进化的"经济"规律所决定的——如果发展不能提高效益，就不会产生进化动力。从表5-7中可以看出，随着城市人口规模扩大，人均用地不断减少，也就是说在单位土地面积上所积累的人的生物量不断增加。而城市生态系统中主要的生物量是人的生物量，因此我们可以从中粗略推断——城市规模越大，单位面积上所积累的生物量越多。

我国不同规模的城镇用地比较 **表5-7**

人口（万人）	人均用地（m^2）	其中居住生活用地（m^2）
>200	55	21.7
100～200	78.9	26.0
50～100	84	31.8
20～50	86	30.6
<20	104	42.0

表格来源：段进著，《城市空间发展论》，齐康主编，"城市及建筑形态研究丛书"，江苏科学技术出版社，1999年8月第一版，第138页，表6－1。

[8] 出现低层次没有的新特征：人类最初营建第一个聚居地时，往往简单地仅仅赋予它单纯的"居住"功能，从生物学意义上讲，这种行为与自然界其他动物的"营巢"行为没有本质的区别——都是为本物种的生存和繁衍创造更好的客观物质条件。但是随着人类改造自然环境的能力的提升和社会的发展与进步，人建生态系统的层次逐渐被提升——越来越多的其他功能出现在这一系统之中，丰富着人类的物质与文化生活。城市社会学和城市经济学的相关研究表明，只有城市生态系统的层级提高到一定的层次，才能够提供相应层次的社会服务，这些功能所带来的一系列的不同就是该层次的新特征。例如：根据美国学者莫里尔(R.L.Morrill)的理论，只有城市聚居人口达到25～35万时，才能够成为独立的区域服务中心，才能维持较高质量的文化教育设施，才能吸引投资和现代化的工业来此布局。[①]

在层级系统进化发展过程中，我们必须注意这样一个事实：尽管系

① 参见：李丽萍著，《城市人居环境》，中国轻工业出版社，2001年6月第一版，第133页。

统升级具有一系列低层次系统所没有的优势，但是系统的组织化程度并不是越向上越高，因为各个等级层次系统在同时进化。在形成新的、较高层次的系统的同时，原有的较低层次的系统也在发展，其复杂性和组织化程度仍在增加。由于较低层次系统的进化时间比较高层次系统的进化时间长，其组织化水平也就高于高层次系统。所以在城市生态系统运转的现实中，越高级的层级往往暴露的问题越多、越复杂，出现机能不协调状况越频繁——这是系统进化固有规律，任何一种升级都不可能一蹴而就，系统需要足够的时间来促进各个子系统和各个层级间的相互协调，通过反复震荡达成系统整体的平稳和谐。

5.3 功能空间在物质空间层面上的整合

在具体的城市建设中，发展的阶段性使得对应阶段的物质空间实体必须具有相对明确的边界。因此形成了这样一种现象——功能空间与实体空间虽然不具备一一对应的关系，然而大多数不同类型实体空间的建构都会一定程度上侧重某种城市功能，或者在其发展的不同阶段上侧重不同的城市功能。这样以某一类功能的空间利用要求为主导，结合相关其他功能的辅助空间要求，建立在物质层面上结构清晰、边界相对明确、规模适度的空间单元，就是在物质空间层面上进行空间整合的具体过程。它是物质空间结构自组织过程中自发的系统分工，通过这种合理的分工，实体空间可以更好地满足系统活动的空间要求，提高整个城市生态系统的效率。

5.3.1 城市生态系统功能空间与物质空间的对应关系

在具体的城市物质空间建设过程中，城市规划综合城市物质空间的形态与功能特点通常将其划分为六大系统——居住生活系统、社会生产系统（针对第二产业）、公共设施系统、景观绿地系统、交通运输系统、市政公用工程设施系统。这种划分模式主要根据的是物质空间的直观功能和形态乃至于建造方式本身特色方面的共性。从这种划分中可以发现，城市生态系统的三种类型的功能空间与物质实体空间不是存在僵化的对应关系，例如：在居住生活系统中① 除了社会空间之外还包含一些自然空间和经济空间——居住区公园、组团小游园、宅间绿地和社区工厂、小型商业网点等。

社会系统、经济系统、生态系统活动开展的每一种功能空间都通过一定的内在结构结成一个有机的空间系统。但城市生态系统的这三类功能空间与具体物质实体空间单元并不是完全僵化对应的。正是这种混合形态使得单独从某一类功能空间角度出发观察它们在物质实体空间上的分布边界都呈现模糊状态。因此形成了这样一种现象——功能空间与实体空间不具备一一对应的关系，参见表 5–8。

---

① 以我国《居住区规划》中包含的功能空间组成来说明。

城市生态系统主要物质实体空间类型与功能空间的对应关系一览表　　表5–8

系统	物质实体空间类型	功能空间类型			备注
		自然空间	社会空间	经济空间	
A	居住	★☆	★★	★☆	
B	行政办公	☆☆	★★	☆☆	
B	商业金融	☆☆	★☆	★★	
B	文化娱乐	★☆	★★	★☆	小类功能空间侧重会不同
B	体育	★☆	★★	★☆	
B	医疗卫生	★☆	★★	★☆	小类功能空间侧重会不同
B	教育科研设计	☆☆	★★	★☆	小类功能空间侧重会不同
B	文物古迹	★☆	★★	☆☆	
B	综合	☆☆	★★	★☆	综合类型不同侧重有偏差
C	工业	★☆	★☆	★★	
C	仓储	☆☆	★☆	★★	
D	对外交通	☆☆	★☆	★★	
D	道路交通	☆☆	★☆	★★	
D	广场	★☆	★☆	★☆	小类的能空间侧重会不同
E	市政公用设施	☆☆	☆☆	★★	
F	公共绿地	★★	★☆	★☆	
F	防护绿地	★☆	★☆	★★	
F	生态绿地	★★	☆☆	☆☆	
B	特殊用地	☆☆	★☆	★★	可看作特殊的综合用地
F	水域	★★	★☆	★☆	
F	耕地	★★	★☆	★★	
F	园地	★★	★☆	★★	
F	林地	★★	☆☆	★☆	

说明：★★表示对应关系极强，是该物质实体空间形成的主导型功能空间。
★☆表示有一定的对应关系，对该物质实体空间形成有一定影响。
☆☆表示对应关系较弱，对该物质实体空间形成影响较小

备注：本表以总体规划计入城市用地平衡表的用地类型为物质实体空间类型划分的基础，另外结合控制性详细规划中的用地类型"中类"增加了部分在城市功能发挥中具有特别重要作用的实体空间类型。

A—居住生活系统；B—公共设施系统；C—社会生产系统（针对第二产业）；D—交通运输系统；E—市政公用工程设施系统；F—景观绿地系统。

5.3.2 功能空间整合的阶段性和层级性

"自然和社会处于不断的变迁之中，人类社会与这些环境间的关系也处于相应的变化之中。"① 在城市生态系统发展的不同阶段，城市物质空间体系建构面临的主导性功能空间问题是有所不同的，这是由于城市生态系统发展的阶段性特点造成的（表5–9）。

① [美] 戴维·波普诺著，李强等译，《社会学》（第十版），中国人民大学出版社，1999年8月第一版，第81页。

不同经济发展阶段城市生态系统面临的主要空间问题 **表5–9**

经济发展阶段[说明]		起步阶段	持续发展阶段	群众高消费阶段	
对应社会类型		农业社会向工业社会转型时期	工业社会	后工业社会（信息社会）	
时间阶段		20世纪初以前	20世纪初～20世纪70年代	1970～	1980～
城市空间问题	范围	自然空间问题	经济空间问题	社会空间问题	社会空间问题 自然空间问题
	核心	城市发展有机体	城市土地利用	城市生活质量	城市可持续发展
空间研究内容	前期	城市区位（常用人与土地的关系进行解释）	土地利用与功能区	城市社会空间关系	协调城市全面均衡发展（自然、社会、经济）的空间模式
	后期	功能结构与环境治理	经济结构与布局	城市社会空间体系	
方法论	理论	经验主义	逻辑实证主义	以人为核心的多种方法论相结合	以地球生命大系统为核心的多种方法论相结合
	方法	发生学方法 历史学方法	空间分析方法 形态学方法	行为方法与逻辑分析相结合	各种生态分析方法与逻辑分析相结合
备注					

说明：西方著名经济学家罗斯托在1960年提出的发展进化序列模型。他认为世界经济主要有5个序列发展阶段：(1) 传统社会经济阶段；(2) 经济发展准备阶段；(3) 经济起飞阶段；(4) 经济持续发展阶段；(5) 群众高消费阶段。每一个阶段都有一定的发展时期，前两个阶段耗费的时间较长，第3个阶段一般需要40～60年。世界工业化国家处于后两个阶段，英、美等西方发达国家处于第5个阶段。目前我国应该是处于第4个阶段，但是由于我国“赶超型”发展模式，使现阶段面临的城市空间问题全面涵盖了自然空间、经济空间、社会空间。

本表格根据王兴中等著，《中国城市社会空间结构研究》，科学出版社，2000年6月第一版，第13页，表2.1改编。

- 空间整合的阶段性

功能空间在物质空间层面上的整合具有阶段性。这种阶段性包括系统整体发展层面上的阶段性和系统内部不同局部区域发展层面上的阶段性。前者的作用机理相对比较复杂，包括：其一，城市生态系统的“政治城市”⟶“经济城市”⟶“信息城市”⟶“生态城市”的演进历程，是全球生命大系统整体发展的需要；其二，因为城市生态系统物质空间系统演进的具有“组织”和“自组织”两种发展机制，这两大机制的不同组合造就了“自发演进”和“人工控制”两大类空间增长模式，还因为主导机制的交替影响作用，从而使每个城市空间发展都具有相应的阶段性；其三，人类对城市演进相关规律认识过程的阶段性，以及受到社会经济条件制约，使相应理论付诸实施也具有阶段性，使城市物质空间演进具有阶段性。而系统内部不同局部区域层面上的阶段性则与各空间单元主导功能空间的发展相关。因此可能城市物质空间各个组成部分的演进往往并不是同步发生的，从而赋予个体城市空间体系更大的多样性。

- 功能空间的物质实体整合的层级性

前文我们谈到了城市物质空间系统的层级性结构，事实上形成这种结构的原因之一也是因为空间整合具有层级性——在城市不同层面上的空间整合规律互不相同。

[1]“社会空间”的层级性使然：整合机制与人类的社会层级组织结构相关。城市中“一个特定的空间特征的存在是由于其履行了某种重要的社会功能”，

从而在社会空间层面，其组成的多样性使得我们常常可以在城市不同的区域领略具有不同"社会风情"的空间形态。但是，即使同一物质空间中集中生活着如此众多的人类个体和社群，一个特定城市或特定城市区域往往仍然都具有一定的主导"风格"。这种风格就是该城市社会空间整合的一条明确线索，它往往由该城市或该区域的"统治阶层"或者"上层阶层"的品位和需求决定的。这种现象的根本原因是由于不同阶层公民参与城市管理状况不同造成的。研究表明："公民参与受到许多社会因素的影响。最重要的就是社会经济地位，当人们在等级体制中上升到更高层时，其政治参与率会增加。"① 而且社会层级较高社群的意志在越大规模、越高层次的物质空间形态结构的搭建中体现越充分——城市宏观物质空间结构和城市形象更多地反映了社会层级地位相对较高的人群的空间利用和审美偏好；微观层次的空间结构和形象才反映了切实利用者的习惯与偏好。正应了一句老话"凡人之境止于家园、伟人之境在乎宇宙"。这种规律还使得在一些特殊时期的社会结构作用下（比如独裁政治），城市的物质空间甚至会以处在社会结构顶端的某一个人或极少数人的空间利用和审美偏好为基础。也决定了世界上轰轰烈烈的"市民参与"运动总是在社区层次贯彻得最好。

[2] "自然空间"的层级性使然：整合机制与城市所在地原生生态系统的层级结构相关。自然功能空间虽然表现出复杂而且不规则的支离破碎形态，但是在高度复杂的表象之下，它却具有一种以层级为基础的，几何状态的系统性自相似现象。其中的典型形态在微观层面有雪花的生成，在宏观层面有海岸的构建。这种状态被我们称之为分形，"它描述了我们周围的许多不规则和支离破碎的形状"，② 它以"基质"——"斑块"——"廊道"的层级式分形结构贯穿在城市物质空间体系各个层面之上。

[3] "经济空间"的层级性使然：社会经济形成的根源是人类的"需求"。而人类需求是具有层级性的。研究表明它可以划分为 6 个层次：生存⟶安全⟶性（繁衍）⟶交往⟶尊重⟶自我实现。其中前 3 个层次属于"生物人"的基本需求，如果不能满足这 3 个层次的需要，人类种群无法实现正常的繁衍，不能保证基因的延续；后 3 个属于"社会人"层次的需求，对这些需求的满足程度标明了相应人类文明的发达程度。越是文明的社会越能够满足更多人的更高层次的社会需要。人类需求层级呈现金字塔结构状态：低层级需求是高层级需求的基础，层级之间不能跨越，一个层级的需求得不到充分满足时，是不可能产生下一个层级需要的。

定居本身就是"生物人"层次的三大需求——生存、安全以及繁衍的合力结果，是人类种群适应环境的重大生存经济对策。这也就是"安居始

---

① [美]戴维·波普诺著，李强等译，《社会学》（第十版），中国人民大学出版社，1999 年 8 月第一版，第 492 页。

② 曼德布罗特（Mandelbrot，分形创始人）。转引自丘雷、张静、房阳著，《从分形与生态探索城市》，ABBS 理想城市论坛（http//www.abbs.com.cn）。

能乐业"、"民以食为天"和"食色性也"的生物本源。生物的空间需要是地球上所有生态系统空间结构形成的基础，所以"生物人"层次的"经济空间"需要也是人类聚落[①]形成的基础；人类的生存是社会性生存，其关键在于每个个体在社会结构中都具有自己独特的作用和地位，他们需要社群也同时被社群所需要。这种结构是由社会分工所造就的，是通过社会交往和交换来维系的。"互通有无"正是人类社会经济的一个重要特征。所以"社会人"层次的"经济空间"需要对于城市经济空间具有更重要的意义。在人类需求的各个层面上都有相应的经济活动开展，这是不以个体意志为转移的事实。满足不同层次需求的经济活动的空间需要形成了"经济空间"层级系统。在不同"经济空间"层级上，对应的人类需求层次不同，相对低级的层级以满足较低层次的需求为主导，较高层级的满足相对高层次的人类需求。

人类需求的逐渐升级是贯穿在整个人类社会发展的全过程中的，因此"经济空间"层级也呈现随着社会进步而逐渐丰富的趋势。满足"社会人"需求层次的"经济空间"在有些时候会被混淆为某种社会功能的空间。例如：满足第三产业发展的空间就常常会被归于社会空间。这种错误往往会抑制城市经济的发展，从而带来长远的不利影响。

5.3.3 功能空间在物质空间层面上整合的关键

城市生态系统的功能空间必须通过在物质空间层面上的整合，实现软质系统的功能与硬质系统的空间的"形神合一"，才能完整实现其"生命"历程。然而由于功能空间自身的系统性、层级性，使得功能空间在物质空间层面上具有了纵向的"层间整合"和横向的"层面整合"两种机制。

- 空间整合的原则

[1] 空间整合是重点突出的全面协调过程。

某一类型物质实体空间体系建构过程中整合不同功能空间，都会以某一种功能空间为主导。但是这并不意味着在这类物质空间建构中就可以能忽视其他功能空间的相关要求，否则整个城市生态系统就不能均衡和谐地发展。特别是在城市不同发展阶段的快速增长期，一定要重视不同功能空间之间的协调——既不能因为经济膨胀就忽视社会公平和生态平衡的重要，也不能因为保护环境就遏制经济的正常发展。

[2] 功能空间整合是一个自上而下的过程。

作为城市物质空间发展演进背后的线索，与城市物质空间建设由微观而宏观的表象次序不同，整合顺序是从宏观而微观的——高层面、大尺度的整合是低层面、小尺度整合的基础。同时，在整合力度上具有从宏观的刚性到微观的柔性的演变过程，系统对越高层面整合的运作协调和有机整体性要求越高。这种机制在保证物质空间系统作为整个城市发展的形态基础的有机整体性同时，也为不同层

① 所谓聚落，就是一定的人群聚集于某一场所，进行相关的生产与生活活动而形成共同社会的居住状态。参见：周若祁、张光主编，《韩城村寨与党家村民居》，陕西科学技术出版社，1999年10月第一版，第3页，第一章农耕聚落的原型。

面物质空间适应不同区域功能空间的特殊情况提供了变化的能动性。

功能空间的整合过程实际上就是各种功能空间在物质空间实体建设和利用过程中的矛盾协调过程。这个过程主要寓于建设过程之中，一旦物质实体空间竣工，可以说主要整合过程也就此完成。当然，功能空间的协调往往具有许多难以预见的继发矛盾，因此人类在建设过程中也会为物质空间留下一定弹性，以适应不同功能空间的势力对比变化。这种弹性随着人类空间建设技术能力的提升也越来越大。但是物质空间形成之后的改变只能是一些微调，而且这些调整的经济代价往往价值不菲。通过后续增建、改建协调最初建设过程中未能发现和解决的空间矛盾，大多数时候都很难实现根本上的改善，只能起到一时缓解矛盾的作用。因此，对物质空间建设的规划和设计才如此重要——优秀的规划与设计通过多层面的比较提出的建设方案，可以尽可能地在纸面空间阶段协调各种功能空间的矛盾，为现实建设节约大量资金。防止因协调不利，反复增建、改建造成的浪费。

- “层面整合”机制

[1] 层面整合只能对应相同的物质空间系统层面。

城市生态系统的物质空间结构具有突出的层级性，在不同的层级层次上，物质空间的尺度是不同的。混淆了不同层面物质空间相应的功能空间，会难以认清该层面空间整合的主导因素，从而偏离空间建设的层面重点，造成空间结构异化，带来利用不便。也就是说在城市演进的过程中：宏观层面上的主导功能空间，不能无限制地成为下一层面的主导功能空间；同时也不能把微观层面的主导要素盲目扩大、提升。否则这些不恰当的干扰都会导致某些层级的物质空间单元无法正常发挥功能作用。例如：在我国建国初期“先生产、后生活”的指导思想作用下，这种宏观层面上的以“经济空间”为主导的整合原则被盲目地引导入中观和微观的物质空间层面。忽视了在这些层面上，本应以“社会空间”为主导的空间单元的建设，造成市民在生活方面的诸多不便。这实际上造成了对当时力求迅速发展社会经济初衷的不利影响。

[2] 引导物质空间系统不同层面整合的重点功能空间是不同的。

这种不同一方面决定于该城市在整个城镇体系中的功能定位，与城市性质（也就是通常的主导性职能）密切相关。例如：风景旅游城市的物质空间整合必然会以“自然空间”为主导，而在“首都”的物质空间整合中“社会空间”要求则是重中之重；另一方面则表现在城市生态系统与其他生态系统之间的物质空间协调与渗透关系上。这种作用机制具有以下常规范式：在宏观层面上以“自然空间”和“经济空间”为主导，界定城市的山水格局和生产力空间分布；在中观层面上以“经济空间”和“社会空间”为主导，决定城市的人建空间基本构架和产业布局；在微观层面以“社会空间”和“自然空间”为主导，决定具体的空间建设模式并协调人与自然、人与人之间的各种复杂关系。

• “层间整合”机制

保证各个“功能空间”系统的有机完整性。

社会系统、经济系统、生态系统三大系统自身的内在运行机制使得自然、经济、社会这三大功能空间都具有一定的内在结构，它们各自结成一个相对自我完善的有机“空间”系统。物质空间的系统升级是无法脱离功能子系统的相应需求的，功能体系内在的系统性和有机整体性是物质空间系统结构生成的依据之一。功能空间进行层间整合时，一定要充分考虑各个功能空间系统内在的逻辑。尽管在不同的层面上，主导性的功能空间会有所不同，但是功能空间的内在逻辑是贯穿在整个物质空间系统所有层面之中的。如果忽视这种脉络，造成某类功能空间在某个层面的缺失，将会影响到城市生态系统相应功能的正常发挥，继而引发系统失衡。所以层间整合时的各功能系统内在空间结构逻辑完整性，是整个功能空间在物质空间层面上整合的“总纲”。已往的建设中我们有大量的失败案例——尤其是不重视自然空间的内在运行逻辑，不仅造成城市局部地域环境状况恶化，而且给整个城市生态系统的代谢平衡制造了巨大障碍。

5.3.4 功能空间在物质空间层面上整合模式的类型

如果把城市比喻成一个盛满内容的“容器”，那么“功能空间”就是其中的内容，而物质实体空间就是器具本身。就两者关系而言：一方面“器具”的物理形状会约束内容在容器中存在的具体空间状态；另一方面所盛装“物品”本身的特性也会反过来对器具的形态结构有所影响。这种互动在城市中是一个相互适应的有机过程，称为功能空间在物质空间体系层面上的整合。通过这种整合，三种类型的功能空间不再是各不相关的独立系统，而构成了一个水乳交融、密切相关的“复合”系统。对应上述比喻，浅显地讲功能空间整合可以分为两种模式：外整合和内整合。

• 内整合

[1] 基本概念：内整合就是在同一个物质空间单元内容纳不同的功能空间。好比是同时盛放了许多不同物品的“抽屉”或“罐子”（图5-21）。

[2] 有效整合的前提：这种整合必须以能够保证或促进各种功能作用

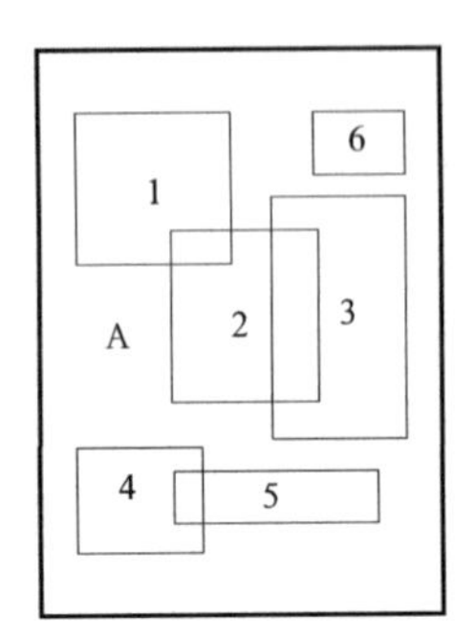

[1]整合模式，数字代表不同功能

[2]形象示意，儿童玩具收纳箱

图5-21　内整合概念示意图

正常发挥为基础。如果不能达到起码的共容，那么这种模式就不成功，其结果只能是暂时整合的解体。在生活中我们就常常遇到这种问题——将某些物质同时存在于一个空间中，如果两者性质相左，往往造成双方或一方的失效。这种矛盾状态就从根本上决定了它们不能被存储在同一个容器里。在功能空间内整合时也是如此，如果一种功能会严重影响其他功能的发挥，那么这些功能就不可能在同一物质空间单元中共存。

[3] 内整合特点：

内整合是一种针对较低功能空间层级的细节式整合模式。城市功能空间分为“自然空间”、“社会空间”、“经济空间”三种宏观类型，在每一种宏观类型下又根据其内在功能不同和实体空间利用模式不同进一步详细划分为大类、中类、小类。我们不能简单地以隶属于不同宏观类型来断言功能空间之间的兼容性，例如：简单认为“经济空间”与“自然空间”对立。事实上，对于兼容程度的判断越是深入才越准确。因此，功能空间的内整合是一种针对“细节”的模式。这也决定了内整合一般仅适用于城市物质空间系统较低层面，在空间规模和要素构成方面都有一定的限制。

内整合造就了一种复合型空间利用模式。功能空间整合与在同一个抽屉里放东西是具有本质上的区别的，前者是整合，而后者仅仅是组合。后者更多的是“内容”适应“器具”，不同“内容”之间的矛盾并不会对“器具”形态造成本质性的影响，它是没有内在结构的。但是，前者却必须首先通过功能空间相互协调形成一种内在结构，以这一结构为依据才能建立容纳各种功能的同一物质空间。也就是说这种相互协调形成的“结构”与“器物”形态的建构具有内在的因果关系。因为对功能整合的完成于物质空间结构建构阶段，所以最终形成的往往是具有一个有机整体性的完整空间单元。这种空间单元具有很高的空间效益，能够在有限的实体空间范围发挥多重功能。这方面的典型空间范例有：传统村镇中以井为中心的社交空间，或者庙宇前的商业广场等（图 5–22、图 5–23）。

图5–22 内整合形成的典型城镇空间案例1
安徽歙县唐模镇依托自然河道建成的塘池及其附属空间。同时承担了多种功能——[1]灌溉渠道；[2]大宗货物运输港池；[3]消防水池；[4]洗涤池；[5]纳凉、休闲场所；[6]游泳池。

图5–23 内整合形成的典型城镇空间案例2
意大利锡耶纳山城的市政中心广场。具有多重功能——[1]集会广场；[2]交易市场；[3]休闲空间；[4]节日的运动场（锡耶纳特有的赛马活动）；[4]节日游行、表演场所。

内整合形成的复合空间具有一定的生命周期。内整合是一种相对封闭的整合模式。其关键在于空间营建的结构模式形成，它主要受下列因素影响——不同功能空间对应的生物主体在维护城市生态系统中的作用和地位；不同功能空间对应的人类行为模式在保证人类种群健康繁衍和人类社会建构中的作用和地位；不同功能空间对应的人类文化模式在空间含义和审美中的作用；由空间建设技术所决定的人类对各种功能空间的协调能力。由于这些因素都是不断变化的，所以通过内整合形成的复合空间会具有一定的生命周期，这个生命周期由其中发展最快因素的周期所决定。在物质空间既定生命周期结束之后，它可以通过一定的调整，通过改变物质空间形态适应功能变化，进入下一个发展周期，从而在城市生态系统中长期存在下去。然而，大多数内整合形成的物质空间还是会因为其整合结构的固有"刚性"，在若干个周期后，因为难以继续有效适应变化而被淘汰。尽管在有的"淘汰"过程中，原有的某些要素会被保留下来，重新整合到下一个发展周期的物质空间单元中，但是这是一种本质上的改变，是解构之后的再次重构。

- 外整合

[1] 基本概念：通过一个或一组外在空间与所有以某种功能空间为主体形成的物质空间相联系，构建一个在物质空间体系更高层面上具有整体性的空间系统。就好比一个具有多种类型"抽屉"的"柜子"，各个"抽屉"都可以盛放不同性质的物品（图 5-24）。

[2] 有效整合的前提：在这种整合模式中，外在空间的某种功能必须与其他物质空间的相应功能具有内在联系。否则就会因为沟通和联系的薄弱，达不到期望的整合效果。这样，一方面被孤立的空间会因为失去了其他单元的功能服务支撑，逐渐丧失继续随整体系统发展演化的动力，从而退化萎缩；另一方面如果因缺失空间而弱化的功能对系统存在十分重要，而系统又无法在一定时间内找到或重新衍生出替代单元的话，整个系统也会逐渐趋向崩溃。在这种状况下，外在空间往往具有促进与之相联系的不同空间内在要素进行交流、交换的作用。一直以来，在城市物质空间系统中最主要、也最重要的外在空间是"交通性"的空间，例如：街道（图 5-25）。有些时候也会是一些通过内整合形成的复合功能空间。例如：中国古代的四合院就是通过"院子"，这一露天的具有复合功能的空间（经济功能——家庭生产劳作场所；社会功能——与日常生活密切相关的各种社会活动，祭祖、婚丧、社会交往等活动开展的场所（图 5-26）；自然空间——种植花草树

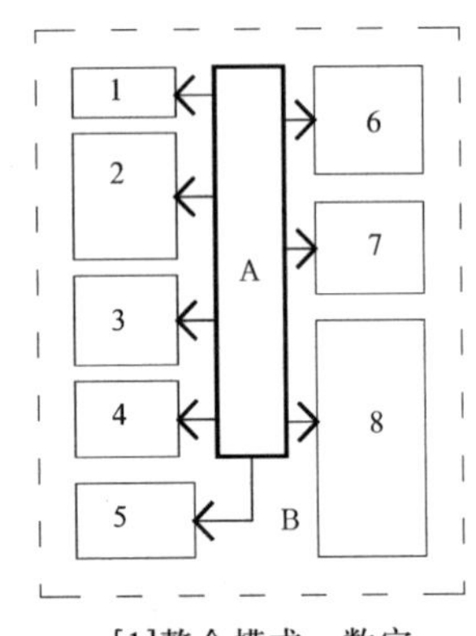

[1]整合模式，数字代表不同功能

[2]形象示意，有多个抽屉的储物柜

图5-24　外整合概念示意图

木接天地灵气，实现人与自然和谐的场所）将居住生活中其他的功能空间联系为一个整体的。

[3] 外整合特点：

外整合是一种针对较高功能空间层级的综合式整合模式。因为这种整合可以直接针对外在空间与某个功能空间的局部症结，所以它可以把复杂的问题拆分为一系列相对规模较小、涉及因素较少的问题，在城市发展的时、空序列中按照对整体演进影响的紧迫性逐步解决。因为这种整合模式把分散、独立物质空间单元整合为一个有机空间系统，判断这种整合是否形成的关键是系统是否形成独立单元没有的新功能，所以外整合的直接结果就是使城市物质空间体系出现层级。因此，功能空间的外整合是针对“系统”的模式。这就决定了外整合常常出现在城市发展到一定阶段，空间规模扩大、要素构成逐渐增多的情况下。

[1]运河（威尼斯）

[2]街道

图5-25 外整合形成的典型城镇空间案例1（交通型）

广场（威尼斯圣马可广场）

图5-26 外整合形成的典型城镇空间案例2（功能型）

外整合形成的是一系列阶段型空间利用模式。功能空间的外整合模式对物质空间结构的建构是分阶段完成的。在发展过程中的既定时间段上，空间结构都是相对不完整的。这种特点使得通过外整合形成的物质空间系统在既定阶段都有一些相对的不完美。这是因为一定发展阶段内空间结构的形成总会有一些相对重点和相对被忽视的功能空间，这些被忽视部分的相应整合要求正是系统问题的根源。这也使得通过外整合形成的空间系统的空间效益发挥往往不够全面，在主导系统形成的功能空间方面效率一般很高，但是对于那些被忽视的功能空间而言，空间效益有时就很低了。所以一个好的外整合模式，必然是尽量整合了大多数功能空间，具有较高综合效益的模式。

外整合造就了一种开放型空间利用模式。阶段性的整合同时使系统具有了开放特点，由于相应功能空间整合的制约性较小，便于整合形成的空间利用模式的结构链根据城市自然、社会、经济的发展随时进行调整。如果这种调节是适时、适地进行的，那么系统可以通过不断的阶段性整合随着城市生态系统演进而持续发展、不断完善。

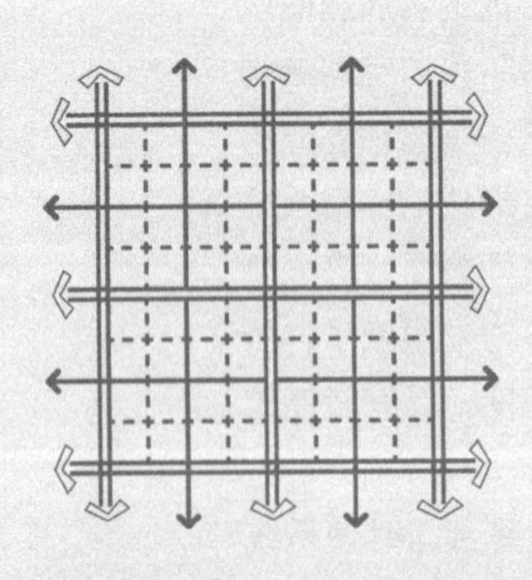

6　城市生态系统物质空间系统的子系统

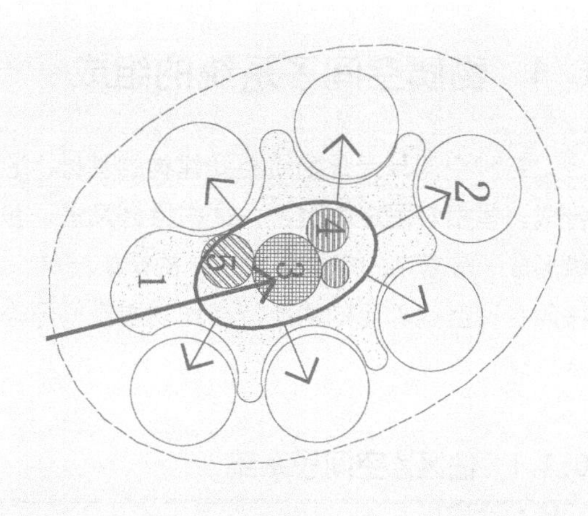

城市生态系统的功能空间与能够直接为大多数人直接接触和认识的物质实体空间的对应关系是模糊的（第5章表5-8）。人类在具体进行实体空间建设时，不可能僵化地依赖功能空间各自相对独立的松散结构。事实上，建设过程中所遵循的是符合物质空间构建特点、能最大限度集合各种功能空间要求的，并可以直接、方便地指导建设活动进行的实体空间结构体系。这个结构体系是通过功能空间整合后形成的，它首先包括各种具有共同特点的物质空间单元；其次包含把这些物质空间单元组织成有机整体的一系列内在规则，也就是通常所说的城市空间组合结构。

6.1 物质空间子系统的组成

各种空间单元是物质空间建构的基础，它们会根据各自的功能和建设特点结合成一些相对固定的组合，这些组合又进一步形成更高层次的组合，由此逐步升级形成了最复杂的等级层次系统的螺旋结构。为了便于更好地研究物质空间系统，按照各种空间单元的功能特点和物质空间形态特点，可以将它们划分为以下7个子系统。

6.1.1 住区[①] 空间子系统

- 概念

城市生态系统中保证人类种群繁衍生息的物质空间子系统。

- 特点

人类是城市生态系统主体的生命系统中最重要、最主要、总量最大的建设种，城市生态系统由人类建设，也主要为人类栖居服务。因此，满足人类种群繁衍生息的住区空间子系统也是整个物质空间系统中最重要、总量最大的基础空间子系统。

人类是社会化生物，城市人类的生存方式更是以社会化生存为主导。因此，住区空间子系统在具体功能方面受“社会空间”结构的影响；同时，人类的社会化生存是以人类的自然生存为基础的，任何社会属性都不可能替代源于自然的人类本性，在住区空间子系统的营建过程中亦是如此。基于人类物种演化过程中形成的“亲绿性”、“亲水性”、“亲地面性”等，都决定了“自然空间”是住区空间子系统中不可或缺的功能组成。但是，“自然空间”对住区空间子系统的影响主要集中在如何发挥其维护人类身心健康的功能。尽管为提升生活品质，在具体建设过程中如何充分发挥“自然空间”的生态服务功能也十分重要，然而无论怎样，强调“为人所用、为人所赏”是其空间建设的核心。虽然城市中的任何活动都无法脱离“经济空间”的影响，住区空间子系统本身的建构也必须要顾及作为社会化生存基础的社会生产的相应需要，但是生存的本质和生活的本位都决定了“经济空间”在此时的从属地位。

---

① 住区：不同于已往针对居住生活单纯进行物质空间组织的“居住区”、“居住小区”的概念。本书中认为，住区空间子系统的建构必须以地方社会的形成为依托，并没有空间规模的既定限制。住区空间子系统也有一定的层级，它与城市社会的构建层级相对应。

综上所述，住区空间子系统在其物质空间建构过程中是以“社会空间”和“自然空间”的结构为依托，并强调两者的有机结合。

• 构成

该子系统又包括5种类型的空间单元(图6-1)：

[1] 个体生息繁衍的栖居空间——个体健康生存繁衍所需的所有空间。

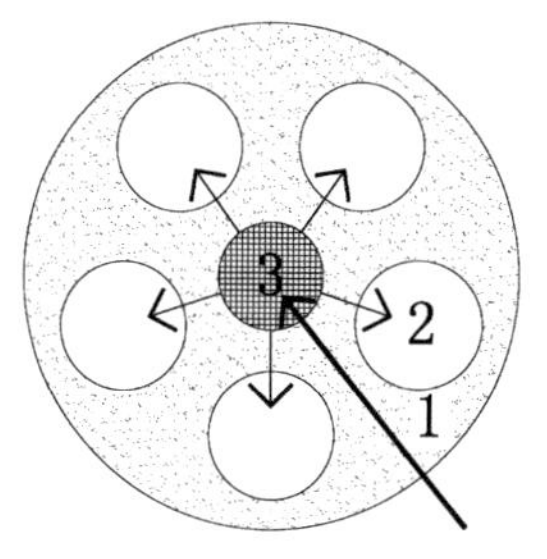

[1]初级模式（乡村）

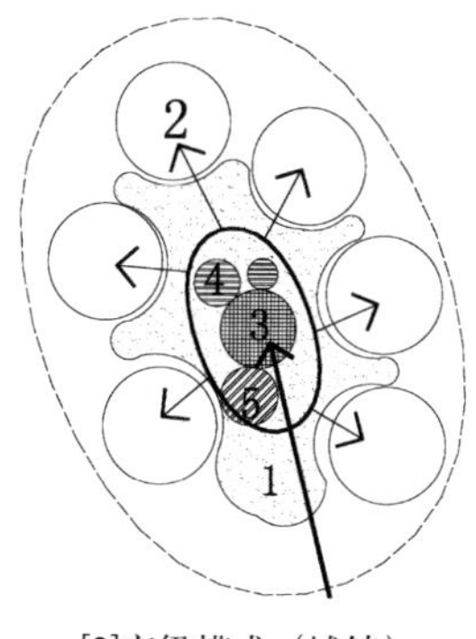

[2]高级模式（城镇）

图6-1 住区空间子系统空间建构模式
1-人与自然交融空间；2-个体生息繁衍栖居空间；3-基层社会构建空间；4-社会化准备空间；5-社会化生存的服务空间

人虽然是社会化生物，但是其生物存在是以个体为基础的。茫茫人海里，每个个体的需求都不尽相同，因此原则上讲有多少个人就会有多少种不同的栖居空间需要。但是，城市中的具体建设是不可能根据亿万个体的每一种个性抉择来进行的。那么个体的栖居选择又会以什么样的规律为基础呢？是以宗亲血脉的社会构建模式为依托，还是以社会交往的组织模式为依托？事实上，每一个在人类社会演化发展进程中发挥了相应作用的环节都会对个体的栖居选择埋下相应的“基因”。这些“基因”在每个个体的成长过程中发挥作用，从而影响着他们的行为、心理以及思考的模式，继而决定他们的生活。而城市人群的社会化生存方式使得基于社会组织构建的众多规则、规范、习俗对个体的影响也不可避免地反映到个体生息繁衍的栖居空间中。因此，在不同环境下成长起来的人，因为家庭背景、教育背景、社会经历的不同往往具有不同的生活方式。生活方式对个体栖居空间的影响和作用是最突出的——它往往直接决定了个体的栖居选择，这是包含了经济、文化、社会众多因素的综合抉择。

在城市环境下，既定栖居空间的建设往往会有针对性地以某种生活方式为依托(图6-2)。它将决定栖居空间构成中的许多细节性问题，例如：卧室、客厅的规模；是否需要书房、游戏室；卫生间的建设标准和配套情况等。同时，生活方式也会影响个体栖居空间与住区空间子系统中其他空间功能单元之间的关系。

人类社会组织网络是由先赋的血缘脉络和后天的社交脉络所共同建构的。虽然在现代城市社会中，基于血缘关系的先置地位的作用日益下降，但是基于人类的自然属性，任何人的生命历程都不可能完全脱离血缘的影响。正是由于上述原因，以血缘为基础的“家庭”[①]是人类社会的基本构建单元。因此，在城市中个体健康繁衍所需要的空间往往以家庭生活的空间为依托。个体的空间需要和质量要求协同个体所处家庭的规模、结构以

① 家庭：一种以婚姻和血缘关系为自然基础的社会组织形式。一般包括父母、夫妻、子女等亲属。参见《新华词典》，商务印书馆，1989年2月第二版，1991年11月第16次印刷，第425页。

及其他相关要素最终决定了个体生息繁衍的栖居空间的建设模式。

[2] 社会化的准备空间——主要指人类个体步入社会前的基础教育设施，包括幼儿园、小学、中学以及青少年活动中心等（图 6–3）。

（上）图6–2　个体生息繁衍的空间案例——独栋住宅

（下）图6–3　社会化准备空间案例——儿童游憩场

尽管人类的社会化生存以自然生存为基础，但是城市社会与自发形成的乡村聚落最大的不同是在于其中非血缘性社会关系网络的建构模式。城市越大、越发达，非血源性社会关系越重要。人的个体特征在这一非血缘化的过程中被强化，其身份构成也越复杂。为了使每个个体能够更好地适应城市社会环境，在其成长过程中逐步进行社会化就极为必要。所以在城市环境中，个体成年之前的学校已经不仅仅是学习前人积累的基本知识（主要是自然科学知识）的地方，更重要的是学习与人交往、交流技能的场所。也是基于这个因素，城市之中各个层面的青少年、儿童服务机构与其说是学习知识和技能的空间，不如说是寓社交活动于学习过程中的空间。这种在成长过程中有计划地辅助幼年个体接触和了解社会，对于个体未来更好地发挥自身作用也是大有裨益的。

[3] 基层社会的构建空间——便于实现人与人交往，以形成邻里、社区的场所空间（图 6–4）。

虽然血缘是人类社会构建的基础，但是血缘并不能维系人类社会的一切。社会要发展和进步就不能停止在最原始的生物宗谱结构之上。形成突破血缘关系的地方社会，对于人类种群而言具有特别的意义——不仅意味着生物层面优势基因组合的可能性，更重要的是在于开放、公平、自由，桎梏更少的社会组织模式更能解放和激发个体的潜能。这样可以减少社会组织的层级、提高社会运行的效率。① 这种组织结构的变革虽然是从更高层级的社会生产组织模式变革开始的，但是也随着社会发展深入到了社会

[1]加拿大蒙特利尔维多利亚社区中心

[2]某欧洲小镇的教堂广场

图6–4　基层社会构建空间案例

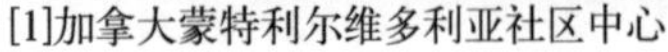

① 血缘社会的组织结构通常是：个体—→家庭—→宗族—→社会；这种组织模式在经济不发达的情况下，能够保证优势基因获得更多的资源，取得更多的发展机会。但是社会经济发展到一定阶段之后，社会生产运行加速要求相应提升社会组织结构的效率。原有的这种层层叠叠的组织模式显然难以适应，这种结构就在社会生产力的推动下逐渐趋于解体。

（左）图6–5　社会化生存的服务空间案例
（右）图6–6　人与自然交融空间案例

组织的基础层面。邻里关系替代了原来的亲戚关系成为地方基层社会构建的基础。"远亲不如近邻"是对这种变化最直白的描述。这种基层关系是人性培育的必须，它的缺失会造成个体的人性扭曲（变得冷漠、自私），也会继而造成社会构建的困难（因为人与人之间缺乏信任）。所以，从提高社会整体运行效率的角度出发，构建稳固、和谐的基层社会是必不可少的。

[4] 社会化生存的服务空间——由于社会分工，为正常生活而开展人类互助协作行为所需的空间（图 6–5）。

城市生态系统的建立是以社会化大生产为基础的，这意味着与自给自足的乡村经济不同，在城市环境下人们不可能以家庭为单位生产所有的生活资料。社会分工提高了社会的整体运行效率，强化了人类的社会生存模式。适应于社会化大生产模式，由社会分工所造就的"术业有专攻"是城市人群获得生存资料的惟一方式。人们只能用自己的劳动所得在"市场"上通过交换来获取哪怕最基本的生存资源。这也使得各种类型的互通有无成为了社会组织的重要纽带，脱离了这些活动城市人类就无法正常生存，城市社会也会随之解体，进而会导致城市生态系统濒于崩溃。因此，为城市人类的社会化生存提供的相应场所就成为了城市生态系统建构中必须配备的空间单元。

[5] 人与自然交融空间——基于维护局部地域生态平衡而保留的自然或类自然空间（图 6–6）。

前文已经谈到了人类作为生物物种在漫长演进过程中形成的"自然属性"决定了人类不可能脱离其他生物而生存。自然空间的存在对于人本身也具有特别意义——完全脱离自然会使人罹患严重的心理疾病，导致各种行为心理异常。因此人类在改造原生环境、营建更适于人类生存栖息环境的过程中，自然要素始终是其中重要的组成部分。随着城市功能日益复杂，对容纳各类活动空间的需求不断扩大——以人工元素为主导的硬质空间环境不断侵蚀着以自然元素为主导的"自然空间"，使得城市环境下，自然空间逐渐从城市景观本底退化为残存在建设用地中的"斑块"，人类接触自然已经变得越来越难。与此同时城市本身自然生态功能也随之退化，使得其社会、经济、自然三大功能系统之间出现平衡危机。稀缺性的自然空间已经不能维持城市自然生态机能，城市的环境严重恶化。现实的教训和理论研究都有所证明：不论是维持城市生态系统的健康、还是保护人类自身的健康，城市中的自然类空间都不可或缺。

但是在与人类栖居密切相关领域的建设中，维护人类的身心健康是第一位的。在这一子系统的建设中，建设以自然要素为主导空间的目的就是为了让人们接触自然要素，以赏心悦目、松弛神经。它的建设模式与以保护自然、维持城市生态平衡为目标的自然保护区、保留地的建设有着源自使用目的的本质不同。因此，它的本位就是促使“人与自然交融的空间”。

住区空间子系统中各类空间单元和空间系统的组合是以“人与自然交融空间”为基础、“基层社会的构建空间”为纽带、围绕“个体生息繁衍的栖居空间”建构的。这三者是该空间子系统的基本组成部分，其中“个体生息繁衍的栖居空间”是整个子系统的主体。“社会化的准备空间”、“社会化生存的服务空间”则是随着人类社会总体进步和城市生态系统演进，为了更好地适应巨系统运作的高级功能而衍生出的物质空间单元。在形成较早、层次较低的城市生态系统中，常常没有这两类空间，或者其具体类型和数量很少。只有当社会发展到一定的程度，该种类型的空间才会出现，并且随城市发展内容日益丰富、总量日益扩大、作用日益突出。

6.1.2 商业、服务业空间子系统

• 概念

为保证人类生存，在城市生态系统中进行的各种产品和服务交换的物质空间子系统。

城市生态系统是不能自持的破缺系统，它只有通过某种机制实现与其他生态系统的耦合才能存在和发展。“交换”是联系城市生态系统和其他人工、半人工生态系统的一种纽带，是实现城市生态系统与其他生态系统耦合的最重要关键之一。城市的诞生与“交换”有着密切关系，没有交换活动的繁盛，就无所谓“城市”。因此“商业服务业空间”子系统产生的根本原因是地球生命大系统演进和社会生产的大分工。在交换成为了保证人类种群发展和提高社会运作效率的重要措施之后，“商业服务业空间”也就成为了城市物质空间构建的关键环节。

• 特点

“商业、服务业空间”子系统可能是各个空间子系统中组成最复杂的。

从空间功能而言，“商业、服务业空间”就是为各种交换活动提供相应的场所。如果不考虑物质空间在使用中的弹性，原则上讲有多少种交换活动就需要多少种类型的交换空间。当然，现实中的类型划分是不可能如此粗放，因为这并不符合提高空间使用效率的原则——众多的用来交换的“产品”会按照其在生活、生产活动中的逻辑关系结成一定的固定搭配，共同“分享”交换场所。即便如此，城市中多种多样社会人群、丰富多彩的生活类型和社会分工所造就了如此多的产业门类，不论从生活还是生产角度来看：交换场所都必须极为丰富。而且，随着城市发展和社会经济水平提高，社会分工还会日益细化，还会产生越来越多有形、无形的产品进入交换体系。因此城市等级越高、区域经济越发达，其商业、服务

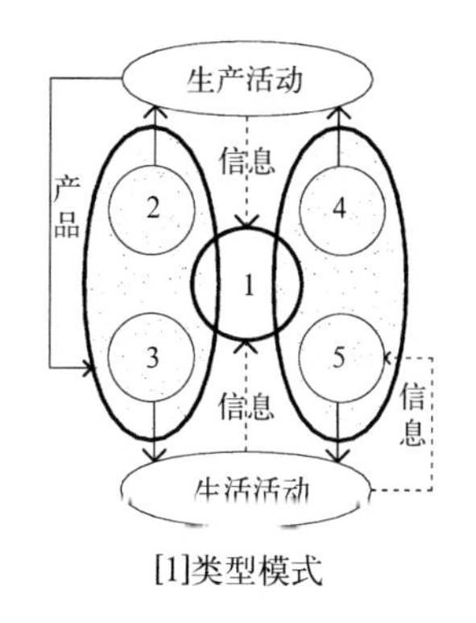

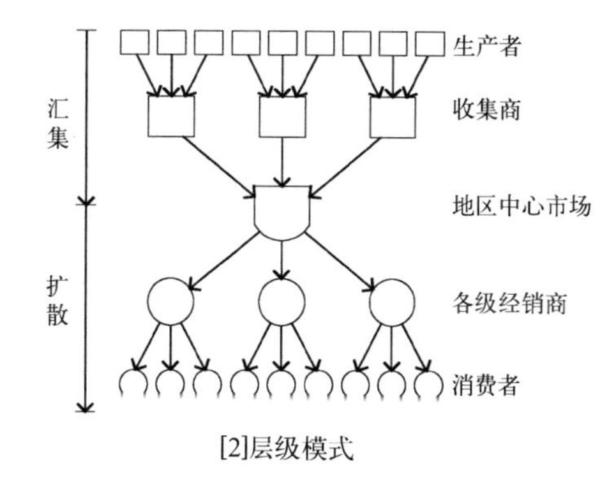

图6-7　商业、服务业空间子系统空间建构模式示意图
1-交换中介服务空间；
2-生产资料交换空间；
3-生活消费品交换空间；
4-产业服务空间；
5-生活服务空间

业空间的具体构成越复杂。

• 构成

对于"商业、服务业空间"子系统空间单元的划分通常具有以下两种模式——其一是根据交换内容的不同来划分；其二是根据交换活动发生的机制来划分（图6-7）。

根据交换内容划分——确定交换的类型机制：通常根据交换物的有形、无形可将其分为"物质产品交换空间"和"服务空间"，而在这种大类之下，又可以根据交换产品的适用领域分为"生产资料交换空间"、"生活消费品交换空间"以及"生活服务空间"、"产业服务空间"、"交换中介服务空间"五种具体的类型。在现代城市生态系统中，这五类空间都是不可或缺的。其中"物质产品交换空间"是该子系统的主体。但是，随着城市生态系统中的交换日趋复杂，"交换中介服务空间"的重要性随之提升，主要分为金融、信息两大类型。伴随着全球贸易和信息传播的一体化进程，它们逐渐主宰着整个城市生态系统的交换发生，成为整个城市的核心空间。尤其是在以经济为主要职能的城市之中更是如此。

根据交换行为模式划分——确定交换的层级机制：而产品的交换过程通常涉及"汇集"和"扩散"两种机制。就汇集而言：有农业产品从分散的生产者到市场的收购过程；有各类工业原料从产地到生产企业的汇聚过程；有各种类型产品从不同厂家到不同经销商的汇集过程等。就扩散而言：是各个门类产品沿着从总经销商经过各级批发商最终到具体的消费者和使用者手中的过程。这些交换空间在物质形态上具体表现为一系列"市场"和"机构"。通常来讲，谈到"市场"指伴随实体物品转移行为发生为主的空间；而各种机构则主要指不以实体物品转移为主，而以提供各类服务为主的空间——当然，这其中也包括协助交易行为发生的机构。这些"市场"和"机构"的具体空间又根据规模划分出层级：在市场是由批发──→零售；在机构而言是从主干──→分支。它们在城市中通过信息网络和交通网络串联成一种具有立体"树"型内在组织结构的空间系统。

事实上在城市物质实体空间中，我们日常所接触的"商业、服务业空间子系统"的空间建设类型划分往往是结合两种机制的复合系统。这是因为不同类型的交换、不同层级的交换在具体的空间利用行为上是各具特点的，所以按其空间使用行为需求为依据而建设的具体"容器"必然具有不同的形态。而在组织"商业、服务业空间子系统"空间结构的时候，其具体空间规模、区位则不仅仅根据这一子系统自身的内在逻辑，还必须考虑它与城市人群需求情况、城市交通和信息传播情况以及城市在区域内的地位等其他相关因素的影响。

6.1.3 物质生产空间子系统

• 概念

在城市生态系统中为保证人类生存，而进行各种具体产品生产的物质空间子系统。

城市生态系统能够脱离农业生态系统并迅猛发展最重要的原因就在于城市能够更好地适应随着人类社会分工而形成的"社会化大生产"模式的需要。其中的"物质生产空间子系统"的形成就是基于城市生态系统脱离农业生态系统成为独立生态系统之后，承担的系统分工运作的基本空间。因此"物质生产空间子系统"是现代城市生态系统存在和发展的基础。

• 特点

城市生态系统在地球生命大系统中的地位决定了其物质生产的特点。因为其主要产品都是非生物生产性质的生产、生活资料，所以城市的物质生产也以加工业为主导。当然这并不等于城市之中没有生物生产，只是在传统城市之中生物生产不是城市所承担社会分工的主导职能。而且，就其生物组成中占主导的人类的生物生产在城市之中划归为与社会相关行为。其他生物（主要组成成分为植物）的初级生物生产，在城市中却着重于其生命过程的附加效益——维持城市环境的生态平衡和营造城市景观。事实上只有进入了城市交换体系的，与社会分工有直接关系的生物生产才进入"城市物质生产"体系。

满足城市中各种生产活动需要的物质空间，按照开展生产的内在机制结成的具有组织结构的空间系列就是城市的"物质生产空间子系统"。随着城市生态系统发展，其涵盖的具体生产类型日益丰富。城市物质生产空间子系统的构成和组织结构都日趋复杂。并且该空间子系统在城市生态系统中的重要性在城市发展过程中，也会随着城市性质转变而变化。

• 构成

根据人类社会的分工和产业特点，该空间子系统又包括以下五种类型的空间单元。

[1] 城市农业生产空间——为城市居民提供不便于从外界输入的农产品的生产空间。

事实上，这部分生产空间主要是直接为城市居民的生物生产服务——提供一些特别不便运输的食物。例如：城市区域内的各类农副产品基地。但由于城市环境中农业生产特殊性，往往使得其还具有单纯生物物质生产之外的附属价值。例如：许多在现代城市中出生和生长的人们几乎从未参与过任何农事活动，使这种活动本身就具有了某种特别的吸引力——城市中许多农业生产空间在进行生物生产的同时，也是开展观光学习活动的场所。还有随着城市扩张，农业生产用地基于生物生产的生态平衡功能也日益得到重视——许多城市将其作为调整城市物质空间结构、改善城市环境质量的一种特殊手段。

[2] 城市工业生产空间——支撑城市生态系统存在的工业产品的生产空间。

城市生态系统就是以承担各类非生物生产为核心的，非生物生产通常又分为非物质性的精神产品生产和物质性的工业产品生产两种类型。到目前为止，除个别城市之外[①] 大多数城市输出产品都以物质性的工业产品为主导。所以，城市工业生产空间往往也是城市生产的主体空间。城市的工业生产模式不仅仅会决定城市的财政状况，从而影响其发展潜能和竞争力。而且，城市的工业生产模式还会因生产与环境的问题关系到城市生态平衡，直接影响城市中每一个人的生存状况。因此，也难怪各级城市政府都会在其定位和发展方面投注大量的人力、财力。一个运行状况良好的城市，除了其主导产业具有强大的活力之外，其相关产业的配套和协调也很重要。而且在城镇体系中，层级越高的城市，其产业门类也往往比较齐全，城市物质生产的综合性也越强。

城市工业生产空间是城市物质生产空间的主体。不同产业门类对其具体生产空间的规模和建设模式的要求是互不相同的。它们在具体城市环境中的布局、与其他城市物质空间子系统之间的关系也具有很大的差异。因此，产业定位会对城市总体物质空间结构产生决定性的影响，某些城市甚至以此为“纲”。城市一旦围绕某种产业类型发展起来，空间结构就会在某种程度上丧失对另一些产业类型的弹性，这也是城市产业转型的空间难点所在。

[3] 仓储空间——生产始末环节的原料和产品，以及各种物质生产资料的置放空间。

仓储活动是生产开展必不可少的辅助环节，其存在的根源是保证城市物质生产的安全性的需要。社会大分工造成城市人群必须以自己的劳动成果来换得哪怕最起码的生存资源，这就是俗语所云：“手停口停”。因此为了保证生存资源获取的连续性、稳定性，就必须尽量保持社会生产的连续性和稳定性。然而生产过程中往往具有各种不定因素，未雨绸缪就十分重要：也许“将生产需要的东西存放起来，在需要的时候再拿出来使用”是对小规模的作坊式生产模式的概括；那么应对原料可能的短缺和市场突发的旺盛需求就是大规模生产企业获取效益的关键——这都需要临时性的仓储空间。在社会大生产的各个环节往往都会有物质实体转移的情况发生，其转移衔接的过程中会需要一些暂时性的置放空间，这也是仓储空间必不可少的原因。更何况还有基于市场、为获得更大交换利益的“囤积居奇”

① 这些城市以提供各类服务、输出精神文化产品为主。例如：旅游休闲度假城市、大学城、科学城等。

行为，从市场⟶生产⟶市场的社会生产的始末环节往往是仓储空间需求最大的两个阶段。

仓储空间固然必不可少，但并不是越多越好。从理论上讲：如果社会生产、交换的环节极其顺畅，那么仓储空间就可以被最大限度地压缩。仓储空间本身在生产环节中是不直接创造价值的，所以就社会生产而言它是一种生产成本。减少仓储空间某种程度上就能够节约生产成本、提高生产"效率"。因此，甚至有学者基于这一原理提出了"零仓储"的理念。

[4] 生产决策管理研发空间——决定各类生产模式、调整生产发展方向，提高生产效率的各种机构开展活动所需的空间。

生产过程中的决策、管理、研发行为对于提高社会大生产各个环节之间契合的紧密度，保证从生产⟶市场流畅性，提高城市物质生产的效率而言极为关键。生产的规模越大、生产影响的范围越广、涉及的层级越高对生产决策、管理、研发的依赖性越强。这其中决策和管理空间主要为处理与生产相关的市场信息为主导。研究和开发空间则主要是针对生产过程中的技术手段和产品，是将科学转化为具体生产成果的关键。二者一是决定生产什么，二是决定怎么生产，缺一不可。决策、管理、研发机构在现代城市社会生产体系中的作用十分重要——它主导着整个生产活动的全过程，是真正将生产与交换联系起来的关键环节，是生产的真正核心。

城市生态系统形成的早期，这一空间单元的主导功能仅仅局限于生产决策和对生产过程的管理。随着全球贸易一体化进程加快、全球信息网络的连通、社会生产力水平的迅速提高和人类需求的不断发展，社会生产竞争亦随之加剧。为了保证和提高生产效益，及时准确地根据市场需求信息调整生产模式、更新生产工艺、提供新型产品就十分必要。因此针对市场进行研发的需求越来越突出，研发空间也成为了城市生态系统物质生产空间子系统的重要组成部分，而且其所发挥的作用也越来越突出。

[5] 干扰缓冲空间——防止生产中不利因素干扰其他城市功能的阻隔或过渡空间。

城市物质生产过程中有时会因为各种各样的原因造成对其他城市功能的干扰，严重时甚至会影响其他城市功能的正常进行。为了维护城市总体机能的健康，缓解相互之间的矛盾，就不得不对这些存在冲突的功能单元在物质空间层面上实施空间隔离。这种为隔离而设置的空间就是干扰缓冲空间。当然，这类空间不仅仅存在于解决生产与其他功能矛盾的地方，也会在其他相互矛盾的功能单元之间出现。例如：交通运输空间子系统对其他城市功能单元有矛盾时往往也会采用这种方式。

物质生产空间子系统是由于生态系统分化和人类社会大分工造就的，在五类空间单元中，"城市工业生产空间"是整个空间子系统的主体，而"生产决策管理研发空间"是其中的核心，"仓储空间"贯穿于生产的各个环节之中。以上三类空间是该子系统的必要组成部分，其中任何一类空间的缺失都会造成城市社会生产停摆。"农业生产空间"是随着城市生态系统演进而逐渐"回渗"入城市的特殊生产空间，与城市生态系统日渐庞大密切相关。"农业生产空间"虽然不是城市生态系统的必须空间，但是随着城市规模逐渐扩大，它的重要性逐渐增加。当城市规模超过一定限度之后，它就是成为其中必不可少的重要组成部分了。而且，其功能也不再仅仅局限于物质生产，而更重要的是强调它所具有的生态调节和对城市物质空间的调节作用。"干扰缓冲空间"是一系列被迫设置的空间隔离带，针对生产造成的一系列不良副作用（污染、噪声）。城市发展依赖的产业如果没有各种不良副作用，"干扰缓冲空间"也就失去了存在必要。事实上，它是整个城市生态系统为避免和控制危害而付出的"空间"代价，一种最昂贵的生产成本。

6.1.4 社会文化空间子系统

- 概念

在城市生态系统中为维护人类社会秩序和满足人类精神需求，而承载实施管理和创造非物质产品功能的物质空间子系统。

- 特点

它在城市生态系统中，人类实现"社会化"生存所必需的物质空间子系统。人类是社会化物种，具有最错综复杂的社会结构。在城市生态系统与其他人工生态系统耦合的过程中，除了"交换"这一重要纽带而外，另一种重要纽带就是人与人之间的关系——以社会交往为基础的人类种群社会组织。城市往往是区域人类社会的管理中心，也就是人类社会组织的中枢。正是通过对人的管理，才达成了真正意义的"城"、"乡"连动。所以从功能角度出发，"社会文化空间"曾经是城市生态系统中最主要、最重要的空间类型。城市生态系统由"政治城市"⟶"经济城市"⟶"信息城市"⟶"生态城市"的演进历程，就明确了"社会文化空间"在物质实体空间中的地位。同时人类也是地球上惟一具有文化的生物，随着社会进步，步入"信息城市"时代之后，精神财富的创造已经开始逐渐替代物质产品生产，成为有些城市的主导产业。因此它在现代城市生态系统物质空间体系中的作用越来越突出。

- 构成

社会文化空间子系统根据具体功能不同，可以分为以下几种类型：

[1] 政治空间——实施社会管理必须的物质空间；

[2] 交往空间——实现人与人交流和互动所必需的物质空间；

[3] 文化创造空间——人类发现各种规律和创造各种精神财富所必需的物质空间；

[4] 文化交流空间——实现人类社会共享文明的空间场所；

[5] 文化储藏空间——贮存并展示各种类型人类发现和创造的物质空间。

其中前两类空间维系的功能是人类社会存在和发展的基础，因此是城市生态系统必不可少的成分。这两类空间受人类社会组织层级的影响，具有按社会层级组织的不同细分类型。后三类空间所包含的功能即使没有相应的专属物质空间，也自始至终地存在于城市生态系统之中。其专属物质空间的出现则标志着城市文明发达程度，是城市生态系统竞争力的一种体现。随着城市生态系统演进，城市规模越大、城市经济越发达、社会文明程度越高，这几类空间的重要性越突出，其分支类型也越丰富。它一定程度上也受到人类社会层级的影响，具有许多针对不同组织方式的特色空间小类。由于功能丰富多彩，这些物质空间的具体形态类型十分丰富。而且因为是精神财富聚集的场所，在对它们的建构过程中，人们往往进行了更多的精神和物质投入。其物质形象一般都比较突出，是整个城市物质空间的精华。

6.1.5 交通运输空间子系统

- 概念

在城市生态系统中，为实现人和物的空间转移而必需的物质空间子系统。

- 特点

城市生态系统中主要的物质、能量、信息的传递和输送都逐渐脱离了自然生态系统以生物体为媒介——通过食物链网构建的传递模式。实现由（生物）体内向（生物）体外转化，从而获得了较高的传递效率。城市生态系统中各种传送都在某种程度上依赖于交通运输活动，容纳其他城市功能的各种物质空间单元都必须与交通运输子系统的物质空间具有某种程度的联系。因此自城市生态系统诞生以来，不论是在系统内还是系统外，交通运输物质空间子系统都是极为重要的。在这种情况下，交通运输物质空间子系统在客观上具有了整合其他各个物质空间子系统的功能。在物质空间规划领域，甚至有“道路交通系统就是整个城市物质实体空间的内在结构”的说法。正是这种普遍联系的特点，使得这种原本仅仅是辅助性的功能空间在某种程度上成了统领城市物质空间建设的基本框架。决定着其他物质空间的利用模式和方法。

- 构成

根据交通运输活动的开展流程，城市生态系统中所需的相应物质空间可以划分为以下的 4 种类型：

[1] 交通线路空间——实现各种人类活动场所之间由此及彼相互联系必须的物质性通道空间；

[2] 交通枢纽空间——各种类型交通活动或者交通活动与其他活动进行转换、转化的物质空间；

[3] 运输转换暂存空间——运输活动转换和停顿过程中各类物品暂时存放的空间；

[4] 交通运输工具维护空间——保证各种交通运输正常工作工具所必需用以停放、维修的物质空间。

人类对交通运输更快、更大规模的不断追求，促使交通运输技术不断发展，也带了相应物质空间形态的变革。以交通线路空间为例，它已经从早期单纯的地面空间，发展成为地面、地下、空中立体化的网络，同时还具有了道路线路、水道线路、轨道线路 3 种不同类型。而交通枢纽空间，从早期水陆转换的码头发展到今天各种交通工具、交通方式，内部与外部之间复杂的转换系统。而运输转换暂存空间也随着运输物品的种类和数量增加而不断扩张。随着城市生态系统的发展，系统规模越大，为维持系统正常运转就需要更多物质交换。城市发展也越来越多地依赖于流动，交通运输物质空间子系统在城市生态系统中的重要性也会日益强化。

6.1.6 市政基础设施子系统

• 概念

在城市生态系统中，为维持系统平衡，保证能源传递、信息扩散和特殊物质循环以及人类种群安全所必需的物质空间子系统。

• 特点

城市生态系统规模扩大到了一定程度后，为提高城市生态系统运行效率，通过技术手段把城市生态系统中流动量最大的几种物质从交通运输系统中剥离，以专门的渠道加以输送，这样就构成了城市的市政基础设施子系统。这种分化的根本原因一方面是由于大量的物质传输单纯依赖于交通运输系统，使该系统不堪重负；另一方面由于人类对具有特殊生存意义的物质——水、电、石油、天然气的需求突破了自然体系的输送能力，必须人为加强。这样一方面提高了这几种必需物质的传输效率、稳定性和安全性，另一方面可以缓解交通运输物质空间子系统的运输压力。通过这种生态系统内的有效分工，能够更好地发挥各个子系统的功能效益。另外，尽管人类的强大使以人为主要建设种的城市生态系统也具有无比强大竞争力，但是并不等于其系统存在就不受干扰。事实上城市生态系统随时面对着来自系统内和系统外的各种威胁，为了应对这些意外，城市生态系统需要相应的预防和抵抗干扰的设施。市政基础设施子系统是应以上需要而生的，尽管在空间形象上它并不突出，但是重要的功能为其定位了"城市存在基础"的地位。

市政基础设施子系统因为其传送特点和城市地域范围内的全覆盖要求，使得其物质空间呈现"渠道化"、"网络化"的空间特点。由于其功能的辅助性，所以除了极个别的枢纽功能单元之外（例如变电站），其空间形象往往不很突出，具有"潜在性"。而且以目前技术思路，为避免与其他城市功能单元的矛盾，在其物质空间设定时，大多数市政基础设施子系统都藏在地下。

• 构成

市政基础设施空间子系统从其功能角度出发，分为传输类和防护类两大类型。其中：

[1] 传输类通常又根据被输送物质的在城市生态系统运作中所发挥的功能，分为能源类、水类、信息类、原料类和其他类共五种类型。其中前三种是现代城市生态系统运作所不能或缺的，而后两类目前一般仅存在于城市生态系统内的局部地域或特殊的系统内部，是提高这些区域功能效益的重要措施。

能源类一般又包括：电力系统、燃气系统、输油系统。

水类一般包括：给水系统（净水制造和输送）、排水系统（自然降水和污水的输送、处理和排放）；这其中给水又往往根据水质的不同形成不同的供水系统，同样排水也会由于水质和再生净化处理程序的不同形成不同的系统。

信息类通常包括：有线通信系统、无线通信系统、各种局域的计算机互联网络系统、光纤信息传导系统（以有线电视为代表）、邮政系统等。随着科技进步一方面信息技术不断更新，另一方面城市发展对信息的依赖度也越来越高，信息类的市政基础设施发展和变化都极为迅速（参见绪论专题 1–4 "从中国电信业的发展看信息化过程中的城乡差别"）。信息服务种类不断增加、覆盖面不断扩张，各服务类型之间此消彼长。它是城市基础设施子系统中变化更新最快的类型。

原料类则往往与城市物质生产，尤其是具体的工业生产需要密切相关，常常分为气态原料和液态原料两大类型（有时也包括部分固体原料的传送）。在不同的产业项目中，与生产挂钩的市政基础设施体系是纷繁复杂的，具体的传输要求也极其不同，因此必须有针对性地进行规划、建设。

其他类则是一些不便于归类的服务设施系统，它们或是提供必需的服务、或是以提高某种城市功能的效率为目标。最常见的就是一些城市的集中供暖或空调系统，再有就是更重要的城市固体垃圾收集和处理系统。另外，也还包括一些城市局部地域或功能单元内的一些特殊的物品传送系统。例如：通过真空压力管道传送物品——宾馆与洗衣店之间运送换洗的床单；或者通过传送带在不同的货场之间调运物资。

每一类输送功能的市政基础设施，都具有由源（库）⟶渠道⟶交换点或者由分散收集点⟶渠道⟶汇集库⟶处理场⟶渠道⟶扩散点的系统过程。所以，不同类型市政基础设施系统的具体物质空间形态往往对应其具体输送技术要求和不同的传送环节，因而各具特点。然而，整个市政基础设施子系统共同的特点集中在"渠道"这种线性化的物质空间上，它们是整个市政基础设施空间子系统的构成主体。在渠道空间设定上，往往会与交通运输空间系统有一定的联系（处于线路空间之下或者旁边）——这是因为在输送性质方面，两者具有一定共同点。其深层原因则在于当初分化形成系统的目的之一就是分解交通运输物质空间系统的压力。但同时系统分化又要求运作过程中尽量互不相扰，因而大多数时候它们又都与交通运输线路空间有一定的分离要求。最为常见的处理模式就是平面投影上的重合，而立体空间分层——市政基础设施的传送渠道设置与道路空间之下或之上（埋地或架空）。有的时候又在不干扰功能的情况下，依附于交通运输系统的线路空间之中。例如：依托地铁隧道敷设市政管沟、管架。有时候甚至直接利用交通运输系统的线路空间，例如：邮政传递信件和包裹。只有当两者运作存在不可调和的矛盾时，市政设施的渠道空间才会与交通运输的线路空间产生“绝对”分离。例如：出于安全等因素的考虑，越来越多的大城市专门设置了专供市政基础设施主干管通过的“管线走廊”。

[2] 防护类市政基础设施建设的核心目的在于维护城市生态系统安全。最重要是防止对人类种群生命特征的威胁。在以人为本的前提下，根据防护对象的不同分为两种类型。

针对天灾的防护空间体系：也就是对地球生命大系统运作过程中不被人控制，会对人类生存造成伤害，同时又难以预测的意外进行预防所需要的物质空间。

随着人类对自然规律认识的逐渐加深，这种防护体系也随之逐渐趋于完善。自然灾害是地球活动的必然规律，只是以人的尺度来衡量它具有偶发性、破坏性、危险性。因为它是以人力无可避免和抵抗的，所以防灾重点是如何减轻灾害的危害。城市中所采取的具体措施应该根据灾害类型不同而有所差异，而且是一个顺应自然的系统工程。而利于减灾目的，最得力的措施莫过于在物质空间建设选址时就尽量规避受灾害影响的地域，尤其是在成灾诱因引导下会加重受害的不良环境条件地域，例如：地质不良地、洪水泛滥区等。只有在无可避免的情况下，才能考虑运用各类技术手段，修建应对灾害的防护类基础设施，例如：护坡、挡土墙 、防洪堤、防浪堤等。这些设施的修建并不能保证城市生态系统的完全不受灾害影响。事实上，有些措施能够起到防小灾的作用，而遇到大灾之时往往还会加剧灾害威胁。所以即使是建立了相对完善的防护空间系统也不是一劳永逸的，还必须要有与之配套的应急制度，协同全社会来共同抵御。

针对人祸的防护空间体系：应对不同人类亚群或阶层之间为了争夺生存资源有意进行的破坏而建设的抵御性物质空间。

人祸是对城市生态系统破坏最大的干扰，大多数城市都曾经经受过战争的洗礼。从早期的壕沟城墙到现在全面地下的人防系统，为备战而进行的物质空间建设所消耗的社会财富一直占有很大的份额。而且攻击技术随着科学技术的发展，防守技术受其促进必须有相应的进步，作为防守重点的城市防御体系的科技含量也必然随之提高。当古老的人防体系已经成为一种人类文化遗产的时候，最新的人防体系正借助高科技在城市上空和地下交织着各种有形、无形的网络。

6.1.7 景观绿地及自然保留地空间子系统

• 概念

在城市生态系统中，为维持系统总体平衡，调和内在孑遗自然生生态系统与人工生态系统所必需的物质空间子系统。

长期以来，该空间子系统在城市生态系统中的地位没有得到应有的重视。这种忽视使得自然生态系统生态服务功能的正常发挥产生了障碍，从而导致近一个世纪以来城市生态系统总体状况的持续恶化。因此，为了保证城市生态系统在未来的可持续发展，景观绿地及自然保留地空间子系统在城市物质空间体系构成中的地位会日益重要、作用会日益突出。它建设的功能并不仅仅局限于能够被大家直观认同的“改善城市环境”，事实上景观绿地和自然保留地的重要价值是多方面的，主要涉及以下领域。

[1] 维护城市区域生态安全格局与生态平衡、保护城市区域的生态资源。

[2] 维持良好的城市总体环境状况。促进城市环境保护和建设，进行生态资源的恢复和建设，从而提高城市中自然生态系统运作的整体工作效率，改善环境现况，综合提升区域环境质量、增加城市环境竞争力。

[3] 合理利用土地资源，促进城市持续发展。根据城市土地的原生特征以及该区域人类土地利用的历史轨迹和城市未来的发展趋势，合理划分土地使用性质、控制不同性质土地利用的规模与建设强度，并为城市储备一定规模的发展用地。

[4] 保持良好的城市总体结构，优化城市空间格局和用地布局，引导城市合理有序发展。促进城市区域内的城乡关系整体协调，维持区域范围内城市生态系统和其他生态系统的相对完整和和谐发展。通过协调城市中生态性用地和城市建设用地的比例以及相互之间的空间关系，避免城市建成区域的无序发展和恶性扩张所造成的生态损失和土地浪费。通过不同功能生态性用地的空间布局，推进以城市物质空间为依托的社会、经济、文化等子系统的协调发展，达成自然——社会——经济——文化全面进步，增强城市内在活力和发展潜能。

[5] 与多种社会、文化功能的相结合，建设为城市居民服务的高品质城市开放空间系统。人类源于自然的生物本能，例如：亲水性、亲绿性等，都使得生活于城市之中的人类不可能也不愿意生活在完全没有自然生态要素协调的空间环境之中。因此，目的在于增进城市居民身心健康的重要开放性空间环境的建设，不仅仅有社会、文化等多方面因素的限制，还必须结合自然。所以城市之中生态用地的作用并不单纯，往往结合社会、文化甚至经济方面，是具有复合功能的。

[6] 丰富城市的景观多样性。在城市生态系统中，随着人类这以主导物种生存优势的强化，各个方面的多样性都呈现下降趋势，在“多样⟶丰富⟶平衡”的生态原理作用下，目前的城市生态系统的总体状况不容乐观。因此，加强城市生态系统的多样性建设是迫在眉睫、极为重要的生态建设任务。然而，许多层面的多样性是很难在建设过程中以直观衡量的事物进行衡量的，必须以与这些多样性有逻辑关系的，直接建设的“多样性”进行替代。例如：保护物种多样性的关键是物种栖息地的维护⟶而栖息地的维护关键在于生境建设⟶不同物种生境建设必然导致系统表象特征的异化，这种异化则创造了不同的城市景观。所以对生态性用地的不断建设，必然会赋予城市日益多样的环境景观类型，从而通过人类社会的审美升华，转变为社会、文化甚至直接的经济财富。

• 特点

长期以来在比较狭隘的“以人为本”思想指导下，景观绿地及自然保留地空间子系统建设的过程中大多仅仅重视了对景观绿地的建设。而且更有甚者，进一步忽略了人的参与性，使得景观绿地也仅仅只停留于被“观”的层面，造成整个空间子系统的运作效率低下。使得其主体功能渐渐在建设过程中被人为忽视，从而形成恶性循环，造成城市环境质量急剧下降。因此如何改进现状常规建设模式，提高这一空间子系统的运作效益，关乎整个城市生态系统的平衡和整个城市可持续发展的能力。城市生态系统建设的实践和理论研究均一再表明，这部分地和城市建设性用地只有结合成有机整体，整个城市生态系统才能够平衡发展。因此，有机整体性是景观绿地及自然保留地空间子系统是最突出而且最重要的特点。

- 构成

景观绿地及自然保留地空间子系统通常根据其主要“建设者”——植物群落组成、生长的受人工干扰的内在程度分为以下几种类型：

[1] 自然保留地空间——为促进城市生态系统健康和谐发展，维持系统物种多样性而保留的生态敏感地、孑遗原生生境所必需的物质空间；

[2] 半自然生态服务空间——由人工管理以原生自然系统为基础，以充分发挥自然生态服务功能为目的的半自然生态系统正常生长、演替所必需的物质空间；

[3] 半自然景观游憩空间——由人工管理以原生自然系统为基础，为市民提供亲近自然场所必需的物质空间；

[4] 人工景观游憩空间——为丰富城市景观组成、协调人与自然的关系，提供各种游憩场所而进行城市绿景建设所必需的物质空间。

其中自然保留地空间，又可以根据孑遗自然生态生境的类型进一步划分。而其他的空间类型往往根据在城市生态系统中的具体功能进行具体类型划分。

6.2 物质空间结构与功能空间整合模式的关系

城市生态系统作为具有“自然——社会——经济”复合功能的完整生态系统，它的功能空间与物质实体空间不是僵化对应关系。它必须通过在物质空间建设层面上的功能空间整合，实现软质系统的“内容”与硬质系统的“器具”的“形神合一”，才能完整实现其“生命”历程。物质空间系统是城市之中各个功能子系统共同的载体，它同时也是协调各个功能子系统和谐运行的纽带。物质实体空间系统是维持城市存在和系统平衡所必需的，是综合了自然、社会、经济不同功能需要的。但是其每一类物质空间子系统都是不可能独立存在的，必须有其他空间系统的支撑，才能保证其完成所承担的城市功能。

城市生态系统的物质空间结构是螺旋型等级层次结构，这种螺旋型等级层次结构把具有不同功能和形态特色的七大物质空间子系统组织成一个有机整体。它具有运行机制各不相同的纵、横两向结构模式，这种复杂结构模式是由于城市生态系统的功能空间在物质空间层面上的纵向的“层间整合”和横向的“层面整合”两种机制所造成的。在横向的层面，协同重点在于不同物质空间子系统之间的功能配合与城市总体形象的塑造；在纵向的层面，协同重点在于物质空间如何配合城市社会组织与管理的层级特点，满足不同层面的人类需求，以及协调人类社会与原生生态系统之间关系。

6.2.1 “层面整合”——横向协同组织结构

前文在分析城市生态系统物质空间系统结构时，曾经总结：随着系统层级增加，组分增多。这种增加不仅包含随着系统层次增加，在相应层面上增加的组成成分；而且有时其下每一个层次的组分都会随之增加。这种组分增加往往是顺应较高层次大系统的需要。较低层次的系统通过增加组分或者提升其功能来强化物质空间的分工，以产生相应的系统耦合，为形成高层次大系统的物质空间有机整体性预先设定“接口”或“契合点”。而较高层次的系统则通过本层级内新增的组分，对较低层次业已进行功能分工的各个子系统进行整合，便于它们联系为一个更紧密的空间实体。

现在以层级相对较低、子系统组成相对比较简单而且每个人都能有切身体会的“居住功能区”为例，剖析其较低层次的物质空间子系统之间的横向协同机制。

案例 6–1：居住功能区物质空间结构的横向协同机制

居住功能区的物质空间子系统包括以下几类。

人居空间子系统

包括：“个体生息繁衍的栖居空间”——住宅；“社会化准备空间”——托儿所、幼儿园、小学、中学；“基层社会构建空间”——邻里中心、居委会、街道办事处、社区中心、派出所等；“人与自然的交融空间”——宅间绿地、组团绿地；“社会化生存服务空间”——便利店、暂时托管中心、青少年活动站等。

商业服务业子系统

包括：一系列日常“生活消费品交换空间”——各种类型的社区商店（超市、菜市场、服装、水果、糕点、日用品等）；日常“生活服务空间”——各种类型的基础服务设施（餐饮、理发美容、健身、修理等）。

社会文化空间子系统

包括：社区交往空间——基层会所、休闲花园等，复合型社区文化创造、交流、储藏空间——文化馆、小型展览馆、小型影剧院、画廊、露天剧场、书店等。

交通运输空间子系统

包括：各种满足人类日常生活活动由此及彼相互联系必需的物质性通道空间；“日常交通枢纽空间”——公共交通站点，“交通工具维护空间”——停车场、停车库、洗车场、加油站、维修站等。

市政基础设施子系统

包括：为维持日常生活正常进行所必需的输送类市政基础设施子系统——能源类、信息类、水类的渠道和转换点设施；以及部分特殊区域的安全防护基础设施，例如：滨水住区的防洪系统。

景观绿地及自然保留地空间子系统

包括：为保证居民健康、愉快生活，维护区域环境质量的"半自然景观游憩空间"和"人工景观游憩空间"——河滨公园、风景点、名胜、街头绿地，景观带等。

在六个子系统中，其中人居空间子系统、交通运输空间子系统、市政基础设施子系统、景观绿地及自然保留地空间子系统也是实现"居住功能区"主体功能次级系统"居住组团"的重要组成部分。但是，对比两个层级的同类系统的构成，我们发现在较高层级上各个子系统都有相应的组分增加现象。例如：人居空间子系统中的"居住功能区"比"居住组团"增加了属于"社会化准备空间"的中学、小学、青少年活动中心等；属于"基层社会构建空间"的社区中心、街道办事处、派出所等；属于"人与自然的交融空间"的居住区小游园等。还增加了不是"居住组团"必要成分的基层"社会化生存的服务空间"，使"居住功能区"内的组团功能相对更完整。在交通运输空间子系统，不仅在"交通线路空间"中增加了居住区级交通干道、居住区级生活干道、居住区之路三种类型的线路空间。在"交通运输工具维护空间"增加了洗车场、加油站、维修站。还增加了居住组团没有的"交通枢纽空间"。在市政基础设施子系统的各个不同类型的输送空间体系中都要增加为更大区域服务的主干管道和调节管理设施。而景观绿地及自然保留地系统为了保证服务功能发挥，必须维护相应的生态系统性，所以也必须增加各种冠以不同名称的公园和景观绿带，把分散在组团层级的"生境斑块"连成系统。

从空间结构形成角度来看，这些空间单元就可以看作为了实现系统升级，完成子系统之间的合理铆接而增加的"楔子"。但事实上，这些增加的空间单元都是基于与系统升级根本原因相对应的人类社会组织升级所带来的社会需求层次升级的各种功能空间需要，与人类相应的空间利用行为模式相关。例如：升级的"社会化准备空间"中的中学、小学、青少年活动中心，促进了组成居住功能区的不同居住组团内的未成年人及其家长的互动，是将邻里社会进一步整合为社区社会的一种重要模式。而"交通枢纽空间"则把各个组团串联在更高层级的"交通线路空间"上，通过必需的交通活动增加了居民交往机会，这也是将邻里社会进一步整合为社区社会的一种重要模式。

在较高层次上新增的空间单元，除了少数功能专门化较强的单元以外（例如中小学），大多数都具有复合型空间的功能特点。比如："生活干道"不仅仅是一种交通线路空间，而且也是许多社会交往和商业活动发生的场所，这种复合性通过交通运输空间子系统不仅实现了组团与组团之间人居功能的整合，还因为尊重人类行为模式中的追求便利性特点促进了地方社会的形成，提升了基层商业设施的效益，甚至促进居住组团与商业中心、社区文化中心的多重整合。又如：联系"生境斑块"的景观绿带中，往往包含了各种为人类休闲服务的设施，有时还包括联系各个组团的非机动交通线路。这种复合性不仅链接了"人居空间子系统"和"绿地景观与自然保留地空间子系统"，还通过与"交通运输空间子系统"相结合与更多的子系统建立了有机关系。同时也增加了单调乏味交通活动的趣味和活力。这样在一种主导功能基础上的内在功能综合化为一个子系统与另一个子系统嵌合打下了内在基础。

由此，可以看出层面整合的关键在于以下几方面。

• 重点把握系统升级层面上新生成的物质空间单元

从上述案例我们可以发现随着系统升级“新”增加的组分所起到的重要作用。只有正确分析这些新增空间单元和空间子系统在整个系统内各子系统协同过程中的相应作用，处理好这些关键“点”相互之间的空间与功能关系，才能真正实现系统升级，各个子系统才能在相应的横向层面上真正整合成为有机整体。所以，对城市生态系统物质空间体系横向协同组织结构的把握，要着重针对在该系统升级层面上新增的空间子系统和原有空间子系统随着升级增加的具有特殊功能的空间单元。而且在整合模式的选择上，这些新增的物质空间组织结构的生成应该尽可能地采用功能空间内整合模式。这样更利于提升较高层次空间系统的工作效率。

• 为保证升级系统的有机整体性，要注意在升级过程中各个层次上相应增加的具有特殊功能的空间单元。它往往是协同“新”系统各个层面的核心

仅仅通过各个子系统新增空间单元的复合功能链条，还不足以保证升级系统的有机整体性。同时，各个子系统分别升级而新增的空间单元并不能完全满足随着人类社会组织升级所带来的所有社会需求层次升级的功能空间需要。它还缺乏一个统领“新系统”的核心。事实上，面对更高层面系统运作的功能空间要求，往往会衍生一些为完善大系统功能、该层次独有的较低层次的物质空间子系统。例如：“居住功能区”为满足社区层面人类生活的各种功能空间需要，完善功能、实现系统升级，就新增加了两大类物质空间子系统——商业服务业空间子系统和社会文化空间子系统。这两类空间有时各自形成独立的空间组团，例如：“社区商业中心”和“社区文化中心”，有时又相互结合构成综合性的“社区中心”。这个具有核心作用的物质空间子系统内部也包括分别属于“交通运输空间子系统”、“市政基础设施空间子系统”、“绿地景观及自然保留地空间子系统”的空间单元。它们与分别属于商业服务业子系统和社会文化空间子系统的其他空间单元都是“社区中心”必不可少的组成部分。共同建构了组织“居住功能区内”各个不同“居住组团”的核心空间体系。“交通运输空间子系统”、“市政基础设施空间子系统”、“绿地景观及自然保留地空间子系统”的系统连贯性和“商业服务业子系统”、“社会文化空间子系统”在新系统层面上对应社会需求层次升级的各种功能空间相关性使该空间子系统与其他物质空间子系统之间都存在或多或少紧密程度不同的内在功能联系。例如：属于“人居空间子系统”内的“基层社会构建空间”和“社会化生存的服务空间”的社区中心、街道办事处、派出所、便利店、托管站、青少年活动站等都与属于“商业服务业子系统”，和“社会文化空间子系统”的社区商店、生活服务设施、社区会所、文化馆等，在空间功能和利用模式方面具有某种程度的相关性。因此该物质空间子系统具有了对其他物资空间子系统进行功能空间外整合的基础，从而形成了以这一子系统为核心的“居住功能区”物质空间的层面结构。较好地解决了系统升级过程中由于空间规模扩大、构建要素增加而带来的有机整体性弱化的问题。

总之，对城市生态系统物质空间体系横向协同组织结构的把握，要着重针对在该系统升级层面上新增的空间子系统和原有空间子系统随着升级增加的具有特殊功能的空间单元。正确分析这些新增空间单元和空间子系统在整个系统内各子系统协同过程中的相应作用，处理好这些关键"点"相互之间的空间与功能关系，才能真正实现系统升级，各个子系统才在相应的横向层面上整合成了有机整体。

6.2.2 "层间整合"——纵向层级组织结构

城市生态系统物质空间系统的纵向层级组织则是通过物质空间子系统内在的层级空间的贯穿特点来实现的。这是因为在城市生态系统内不同层级之间，作为实体存在的各个空间子系统都必须具有与大结构对应的层级，以适应不同层面的自然、社会、经济的功能需要。但是，构建城市生态系统物质空间七种类型子系统的不同层级间的物质空间组织模式却不完全相同，大致可以分为两种模式。

• 包容式

高一层级的该类型空间子系统内可以同时包含从最基础层级升级到该层级的过程中，每一次系统升级所新增的所有具体物质空间单元类型（图6–8）。

例如：商业服务业物质空间子系统中，在城市一级的商业中心里，可以包括从最基础的便利店到最顶级的综合大型购物中心所有的空间单元类型。当然，系统升级并不一定是一直在原来某个层级相应空间单元的基础上进行扩张。尽管很多城市顶级商业服务业的物质空间定位都会与原来的传统商业服务业的源发性空间有某种内在联系，例如：广州的研究表明，商业中心形成的时间越久，商业服务等级越高，其服务覆盖的面积越大。[①] 然而这种情况也并不绝对，在北京和上海的发展过程中，顶级商业中心都出现过跃迁的情况。

以包容式模式进行纵向整合的物质空间子系统有：人居空间子系统、商业服务业空间子系统、物质生产空间子系统、社会文化空间子系统四种类型。事实上对包容特点体现得最充分的是人居空间子系统。这与人类社会组织的层级特点和人类需求层次特点密切相关。而从城市尺度观察"商业服务业"、"社会文化"这两类空间子系统不同层级空间单元的具体物质空

图 6–8 "包容式"层间整合模式示意图

①参见：许学强、周素红、林耿，《广州市大型零售商店布局分布》，《城市规划》杂志，2002 年第 26 卷第 7 期，第 23~28 页。文章选取 1998 年广州 21 个营业面积超过 $5000m^2$ 的独立门市零售商店位研究对象，包括零售店、大型综合超市、购物中心和仓储式商场。

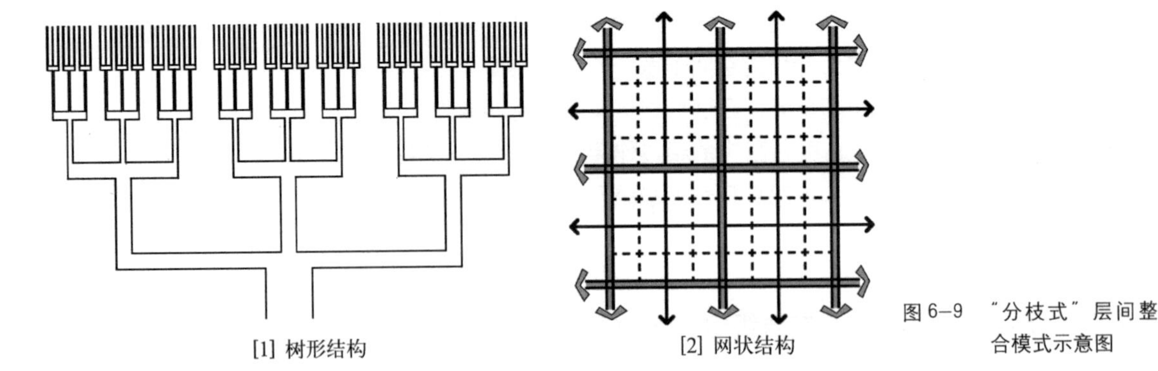

图 6–9 "分枝式"层间整合模式示意图

间分布形态的话，更像在一个湖泊上分布的大小不同的岛屿——以"人居空间"为本底分布着的不同规模的商业服务业中心和社会文化中心。而物质空间生产空间单元的嵌套特点则往往是与产业本身的相关性结合的。

• 分支式

高一层级的该类型空间子系统并不包含同类型较低层级的具体物质空间单元，而是通过某种方式或者专门的转换空间与较低层级的物质空间相连接，在城市生态系统中形成具有自然界中水系或植物的"网状"或"树形"的空间体系（图 6–9）。

当然，这种连结也并不完全是按部就班，不能跨越层级关系的。有些时候较低层次的子系统可以直接跨越好几个层级与较高层次的空间单元连接。而且，有些时候出于特殊的需要，这些空间子系统会在一定的层面上形成自反馈的"循环"式层面结构，以提高相应功能的空间效益。例如：道路运输子系统最为经济的空间层级构成模式是"树枝状"的，正常情况下这种形态以最小的空间规模联系了最多其他系统物质空间单元，从而具有较高的空间效率。但是这种模式却不是最可靠的，当某一层面的一条分支出现阻塞，与该分支相连的较低层级的相应空间子系统功能的发挥都会受到干扰。如果在这一层面上形成了能够自反馈的环状道路系统的话，出现阻塞时就可以通过其他方向的交通调剂来应对造成的困难。因此一定规模的城市生态系统中，这些子系统物质空间往往表现为各个层级相互连通的网状形态。

以分枝式模式进行纵向整合的物质空间子系统有：交通运输子系统、市政基础设施子系统、景观绿地及自然环境保留地空间子系统。这三类物质空间子系统具有一个共同的功能特点——维持城市生态系统中某些生态要素的流动。这种流动既包括系统层面上的流动，也包括系统层面之间的流动。只有内在物质循环、能量传递、信息传播都畅通无阻，才能够保证生态系统对各种干扰的适时反映，从而维持动态平衡。可见流动对于系统的存在和发展具有关键作用，这也是为什么以上三大物质空间子系统一直贯穿于整个城市生态系统物质空间体系的各个层面、各个子系统的根本原因。

生态要素的流动性使得以分支模式进行纵向整合的各类物质空间子系统与城市的各种功能都密切相关，因此它们成为了整个城市的基础支撑体系。其他各个物质空间子系统都必须与上述三个子系统具有某种联系。这种特点也反映到物质空间建构过程中——其他各个物质空间子系统都必须与上述三个子系统具有某种联系，因此这三类子系统的构建要求和规律常常会影响整个城市物质空间建设。所以，分支式子系统的结构成为了城市生态系统物质空间结构层间组织的关键。

6.3　城市生态系统物质空间体系建构的规律

就处在一个既定层级上的城市有机体而言，不同的物质空间子系统必须通过一定作用机制——城市物质空间结构来进行协同，才能达到为城市发展而同步运行的状态。现实的城市物质空间结构是一个动态的过程，蕴含在不断的物质空间演替中。不论是系统升级的层级边界、还是子系统内在层级之间的有机关系都是物质空间结构构建无形的“线索”。城市生态系统演进过程中，固然通过其内在物质空间的自组织，也能形成高效率的物质空间体系，但是现代城市总体规模巨大、层次关系复杂、扩展迅速、干扰要素众多的状况，使得通过各种功能关系长期磨合、逐渐建构的物质空间自组织机制面临巨大的危机。为了保证物质空间建设的高效有序，主动性地干预物质空间发展十分必要。杜甫诗云：“射人先射马，擒贼先擒王。”抓住事物发展的关键，无疑可以事半功倍。基于城市生态系统物质空间的层级结构组织特点，在对城市物质空间建设进行干预时，把握“结构”无疑是提高建设效率最重要的关键手段。

6.3.1　规模效应与层级门槛

规模效应来源于经济学的规模经济理论，通俗地说是：当企业的生产规模扩大超过一个门槛[①] 时，会产生生产效率提高、生产成本降低的乘数效果。这种效果某种程度上是由于生产集中造就的。但是规模效应也不是无止境的，受一些内在外在因素的制约，当达到一定的规模后，进一步扩大规模的经济收效反而会逐渐降低，甚至产生负效应。城市生态系统演进过程中，很多领域都存在规模效应，物质空间系统也不例外。事实上，物质空间上的规模效应由正效应和负效应叠加形成——随着城市发展，空间规模逐渐扩大，正效应迅速增加，同时带动总效应的迅速增加。当规模扩大超过该发展阶段的顶点之后，随着规模的进一步扩大，负效应的作用开始显现，正负叠加获得的总效应值开始呈现下降趋势，逐渐趋向为“零”，

① 英文为“threshold”。

特殊情况下甚至还会出现总效应负值。只有城市发展翻过一定门槛时，才会重新出现规模效应的增涨。在城市生态系统演进的总过程中，规模效应呈现震荡上升的趋势。

物质空间的规模效应有时让人很难理解，但是如果把它与物质空间层级结构相对应，理解的难点就迎刃而解：城市物质空间规模的扩大事实上是与城市生态系统的不断升级相对应的。处在一定层级之上的系统都会有一个相对最佳的空间规模，一旦空间规模超过了这个限度，系统本身的内在动力就很难再对空间实体进行有效支撑。这就会直接导致系统的各个空间子系统发展出现步调不协调的情况，例如：新扩展城区的市政基础设施和道路交通系统都配套不到位，造成各种实用上的不便，影响了整个投资的效益。这时系统发展面临着两大方向：其一，进一步前进促使系统升级到更高层面来实现各个子系统的有机整合；或者在本层级内进行系统调控，协调各个子系统的发展，回归最佳规模，达成动态平衡。如果这两条道路都不成功，系统最终会逐渐耗尽发展资源，从而趋于崩溃。跨越门槛的发展阶段，事实上是在为系统升级积蓄潜力。一旦系统顺利完成升级，就意味着各个子系统在新层级上的新秩序上开始了另一次螺旋上升的轮回。可能未升级时是前一个系统负担的物质空间，在升级后的系统中却发挥着极为关键的推动作用。现实城市物质空间扩张的阶段性，很多都是受到各种门槛因素的影响。

由于城市物质空间发展受到自然、社会、经济的多方面因素影响，事实上任何一个单一的规模门槛因素都不可能主导城市的整体布局和发展。但是处在不同地域的系统、或者同一系统演进的不同阶段，制约性的门槛因素往往是不同的。这就要求在建设过程中适时、适地进行分析，抓住关键要素追加投入，在可能的情况下促使系统尽快升级。在跨越了门槛之后，城市物质空间的整体运行效益将大大提高。

城市物质空间系统的各个子系统都受相应的门槛要素约束，而且有时各个子系统相互之间错综复杂的内在关系也会使它们互为门槛。例如："独立式住宅、小汽车、高速公路"等物质特征是"美国梦"的独特标志。美国大多数城市的物质空间体系中都有按照这一梦想建构的"郊区"。这种低密度的空间扩展模式造成人们居住场所和就业中心在空间上越来越分散，也使得公共交通难以保证必要的使用率。这样就导致公共交通服务水平持续下降，以公共交通为主导的交通运输空间子系统就丧失了发展的经济基础。因此在美国，大多数城市都不得不以依赖道路的私人交通作为城市交通运输空间子系统的主导模式。人们的工作和出行越来越依赖小汽车，到后来甚至一些本来可以由公共交通承担的短距离出行也因为公交服务水平下降而不得不依赖小汽车。这就是居住空间子系统的人口密度要素对交通运输子系统的门槛限制。这个例证同时表明：随着城市规模扩张，系统内部各个子系统的空间规模和结构都在随之不断变化，城市物质空间总体结构也随之不断调整，以应对系统全面升级的挑战。

案例 6-2：用地规模和可达性门槛对不同物质空间功能单元的布局限制[1]

不同类型城市空间的规模效应在距离轴上的差异变化，形成了不同功能的物质空间单元在城市内部布局的相应规律。城市物质空间功能单元可以根据它们对用地规模和可达性的要求分为四种类型（图 6-10）。

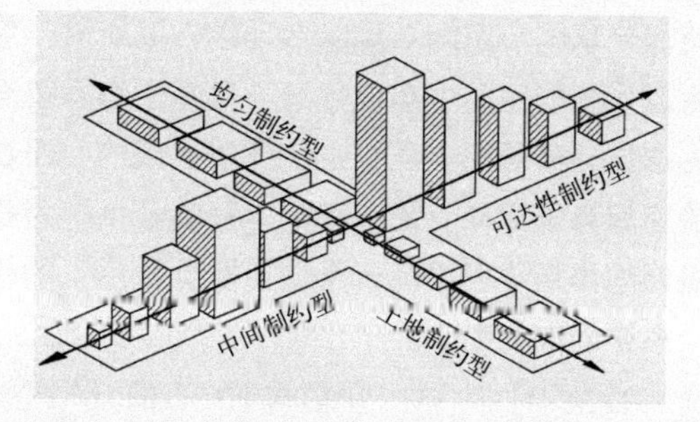

图6-10　城市内部不同类型空间的规模分布

土地制约型空间：如大型的工厂、学校、仓储空间，用地规模是最主要的限定因素。随着区位远离城市中心，土地竞争力变小、其规模效应趋于增大。所以这些类型的物质空间大多分布在城市外围。但进一步远离城市时，可达性门槛开始发挥作用，与中心的联系渐趋不便使得整体效应下降，所以还是会限定在一定区位范围之内的。在深圳，这个数据大概是 10 ~ 30km 之间。

可达性制约型空间：如城市之中的商店、餐馆、银行等，可达性使它们的首要限制要素。靠近城市中心、交通便利，其规模相应趋于增大。所以它们常常聚集在城市中心区和交通干线周边。

中间制约型空间：如城市中的事务所、商务中心、医院、办公等，离市中心太近和太远都对其规模增长不利，而在中间地段规模效应最大。

均匀制约型空间：对土地和可达性的依赖较为均匀，其规模分布随空间位置变化不大，如城市中的居住空间、中小学、托儿机构、小区服务中心等。但它们的分布受环境状况的制约，因而又可以称为环境制约型。

6.3.2　区位规律——城市生态系统物质空间层面的“生态位”整合

前文曾经谈到“空间生态位”，它“是指生命系统在‘空间’这个多因子集成系统梯度上的生态幅。其直观的表现就是生命系统对其所处环境三维空间上的占有、利用状况。”在生物学领域，科学家通过实验证明，两个习性相近的物种，基本不能在同一地区占有同一生态位，否则它们必须通过空间分离或生态分离（食性、活动时间等）来达成共生，这就是生态位分离。按照这一规律，对空间资源利用类似的两种生物或人类社群一般也是不会出现在同一“空间”之中的，如果两者在同一空间中共存，必然是在资源利用方面产生了某些分化，或者受到了外力的干扰和限定，被迫分享空间资源。其中最典型的案例就是本着“世界大同，所有人生来平等观念”，促使不同社会阶层交流的混合居住空间模式。这种对社会理想的追求并不能掩盖居住地分野的现实。因为社会地位和生活模式的差异使得不同人群的空间利用在基础生理共通性基础上，具有极大差异。强迫人们接受混居模式，只能导致社会丧失原本丰富多彩的社会多样性，从而引发严重的社会问题。

---

① 参见：段进，《城市空间发展论》，江苏科学技术出版社，1999 年 8 月第一版，第 72 页。

“空间生态位分离的本质是自然的高效性。”在自然生态系统和城市生态系统中，不同资源需求的生物和不同的人类社群（甚至是个体）根据自身的空间需求特点分享同一空间，可以合理地各取所需、最大限度地发挥资源效益。但是城市生态系统的空间生态位分离与自然生态系统有着很大的不同。在自然生态系统中生态位分离是完全通过生存竞争达成的，而在现代城市生态系统中除了社群之间的空间竞争之外，还存在以“社会公平”为基础另一种空间“分配”机制。这种机制的作用在于维持一个城市社会秩序[①]的相对稳定，以局部的“失效”换取整个系统运作的高效。

杜能（T.H.Von.Thünen）、韦伯（A.Weber）、克利斯泰勒（W.Chritaller）、廖士（A.lösch）、斯基纳（G.W.Skinner）等人以城镇为一个完整单元，研究了城镇空间体系的内在规律，按照社会管理（行政）、交通和市场原则（也就是根据人类最典型的社会和经济行为产生的不同生态位分离规律），以古典经济学为基础，提出和证明了城镇分布的“中心地”理论。建立了城镇体系空间布局的六边形模式。而在一个城市生态系统内部，仅以不同人类空间需求对土地规模和交通便捷程度的要求差异，就可以划分出土地制约型、可达型制约型、中间制约型、均匀制约型四种空间类型，[②]而且每一类空间需求都有相对应的空间生态位分离规律。更何况城市中客观物质环境条件的错综复杂与城市生物（不仅仅是人类）在不同空间利用行为模式下变化多端的空间生态位分离规律。这种目标的多元性和异质性对应的空间建设多样化，造就了城市空间结构的复杂性。

前文曾经研讨了功能空间整合形成物质空间的相应规律（内整合与外整合）——通过这种整合，会形成不同性质的物质空间单元。但是每一个具体的物质空间单元如何在城市环境中具体定位，就涉及它与其他空间相互依存的关系。它的定位会影响其他相关空间的定位，而反之亦然。“空间生态位分离”就是一种影响具体空间定位的关键内在规律。但是，空间生态位分离只能针对同一类要素或者同一类型的空间进行分析，而具体城市物质空间环境建设过程中各类要素的作用是复合性的，这就要求有一个能够与具体空间定位对应并进一步涵盖所有“生态位分离”涉及资源要素的概念，以更为简明地剖析城市物质空间结构的内在规律。这就是“区位”。

“区位”，何为“区位”？最简单的解释为：一个物质空间在区域范围内具体所处的位置。更准确的简称是“空间区位”。这个解释的重点最终落在“位置”这个词语之上，它不仅仅是意味着由经度、纬度交织而成的具体的坐标点所框定

---

① 生态学领域的研究表明：种群内在社会结构稳定时，其发展最快。建立种群内结构或者种群内结构动荡都会消耗大量的能量，虽然这种动荡会给一些个体或小部分成员带来既得收益，但是整个群体却会因此受到损失。当整个动荡的过程历时过久，损失就会越大。人类社会的战争就是一个典型的例子。因此，现代人类社会普遍存在的“社会福利”制度，从其本质上看来虽然违背了“适者生存”的规律，但事实上，它是针对等级制种群社会结构特点设定的。高层级让出部分既得利益，与较低层级的个体分享，以维持整个社会的稳定。参见：常杰、葛滢编著，《生态学》，浙江大学出版社，2001年9月第一版，第118~119页、第137页。

② 参见：段进，《城市空间发展论》，江苏科学技术出版社，1999年8月第一版，第72页、第79页。

的一个空间范畴，更重要的是包涵“某一地方对于这个地方以外的某些客观存在的东西的总和。”[1] 一方面它包含了在该经度、纬度地理状况下的具体地形地势，以及因此所形成起气候及自然生态环境；另一方面（以人为本位），则包括了各种相对于该空间而存在的各种外在关系。例如：该空间相对于其外部存在的具有某种经济意义的东西或者关系，不论是自然环境的先赋，还是在人类社会发展的历史过程中创造的，都是该空间的“经济区位”[2] 的重要成分。同样，该空间所容纳的人类社群与其他外在空间人类社群之间各种错综复杂关系，构建了该空间的“社会区位”。而不论是在历史过程中所积淀、留存于附属在该空间土地之上的原有建筑物、构筑物空间实体之上的，还是目前生活其中的人类所继续秉承和正在创造的与人类文化相关因素，共同形成了该物质空间的“文化区位”。一个具体物质空间中蕴含着多种区位关系，这其中相对于其外部最重要的区位关系，对于该空间的区位性质具有决定意义。

区位是一种相对比而存在的优劣关系，城市内部的空间区位是随着城市发展在时间与空间轴上进行演化、变换的。在时间轴上，该空间内相应的产业更新、功能调整，会使其区位性质发生变化；在空间轴上，城市总体空间规模变化、建设拓展方向改变，都使得该空间在城市中的相对位置处于不断变化的过程中。因此，城市生态系统内部的物质空间区位是具有动态性和不稳定性的，这也是空间演替发生的原因。总的来说，利于生态系统能量传递、物质循环、信息传播的空间，具有相对的区位优势。这就是为什么与交通运输空间子系统、市政基础设施空间子系统以及商业服务业空间子系统空间位置关系密切的地域，区位优势较大的原因。而优良的自然环境、较少的空间建设约束又体现了针对另一些价值取向的区位优势，具有提高空间环境质量和降低建设成本的特殊意义。因此一般情况下：从宏观的角度来看，城市中心区和边缘区具有相对良好的空间区位；从微观的角度看，交通枢纽区、商业服务业中心区、大片绿地周边都是相对较好的空间区位。只是这些不同的区位优势适宜于不同空间需求，只有内在功能与区位优势相匹配时，空间的内在效益才会得到充分激发。

一定面积的土地在经济活动中必然产生地租，在城市的不同位置，地租是不同的。这种因土地位置而产生的地租级差是客观存在的，它导致了土地价格的差异。根据这种现象，李嘉图（D.Ricardo）和阿朗索（Alonsd）研究并绘制了城市的不同地价区位图（图 6-11）。但是这一地价仅仅是从经济的角度加以分析的，这种单一要素区位整合形成的地价是不准确的。立足于城市生态系统自然——社会——经济复合系统的特色，许多自然资

① 参见：周一星著，《城市地理学》，商务印书馆，1995 年 7 月第一版，1999 年 10 月第三次印刷，第 150 页，巴朗斯基关于“地理位置”的概念。

② 出行和运输的效率是可以用经济价值来衡量的，所以交通区位就是一种典型的经济区位。

源和社会资源的价值都会在特定的城市"经济"活动中量化为地价的组成部分。有形的空间单元，例如：风景区、城市公园、滨水地区、名胜古迹、著名学校、大型文化设施等，也许这些空间本身的经济价值并不算高，但是它们的价值更多地体现在对周边区域地价的提升上，这种提升可以看作这些空间的地价转移。另外一些无形的因素，例如：良好的治安环境、浓郁的社会文风等，这些区域的地价也会随着这些要素有所提升。因此为了创造更良好的人居环境和经济发展环境，城市空间应该根据社会、经济与自然各个方面的要求确定"综合地价"，作为空间结构确定的重要依据。只有这样才能在充分利用空间资源的基础上，保证城市物质空间演替的有序进行，促使建立有机的整体空间结构，最终达成城市空间效益的综合最大化。从而尽量避免建设过程中的土地投机和不当开发造成的公共资源损失和环境恶化。

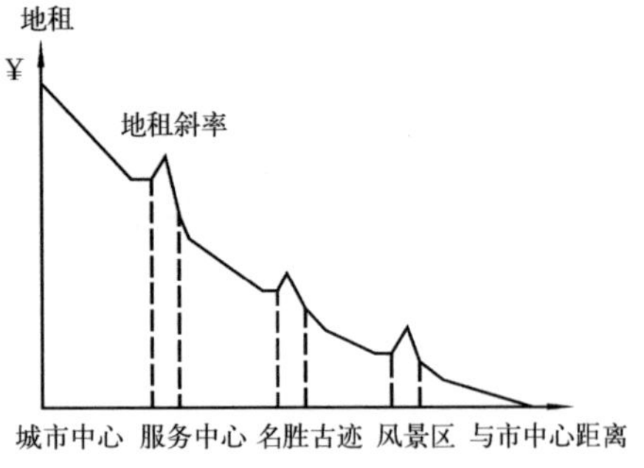

图6–11 社会资本对地租斜率的影响

6.3.3 环境交错带（边缘区）理论

在自然生态系统中，边缘区（交错带、过渡区）是极为重要的特殊生态系统类型。它的环境特征介于交界的两者之间，在可以容纳两侧生态系统组分的基础上，还能够衍生自己特殊的组分，因此往往具有比两侧生态系统更丰富的物种多样性。同时由于系统特征的差异，它往往还具有丰富的景观多样性。对于城市生态系统而言，这些交错地带往往意味着资源的多样性和能量、物质、信息交换交流的便捷性。动力学原理表明，有势能差的系统是动态发展的系统。差异越大，为发展积蓄的能量越大，可能的发展潜力也越大。边缘区往往是区域内空间落差最大的地域，这个差异正是城市空间发展的动力来源之一。因此这些交界带具有极大的城市建设发展优势，从而成为城市扩展过程中优先发展的关键地域。

广州番禺区是近年来城镇化高速发展的一个典型区域，从它扩展历程的表象中可以分析出城市物质空间生长的一些规律。不论是案例中曾经总结的沿着道路扩张、依托水脉发展、依托丘陵岗地发展，还是围绕广州主城区和番禺区各个行政村的原有政治中心形成的增长极核发展，从生态学角度看待这些区域，可以发现它们的共同特点——都是不同类型边缘交错带。沿着水脉发展，利用的是水陆生态系统交界的边缘区；依托丘陵山地发展，利用的是平原向山地过渡的边缘区；沿着道路发展，则是利用大片的均质平原上异质性廊道的边缘区；依托极核扩张是利用城市生态系统与周边农业生态系统或自然生态系统的交界区。

系统交错带不仅仅对人类种群的经济、社会发展具有特殊生态意义。

案例 6-3：广州番禺地区近十年城市扩展规律浅析

1989 年前，番禺区城镇的发展主要集中在沙湾水道以北，有几个主要的发展核心：①首先是番禺区的行政中心——市桥镇，它是区内最大的发展极核；②西北部大石，因临近广州旧城又有珠江水陆交通之便，得到了快速扩展；③中部偏北靠近广州的南村；④中部的石基；⑤东部的莲花山；⑥东北部的化龙。这些极核点基本与北部的各个村镇的行政中心相关，突出体现了当时“村村点火、户户冒烟”的“村镇办工业”发展村镇经济政策对城市化发展的影响。而沙湾水道以南，1989 年以前的城镇发展核只有大岗镇一个。这一种分布现象充分体现了在大都市区域，越靠近城市中心的地域城市化进程越快、往往得以优先发展的客观规律。

1989 ~ 1996 年间，随着广州新城和南沙项目上马的政策号召，番禺地区的城市化格局出现了较大的变化：除了围绕市桥和大石，城市继续急速扩张外，南部的大岗镇也迅速扩大了至少一倍，将原来两个相对独立的小组团联接成了一个整体。同时在黄阁、横沥、南沙出现了 5 个较大的跃迁发展极核，整个区域的发展如火如荼。在短短的 5 ~ 6 年间，城市建设用地和待建地的面积扩大了接近 10 倍。就连一直很少城镇快速发展，位于基本农田保护核心地区的鱼窝头镇也在这一时期形成了一个小的发展极核。

1996 年之后，国家城镇发展和国土总体政策调整对本地区城镇化的影响在这一时期的卫星影像图上明确地反映了出来，迅速城镇化的势头得到某种程度的遏制。可能是出于对上一时期发展存量土地的进一步消化，南部地区虽然建设不少，但土地的扩展并不多；更多的土地转化集中在两个传统发展极核——市桥和大石的周边。

根据广州番禺区城镇扩张的概况（图 6-12），结合城镇的自然环境条件和市政基础设施（特别是道路）的发展状况，可以分析出该区域城镇扩张的一些基本规律。

城镇沿路发展：因为交通的便捷——105 国道、新光快速、华南快速极大地加强了大石地区与广州中心城区的联系，使其成为仅次于市桥的发展极核，它的发展更多依托于广州中心城区而不是番禺；市桥——石基——莲花山的横向城市发展轴与市莲路的串联密不可分。而近期扩张的南部地区，依托道路生长的趋势就更为明显——沿着广珠路、市南路南沙大道、京珠高速延伸着一条条带状发展轴。在横沥的珠江管理区，成片的城镇建成区尚未成型时，首先沿着规划建成的城市道路形成了独特的“格网状”城镇。

依托“水脉”扩张：河道的灌溉和运输便利，使番禺地区的传统城镇都具有沿着水系发展的特色，形成了别具特色的华南水乡村镇。这种“临水而居”传统观念的影响，使“水景”成为居所的畅销热卖的重要“卖点”，促使大城市区域内各类滨水土地迅速升值；现代城市工业发展对大水运的依赖，造就了大规模的各类临港工业区对港口岸线的旺盛需求，进一步促使水道沿线土地价值急速飚升。以上都是滨水区成为城市化进程中优先发展地域的原因。这一规律在本区发展中体现在：①与广州老城一江相隔的大石镇，围绕沙浩岛和大石区之间的珠江就分布了绿

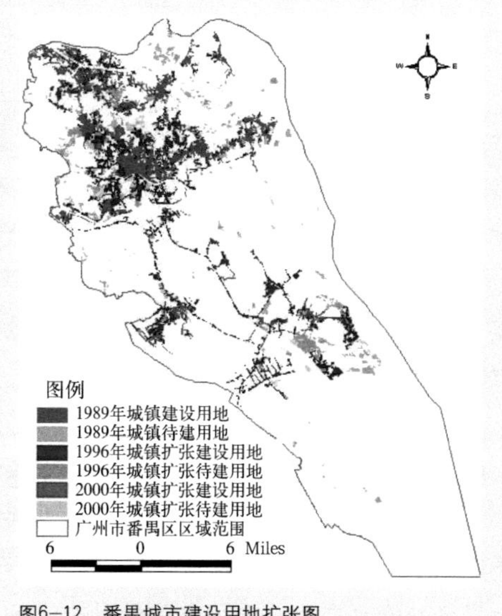

图6-12　番禺城市建设用地扩张图

岛别墅花园、珠江花园、海怡花园、华南新城、星河湾、滨江绿园、洛溪新城、洛涛居、丽江花园、海滨花园、莱因花园等十余个大型房地产开发项目，而它们当中的绝大多数，都作着"临水而居"的宣传文章。②珠江主航道中最大的岛屿新造小谷围被整体作为"广州大学城"整体开发用地全面转化。③不论是珠江主航道、蕉门水道、沙湾水道还是洪奇沥水道都规划有为数不少的或大或小的沿岸线分布的各种门类的工业区。尤其以未来南沙港区最为突出。

依托山地发展：可以称之为"向山发展"或"向绿发展"。从大的城镇空间格局所反映的状况来看，番禺地区的各个丘陵岗地的山头周边，都是城市化进程较快、建设力度较大的区域——不论是大石、市桥、沙湾、莲花山、黄阁、南沙、大岗莫不如此，更有甚者，南村的丘陵岗地已经几乎被蚕食殆尽。造成这种发展状况的原因主要来自以下方面：国家的基本农田的保护政策，迫使部分城市开发建设利用非基本农田保护区的山地；"乐山而居"的特色景观环境为部分房地产开发项目提供特殊的景观卖点——山地葱茏的绿色景观和清新的空气是别处难得的稀缺资源，同时起伏的地形更利于在有限空间的局部地段创造更为丰富的景观层次。例如：华南新城就在其楼盘区域内保留了大量的丘陵，作为自己的景观特征。

综上所述，番禺区城市化进程中的主动力有以下三种：中心城区的吸引力、交通干线（陆路、水路）的吸引力、自然景观的吸引力。

它同时还属于整个系统的所有生命成分，对生态系统中其他生物的生存发展同样具有重要意义。例如：城市滨水地域因为优美的景观、良好的环境、便捷的多层次交通（水路、陆路交汇，两岸之间的联络）等成为在城市物质空间景观形象塑造的关键地带、人类聚居和生息的优良场所、开展大规模社会生产的重要地域、交通枢纽地带，因此在城市物质空间建设和发展中具有特殊地位。但是，对于其他城市生物而言，滨水地域多种多样的各种小系统类型（河流、湖泊、湿地、岸线）是它们重要的栖息地。这种环境的多样性造就了生物的多样性，对于维护整个城市生态系统的平衡方面具有特殊意义。滨水地域还在生态系统物质循环（尤其是水循环）中也扮演着重要的角色，对保护城市生态系统安全，具有不可被替代的重要作用，是城市中重要的生态敏感区。如果单纯从部分成员一时一地的既得利益出发进行开发建设，往往会造成系统功能受损，从而失去整个系统生命主体共同的福祉。

由滨水地带的经验推广开来，在所有这些边缘地带的开发建设中，都必须抛弃"人本位"思想。立足维护整个系统动态平衡和正常演进的需要，统筹开发城市区域的边缘地带。引导形成合理的物质空间扩张极点，优化城市物质空间结构。

6.3.4 物质空间单元多样性与系统结构稳定性相关理论

回顾城市生态系统物质空间系统演进过程，我们可以发现许多古老城市的物质空间单元都是具有复合功能的。例如：街道既是物资运输、人类交通的必然通道，也是各种商品交换、市民交往的社交空间，甚至在特殊的时候是民俗活动开展的舞台；庙宇既是祭祀祖先神灵的场所，也是开展社交和教育的场所。当然，随着人类社会的发展，物质空间的专门化是一种必然的趋势，也是技术进步的标志。但是并不是城市物质空间系统中所有的空间单元都必须走功能“纯粹化”的道路。系统演进过程中，“纯粹化”和“复合化”是相对比而存在的物质空间演进的两大方向。一方面由于社会分工和生活水平提升，导致人类空间需求增加、对空间质量要求提升，因此物质空间分类逐渐细化，功能趋于纯粹；另一方面社会文化积淀增厚、社会组织结构趋于复杂、人类交往增加、社会生产规模增大，这些都使得增加城市生态系统物质空间结构的内在有机性变得日益重要。因此在空间分化、细化的同时，另一些物质空间趋于复杂化、复合化。这种需要是随着纯粹化而生的，在纯粹化过程中被削弱的某些空间的内在组织关系，还必须通过一些特定的措施予以加强。而这些起强化作用的复合型空间往往是整个物质空间体系结构的关键、组织的纽带。

前文从充分发挥物质空间效率角度出发曾经总结：城市生态系统中物质空间的利用效率与城市生物物种多样性以及人类行为模式多样性之间具有正相关关系。人类在城市中建设种的地位，又使得以人类复杂社会和文化结构为基础的人类行为模式成为空间建设和利用的主要依据。为单一需求而造就的空间会因为功能变化而失去原来的作用，如果它不能适应容纳新的功能，就会因为“无用”而遭到废弃，从而造成对社会资源的浪费。如何提高空间的利用效率长期以来一直有两条思路：一则从空间本身入手，提高空间物质基础对多种功能的适应力。比如：框架结构的建筑与砖混结构的建筑相比具有更灵活的适应性；二是从功能入手，抛弃——相对的单一功能与结构相对应的模式。在空间兴建之初，就赋予它容纳多种内容的能力。前文在功能空间整合章节也曾经谈到，通过内整合形成的复合型空间具有功能运作方面的优势，因此城市空间建设过程中，在保证了各个系统功能正常运作的基础上，应该尽量使空间具有复合功能。这样不仅仅单纯提高了物质空间建设的利用效率，同时该物质空间也因为在城市生态系统各个功能子系统中具有复合作用，使其空间地位得以提升。这样局部的物质空间单元与城市系统整体发展就会结合得更加紧密，获得更大的发展机会和更多演化发展方向，从而具有更强的可持续发展能力。

在不同的物质空间系统层面上，其功能复合性要求是有所不同的。处在较低的层面时，物质空间建设与组织的目的性、针对性较强，功能相对单一，功能之间的组织关系比较简单，物质空间单元之间的组织结构脉络比较明晰。能够在物质空间单元功能分化、细化的基础上，通过少量的复合型空间以外整合模式达成较好的系统有机整体性。这种状态还有利于进一步提升相应空间体系的效率。但是，当物质空间系统随着城市生态系统发展而升级，到达一定的层面上时，这时各个物质空间子系统的建设虽然有一定的系统分工，但是其内在功能组织关系复杂，物质空间单元之间的组织结构脉络比较模糊，常常会有多条脉络，有时甚至还有隐形脉络的存在。因此要通过一两种整合机制就达成系统的有机整体性是非常困难的。同时其空间尺度的规模已经超越大部分以生活为基础的人类行为范畴，如果再强调以提高空间的单一功能效率而进行物质空间系统的纯粹化，和绝对的“功能分区”，必然会造成所忽视方面的功能障碍，并且给其他相关物质空间造成运行负担。从而会随着城市生态系统的发展造成整个空间子系统震荡幅度逐渐增大，在后期不得不投入大量的社会财富对之进行改建。例如：本来以防止相互污染和干扰、建设符合生活和生产各自特点的物质空间为目标，而在城市建设过程中采取功能分区的布局模式。当城市规模扩大到一定的程度（人口超过100万）时，就会开始出现大量摆动性交通流——早晨上班时间拥向工作地、下午下班时间拥向居住地。为了满足这种交通需求，往往不得不扩大道路断面。然而除了这两个时段之外，联系两地之间道路的负荷很小，从而使加宽道路的投资所发挥的效益并不充分。但是如果不加宽道路，上下班时期的交通堵塞又会造成极大的城市功能障碍。因此，当城市物质空间系统升级到一定的层次之后，就应该采取复合分区的空间模式：通过丰富子系统内部的空间单元类型，健全以三大功能空间为基础的空间组织结构，来保证整个系统的有机整体性和提高运行效率。

案例6-4：美国郊区化对城市功能发挥的影响及其成本①

被现代主义城市规划当作法宝圣典的“功能分区法”（Zoning Law）在郊区规划建设中被发挥到近乎荒谬的地步。每一区块尺度巨大、功能单一，根本无法独立生成一个有机的城市细胞。郊区与城区、郊区与郊区、每日生活所需要到达的各个场所之间的距离都远远超过了人类日常生活的正常尺度范围。在这种情况下，每天生活活动的许多方面，都不得不依赖交通工具。但是分散的居住模式，居民也高度分散，从而无法汇聚起有效支撑公共交通系统存在的足够客源，开设公交线路非常不经济。在这种情况下，就不得不依赖以汽车为主要交通工具的私人交通。所以，郊区化程度最高的美国，也是汽车普及率最高的国家。到目前为止，美国家庭小汽车拥有量已经超过了1辆/户。公共交通出行比例降到了10%以下，小汽车的出行比例高达70%以上。为了支持这样的空间功能纯化，人们究竟付出了多少代价呢？以美国为例：

资源方面的花费：仅占世界5%的人口，消耗了世界30%的汽油；整个国民经济的命脉都捆绑于世界石油价格之上，油价一有波动，社会生产、生活的各个方面都会受到严重的影响。从家庭角度来看，虽然美国的汽油价格只是欧洲的1/4，但是美国人在汽油上的花费却是欧洲人的4倍。一个普通郊区家庭在其30年房屋贷款期间需花费25万美元供楼，却需花费45万美元“供车”[以每家2辆车，每辆使用6年计。到2000年，美国拥有3辆或3辆以上汽车的家庭（18.3%）几乎比没有汽车的家庭（9.3%）多一倍]。这还不包括汽油、汽车事故和汽车保险花费，也没有考虑汽车造成的环境污染、交通事故、因道路和停车场占用而失去的土地资源等间接成本。

道路建设的花费：人人都不得不驾车，在路宽人稀的郊区更加频繁地发生交通堵塞和交通事故；

① 王惠，《失望的家园、黯然的美国梦——对美国郊区化的负面效应分析》，《城市规划》杂志，2002年第26卷第4期，第93~96页。

由高科技设计出来的完美街道，在“通畅”、“高效率”的招牌下不断扩宽，达到无以伦比的巨大尺度，却一再重复“堵塞”的诟病。逃不出再拓宽、再堵塞的恶性循环。

出行效率的花费：开车工作的人每日例行长途奔波，每日的工作时间实际上延长到了 10 ~ 12h。每年花在路上的时间至少 500h。带给他们格外疲惫的身心、分裂化的人格、被剥夺感的心理隐患，以及可能过于肥胖的身体。

社会环境恶化：生活环境的非人性化，设计原则是“汽车优先、行人不宜”。对汽车通行需求考虑的细致入微，研究如何使汽车“高容量、高速度、无障碍化”地跑得更快，却忽视人的心理、生理和社会（交往）需求。城镇形态被切割、结构被肢解，人与人、人与车、人与城之间的关系被扭曲，城镇作为人居聚落、人类生态系统的功能被颠覆。结果造成社会生活和社会文化缺失、人际关系冷漠。缺乏适宜的社会活动场所和人际交往氛围，邻居行同陌路。人们不是退缩在家中，就是外出打发闲暇，公共活动、邻里生活、社区文化就此枯萎，郊区聚落作为社会细胞的功能就此衰竭。

造成社会不公：形成一大批需要别人为他开车的健全的“残障人士”——老人、小孩、不会开车的人、买不起第二辆车的家庭的妇女。限制了他们的人身自由，成为了相对的弱势群体。他们会产生被排除在社会生活之外、机会被剥夺、独立人格与自尊受损的感受；通过郊区化过程中对居住小区价格定位的“严密化”、“精（细）准化”，使得居住在同一社区的人在财富、身份、地位都相当。从而丧失城市生态系统中人口结构、社会结构的多样性和促使社会各阶层相互交流的机会。另外，居住在郊区的人往往是政策制定的参与者，他们通过手中的权利将政策扭转到利于自己的方面，郊区基础设施优先投资、房屋补贴、低廉的汽油价格和住房利息贷款、低额的财产税。而社会结构中的弱势群体和穷人（包括不会开车和无车可开的人）不得不忍受内城衰退造成的社会、经济、物理环境恶化和就业岗位流失造成的各种痛苦，遭受废气毒害和车祸的威胁，还得一同负担高速公路、庞大的基础设施、治理污染和防止交通事故等纳税负担。这一过程存在显而易见的社会不公和日益扩大的社会两极分化。

造成城市功能障碍：居住于社会生产和商业的绝对分离，使原来的城市核心区陷入全面衰退。这种分离造成作为商业中心的内城零售商业和服务业陷入困顿、经济衰退，从业的中小业者破产，实力强劲者迁往郊区。而不堪通勤烦恼，使办公和其他经营活动也随之迁出，内城逐渐成为空城。产业变迁使城市收入锐减，城市还不得不负担郊区扩张增加的市政基础设施和各种公共服务的费用。基础设施状况趋于恶化，使更多有条件的家庭被迫迁出，造成的社会、经济、物理环境进一步恶化和就业岗位进一步流失。城市生态系统内在的有机整体性被人为割裂。

以上的实例说明，过度的城市功能分区和空间单元功能纯化，给整个城市生态系统的运行造成了巨大的负担。因此，虽然现代城市生态系统的物质空间结构是建立在以系统分化和空间细化基础上的。但是这种多样化是与物质空间演化层面相对应的。演化层级越高的系统，其内在构成应该更为复杂，系统结构的复合特性越突出。层级较低的系统，特定功能突出，空间纯化和细化的趋势体现的越是明显。总之，组成系统的物质空间单元越是多样化，其空间涵盖的城市功能越全面。系统的自我更新和可持续发展的能力也越强，系统结构稳定性越强。

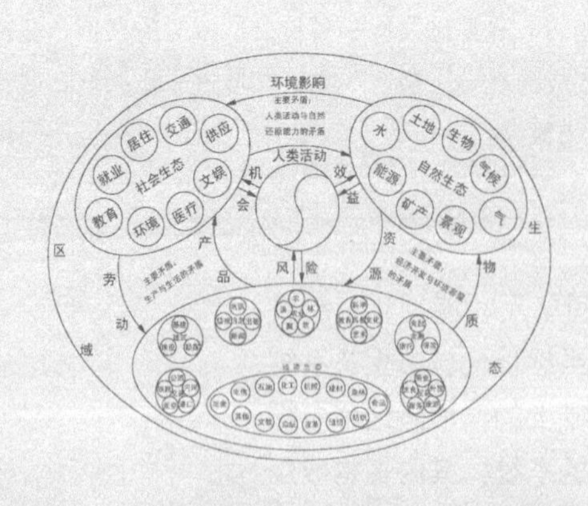

7 结语 “生态城市”的物质空间建设

城市生态系统空间形态与规划

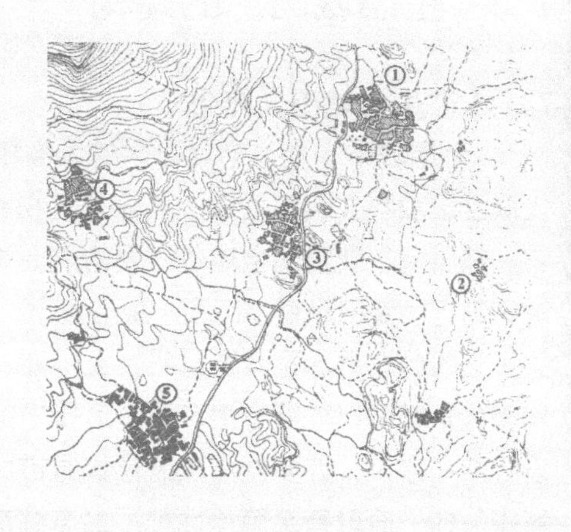

城市生态系统历经数千年演进，经过“政治城市”⟶“经济城市”⟶“信息城市”的发展阶段，如今进入了追求建设“生态城市”的时期。“生态城市”概念自20世纪70年代在“人与生物圈（MAB）”计划中提出之后，受到全球各方面的广泛关注。20世纪90年代以来，世界各地如火如荼地兴起了建设“生态城市”的实践热潮，各国政府都把建设与全球生态相协调的城市作为其城市政策的一个重要组成部分。

7.1 “生态城市”的建构

7.1.1 “生态城市”概念

“生态城市”是一个理想化的人类栖居地概念，这一概念是在20世纪70年代联合国教科文组织发起的“人与生物圈（MAB）”计划研究过程中首次提出的。它一经出现，就受到全球各方面的广泛关注。继而众多科学家从不同的角度分别对它进行了专门研究。回顾“生态城市”这一名词产生以来三十余年的研究成果，关于它的确切概念是众说纷纭，至今还没有公认的准确定义。许多权威的科研机构都只是针对以往城市生态系统运行中的生态问题，提出了一系列生态城市的建设标准和原则。许多城市政府或普通市民也都是从自身的片面感受来定位“生态城市”的，有时甚至简单地把“生态城市”等同于“园林城市”或“绿色城市”。事实上，不论是从全球生命大系统的平稳、均衡运行，还是从城市生态系统自身的可持续发展出发，生态城市概念都应该强调其内在的系统运行特点，而不是一些表面的数据罗列或现象陈述。

生态城市概念之所以难以定义，可能因为城市生态系统始终处于演进的动态状况之中。众所周知，对静止状态或者过去状态的事物进行全面的特征概括比较容易，也便于确定一个相对准确的概念；而对于还处在变化发展过程中的事物或未来的事物就较难恰当地把握相关信息，对它进行准确定义。所以，三十多年来“生态城市”的概念也始终处于不断变化的过程中——从最初集中针对“城市与自然和谐发展”到现在强调“系统内外的全面协调”。结合生态城市理念提出后的建设实践，研究进一步发现不同地域、不同国家“生态城市”的具体建设模式和发展历程都有很大区别。这让笔者想到了生态学领域关于生态系统演进中对“顶级状态”概念的描述——在既定环境条件下成为系统演进方向的稳定状态。生态学的研究同时还指出：在不同的因素作用下，趋近于这个顶级状态的过程中，可以有若干个“亚顶级”状态。借鉴这一概念，笔者认为由此来阐述生态城市的概念，可以把它分为“理念”和“过程”两大层次。

- **从“理念”层面定义，生态城市是目前阶段人类聚居发展的最高目标**

“生态城市是建立在城市发展与自然演进动态平衡的基础上发展起来的城市，也是生态健康的城市；……也可以称为‘天人合一’的城市，即人与自然高度和谐、技术与自然高度融合的人类住区发展的更高形式；也是城市物质文明与精神文明高度发达的标志。……是现代城市走向生态文明、实现可持续发

展的必然趋势。”（黄光宇，2004）

- **从发展“过程”定义，“生态城市”应当被视作城市生态系统演进到顶级状况的一种设想。**

受客观情况和城市生态系统演进规律的影响，不同地域、不同国情下“生态城市”的具体状况应当犹如自然界中不同地域自然生态系统的顶级状况一样互不相同、各具特点。但是不论哪种“顶级”城市生态系统，在“生态城市”所设想的状况下，都应该是系统结构合理、功能高效、关系协调——人尽其才、物尽其用、地尽其力；社会安宁平和、自然协调发展、经济平稳发达的。并且“人——自然——社会”三位一体，具有强大的抗外来干扰的能力和化外来干扰为内在发展动力的机制。并且，这种顶级状态并不是一成不变的，它会随着外界和内在要素的变化，逐渐突破阶段性的“亚顶级”，向最终的“生态城市”目标不断演进。

“生态城市”物质空间系统的建设实践过程中，目前更多的是以“生态城市”演进过程中各种内在、外在因素为具体立足点。由此“过程”的定义对于指导现实环境中的具体建设更为贴切。作为最高目标的生态城市理念则是在确定相应原则和指标体系方面具有重要作用。

7.1.2 “生态城市”的建构基础

- 经济发达

所谓经济发达是指该城市所处地区社会生产水平高、劳动生产率高、社会生产关系相对发达。

“经济”是社会上层建筑的基础。只有社会生产发展到一定的程度，才能有效支撑城市其他子系统的存在和发展。纵观古代城市发展的历程，每一个经济繁荣的时期，都是社会相对稳定、文化发达的时期，也是一个城市兴盛的时期。作为城市生态系统顶级状态的“生态城市”，其最重要的功能子系统“经济”在目前全球化的背景下，社会生产必然要立足其所处地域特点，达到高度发达程度。建设高度发达的经济是“生态城市”最重要的基础条件。

经济是社会包容性的基础。只有社会生产发展到一定程度，才能有效实现社会公平。经济发达，其社会公平性会大大提高，才能具有吸纳外来社会要素的巨大包容性。因为对于这样一个社会而言，外来个体介入增大了与其他经济实体的接触和交流机会，意味着更大的社会生产发展机遇。这种源自最根本生物资源占有和分配规律的原则一再证实：任何一个具有强大包容力的社会都是以其坚实发达的经济为基础的，盛唐时期的中国、[①]当今的美国都是如此。

经济是可持续发展的基础。只有社会生产发展到一定程度，才能实

① 在当时中国就提出了国家不论大小一律平等的思想。

现社会与自然和谐共存。贫困是实现人与自然和谐共存最大的障碍，发达的经济水平始终是维护人与自然和谐关系最有力的保障。为了生存破坏环境并不能带来长期的繁荣，狭隘的人本位思想最终会毁了人类赖以生存的基本环境。但是，即使是站在全球高度上我们也并不能苛责个别人、个别群体自我发展的要求，这是作为每一个个体之间完全平等的生存发展基本权利。发展社会生产本身没有错误，关键在于发展观念和途径不能出现偏差。必须摒弃“先污染、后治理”、“先破坏、后建设”的环境观，视自然为人类可持续发展的伙伴，才能达成人与自然真正和谐。

• 社会稳定、和谐、公平

立足生态系统运行而言，要实现城市生态系统的高效运作，首先就要必须保证系统建设种——人类种群自身的健康发展。而维护人类种群总体健康的关键就在于社会结构的相对稳定，也就是只有种群内部每个个体都相对明确自身在社会结构中的地位和作用，社会才能高效运作。一旦社会结构不够明确，就必须通过种内竞争来确立新秩序——重新明确每个个体的作用和地位。而确立这个秩序会消耗种群大量的内能，处在这个阶段的种群是极其脆弱而且运作效率很低的。一旦确立秩序的内耗超过了种群本身的承受能力，就会导致整个种群走向衰退。

人类社会结构虽然是所有具有社会结构的生物种类中最复杂的，但是其进化程度却不高。进化程度不高的现实意味着其内耗相对较大，这与人类社会的演进发展历程尚短相关。人类社会从原始社会⟶奴隶社会⟶封建社会⟶资本主义社会⟶社会主义社会⟶共产主义社会的发展历程，除了经济结构方面社会生产方式、社会生产关系的变化之外，更重要的是人与人之间平等关系的变化。即不论社会分工如何，每一个社会个体在人格上都更趋于“真正”平等。这种平等使得社会结构中人与人之间地位差、角色差更多是由社会生产关系确定，而不是什么“天赋”血统的高低。社会公平更利于对社会资源和产品的公正分配，可以调动更多社会个体的劳动积极性，提高社会运作的效率。从而促使城市生态系统整体效率的进一步提高。

• 文化多样

人类是惟一具有文化的生物。从其生物本质上看，文化是一种代代相传的人类生活方式，由独特的价值观、知识、行为模式等鲜明特征所塑造。除了人类种群内部物种生理差异所造就的不同而外，文化差异是造就人类社会种群内部多样性最重要的因素。这种最初往往是由于地理分割、气候差异所造就的不同生活方式和生活理念最终上升为具有特定哲学观念的文化。它将演化为渗入社群内在凝聚力，成为该社群区别于其他人类社群的本质特征。人类是文化动物，标定社群特征的精神产物——文化，是最为重要的“财富”，也往往是该社群内在凝聚力的核心。文化可以随着社群和个体的迁移而不断传播扩散，进入文明时代以来，经过数千年的交流和融会，形成了以几大宗教信仰为主导的世界文化格局。文化发展具有同生物演进类似的规律——多样化导致稳定性。这种稳定将最终体现到社会的稳定上来，并进一步影响社会生产的相关效率。多元的文化赋予人类丰富多彩的思想，带给社会无限活力。对其中的稀有社群进行文化保护，以维持人类文化多样性，保证社会稳定。

城市生态系统因"交换"而生，它使城市汇集了各种各样的人类社群，从而也带来了多种文化的相互交流。这种交流和渗透又进一步促使了新文化类型诞生。这种文化交融和长期演化使得多种文化遗存积累、沉淀于城市之中。随着城市生态系统演化，城市的文化包容性越来越强，城市文化类型日趋多样化、多元化。作为城市生态系统顶级状态的"生态城市"，其文化特征必然是以宽容、开放为基础的文化多元和多样。这种文化的多元根本上体现的是不同人群之间的相互尊重。也只有如此才能具有丰富多彩的城市生活，为城市的社会组织、经济发展创造更多的模式和机遇。

- 科学技术发达

科学技术对城市生态系统的各个方面和层次都有不同程度的影响。但是对科学技术发展最为敏感的是城市经济功能子系统，知识的丰富、技术的革新首先会大大提高社会生产力水平，增强城市生态系统的整体经济实力；继而科技进步会引发生产关系的变更，导致整个城市社会子系统发生彻底变革；科技进步对文化的影响机制最突出的在于传播技术的更新，它极大地加快了文化的全方位扩散速度。而最为关键的是作为各种城市功能载体的城市生态系统物质空间的建构，离不开相应的建设科技。科技越发达，人类建设手段越是灵活多变，从而可以创造的空间类型（容器类型）也越丰富多样。而且这些空间也越能贴近人类各种各样生产、生活、社交和文化创在活动的实际需求，更好地达成相应的功能。

"生态城市"的建构并不在于采用多少人类自身所认为的高、新科学技术。对于生态系统运作而言，更重要是采用"适宜"的技术。这种技术在城市生态系统发展的相应阶段，最适应该城市的客观条件，具有最高的经济性。所以不论是"高技术"还是"低技术"，只有最恰当、最适用的技术才是正确的发展方向和途径。对于城市生态系统而言，科技进步只是具有了有效提高城市生态系统的整体协调性、更利于各个功能子系统有机整合的可能。要真正达成这一目标，更重要的是根据城市生态系统演进客观规律，正确、恰当地运用科技手段的指导思想。

7.1.3 "生态城市"的基本标准

一个"生态城市"的建立，所要改变的不仅仅局限于城市生态系统某一方面的运行机制，而是要实施经济、社会、自然等各个方面的全面、彻底变革。这种改变的切入点往往是现在的城市生态系统惯常运行机制与维持地球生命大系统长期稳定存在的矛盾焦点。也就是几乎所有的"生态城市"建设计划都重点涉及的物质循环问题、水循环问题、能源问题、土地资源浪费问题、自然生态环境保护问题、循环经济建立的问题等。但是单纯地就这些问题而论这些问题所采取的应急方案，往往只不过是一时缓解和延迟矛盾激化的暂时措施。要从根本上改变这种城市生态系统发展的被动局面，实际上需要人类改变其自工业革命以来形成的经济发展模式和消费观念。"在城市环境中任何一种平衡状态都是由人类所确定的，也是人类期望达到的。它要求人类通过不懈的努力来建立和保持"（Mayer）。因此，只有作为城市生态系统主要生命主体的人类的大多数普通成员都具有了生态发展和平衡的理念，才能从根本上扭转人类种群和城市生态系统走向"自毁"的趋势，保证地球的可持续发展。

生态城市建设首先要认识到：人类只是地球生命大系统的有机组成部分，不是自然统治者。人类只有和所有生命都处于和谐之中，才能实现城市生态系统乃至整个地球的可持续发展。由此彻底转变相应的经济体系和生活观念。从生态系统运作的特点出发，可以提出"生态城市"建设的下列标准。

• 安全：包括生态安全（自然系统安全）、经济安全、社会安全三大方面

此处的安全不仅仅是指人类生存和发展的安全需求，而是指整个城市生态系统的安全。生态安全方面，主要是为整个生态系统中生命主体的各种生物（不仅是人）提供其生存、繁衍所必需安全的环境。包括：洁净的空气和水、不危害健康的食物、宁静而祥和的栖居环境等；经济安全则是城市生态系统可持续发展的基础。包括建立利于城市长远发展的经济模式、维护城市经济的稳定、构成合理的城市产业结构、提供人们适宜的就业岗位等；社会安全主要是维持城市建设种群——人类社群稳定的基础。包括：建立健全合理的法律规章体系、强有力的社会秩序维护体系（军队、警察和舆论监督）、高效的社会矛盾协调机制（社会福利保障体系）等。

• 整体：必须保持城市生态系统的复合整体性

城市生态系统是自然——社会——经济复合生态系统，各个子系统之间并不是互不相关的。它们交织成一个复杂的系统网络，牵一发而动全身。作为"生态城市"，其各个子系统之间应该有着极佳的有机协调机制，这一机制使各个子系统结合成一个有机整体，具有强大的内在调节机制和抗外部干扰能力。

• 平等：城市生态系统中众生平等

平等包括两大方面的内容。其一是社会平等，指人类种群内部的平等问题——不论性别、信仰、组织、阶层、社群、职业，每个个体具有天赋人权的平等性。对这个平等的强调，有利于提高人类个体在生存过程中的能动性，构成融洽人际关系的和谐人类社会，从而提高整个人类社会的效率；其二是生物平等，这是生态系统运行方面的平等问题。不论是高等的智慧生物——人，还是低等的原始生物，在生态系统中都是具有其特殊功能作用的——存在就是真理。而且这种功能是经过亿万年的自然演进而赋予该生物的专门化职能，不会轻易就被其他生物所替代。这一职能直接关系到该生物在生态系统中的地位和重要性问题。由于人类对不同生物生存对维护生态系统平衡的具体作用机制并不明了，而生命系统组成成分的变更在自然环境中是一个极其漫长的过程。所以人类就不能仅仅从自身的需要或者仅仅出于观念上的好恶而随意在城市生态系统中滥用或剔除某种生物。系统生命构成的稳定将直接关系到整个系统的平衡和可持续发展。

• 循环：建立符合地球生命大系统运行规律的城市生态系统物质循环机制

防止城市生态系统把许多应该在系统内部自行解决的循环问题过多地推向其他生态系统，造成其他生态系统内在运行障碍和功能紊乱，为正常的系统间耦合机制扫除障碍。这包括城市的水循环，固体垃圾处理，可再生能源问题，农业生产过程中的添加物（化肥、农药）问题，工业生产过程中特殊废弃物（可能造成污染的物质）处理等问题，甚至还包括城市生态系统内部发挥着自然生产功能的土地的比例问题。

• 多样：保护城市生态系统中各个子系统、各个层面的多样性、多元性

这包括多方面、多层次的多样性。就城市的自然生态而言，包括城市生物物种多样性、城市景观多样性、城市内各种生物栖息生境多样性等方面的丰富多彩；就城市经济而言，则包括城市产业类型多样性、经济体制多样性、经济发展层面多样性等各个方面的复杂组合关系；而对于城市人类社会而言，则包含社会组成成分多样性、社会组织结构多样性、社会交往模式多样性、社会管理模式多样性以及社会文化多样性。这些方方面面的多样性不仅为城市的各种生物（包括人和其他物种）提供合乎自身生存发展需要的栖息地，还为城市人类群体中的各个个体提供了更广阔的自我发展余地和可能性。为整个城市生态系统的生命主体的健康发展创造了必要条件。

• 高效：城市生态系统必须具有高的时间效率和资源效率

生态城市是高效性的，这种高效性也包含两个层面。一是系统运作的时间效率问题。例如：城市政府的办事效率、城市交通效率等；二是系统运作的资源效率问题。例如：社会生产的投入产出比率，维持某种生活水平的资源消耗率等。提高资源效率，节省的并非仅仅是资源和资金，它还可以大大改善居民的生活质量。例如：影响人类生存环境质量的噪声和各种污染，都是无效率的标志——它们代表着大量的资金浪费。在资源消耗减少的情况下，创造更为安全、舒适的生活环境对于城市生态系统而言，是各个方面多赢的举措。城市生态系统的时间效率和资源效率是相关的，其中后者是提高整个系统效率的关键，因为大量的资源浪费不仅带来了可利用资源的储备危机，还同时造成了整个系统的时间效率低下，系统不得不耗费大量处理过程来消化资源浪费的副产品。因此提高效率就成为生态城市可持续发展最重要的标准。

7.2 “生态城市”物质空间体系建构的原则

城市人类生存过程中日日接触的物质实体空间，是由城市的自然、社会、经济三大功能空间整合形成的。因此城市物质空间子系统往往成为城市演进状态的直接表象，体现了系统运作的各种内在变化。作为符合“生

态城市”运作需要的物质空间子系统，要遵从其安全、循环、多样、平等、高效、整体的相应标准，面对现在城市生态系统运行的种种客观问题。它的建构必须符合下列原则。

7.2.1 可持续发展[①]原则

本原则主旨在于：促进城市生态系统与其他生态系统有机耦合，维护地球生命大系统的良性运行和平衡。

广义的可持续发展指随着时间推移，人类福祉的连续不断增加或保持。事实上，可持续发展是协调人类社会与自然生态关系，保证地球生命大系统长久平衡的重要措施。它是一个涵盖自然、经济、社会、文化、技术等众多方面的动态概念，包含了当代与后代的需求、国家主权、国际公平、自然资源、生态承载力、环境与发展相结合等重要内容。全面的可持续发展包括自然资源和生态环境的可持续发展、社会的可持续发展和经济的可持续发展三大领域。

地球生态总体演进的趋势表明：城市生态系统的出现是为了使原本相对封闭、具有内稳态的自然生态系统和农业生态系统出现耦合接口。继而通过系统之间的耦合，实现大系统升级，形成全球性的地球生命大系统。这就是“地球村”的理论源。尽管系统升级具有一系列低层次系统所没有的优势，但是较低层次系统的进化时间比较高层次系统的进化时间长，组织化水平也就高于高层次系统。不论是在地球生命大系统，还是在城市生态系统运转的现实中，越高级的层级往往暴露的问题越多、越复杂，出现机能不协调状况越频繁。任何一种升级都不可能一蹴而就，系统需要足够的时间来促进各个子系统和各个层级间的相互协调，通过反复震荡达成系统整体的平稳和谐。城市生态系统的可持续发展，不仅关系到自身存在，还关乎整个地球的未来。所以，城市可持续发展的根本在于更好地与其他生态系统耦合，实现地球范围内的总体生态平衡。城市生态系统的这种耦合，不仅仅在于与农业生态系统和自然生态系统的耦合，还应该包括与区域内相邻的其他城市生态系统的耦合。只有如此，才能从更深的层面提高城市的系统运行效率。

城市的可持续发展涉及到区域之间的协调问题，包括自然、经济、社会诸方面的要素。但是在不同系统之间耦合重点不尽相同：城市与自然生态系统之间，自然要素的耦合是重中之重；城市与农业生态系统之间，更偏重于经济和自然要

---

① “可持续发展”一词最早出现于1980年国际自然保护同盟（INCN）在世界野生生物基金会（WWF）支持下发布的《世界自然保护大纲》中。它是从生物学范畴引申而来的，针对环境和资源其含义为“保持或延长资源的生产实用性和资源基础的完整性，意味着是自然资源能够永远为人类所利用，不至于因其耗竭而影响后代人的生产与生活。”在《我们共同的未来》中有关“可持续发展”的定义是“既满足当代人的需要又不危及后代人满足其需要的发展”。这一定义在哲学层面具有深刻的含义，但是在具体操作层面存在相当的困难。“可持续发展是一种特别从环境和自然资源角度提出的关于人类长期发展的战略和模式，它不是在一般意义上所指的一个发展进程要在时间上连续运行、不被中断，而是特别指出环境和自然资源的长期承载能力对发展进程的重要性以及发展对改善生活质量的重要性。”参见：张坤民主笔，《可持续发展论》，中国环境科学出版社，1997年3月第一版，1999年6月第三次印刷，第27页。

素的协调；而城市与城市之间，社会和经济要素则是其中重点——尤其是如何通过合理的大系统分工，规避恶性竞争，提高社会投入的实际效率，实现"多赢"的全面发展。

因此在作为自然、经济、社会子系统综合"容器"的城市物质空间体系建设领域，与其他子系统的空间脉络的协同也是极其重要的。在这其中可以把握以下几类重点性的关键空间要素或物质空间类型来进行相互协调：在城市与自然生态系统之间，以山脉和水系的宏观自然空间结构的协同为主导。城市发展尽量不要破坏自然的山水格局；在城市与农业生态系统之间，以对不同品质农地的空间分布协同为主导。城市发展不能占用生物生产力高的农田；在城市与城市之间，以区域交通运输和基础设施系统的空间协同为主导。应尽量发挥这些设施对城市的共同带动作用，促成区域内城市物质空间建设联动，提高区内所有城市建设投入的产出和运行效率。比如：对大型交通设施（国际机场、码头等）的共同利用。

7.2.2 "水桶效应"

本原则的主旨在于：促进系统内各个子系统协调运行，实现综合高效。

关于系统运行效率有这样一个形象的理论：一个水桶到底能装多少水，取决于箍桶时最短的那块木板的长度。这就是著名的"水桶理论"，又称"短板理论"。这个理论在城市生态系统总体运行过程中有突出的体现，有时一个不起眼的要素就会制约整个系统效率的发挥。因此在生态城市构建的过程中，特别要注意全面协调和系统的综合高效问题。比如：单纯的经济强市不是生态城市。

城市生态系统物质空间子系统的形成虽然是由一系列空间功能需求所促成的，但是功能空间必须整合成相对完整的一个物质空间实体才能发挥具体的功能作用。这种整合与物质空间体系的层级相对应，可以划分为多个层次。既有处在基础地位的单个独立空间内的整合；也有不同层面上，以不同功能分工为基础的系列相关空间单元、单元组的整合。整合程度的高低、整合模式与城市生态系统演进客观状况的协调程度，都会影响整个物质空间体系的内在组织协调和相应的运作效率。

对已往城市生态系统物质空间体系发展的研究表明：虽然功能需要是空间建设和利用的根本，但事实上的具体建设往往是以某一社会发展阶段人类的"理想聚居环境"（有时就是具体的"理想城市"蓝图）的设想为蓝本的。这些设想虽然有许多都是基于对以往发展规律和建设、利用经验的总结，但是由于蓝图描绘者社会属性的限制，往往具有一定的局限性。这种局限性所带来的建设后果，就是在被忽视的方面出现运作失效。另外，有些时候则是由于对客观规律认识的阶段性、片面性，造成为某类物质空间体系设定的利用方式与其建成后实际运作的模式之间存在较大差异，这些都会导致整个体系的效率降低。因此"生态城市"物质空间整合要以系统实际发展的客观规律为基础，突破常规建设的思维惯性，选择真正适时、适地，能够达成物质空间体系内在组织协调、运作高效的整合模式。

7.2.3 “物尽其用”

本原则的主旨在于：追求各类资源利用综合生态效益最大化。

“加强物质循环、降低不可再生资源消耗”，是一个利于城市生态系统可持续发展的宏观措施，涉及从社会生活、生产理念到具体个体行为的方方面面。在“生态城市”物质空间环境建设环节，具体的措施是与空间体系建设的层次相结合的。首先在物质空间体系宏观层面涉及通过合理的土地利用，搭建高效的总体空间格局。使其在满足人类社会发展需求基础上，促进城市物质循环。这其中最重要的是对城市建设用地、生物生产用地、自然生态保留地的空间分布和总体比率进行控制，维护以水循环、碳氧平衡为代表的城市基础代谢正常。其次，在中观层面上通过合理的空间结构，提高空间的综合利用效率，降低空间建设和系统维持对物质和能源的消耗。这其中的重点集中在对城市基础设施系统和交通运输系统的运作理念的改革。以通过建设合理物质空间组织结构和内在运行模式来降低和提高空间整合和系统运行的效率。在微观的层面，一方面包括对一些完整物质空间单元的可持续利用——促使相关建设成果能够长期存在下去并为后人合理、有效使用。比如：对旧建筑的改造和再利用，对历史街区的生机重现。另一方面则是对各种已经利用过的建筑材料的回收再利用。例如：对砖、门窗配件等的回收利用。

- 对城市土地资源的合理利用

城镇生态系统是人类逐步建立起来的以自身为主导的“人类聚居”环境体系中的特殊生态系统，是人类适应和改造自然环境成就最突出的成果。究其亿万年发展历程之中，人类适应与建设或改造环境的方法是多种多样的，在这些方式与途径中，人类最早运用、使用最纯熟、最重要也是最主要的还是对“土地”的利用、改造和建设。这既包括了对土地的生物生产资源的各种开发，也包括了对土地空间资源的利用。其中，对土地空间资源的利用是整个城市物质空间体系建立的空间基础。但是，土壤的半生命物质特性，又使得土地的生物生产功能不可能脱离空间功能存在，如何协调两种功能的空间关系，一直是城市物质空间建设的关键。

当城市的社会生产逐渐脱离土地的约束，在城市生态系统演进的过程中，土地的生物生产功能被人为地忽视了。随之被抛弃的还包括各种依附于生物生产过程中的生态服务功能。这些生态服务功能对于维持整个生态系统的平衡和实现该系统与其他生态系统的耦合具有十分重要的意义。这种有意无意的弱化，使得物质空间体系建设过度围绕单纯的物理空间价值。从而造成许多忽视土地特点的滥用、误用和过度开发，人为导致了许多城市生态系统的运行障碍。因此进行“生态城市”建设首先必须改变传统的城市土地利用模式，有机协调好土地的生物生产功能和空间功能。

合理利用土地不仅仅关系到物质空间系统的建设，而且是关乎城市物质循环、能量传递、信息交换的重要因素。它不仅仅在极大程度上决定了整个城市生态系统的内在效率，还会直接影响系统平衡。许多针对系统运作某一方面的具体改进措施，最终都必须与合理利用土地资源相结合。例如：为保证城市生态系统正常的水循环，必须在整个城市范围内建立合理的水源涵养体系。与这个体系相关的水系功能划分、涵养林分布、透水性土地比率等最终都必须落实到具体的土地利用类型上来。所以，合理利用土地资源是生态城市整个物质空间建设的基础。

- 促进城市能量流动转化效率提高和生态能源（可再生能源）的利用

城市生态系统必须从系统外输入大量能源才能够维持内在平衡稳定，这是城市生态系统最突出的特点。然而也正是这一特点，使得城市生态系统发展与可能获得的能源的质量和数量密切相关。目前城市生态系统对化石能源的依赖已经造成了严重的城市环境问题，同时还进一步影响到了整个地球的生态平衡。促进能源流动的措施分为两大类型：其一是改变能源结构，提高可再生能源在城市生态系统运行过程中所占的比例。其二是提高能源利用效率，在保证环境质量不下降的同时尽量减少能耗。

"生态城市"建设过程中常规能源生产向可再生能源生产转变，会促使具体空间利用从宏观到微观因为适应新能源的特点，而产生相应应变。这些改变集中在能源生产、输送、消费三大环节的调整。就能源生产而言，首先会带来对新型能源生产物质空间场所的需求。例如：太阳能转化往往需要大面积可直接接受太阳辐射的场地以捕捉能源；而风能的利用必须要有相对持续稳定风源地；这些特殊的空间需求都会造就特殊的物质空间功能单元，而且这些单元在整个物质空间体系统的定位，以及在对具体建设地点的选址要求都会对整个城市的空间结构造成影响，从而促使其发生相应的变化。能源结构的改变，必然带来物质空间结构自上而下的全面调整。新型"生态城市"还强调对所有场地入射太阳辐射的利用，把能源生产基地寓于物质空间建设过程中。利用搭建人类栖居地必须建设，但实际使用过程中利用率却不高的空间，建设直接转化太阳能的"生产厂"。其中最突出的就是对屋顶的利用——不论是在屋顶设置太阳能电池，还是建设种植屋顶，都是不同形式的太阳能转化（图 7–1 ～图 7–3）。它们使屋顶从功能单纯的围护结构转变为多功能复合结构，提高了相关建设行为的实际运行效率。这种处理方法将能源发生器分散化、小型化，从而改变了单纯依赖集中能源源地的空间整合模式。它不仅降低了系统运行对常规化石能源的消耗和依赖，改变了城市能源生产结构，还同时因为对输入能源数量需求的减少，降低了对输送设备和空间的需求。从而会在一定程度上改变城市不同空间功能单元之间的组合模式，并进一步推进对整个物质空间结构的变革。例如：一定规模的功能空间单元内实现了某些能源的自给，该空间单元就可能摆脱该类能源输入和转化设施的空间约束，因此获得更大的内外空间组合和布局的灵活性。这不仅仅是空间上的改变——输送过程中的能源损耗一直在能源非生产性损失中占了极大比率，这种对大规模能源输送依赖的减少，还可以大大降低因输送导致的能源损耗，从而提高了能源效率。

（上）图7–1　汉堡生态村太阳能热泵房

（中）图7–2　汉堡生态村配备了太阳能装置的住宅

（下）图7–3　种植了植物的屋顶（成都）

物质空间建设最突出的变革还是集中在能源消费领域，"生态化"的物质空间形态强调节能（主要是针对化石能源）。通过采用适宜当地环境特点的建筑布局、改变常规围护结构等物理措施来降低围护良好生产、生活环境的能源消费，例如：自然通风、采光、取暖。有些建设项目甚至结合可再生能源的利用，彻底摆脱了对常规能源的依赖，成为"零能"小区和建筑。

- 提高物质空间建设成果的适应性

一个实际存在的物质空间有一定的寿命。这是因为修建该空间时所采用的建筑材料本身会有一定的使用寿命，而且营造的技术手段也会有一定的适用期限（当更新更好的技术手段产生，人们就不再学习原来的技术，原来的技术就趋于被淘汰）。当一个物质空间的修造材料老化而又因其原建造技术趋于被淘汰而得不到维修时，这个物质空间也就趋于消亡。但是前文我们也一再谈到，人类历史和文化的创造和继承有时候必须以某种特定的物质载体为依托。适当地保留、再利用、更新"古旧"的物质空间环境对于人们继承传统、发扬文化是十分重要的。这是从文明延续和文化多样、多元的角度出发，我们提高物质空间建设成果适应性的根本原因。当然，这种适应性往往是通过技术升级来达成的。

另外建设过程中会产生许多在自然环境中不可降解的废物，[1] 这些废物堆积造成了城市生态系统乃至于全球生命大系统的物质循环障碍。所以，对于物质空间建设成果的适应性另一个方面的研究就是增加其构筑材料的

① 城市所产生的固体废物中，其中的一个重要成分就是建筑垃圾。

重复利用率——是以有了对装配式建筑及其建造模式的研究……

7.2.4 “道法自然”

本原则的主旨：尊重和学习原生态系统空间体系建构的机制。

在人工生态系统诞生之前，亿万年以来自然生态系统就动态地存在于地球之上。而人类也是从中学习自然的智慧，开始了改造自然、营建更适于自身需要的人工系统的过程。由于对人与自然之间相互关系的着眼点不同，不同地域人们的城市建设与改造观念有很大的差异，所造就的物质空间形态也是各具特色的，体现了不同的人类哲学理念。然而，近代以西方哲学“人定胜天”理念指导的城市建设模式在世界范围内占据了主导地位，这种发展模式达到了一定规模之后，其向自然无尽索取的开发模式造成了对整个地球环境和资源的巨大压力。正是这样的压力促使建设“生态城市”理想的提出，而与此同时正确看待人与自然关系、进一步向自然学习，汲取亿万年积累的自然智慧的观念逐渐被人类社会再次认同。一些源自于远古时期的观念与思想重新对现今的城市生态建设的相关理论发挥了强大的影响力，尤其以传统中国、印度哲学思想为代表的东方哲学体系。

东方哲学体系的核心思想是“道法自然”。这种哲学观念的诞生与其孕育地的自然环境状况关系紧密。东方哲学体系所影响的区域主要是位于北半球太平洋东岸的大部分亚洲地区。横跨热带、亚热带、北温带、亚寒带、少部分寒带区域共五个气候区，其中还包括特殊的地球第三极——青藏高原。受季风的影响，该地区具有四季分明的总体气候特征。区内几乎囊括了地球上所有的地形、地貌类型：山脉、河流纵横，湖泊众多，海拔落差极大。因此各地的微气候、微环境千差万别、丰富多彩，造就了不同类型的生物环境，是地球多样性的重要贡献区域。但是，在享有自然赐予的丰富资源的同时，该区域复杂的地形、地貌、地质状况和受季风主宰的气候特征又使得自然灾害频发。在这样的极端对比环境条件下生活的人类很早就明白了“顺乎天道则昌，逆乎天道则亡。”的道理，形成与自然和谐的哲学思想。不论是中国的“天人合一”还是印度的“曼陀萝”文化，其根本都在于追求人与自然节律的和谐统一。在这种思想指导下的人居环境建设活动必然讲究与当地自然的共生与共荣。

东方哲学体系中有两点是最值得注意的，一是“整体观”，人类聚居环境的建设者把自然环境中的各种要素都看作未来建成环境不可或缺的有机组成部分，只有通过整体运作使这些要素与相应的人类改造与建设活动相协同，才能达到真正环境建设的目标。在这种思想观念指导下的人类聚居环境建设往往具有与当地山水精神相生相长的地方风俗与文化。追求“天、地、人”的辩证统一。另一点是“和谐”，组成整体的各个要素虽然各有不同的运作机制，但是每个要素与其他要素之间都必须相互均衡。在环境建设的不同阶段也许会有所侧重，但纵观环境的生长过程每个要素的运作规律都会得到应有的尊重。例如：道家学说认为世界是由"金、木、水、火、土"五大元素构成，它们各有其道、相生相克，只有取得不偏不倚的均衡状态，这种和谐才会转化为"生机"，促使人居环境可持续发展。在这样的文化基础和哲学思想指导下，该区域多数传统城市生态系统的物质空间建设都秉承整体统筹的思路。人们按照心目中"天人合一"的理想蓝图，在区域环境中遴选最符合条件的建设基址，使人居环境有一个良好的自然基础；然后结合实地勘察地形、地貌、地势、水文、植被、小气候等众多相关方面基础条件的状况，以及相应规模人居环境建设的要求，确定建设方案。整个建设方案的综合布局、道路构架、建筑组合、植被栽种、基础设施的铺设等，都力求达到"虽为人作，宛若天开"，以后的环境增建、改建也不是随意展开的，它必须尊重该人居环境原先的脉络，"合乎天地大道"，使其后来的改变也能够融入最初的理想，促进环境整体走向更为完善的终极目标。这种人居建设思想中融合了自然与人文的不同方面，蕴含着许多深刻的道理。对于现代城市生态建设的众多领域具有启发，值得我们在今后的人居建设的实践和理论研究中加以继承、发扬和升华。

当然受到当时人类认知和科学技术发展水平的限制，古代城市生态系统的构建仍然存在许多今天可以显而易见发现的非可持续发展的问题。但是我们要秉承的是传统城市物质空间建设哲学中与自然共生、共存、共荣的理念，并且运用所掌握的科学技术，将这种和谐的境界予以进一步地提升。这里要重点提及"尊重原有地域自然生态系统空间体系建构的机制"的问题。

城市生态系统发展地域的原生生态系统的分布具有原生的水平镶嵌式结构和垂直成层式结构。这种空间格局所造就的空间体系适应于当地特定环境条件，例如：具有特定空间格局的自然生态系统在地球的气候坐标和地理坐标上总是占据着相对固定位置。这是通过漫长的生物适应和改造过程而形成的，因此具有极高的自然生态空间效率。尽管历经两万余年的学习实践，人类通过改变原生土地状况（包括基岩状况、土壤构成、附属植被、水系等）来改造影响环境条件的手法日趋成熟。但是终究有许多环境要素并不受人类控制，在这些要素的影响下，人类的改造行为许多时候不那么有效，尤其是针对宏观尺度空间格局的改造（如流域改造计划）甚至还有负面效应。因此长期以来，人工生态系统空间效率低下是影响系统自身发展和在更高层级体系中与其他生态系统有效耦合的一个关键问题。所以"生态城市"空间建设向自然学习是十分必要的。尽管人类可能很难达到自然生物经过亿万年演进、磨合而形成的空间建设和利用模式那样精准高效，但是学习自然的物质空间建构和利用方式可以迅速提升人工系统的综合生态效率。建筑师、规划师以及所有与城市生态系统物质空间建设相关的人群和组织都可以通过向自然学习，创造新的结构——在满足人类空间需求的同时“处理废水、采光、创造能源和为野生动物提供栖息地，为社区提供福利”，[①] 所有这些都会最终有利于人类自身发展。

案例 7-1：位于乞力马扎罗山坡上的土著居民查加人的林下村镇体系[②]

他们模仿当地原生生态系统——热带雨林的立体分层结构，选择最利于人类生存的“中间层”建构底层架空的干栏式住宅。保留建设用地上的参天大树或模仿自然人工种植这些高入云天的树木，这样不仅通过林冠的遮蔽，避开了热带炙热的阳光辐射和暴雨冲刷，获得相对阴凉、湿润的居住环境，而且还可以继续在自家屋顶上收获农产品。另外架空的居所底层，不仅提供了更多的多用途使用空间，也防止了热带潮湿的地气对住所的不良影响（图 7-4）。更重要的是，这种居住密度并不低（人口密度达到了 600 人 /km^2）的人类住区隐藏于与自然森林浑然一体的林冠层下，保持了自然生态系统在立体空间上的连续性，维持了一些特殊野生物种的生存和繁衍的基本条件，最大限度地达成了与自然界其他小动物的和谐共存。

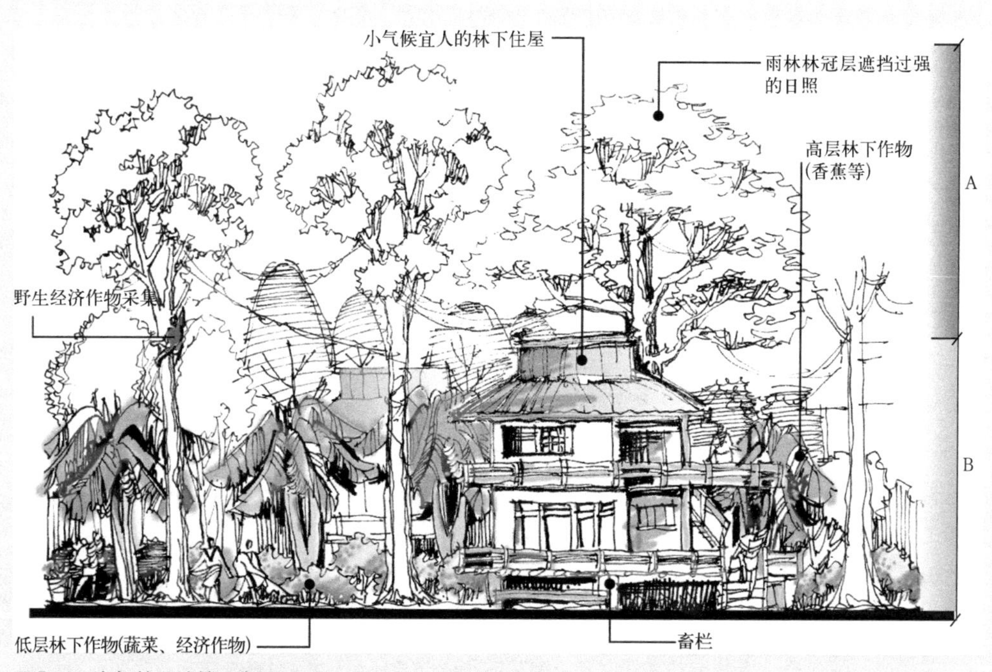

图7-4　查加林下城镇示意图

说明：图中A区域为野生动物主要栖居区，B区域为人类的主要栖居区。

---

① 参见：Pual Hawken、Amory Lovins、L.Huter Lovins 著，王乃立、诸大建、龚义台译，《自然资本论》，上海科学普及出版社，2000 年 7 月第一版，第 19 页。

② 资料来源：中央电视台“人与自然”节目。

案例 7–2：亚洲湄公河流域居民的水上小镇（图 7–5）

低海拔、强降雨、时常泛滥以及茂密而生长迅速的热带植被使得在这一区域的陆地上进行农耕活动是代价高昂而风险极大的，因此该区域的居民主要以一种独特的水上农业和渔业维生。他们利用水边的苇草等植物编织飘浮于水面之上的木筏式的苗床，以种植蔬菜和特殊的谷物，而这些农业生产的残渣用于饲养水产品，人类生活和水产养殖的各种有机废料又成为水上苗床的肥料，整个农渔业系统几乎没有任何废物，人工生态系统与自然生态系统几乎实现了完美的链接。这些飘浮于水面上的农田，不是通过与自然生态系统争地而获得的，它们的存在丝毫没有减少原生生态系统的空间资源，而是利用人类创造出的独特空间生态位。更重要的是这种模式极大地节约了修建灌溉和防洪系统的资金，因为根本没有需要，水涨田高，人们不用担心大水会淹没苗床，只要保证"农田"不被冲走就行了。而且灌溉也是一件轻而易举的事，田地本来就飘浮在水上，大多数时候植物自身生长的蒸腾效应就已经能够实施"自灌溉"了。农田是可以移动的，对植物生长光照的控制也变得十分容易，需要太阳的时候把苗床划到开阔的水面上，不需要过多的光照时，就把苗床系于有林荫的岸边。这一区域居民的住所位于水陆交接区域，主要交通依赖水路，码头是小镇的核心空间，主要的公共建筑都围绕在码头周边。大部分人的住所都是由底层架空的吊脚楼和船屋两部分组成的。靠近岸边的部分是吊脚楼，使大部分的主要生活空间都位于常年水位之上，架空的部分提供了岸域与水域方便联系的平台。随着水位变化的船屋则为居民提供了各种便利的各种临水作业区。整个小镇仅仅通过极为有限的桩基锚固在水、陆两大原生生态系统交接区。在较好地适应当地环境特征，并最小限度改变自然环境基础上，同时保证人类具有足够的生存空间，其空间效率是极高的。而根据当地传说，这种生活方式最初源于当地渔民对自然形成的飘浮于水面上的芦苇层上生长出绿色小草的观察。这种模式在尽量不损害自然的情况下，拓展了水陆交接边缘区的环境容量，为人类自身创造了适宜的空间生态位，同时也极大地改善了人类自己的生存环境。随着科学技术的发达，以这种生存理念和模式为范本的现代滨水住区正在许多土地资源受到严重局限的低地国家和岛屿国家蓬勃发展，[①] 使得水、陆、人三者和谐共生。

图7–5　湄公河流域水上城镇鸟瞰图

① 例如：印度尼西亚的赛里布群岛的架空海滨居所。参见 Abimanyu Takdir Alamsyah 著，刘佳燕译，《海陆区域观——雅加达大都市地区水上住区发展的新范式》，"国外城市规划"，2004 年第 1 期，第 1~10 页。

7.2.5 “法无定法”

本原则的主旨在于：因地制宜、适时应变。

反观地球自然生态系统的演进，在不同的环境条件下（地理的、气候的）的顶级生态系统是互不相同的。这是由生态系统的生命主体与环境之间相互适应和作用，以达成最佳协调状态的机制所决定的。从生态学的角度出发，生态城市是城市生态系统演进到顶级状况的一种设想。基于这种设想，这一规律应该同样适用于城市生态系统。首先城市生态系统是在原生自然生态系统和原生环境基础上建设的人工生态系统，这种地球物理化学过程所造就的原生状态多样性必然赋予城市先天的地域特色，这是由地球客观情况所造成的不同；其次城市生态系统还受到其自身演进规律的影响，受制于城市的经济、社会发展状况。而不同地域人类社会的综合演进也是错综复杂的，这种人类社会的多样性又进一步增加了城市生态系统变化的内在因素。所以不同地域、不同国情下的“生态城市”的具体状况应该犹如自然界中不同地域自然生态系统顶级状况一样，是互不相同、各具特点的。由此，各个国家、各个地区、各个城市可以根据自身的具体情况制定相应的符合当地环境特色“生态城市”标准，作为未来城市生态系统演进的目标。

生态城市是在能够实现系统内部的良性运转、最大限度地提高效率的同时，与其他生态系统充分耦合，从而使全球生命系统内部的能量传递、物质循环、信息传导畅通无阻，实现全球总体的生态平衡。从根本上解决现在城市发展与全球生态平衡矛盾的理想状态。它并不与所谓的人类科学技术水平绝对联系，不是所有的高科技都一定有益于生态城市的发展。不论是高科技还是低科技，只有有利于提高系统效率、促使系统良性运转，才是适宜的“生态城市”建设技术。因此，建设“生态城市”物质空间体系，应更强调采用适宜于当地环境、经济、社会发展水平的建设技术。做到因地制宜、适时应变。

7.2.6 “多多益善”

本原则的主旨在于：维护自然、社会、经济各系统、各级层面多样性。

生态系统内在多样性和稳定、均衡发展之间的辩证关系规律使得在城市物质空间系统建构过程中必须充分、全面地考虑其各个功能子系统的相应多样性。城市的物质空间系统是由自然、社会、经济各类功能空间整合形成的，因此城市建设既是一个自然过程（指城市的演进发展），也是一个经济过程（指城市的能量积蓄），还是一个社会过程（指城市的人类聚居），更是一个文化过程（指城市人类精神文明财富的积累）。作为城市生态系统演化到顶级状态的“生态城市”阶段，其物质空间建立必然以这种“包容性”为基础，体现出适应各种人类社群需求丰富多彩的结构类型。由此最终交织成多元化的城市生境。

• 社会文化生态的平衡与发展

由于人类是城市生态系统的主要建设种，维持其种群的健康、稳定发展对于维护城市生态系统的平衡具有特殊意义。回顾城市生态系统发展过程中的破坏性因素，人祸胜于天灾。而最具有破坏性的诱发性因素之一就是源于资源争夺的不同人类文化和意识形态的冲突。大多数人类战争的根源都未能脱离这一要素。这种无谓的暴力性"争夺"会消耗城市生态系统运行所积蓄的大量能量（包括各种物资），降低系统运行效率，严重时甚至毁灭曾经辉煌的文明，毁掉这个城市生态系统。

许多社会文化和意识形态的"矛盾"完全可以通过人类社会内部的一些协调机制予以调和。这种调和机制的基础，就是随着城市生态系统演进而逐渐积累的日益增强的"系统包容性"。这种包容性与城市社会经济的发达程度相关——经济越发达，涵容不同文化类型共生的能力也越强。所以社会文化的多元、社会构成的多样本身也是城市生态系统演化发展程度的一项重要指标。社会文化多元、社会构成丰富多样的城市内部不同人类种群之间的协同机制也更为健全，往往具有更稳定的城市社会，能够为其社会成员提供更多样化的发展机遇。从而在一定程度上赋予整个系统更大的稳定性、更丰富的内在活力根源、更多的发展动力和发展机会。

• 保护和建设丰富多样的城市生物栖息环境

保护和建设丰富多样的城市生物栖息环境，是针对"多样性——稳定性"生态系统运作机制而采取的。在城市生态系统发展的过程中，城市生命系统构成的多样性一直呈现下降趋势，尤其是其中人与野生生物的比率已严重失衡。这种状况下，很多必须由人类以外生物完成的城市生态过程无法正常进行，由此衍发出一系列严重的生态问题，不仅反过来影响了人类的正常生存和发展，还使得整个城市生态系统的内在活力不足，系统抵抗外来干扰的能力降低、系统恢复力变差。例如：由于"土壤"活性丧失（腐食生物和分解细菌的减少）导致的生态系统物质循环阻断，不仅使得世界上大多数城市垃圾围城，更严重的是某些物质无法回归自然本位，造成地球环境的总体灾变。[①] 事实上，保护和建设丰富多样的城市生物栖息环境的最终极目的不仅是在于其直接地维护城市生物多样性，更重要的是保证系统的正常运行。

7.3 生态城市物质空间系统建构的关键措施

7.3.1 人类聚居的全面生态化

可持续发展是一个涵盖全面的发展模式，因此对城市物质空间建设和利用的影响也最为深入，它涉及从宏观到微观的各个层面、各个方面。城市生态系统是

① 最为突出的是地球碳循环紊乱导致的温室效益。建设活动破坏了土壤的团粒结构，使得原来贮藏在土壤中的大量 CO_2 也被释放了出来，加上大量使用化石能源，把远古时绿色植物固定的碳也重新释放到了大气之中；建设用地又扩张使得直接能够转化 CO_2 的（绿色植物通过光合作用固碳）生物生产用地总量大量减少，CO_2 积累形成温室效应。气温升高又造成海洋吸收 CO_2 能力降低，继而引起严重的恶性循环。

以人类为主导的生态系统，所以其可持续发展的重点首先是人类聚居① 的可持续发展。而整个聚居活动本身就涵盖了自然环境选择与保护、社会关系培养、文化孕育、经济发展以及各种基础设施建设等众多方面。聚居的物质成果——物质空间环境一是整个城市自然、社会、经济发展的物质依托；二则其自身也是经济发展、社会进步、文化基淀等领域与其所处自然相生的成果。它在整个城市生态系统运作过程中具有重要的作用。任何经济、社会、自然的变化，都必然引发聚居建设的应变。所以既然可持续发展思想是一个涉及面众多的动态概念，它必然在聚居活动中引发深远的变革。回顾过去，许多国家和地区人类的聚居活动都在朴素的“与自然协和”的哲学思想指导下进行的，具有原始的“可持续”理念。然而这种自持发展的聚居态度在科技迅猛发展的年代却被抛弃了，对自然环境和资源的无尽索取换来了聚居地环境的急剧恶化。经过反思，谋求人类聚居与自然长远共存的可持续的人类住区就成为了建设重点，由此有了全世界范围内轰轰烈烈的“人居”活动。

可持续性的人类聚居活动，必然首先强调在物质空间建设过程中尽量减少对原生生态环境的破坏，以达成人建环境与自然环境的共生共荣；其次通过适宜的物质空间结构促进系统循环、提高城市生态系统的运作效率。针对传统人类聚居的弊端，重点的改进集中在以下几大方面。

• 系统运行机制问题

[1] 改进物质空间建设方法以改善和保证城市的水循环。例如：在城镇建成区保证一定比例的透水性地面，以补充地下水；保留城市森林以涵养水源；保护城市水系以维持正常的水循环等。

[2] 控制和减少城市固体废弃物。在建设方面倡导对废弃物、废弃的物质空间场所的合理再利用，以减少对各种资源的浪费。

[3] 保持土地的生产力，维护城市生态环境安全。强调根据土地特性控制城市的发展，保证城市各个方面生产能力（社会生产能力和生物生产能力）的均衡。

[4] 建设适应能源结构改变的有利物质支撑，发展适于利用可再生能源的物质空间系统，并同时强调物质空间建设和利用的节能。

[5] 维护城市生态系统的生物多样性、保证城市生境的丰富多彩。不仅为各色人等也为各种城市野生生物创造适应其各自生存需求的栖息地。

• 系统运行效率问题

[1] 建设适应于生产方式和生活方式改变的生活和生产物质空间，或

---

①“人类聚居是人类为了自身的生活而使用或建造的任何类型的场所。它们可以是天然形成的（如洞穴），也可以是人工建造的（如房屋）；可以是临时性的（如帐篷），也可以是永久性的（如花岗石的庙宇）；可以是简单的构筑物（如乡下孤立的农房），也可以是复杂的综合体（如现代的大都市）。”——Ekistics，1967(8)，第 131 页。转引自《人居环境科学导论》第 227~228 页，吴良镛著，中国建筑工业出版社，2001 年 10 月第一版。

者通过物质空间的改变倡导相应的生活、生产习惯的转化。从而提高能源、资源的利用效率。

[2] 协调城市生产空间、生活空间、自然环境的构建矛盾，提高城市土地资源的综合利用效率。

[3] 改变物质空间功能单元之间的组织结构，提高城市交通、运输、信息传递的质量和效率。

[4] 采用更有益于城市生态系统与其他生态系统协调发展的城市交通组织模式。并建设与这些交通模式相适应的，满足其他城市功能的新型物质空间组合结构。

[5] 在物质空间系统结构组织和具体物质空间建设中充分利用现代信息技术和其他高科技发展的成果，提高资源、能源的利用效率，降低维护环境质量的长期运行成本。

• 维护系统平衡问题

[1] 城市生态的综合平衡——包括与自然环境保护、社会文化环境优化、经济发展相关的宏观物质空间建设与利用模式的改变和完善；

[2] 强调对城市生态系统中特别保留的自然环境空间的建设，以提高其生态服务效益，维护城市生态系统安全；

[3] 建设有益于社会公平、促进社会交往、开展全民性多层次教育活动的物质空间环境；

[4] 维护城市生态系统的文化多元。建设有利于各种文化活动开展的物质空间子系统，并且保护与文化存留和发展相关的"陈旧"物质空间，同时促使达成对它们的永续利用；

[5] 促进城市物质空间系统随着城市生产结构变化及时应变，避免两者不相匹配造成的系统运行失效。

7.3.2 合理利用土地资源

"土地"在中国传统自然哲思中被誉为"万物之母"——孕育和包容万物。古人这种浅显的比喻十分恰当地说明了"土地"在现实生态系统运作中所具有的极为重要的作用。生态系统中的"土地"由两大部分组成：为生态系统提供存在和运作的物质空间和支撑体系的"基岩"；为生态系统物质循环、能量传递、信息传播提供媒介的"土壤"。前者是地球物理化学过程中亿万年山移海转地质活动的成果，后者是在漫长生命演化过程中通过上亿年生物积累而逐渐形成的。"基岩"与"土壤"紧密结合成一个整体系统，一同发挥相应的生态功能。对于一个生态系统而言，"土地"是兼具空间功能和生物生产功能的重要资源。事实上在自然过程中，生态系统运作的关键与土地中"土壤"[①] 的生物生产功能的关系更

---

① "土壤"的形成开始于基岩的风化，但是只有生物体在这些岩石碎屑中开展了相应的生命活动，并在其中积累了各种动植物代谢的有机质后，才能够形成真正意义的"土壤"。参见：常杰、葛滢编著，《生态学》，浙江大学出版社，2001 年 9 月第一版，第 242 页。

为密切，“土壤”是一种“半生命”物质，最大特性在于其生物活性——它的结构和化学性质介于无机物质和有机物质之间，含有大量的微生物群和小型动物。这种生物活性正是土地生物生产功能的源泉。由于土壤半生命物质的特点，土地的空间功能和生物生产功能的发展是不平衡的。空间资源是一种物理状态，从某种意义上而言它的存在是永恒的（当然它也会随着生态系统建设种的空间建设活动而产生量的变化）；而生物生产功能是一种生命过程，它会随着土壤中生命物质的消失而失却。

自然生态系统的运作过程中，土地的空间功能和生物生产功能统一在生命主体的生存繁衍过程之中，两者的发展相辅相成。空间资源的丰富与系统生命主体的生存过程密不可分。但是在城市生态系统中，人类的土地利用模式往往把空间功能和生物生产功能截然地划分为两大方面：一是利用它的空间资源，为自身和城市其他生物的生存发展建设空间场所；二是利用它的生物生产功能，为人类提供食物和各种物质生产原料。前者往往被称为“城市建设用地”、后者则被称为“城市非建设用地”，统称“城市土地”。“城市土地”最初都是从自然土地转化而来，具有一切自然土地的生态共性。城市生态系统发展早期，受到社会经济与科学技术水平限制，土地转化也历时漫长，人与自然的共同作用促使“城市土地”逐渐达到“生态——经济——社会”协调发展状态。但是，随着城市生态系统的加速发展，对土地资源的需求也日益膨胀。特别是城市生态系统从农业生态系统中分离出来，产生了更高层面的大系统耦合之后，城市土地利用就偏重于非生物生产性的“空间资源”。这种倾向性随着现实旺盛的空间需求，和最初缺乏对城市土地生态特性科学系统的认识而愈演愈烈，使得城市中出现了大量的土地“误用”和“滥用”现象。这些问题日积月累，使城市土地相应的生态功能逐渐丧失，造成了系统内在的生态失衡，进而影响城市所在的整个地区。

土地资源总量的有限性使得唯有对之合理利用才能维持城市生态系统的生态安全。有数据表明：全球人均城市建设用地资源只有0.03hm^2，[①]而同时世界上大部分居民点都集中在全球最肥沃的土地地带。因此土地的空间资源稀缺性使得将“自然土地”转化为“建设用地”具有极高的市场价值，众多为追求经济利益而进行的盲目开发使得大量具有强大的生物生产能力的成熟土地被不当占用。城市建设与农业生产争地在许多国家已经是一对十分突出的矛盾。地球人口激增带来的不仅有“是否养得活”、“是否住得下”继而“是否活得好”等一系列城市生态问题，更突出的矛盾在于我们只有这么多“土地”。科学研究表明：到目前为止人类已经开垦了地球上几乎所有能够被用于农耕的土地；进一步的研究还强调，继续开垦剩

---

① 参见：2002年7月26日《中国环境报》第三版：李利峰 成升魁“生态占用：衡量可持续发展的新指标”。

重庆市沙坪坝区沙正街中段某住宅楼楼顶，图中[1]为下图A，[2]为下图B。

A．在屋顶开辟菜畦，种植了十余种蔬菜、花卉。

B．不仅利用废泡沫箱种植蔬菜、花卉、水果，还搭建畜棚，饲养肉鸡、蛋鸡。

图7–6　自发的都市农业

说明：尽管目前对屋顶的综合利用在中国还有法律上的障碍——屋顶产权的共有，限制了私人对屋顶改造和利用。但是这并不能完全阻止人们去进一步建设这一被“浪费”的空间。尽管有可能引发邻里冲突，投资也没有法律保障，但是很多顶层的住户依然对屋顶进行了改造利用。这种利用所产生的效益对于提高空间本身的利用效率而言是极为有效的。

下的原生“土地”不论是从生态意义还是单纯的经济意义出发都是不合算的。[①] 因此我们不得不对人工生态系统所控制的“土地”精打细算，以此保证作为人类主要聚居场所的城市生态系统的可持续发展（图 7–6）。因此，提高土地利用综合生态效率对于维护城市生态系统平衡是极其重要的。

城市土地利用效率的提高包括以下几个方面。

• 根据原生土地特性合理开发土地用途。尽量强调生物生产功能与资源功能的统一

不论是地球亿万年山移海转地质活动所造就的地形、地质“成果”，还是在漫长生命演化过程中通过上亿年生物积累而逐渐形成的土壤，以及在这一自然土地上生存演进的原生生态系统，它们的自然存在都必须得到人类进一步开发建设活动的充分尊重。根据人类需要进行自然环境改造时，人类有必要从更长远、更宏观的整体发展角度对之进行求证——这种改变是否有利于地球的未来，或者哪怕仅仅是人类的未来。一方面根据城市生态系统演进规律协调其中原生保留土地、非建设用地（农地和绿地）、建设用地三大类用地，以及各类用地类型内各种土地利用细分类的比例；另一方面应该综合“自然土地”特性、现状生态功能以及特定城市生态系统空间需要的建设条件、未来生态功能的不同要求等方面问题，合理衡量生态得失，对具体空间利用与建设项目进行正确的空间定位。兼顾局部（城市本身）和整体（区域乃至地球生态）、眼前和长远的发展利益，尤其是对土地资源生物生产功能和空间资源的利用进行均衡协调，尽量将土地的空间功能和生物生产功能统一在相应的空间利用和建设过程之中，力图达到两者的发展相辅相成。

---

① 参见：常杰、葛滢编著，《生态学》，浙江大学出版社，2001 年 9 月第一版，第 261 页、第 292~293 页。

• 控制和减少不必要的城市发展"土地成本"

例如：物质生产空间子系统的"干扰缓冲空间"是一系列被迫设置的空间隔离带，针对生产造成的一系列不良副作用（污染、噪声）。事实上，它是整个城市生态系统为避免和控制危害而付出的"空间"代价，一种最昂贵的生产成本。城市发展依赖的产业如果没有各种不良副作用，"干扰缓冲空间"也就失去了存在必要。所以，节约城市土地成本的方方面面不仅仅局限于城市的物质空间建设活动本身，而社会、经济方面的各种改进，尤其是社会生产活动中的各种技术革新，都会对城市土地的利用产生深远的影响。提高社会生产效率，控制和减少污染和生产资源浪费，这种看似与土地利用毫不相关的行为，却会改变城市物质空间建设的土地利用构成，从而大大降低不必要的土地资源浪费。

• 提高城市物质空间利用与建设的功能效益

这是关乎城市土地资源利用直接效率的人类空间行为问题。人类种群和人类社会存在和发展的各种空间需求是城市物质空间系统建构的根源。物质空间体系事实上是各类功能空间整合的物质体现。前文曾经论述过不同的空间整个模式的相应特点，但是不论哪种类型的空间整合，其建设（整合）的基础都是城市土地的空间资源。某些仅仅出于人类或者某些特定人群、阶层理想的空间整合模式所形成的物质空间结构，会因为模式设计过程中的偏颇，而造成对城市土地资源的严重浪费。并且还会因为强大的社会舆论导向和消费行为惯性变得难以改变，从而给城市生态系统的长远发展造成很大的负面压力。例如：以美国中产阶级生活方式为代表的"美国梦"式的城市居住模式，以分散的郊区和四通八达的快速交通干道整合以按"功能分区"划分的各类纯化的城市功能单元。这种表面上"人与自然"充分接触的物质空间建设模式，经历了近一百年的实践后，却发现了由此所导致的一系列严重的问题，涵盖自然环境保护、社会公平、文化、经济等各个方面。事实上出于人类的自然本性，其对居所接近自然的渴望没有任何过错。问题出在对各类人类生活、生产功能空间的整合模式与城市生态系统事实的运作机制不相适应。这种过度的城市功能分区和空间单元功能纯化违背了"物质空间单元多样性与系统结构稳定性相关"的理论，造成了城市生态系统整体空间效率的低下。并且进一步影响了城市生态系统与其他城市生态系统的耦合。所以，根据城市物质空间功能演进的相应规律，尽量提高单位物质空间建设和利用的功能效率，不仅可以多方面降低城市运作的各种成本，也是提高城市土地资源空间利用效率的直接途径。只有这样才能为调和城市土地资源的生物生产功能和单纯的空间功能预留出更大的回转余地，有效防止对土地的误用、滥用。

7.3.3 保护和建设丰富多样的城市生物栖息环境

• "保护"针对的是当地的原生生态系统，是对原有自然留存物种在城市环境之中生存权的尊重。这对于保持城市基本环境质量，保证原生生态系统生态服务功能的正常发挥具有重要意义

图7–7 日本著名漫画大师宫崎骏几步里工作室的植草屋顶

备注：模仿乡村自然土坝的屋顶在种草的同时运来了青蛙、小虫等生物，形成了一个小型的屋顶生态系统。

保护原生生境必须与合理利用城市土地相结合，因此正确地判定土地在城市生态系统中功能就极为关键。过去，我国的城市土地利用评价指标体系主要包括：地形、地貌、地质、地基承载、地表坡度、地质灾害分布、水文条件等内容，大多属于"土地建设经济性"评价范畴，这样的土地评价标准过于片面，也是导致现行土地利用缺乏科学合理性的直接原因。而全面的评价体系应该至少包括"土地自然生态功能"、"土地文化资源"、"土地社会经济性"、"土地建设经济性"四大方面。其中"自然生态功能"的评价很大程度上就与原生生境的质量和作用相关。原生生境以各种"生态保护区"、"特殊物种保护区"等生态敏感区的形式，或者与其他城市功能结合以"水源涵养地"、"风景名胜区"的名义按保护程度不同分布于"自然生态保护地"、[①]"生物生产用地"、"城市建设用地"三大类型的土地利用范围之内，并最好能够形成相互沟通的完整系统。

• "建设"重点针对的是人建空间环境体系。这种类型的物质环境主要是为了满足人类自身的各种经济、社会、文化需求而建的。但是这并不妨碍人们在满足自身需求的同时，为其他城市生物附带提供适宜的栖息环境

城市中的野生生物并不因为人类的排斥就停止了对人建空间的自发利用，这是不以人类意志为转移的。但是人类在为自己建设生存空间的同时，如果适当考虑其他野生动物的生存需要，所从中获得的收益也许会数倍于自己的付出，而且是长远效益。这不仅仅在于生物多样性对维持系统总体平衡方面的隐形得利，还包括一些既得的生态服务所带来的收益。例如：种植屋顶的投入可以从降低维持室内舒适度所消耗的能源中得到直接回报，而且这些屋顶的小环境还能够为其他小型野生动物，特别是野生鸟类提供良好的栖息地和迁飞的停驻点（图 7–6、图 7–7）。这些屋顶相互连接，结合建筑密集区的小片绿地（例如社区游园）就可以形成一个相对完整的覆盖整个城市建城区的空中生态网络。所以在人工建设密集的区域，特别注意对野生生物栖息地的建设和综合利用，尤其是利用在物质空间体

① 也可以称为"原生生态保护地"。

系建设中业已形成，而对人类自身而言利用起来不那么的“便利”空间，可以极大地增加空间利用率，提高人类建设活动的综合收益。

7.3.4 适时满足人类各种的社会、经济、文化活动对空间质与量的需求

人类需求是城市生态系统建立的根本动力，而城市物质空间体系建设的根本目的也是满足人类各种经济、社会、文化活动的相应空间需要。回顾城市生态系统物质空间体系演进的历程，可以发现空间体系结构的复杂和形态类型的丰富与人类需求层次的逐步提升密切相关。一些特定的空间需求不仅与人类社会发展有着密切联系还往往同时对应着一定的城市生态系统演进发展阶段，也就是城市的物质空间体系建设是一个与城市生态系统演进相对应、协调的动态过程。但是具体建设活动具有阶段性，一个物质空间功能单元的形成往往要适应很长时间段内的相应空间需求，所以，具体空间必须具有一定的动态适应性，这就要求建设和利用具有与演进方向协同的空间弹性。

同时，一定演进阶段内的城市生态系统要维持相对的均衡状态，其经济、社会、文化发展水平必须相互匹配。在我国特殊阶段所执行的“先生产、后生活”的物质空间建设措施，只能是应对特殊发展阶段的暂时对策，是建设活动阶段性的表现。如果因此而忽视其他社会、文化空间的迫切需求，长此以往不仅仅会给城市人群造成极大的生活不便，更为严重的是还会干扰城市各个子系统的相互配合与协调，进而降低了城市生态系统的整体运作效率。所以“生态城市”的物质空间体系建设必须与城市生态系统的演进阶段相对应，并且兼顾各个子系统的均衡发展。虽然具体的建设活动必然有着一定的先后秩序，这个秩序往往是由需求的迫切程度决定的，但是适时、全面地满足人类各种的社会、经济、文化活动对空间质与量的需求，是维持城市生态系统阶段性平衡的必需。

7.3.5 促进公众参与

功能空间的物质整合过程贯彻在以人类意志为主线的建设活动之中，所以自然和经济的功能空间最终都有一个“社会化”的过程。这个社会化过程全面反映这一时代人类对自然、经济以及各种社会活动的认识，可以彻底归入一种“文化活动”。前文曾经分析过不同社会阶层对物质空间建设的参与性是不同的，社会地位相对较高的社群对聚居环境比较关注而且参与性较强，物质空间更多地体现了这些阶层的直接意愿。但是现代城市生态系统中，随着民众整体素质逐步提升，不同阶层对关系到自身生存环境质量的物质空间建设的参与热情一直处于上升状态。城市的物质空间建设已经突破了以往由少数的个体和个别阶层所决定的情况，更多的人、更多的阶层和他们所携带的更多的各种类型的文化要素（实际上代表着基于

[1] 改造前的内河景观　　[2] 改造后的内河景观　　[3] 举行赏市花会时的盛况

图7–8　传承文化的生态改造

昔日杂草丛生的内河被改造成人们喜闻乐见游憩其中的特色景观（熊本 · 高濑）

这些人生活方式的空间利用和建设习惯）在具体的建设中所发挥的作用日益为社会整体所认同，"公众参与"已经成为了体现社会公平和相互尊重，以及更好地建设为更多人所认可而且乐于使用的具体环境的必由之路。这就必然引导城市物质空间类型对应于更多的文化类型，体现相应人类社群的空间建设与利用模式，从而呈现异彩纷呈的局面。所以"生态城市"物质空间建设必然充分尊重城市社会的文化多元性。

7.3.6　珍惜城市生态系统的软质和硬质物质文化

城市生态系统的发展大多数都经历了一个相对漫长的历程。其文化生态随着社会结构的变化而不断演进。每一个城市都有着其独特的文化内涵，这是其城市气质形成的根源。文化形成是一个积沙成塔、汇涓涓细流以成江河湖海的漫长过程，往往要通过汇聚若干代人的智慧，才得以成形。它的价值不能简简单单地由一个时代、个别群体的人武断地判定。为了一时一地的"突飞猛进"而斩断一个城市的文化脉络，就损害了这个城市长期积累形成的文化底蕴，会造成城市长远发展利益的巨大损失，从而使城市失去自我。因此，一个特定城市的物质空间建设必然要尊重该城市文化的发展过程。这种尊重体现在硬质和软质两大方面。硬质的尊重在于珍惜人类文明的"物质文化"①成果。软质的尊重在于延续人类文明的"非物质文化"。② 一方面过去建设的聚居物质空间环境是人类群体或社会共享的重要物质文化，它是社会生活的一部分，折射着非物质文化的意义。另一方面现在物质空间体系的进一步发展过程中，建设活动必须考虑文化要素的隐性影响。这在一些与人类社会性密切相关的区域是更应得到重视的，特别是已有丰富文化基淀的历史文化街区的保护与更新过程中（图 7–8）。

---

① 物质文化：一个社会普遍存在的物质形态，成为物质文化。参见：[美]戴维波 · 谱诺著，李强等译，《社会学》第十版，中国人民大学出版社，1999年8月第一版，第72页。

② 非物质文化：是指抽象和无形的人类创造——例如：价值观、规范（社会习俗、民德与法律）、有关环境的知识和处事的方式等。参见：[美]戴维波 · 谱诺著，李强等译，《社会学》第十版，中国人民大学出版社，1999年8月第一版，第63~74页。

后　记

文章终于定稿的时候，抬头望向窗外日渐浓重的秋色，心中涌起无限感慨。追忆当年跟随尊敬的黄光宇先生进入城市生态与环境这一研究领域的意气风发，弹指一挥间，整整七年光阴已如流水般逝去。1999年那颗澎湃而激荡的心，历经七年磨砺也已渐渐地归于沉稳和平静。回首这七年的岁月，就我自己而言为了理想奋斗的努力而今终于要迎来第一轮收获。其中艰苦跋涉的心路历程也随之将要转化为甘美的记忆……应该说没有这段术业专攻的经历，不足以体会什么是"书山有路勤为径，学海无涯苦作舟"；没有这段术业专攻的经历，不足以感悟城市规划学科领域包罗万象的广博深远；没有这段术业专攻的经历，更不足以品味人生的酸、甜、苦、辣……回头再一次审视自己的成长，不知不觉中从心底里涌出对所有曾经在成长过程中帮助过、点播过我的人的无限感激之情……

要感谢生我、养我的父母。谢谢他们所给予我的先天禀赋和在幼年时为我培养的坚忍不拔的性格。如果没有这样的基础，我不足以在意志薄弱时依然能咬紧牙关去闯滩冲关。至今我依然还能记起当年妈妈送给我，激励我学习的一句小诗"逆水行舟用力撑，一篙松劲退千寻"。

要感谢教导我、指引我攻关的导师——黄光宇先生。没有他的悉心培育，无私地将多年积累的学识传授与我，为我在迷途时指点方向，我就不能在面对迷惘时，得以拨云见日找到正确的学术方向和解决问题的思路。先生预于广博、查于细微的治学精神，谦和宽容的为人之道，循循善诱、耐心细致的诲人之风，是这些年来先生赠予我的宝贵财富，它们必将成为未来支持我可持续发展的动力。

要感谢关心、照顾我的慈祥的师母——袁文琼老师，正是她无微不至、细心体贴的关怀，让我在异乡时感受着家庭的温馨、亲情的甜美。这种慈母般的春风细雨，滋润了我因忙于研究工作而逐渐麻木的心灵，让我充分体会了人性的伟大和光辉。

感谢在我成长过程中所有指导过我的师长们，他们的传道授业为我开启了众多知识之门，为我搭建起面向明天的知识构架和坚实的学业基础。尤其是我的硕士导师汤道烈先生和我步入工作岗位之后的工作导师赵天慈先生。感谢周围众多的朋友、同事、师兄弟、师姐妹们，谢谢他们在日常生活中与我交流、交换的智慧火花和独辟蹊径的学术思路，传授与我的许多处事经验和实用技术小窍门。这些珍贵的馈赠，不仅为我开拓了知识领域，还帮助我直接应对了许多实用操作方面的困难。

更要感谢以宽大的胸怀包容我、以坚实的臂膀支持我、以美好的心灵激励我、以智慧的头脑启发我的我最心爱的丈夫。他的理解、支持和帮助为我挡去了许多风雨，令我安然度过了许多人生的艰苦历程。最后感谢我最亲爱的爷爷、奶奶，如果不是他们在二十年前义无反顾地承担起照料我的艰苦工作，我不会有今天的任何成绩。

一篇短短的后记远不足以表达我对所有在成长过程中为我保驾护航的师、友、亲人的感谢。回忆往昔，不禁泪满衣衫。谨以此文献给所有爱我的和我爱的人。在这个秋天请大家共同分享我的喜悦和幸福。

2006年10月25日，于晴光恹恹的成都

附表目录

16. 表 3–1：大城市主要生境类型及其气候、土壤、植物、动物等特征。表格来源：宋永昌、由文辉、王祥荣主编，《城市生态学》，华东师范大学出版社，2000 年 10 月第一版，第 141 页，表 6–1。
17. 表 3–2：两社群之间可能存在的各种相互关系表。表格来源：毕凌岚制作。
18. 表 4–1：桃坪寨主要物质空间类型数据简表。表格来源：毕凌岚制作。
19. 表 4–2：新叶村物质空间形态数据简表。表格来源：毕凌岚制作。
20. 表 4–3：诸葛村物质空间形态数据简表。表格来源：毕凌岚制作。
21. 表 4–4：党家村物质空间形态数据简表。表格来源：毕凌岚制作。
22. 表 4–5：近年平遥旅游经济数据一览表。表格来源：毕凌岚制作，数据分别来源于山西省政府网站 http://www.shanxigov.cn，人民网 http://www.people.com.cn。
23. 表 4–6：深圳地形构成一览表。表格来源：深圳市规划国土局申报 UIA 专项奖材料中文版《深圳一个新兴的现代都市》和《寻求快速而平衡的发展——深圳城市规划二十年的演进》。
24. 表 4–7：主要城市空间功能单元的情感意象。表格来源：此表参照郑毅主编，《城市规划设计手册》，中国建筑工业出版社，2000 年 10 月第一版，2005 年 9 月第七次印刷，第 344 ～ 345 页表格编写。
25. 表 4–8：地形坡度对物质空间建设的约束。表格来源：《全国注册城市规划师执业考试应试指南》，同济大学出版社，2001 年 5 月第一版，第 390 页。
26. 表 4–9：机动车道路纵坡控制值。表格来源：《全国注册城市规划师执业考试应试指南》，同济大学出版社，2001 年 5 月第一版，第 162 页。
27. 表 5–1：三资企业以深圳市中心为圆心的环带分布状况一览表。表格来源：孟晓晨、石晓宇著，“深圳‘三资’制造业空间分布特征与机理”，《城市规划》杂志 2003 年第 8 期。
28. 表 5–2：深圳制造业“三资”企业的行业空间分布特征分类。表格来源：孟晓晨、石晓宇著，“深圳‘三资’制造业空间分布特征与机理”，《城市规划》杂志 2003 年第 8 期。
29. 表 5–3：深圳高新技术企业空间分布表。表格来源：《深圳科技纵览》。
30. 表 5–4：不同零售业态的空间选址特点。表格来源：曹连群，“商业零售业态分类规范与商业网点布局规划”，北京建设规划，1999（5）。
31. 表 5–5：服务便捷性等级划分表。表格来源：许学强、周素红、林耿，“广州市大型零售商店布局分布”，《城市规划》杂志，2002 年第 26 卷第 7 期，第 25 页。
32. 表 5–6：人类聚居单元层级列表。表格来源：吴良镛著，《人居环境科学导论》，中国建筑工业出版社，2001 年 10 月第一版，第 230 页，表 7–1。
33. 表 5–7：我国不同规模的城镇用地比较。表格来源：段进著，《城市空间发展论》，齐康主编，“城市及建筑形态研究丛书”，江苏科学技术出版社，1999 年 8 月第一版，第 138 页，表 6–1。
34. 表 5–8：城市生态系统主要物质实体空间类型与功能空间的对应关系一览表。表格来源：毕凌岚制作。
35. 表 5–9：不同经济发展阶段城市生态系统面临的主要空间问题。表格来源：根据王兴中等著，《中国城市社会空间结构研究》，科学出版社，2000 年 6 月第一版，第 13 页，表 2.1，由毕凌岚改编。

附图目录

寰、陈林重绘。

20. 图 2-6：自然生态系统与城市生态系统物质循环模式对比图。图片来源：由毕凌岚根据沈清基编著，《城市生态与城市环境》，同济大学出版社，1998 年 12 月第一版，第 78 页、第 79 页，图 3-6、图 3-7 改绘。
21. 图 2-7：西安市城市居民文化程度空间结构图。图片来源：王兴中等著，《中国城市社会空间结构研究》，科学出版社，2000 年 6 月第一版，第 29 页，图 3.4。
22. 图 2-8：西安城市社会职业构成空间结构模式图。图片来源：王兴中等著，《中国城市社会空间结构研究》，科学出版社，2000 年 6 月第一版，第 31 页，图 3.6。
23. 图 2-9：日本东京都地区哺乳动物退却状况。图片来源：（日）中野尊正、沼田真、半谷高久、安部喜也著，孟德政、刘得新译，石树人校，《城市生态学》，科学出版社，1986 年 4 月第一版，图 3.16。
24. 图 2-10：日本东京都地区森林植被分布状况。图片来源：（日）中野尊正、沼田真、半谷高久、安部喜也著，孟德政、刘得新译，石树人校，《城市生态学》，科学出版社，1986 年 4 月第一版，图 3.12。由毕凌岚重绘。
25. 图 3-1：城市扩张大量吞噬自然植被和乡村。图片来源：《世界建筑》杂志，2002 年第 12 期，第 59 页，图 1。由陈林重绘。
26. 图 3-2：人类需求层次模式图。图片来源：毕凌岚自绘。
27. 图 3-3：自然生态系统生物种群空间分布模式。图片来源：常杰、葛滢编著的《生态学》，浙江大学出版社，2001 年 9 月第一版。
28. 图 3-4：人类聚居发展一般模式图。图片来源：毕凌岚自绘，毕凌寰、陈林电脑加工。
29. 图 3-5：西安市居民按职业构成的空间分布情况。图片来源：王兴中等著，《中国城市社会空间结构研究》，科学出版社，2000 年 6 月第一版，第 30 页，图 3-5。
30. 图 3-6：层层叠叠的羌寨屋顶。图片来源：《中国国家地理》杂志，2003 年第 9 期，第 96 页。
31. 图 3-7：川西平原上均匀分布的聚居林盘。图片来源：《中国国家地理》杂志，2003 年第 9 期，第 108 页。
32. 图 3-8：不同尺度的空间所表达的不同情绪。图片来源：[1] 温馨的小型空间，锺毅摄影；[2] 宜人的中型空间，毕凌岚摄影；[3] 壮观的大型空间，网上图片。通过百度网搜索获得，图片网址：http://www.luoxiao.net/wltk/article/lx/wlkt/yw/jxsc/xxyw_7/ index7.htm。
33. 图 3-9：城乡交界地区的人建空间、农田地镶嵌格局。图片来源：成都国家级高新科技开发区城市建设管理局供图。
34. 图 3-10：不同城市功能区域的镶嵌情况。图片来源：[1] 毕凌岚摄影；[2]《鸟瞰大地——杨 · 阿尔蒂斯作品集》；[3] 毕凌岚摄影；[4]《鸟瞰大地——杨 · 阿尔蒂斯作品集》；[5]《中国国家地理》杂志，2006.11，第 97 页；[6]《鸟瞰大地——杨 · 阿尔蒂斯作品集》；[7]《中国国家地理》杂志，2006.11，第 93 页；[8]《中国国家地理》杂志 2006.10，第 132 页；[9] 毕凌岚摄影；[10] 毕凌岚摄影；[11] 网上图片，http://bbs.feeeco.com/post；[12] 毕凌岚拍摄；[13] 毕凌岚摄影；[14] 毕凌岚摄影。
35. 图 3-11：不同城市形态的镶嵌格局示意。图片来源：毕凌岚自绘。
36. 图 3-12：自然生态系统的镶嵌。图片来源：常杰、葛滢编著的《生态学》，浙江大学出版社，2001 年 9 月第一版。毕凌岚、锺毅重绘。

37. 图 3-13：套种套养农田人工设定的成层性示意。图片来源：毕凌岚自绘。
38. 图 3-14：上海西外滩建筑轮廓高度变化。图片来源：毕凌岚摄影，陈林绘图。
39. 图 3-15：城市生态系统的常规成层模式。图片来源：毕凌岚自绘。
40. 图 3-16：自然环境中的水系。图片来源：毕凌岚摄影。
41. 图 3-17：城市生态系统中的立体交通网络。图片来源：《鸟瞰大地——杨·阿尔蒂斯作品集》。
42. 图 3-18：绿色植物参与城市生态系统空间建设。图片来源：毕凌岚自绘。
43. 图 3-19：共生式的人为生态位分离范例（美国）。图片来源：黄剑摄影。
44. 图 3-20：城市环境中孤芳自赏的野花（巴黎）。图片来源：锺毅摄影。
45. 图 3-21：成都春季轰轰烈烈的龙泉赏花活动。图片来源：锺毅摄影。
46. 图 3-22：因为赏花而拥堵的山间公路。图片来源：毕凌岚摄影。
47. 图 3-23：某一生态因子下两个物种的理想生态位和实际生态位比较。图片来源：常杰、葛滢编著的《生态学》，浙江大学出版社，2001 年 9 月第一版。由毕凌岚重绘。
48. 图 3-24：物种丰富度的简单模型。图片来源：常杰、葛滢编著的《生态学》，浙江大学出版社，2001 年 9 月第一版。
49. 图 3-25：几种典型的功能建筑形式。[1] 公寓楼，毕凌岚摄影；[2] 办公楼，网上图片，网址 http://www.chinaforklift.com/forklift1/doosan/corp.htm；[3] 小型公共建筑，毕凌岚摄影；[4] 体育馆，毕凌岚摄影；[4] 机场建筑内景，毕凌岚摄影；[5] 宗教建筑（尼泊尔佛塔），《鸟瞰大地——杨·阿尔蒂斯作品集》。
50. 图 3-26：上海新天地中同一条街道的过往与今昔。图片来源：过去——网上图片，来源网址 http://top.ce.cn/home/hyzy；现在——王晓南摄影。
51. 图 3-27：上海新天地——怀旧的商业街区。图片来源：王晓南摄影。
52. 图 4-1：早期的人类聚落——陕西临潼姜寨复原模型。图片来源：锺毅摄影于陕西博物馆。
53. 图 4-2：城市形成由“市”⟶“城市”模式示意图。图片来源：毕凌岚自绘。
54. 图 4-3：城市形成由“城”⟶“城市”模式示意图。图片来源：毕凌岚自绘。
55. 图 4-4：羌族聚居区的典型地貌照片图片来源：锺毅摄影。
56. 图 4-5：松茂古道图。图片来源：应金华、樊丙庚主编，《四川历史文化名城》，四川人民出版社，2000 年 10 月第一版，第 119 页。由毕凌寰、陈林重绘。
57. 图 4-6：河心坝寨平面图。图片来源：季富政著，《中国羌族建筑》，西南交通大学出版社，2000 年 2 月第一版。由毕凌寰、陈林重绘。
58. 图 4-7：鹰嘴寨平面图。图片来源：季富政著，《中国羌族建筑》，西南交通大学出版社，2000 年 2 月第一版。由毕凌寰、陈林重绘。
59. 图 4-8：杨氏将军寨平面图。图片来源：季富政著，《中国羌族建筑》，西南交通大学出版社，2000 年 2 月第一版。由毕凌寰、陈林重绘。
60. 图 4-9：老木卡寨平面图。图片来源：季富政著，《中国羌族建筑》，西南交通大学出版社，2000 年 2 月第一版。由毕凌寰、陈林重绘。
61. 图 4-10：远眺老木卡寨。图片来源：毕凌岚摄影。
62. 图 4-11：纳普寨三寨空间布局。图片来源：季富政著，《中国羌族建筑》，西南交通大学出版社，2000 年 2 月第一版。由毕凌寰、陈林重绘。
63. 图 4-12：纳普寨、亚米笃平面关系图。图片来源：季富政著，《中国羌族建筑》，

90. 图 4-39：望楼。图片来源：毕凌岚摄影。

91. 图 4-40：垂花柱。图片来源：网址——http://www.china-fpa.org/cfpa/line/sx-dangjiacun.htm，中国民俗摄影协会网。

92. 图 4-41：墙上的砖雕。图片来源：网址——http://www.china-fpa.org/cfpa/line/sx-dangjiacun.htm，中国民俗摄影协会网。

93. 图 4-42：党家村空间结构图。图片来源：周若祁、张光主编，《韩城村寨与党家村民居》，陕西科学技术出版社，1999 年 10 月第一版。

94. 图 4-43：党家村全貌。图片来源：毕凌岚摄影。

95. 图 4-44：自给自足式村庄构建模式图。图片来源：毕凌岚自绘，陈林电脑加工。

96. 图 4-45：欧洲山村。图片来源：网上图片，网址——http://www.pupk.com/ent/zt1/data/853.htm。

97. 图 4-46：中国传统血缘型村庄空间模式图。图片来源：周若祁、张光主编，《韩城村寨与党家村民居》，陕西科学技术出版社，1999 年 10 月第一版。

98. 图 4-47：西方以圣地为中心的村庄模式。图片来源：锺毅摄影。

99. 图 4-48：瞻淇村改造水流示意图。图片来源：由黄超、陈林重绘。

100. 图 4-49：广东市郊农村的拔节楼。图片来源：毕凌岚摄影。

101. 图 4-50：瞻淇村总平面图。图片来源：由毕凌岚、黄超、陈林重绘。

102. 图 4-51：丽江古城总平面。图片来源：毕凌岚自绘。

103. 图 4-52：丽江古城发展形成的历程。图片来源：毕凌岚自绘。

104. 图 4-53：丽江的水岸生活 1。图片来源：魏青摄影。

105. 图 4-54：丽江的水岸生活 2。图片来源：魏青摄影。

106. 图 4-55：丽江的水岸生活 3。图片来源：毕凌岚摄影。

107. 图 4-56：丽江的水岸生活 4。图片来源：毕凌岚摄影。

108. 图 4-57：丽江古城丰富多彩的水岸生活。图片来源：魏青摄影。

109. 图 4-58：丽江古城现状鸟瞰。图片来源：毕凌岚摄影。

110. 图 4-59：都江古堰图。图片来源：应金华、樊丙庚主编，《四川历史文化名城》，四川人民出版社，2000 年 10 月第一版，第 116 ~ 141 页。由陈林重绘。

111. 图 4-60：清光绪十二年灌县城区示意图。图片来源：应金华、樊丙庚主编，《四川历史文化名城》，四川人民出版社，2000 年 10 月第一版，第 116 ~ 141 页。由陈林重绘。

112. 图 4-61：民国时期灌县城图。图片来源：应金华、樊丙庚主编，《四川历史文化名城》，四川人民出版社，2000 年 10 月第一版，第 116 ~ 141 页。由毕凌寰、陈林重绘。

113. 图 4-62：1981 年灌县规划。图片来源：应金华、樊丙庚主编，《四川历史文化名城》，四川人民出版社，2000 年 10 月第一版，第 116 ~ 141 页。由毕凌岚、陈林重绘。

114. 图 4-63：1993 年都江堰市总体规划。图片来源：应金华、樊丙庚主编，《四川历史文化名城》，四川人民出版社，2000 年 10 月第一版，第 116 ~ 141 页。由毕凌岚、陈林重绘。

115. 图 4-64：民国时期贡井地区图。图片来源：应金华、樊丙庚主编，《四川历史文化名城》，四川人民出版社，2000 年 10 月第一版，第 52 ~ 77 页。

116. 图 4-65：民国时期自流井地区图。图片来源：应金华、樊丙庚主编，《四川历史文化名城》，四川人民出版社，2000 年 10 月第一版，第 52 ~ 77 页。

140. 图 4–89：明清北京总平面图。图片来源：王建国编著，《城市设计》，东南大学出版社，1999 年 8 月第一版。

141. 图 4–90：20 世纪 30 年代的北海公园（家传老照片）。图片来源：毕凌岚家传老照片。

142. 图 4–91：20 世纪 30 年代大学生在北海游玩（家传老照片）。图片来源：毕凌岚家传老照片。

143. 图 4–92:20 世纪 50 年代梁—陈首都规划方案。图片来源:图片来源:方修琦、章文波、张兰生、罗海江、李志尧,《近百年来北京城市空间扩展与城乡过渡带演变》,《城市规划》杂志，2002 年第 26 卷第 4 期，第 56 ～ 60 页。由陈林重绘。

144. 图 4–93：1954 年修正的北京市规划草图。图片来源：方修琦、章文波、张兰生、罗海江、李志尧，《近百年来北京城市空间扩展与城乡过渡带演变》，《城市规划》杂志，2002 年第 26 卷第 4 期，第 56 ～ 60 页。由陈林重绘。

145. 图 4–94：1959 年北京市总体规划示意图。图片来源：图片来源：方修琦、章文波、张兰生、罗海江、李志尧，《近百年来北京城市空间扩展与城乡过渡带演变》，《城市规划》杂志，2002 年第 26 卷第 4 期，第 56 ～ 60 页。由陈林重绘。

146. 图 4–95：2004 年北京市城市总体规划之市域用地规划图。图片来源：北京市规划委员会网站。网址——http://www.bjghw.gov.cn/ztgh/img/ght2.jpg。

147. 图 4–96：2004 年北京市城市总体规划之中心城用地规划图。图片来源：北京市规划委员会网站。网址——http://www.bjghw.gov.cn/ztgh/img/ght3.jpg。

148. 图 4–97：朗方规划的华盛顿中心区平面图。图片来源：1996 年 9 月第一版，《外国城市建设史》，沈玉麟编，中国建筑工业出版社，P112 ～ 113 页。

149. 图 4–98：美国华盛顿城市中心鸟瞰。图片来源：http://jingcity.com/viewthread.php?tid=9028。

150. 图 4–99：尺度雄伟的中央大草坪。图片来源：王建国编著，《城市设计》，东南大学出版社，1999 年 8 月第一版。

151. 图 4–100：深圳大茅山——梧桐山地貌综合断面图。图片来源：深圳市规划国土局申报 UIA 专项奖材料中文版《深圳一个新兴的现代都市》和《寻求快速而平衡的发展——深圳城市规划二十年的演进》。

152. 图 4–101：深圳地形地貌分布状况。图片来源：深圳市规划国土局申报 UIA 专项奖材料中文版《深圳一个新兴的现代都市》和《寻求快速而平衡的发展——深圳城市规划二十年的演进》。

153. 图 4–102：深圳市历年城市扩张示意图。图片来源：深圳市规划国土局申报 UIA 专项奖材料中文版《深圳一个新兴的现代都市》和《寻求快速而平衡的发展——深圳城市规划二十年的演进》。

154. 图 4–103：1979 年深圳城区图。图片来源：深圳市规划国土局申报 UIA 专项奖材料中文版《深圳一个新兴的现代都市》和《寻求快速而平衡的发展——深圳城市规划二十年的演进》。

155. 图 4–104：1982 年深圳城市总体规划草案。图片来源：深圳市规划国土局申报 UIA 专项奖材料中文版《深圳一个新兴的现代都市》和《寻求快速而平衡的发展——深圳城市规划二十年的演进》。

156. 图 4–105：1986 年深圳第一版城市总体规划。图片来源：深圳市规划国土局申报 UIA 专项奖材料中文版《深圳一个新兴的现代都市》和《寻求快速而平衡的发展——深圳城市规划二十年的演进》。

157. 图 4-106：1996 年深圳城市总体规划（1996-2010）。图片来源：深圳市规划国土局申报 UIA 专项奖材料中文版《深圳一个新兴的现代都市》和《寻求快速而平衡的发展——深圳城市规划二十年的演进》。
158. 图 4-107：珠三角广、深、港、澳一体的区域发展。图片来源：深圳市规划国土局申报 UIA 专项奖材料中文版《深圳一个新兴的现代都市》和《寻求快速而平衡的发展——深圳城市规划二十年的演进》。
159. 图 4-108：深圳市中心区鸟瞰。图片来源：锺毅摄影。
160. 图 4-109：深圳优美的城市空间环境。图片来源：毕凌岚摄影。
161. 图 4-110：阿姆斯特丹城市平面图。图片来源：根据网站 http://www.amsterdam.info/cn/map 的地图，由陈林修改。
162. 图 4-111：阿姆斯特丹水城景观。图片来源：锺毅摄影。
163. 图 4-112：上海南翔古镇。图片来源：《中国城市建设史》，中国建筑工业出版社，1982 年 12 月第一版，1987 年 7 月第三次印刷。毕凌寰、陈林改绘。
164. 图 4-113：浙江西塘古镇。图片来源：图片来源：段进、季松、王海宁著，《城镇空间解析——太湖流域古镇空间结构与形态》，中国建筑工业出版社，2002 年 1 月第一版，2002 年 1 月第一次印刷。由黄超、陈林重绘。
165. 图 4-114：同里、黎里古镇空间演化的时序结构及形态对比图。图片来源：段进、季松、王海宁著，《城镇空间解析——太湖流域古镇空间结构与形态》，中国建筑工业出版社，2002 年 1 月第一版，2002 年 1 月第一次印刷。由毕凌寰、陈林重绘。
166. 图 4-115：主导明清北京的核心空间——紫禁城。图片来源：王建国编著，《城市设计》，东南大学出版社，1999 年 8 月第一版。
167. 图 4-116：北京后海今景。图片来源：网址——http://dcclub.pchome.net/topic_2_3_241036_.html。
168. 图 4-117：奥斯曼的巴黎改建规划。图片来源：《中国城市建设史》，中国建筑工业出版社，1989 年 12 月第一版，1997 年第四次印刷，P104 页。
169. 图 4-118：美国休斯敦城市鸟瞰图。图片来源：网址 http://jingcity.com/viewthread.php?tid=9028。
170. 图 4-119：我国不同气候区的特色民居。图片来源：《居住区规划资料集》，中国建筑工业出版社。
171. 图 4-120：成都宣统年间城市平面图。图片来源：成都市档案馆，由毕凌寰根据复印图纸重新制作。
172. 图 4-121：成都市中心区现状平面图。图片来源：网址——http://photo7.yupoo.com，局部截取。
173. 图 5-1：安身于钢铁森林之中。《野兽之美》，摄影：久保田英世（世界野外摄影大赛 1997 年获奖作品）。
174. 图 5-2：城市环境中街边犄角的野花。摄影：毕凌岚。
175. 图 5-3：深圳制造业“三资”企业规模密度分布。图片来源：孟晓晨、石晓宇著，《深圳“三资”制造业空间分布特征与机理》，《城市规划》杂志，2003 年第 8 期。
176. 图 5-4：广州市区人口密度图。图片来源：许学强、周素红、林耿，“广州市大型零售商店布局分布”，《城市规划》杂志，2002 年第 26 卷第 7 期。

177. 图 5–5:1998 年广州市大型零售商店营业规模。图片来源:许学强、周素红、林耿,“广州市大型零售商店布局分布”,《城市规划》杂志,2002 年第 26 卷第 7 期。
178. 图 5–6 : 1998 年广州市大型零售商店消费者出行情况。图片来源 : 许学强、周素红、林耿,“广州市大型零售商店布局分布”,《城市规划》杂志,2002 年第 26 卷第 7 期。
179. 图 5–7:广州市大型零售商店服务便捷性分析。图片来源:许学强、周素红、林耿,“广州市大型零售商店布局分布”,《城市规划》杂志,2002 年第 26 卷第 7 期。
180. 图 5–8 : 广州市中心城干道便捷度分析。图片来源 : 许学强、周素红、林耿,“广州市大型零售商店布局分布”,《城市规划》杂志,2002 年第 26 卷第 7 期。
181. 图 5–9 : 城市空间扩散的三种模式。图片来源 : 段进著,《城市空间发展论》,江苏科学技术出版社,1999 年 8 月第一版,第 38 页,图 3–5。由陈林重绘。
182. 图 5–10 : 1957 年美国芝加哥的种族聚集。图片来源 : 段进著,《城市空间发展论》,江苏科学技术出版社,1999 年 8 月第一版,第 38 页,图 3–6。由陈林重绘。
183. 图 5–11 : 美国波士顿种族居住空间分离模式。图片来源 : 王兴中等著,《中国城市社会空间结构研究》,科学出版社,2000 年 6 月第一版,第 20 页,图 3.2。
184. 图 5–12 : 中国理想风水图。图片来源 : 叶祖润等著,《北京古山村——川底下》,中国建筑工业出版社,1999 年 6 月第 1 版,第 15 页。由毕凌寰、陈林重绘。
185. 图 5–13 : 中国古代五行思想在城市与建筑方位中的应用。图片来源 : 段进著,《城市空间发展论》,江苏科学技术出版社,1999 年 8 月第一版,第 41 页,图 3–9。由毕凌寰、陈林重绘。
186. 图 5–14:城市微观结构的等级构成图。图片来源:国外城市规划杂志,2001 年第 2 期,王朝晖著,“关于可持续城市形态的探讨——介绍《涉及城市——迈向一种更加可持续的城市形态》”,第 42 页,图 1。由毕凌寰、陈林重绘。
187. 图 5–15 : 社区的等级层次体系。图片来源 : 吴良镛著,《人居环境科学导论》,中国建筑工业出版社,2001 年 10 月第 1 版,第 60 页,图 2–13。由毕凌寰、陈林重绘。
188. 图 5–16 : 直线形生物学谱。图片来源 : 常杰、葛滢编著,《生态学》,浙江大学出版社,2001 年 9 月第一版,第 301 页,图 12–1。
189. 图 5–17 : 生命系统的螺旋结构示意图。图片来源 : 常杰、葛滢编著,《生态学》,浙江大学出版社,2001 年 9 月第一版,第 302 页,图 12–2。
190. 图 5–18:由一系列从小到大的组织层次系统构成的城市生态系统空间系统。图片来源:毕凌岚自绘。
191. 图 5–19 : 城市生态系统物质空间子系统的螺旋结构。图片来源 : 毕凌岚自绘。
192. 图 5–20:莫斯科总体规划组团模式示意图。图片来源:沈玉麟编,《外国城市建设史》,中国建筑工业出版社,1989 年 12 月第一版,1997 年 11 月第四次印刷,第 253 页,图 18–90。毕凌岚制作。
193. 图 5–21 : 内整合概念示意图。图片来源 : 毕凌岚自绘,陈林电脑制作。
194. 图 5–22:内整合形成的典型城镇空间案例 1。图片来源:安徽歙县唐模镇,锺毅摄影。
195. 图 5–23 : 内整合形成的典型城镇空间案例 2。图片来源 : 意大利锡耶纳中心广场,黄剑摄影。
196. 图 5–24 : 外整合概念示意图。图片来源 : 毕凌岚自绘,陈林电脑制作。
197. 图 5–25 : 外整合形成的典型城镇空间案例 1(交通型)。图片来源 : [1] 黄剑摄影 ; [2] 锺毅摄影。

198. 图 5-26：外整合形成的典型城镇空间案例 2（功能型）。图片来源：锺毅摄影。

199. 图 6-1：住区空间子系统空间建构模式。图片来源：毕凌岚自绘，陈林电脑制作。

200. 图 6-2：个体生息繁衍的空间案例——独栋住宅。图片来源：加拿大蒙特利尔的维多利亚社区中的独栋住宅。网址——http://blog.sina.com.cn/m/lena。

201. 图 6-3：社会化准备空间案例——儿童游憩场。图片来源：加拿大蒙特利尔的维多利亚社区中的独栋住宅。网址——http://blog.sina.com.cn/m/lena。

202. 图 6-4：基层社会构建空间案例。图片来源：[1] 加拿大蒙特利尔的维多利亚社区中心，网址——http://blog.sina.com.cn/m/lena。[2] 某欧洲小镇教堂广场。锺毅摄影。

203. 图 6-5：社会化生存的服务空间案例。图片来源：干净整洁的菜市场，网上图片，网址——http://show.asp?url=FinanceNew/roll/20060728/1200825443.shtml。

204. 图 6-6：人与自然交融空间案例。图片来源：成都波旁郡小区游园，毕凌岚摄影。

205. 图 6-7：商业、服务业空间子系统空间建构模式示意图。图片来源：毕凌岚自绘，陈林电脑制作。

206. 图 6-8："包容式"层间整合模式示意图。图片来源：毕凌岚自绘，陈林电脑制作。

207. 图 6-9："分枝式"层间整合模式示意图。图片来源：毕凌岚自绘，陈林电脑制作。

208. 图 6-10：城市内部不同类型空间的规模分布图。图片来源：段进著，《城市空间发展论》，江苏科学技术出版社，1999 年 8 月第一版，第 72 页，图 4-9。毕凌寰、陈林重绘。

209. 图 6-11：社会资本对地租斜率的影响图。图片来源：段进著，《城市空间发展论》，江苏科学技术出版社，1999 年 8 月第一版，第 80 页，图 4-17。毕凌寰、陈林重绘。

210. 图 6-12：番禺城市建设用地扩张图。图片来源：《广州番禺片区生态廊道控制性详细规划》项目组提供。

211. 图 7-1：汉堡生态村太阳能热泵房。图片来源：《世界建筑》杂志，2002 年第 12 期。

212. 图 7-2：汉堡生态村配备了太阳能装置的住宅。图片来源：《世界建筑》杂志，2002 年第 12 期。

213. 图 7-3：种植了植物的屋顶（成都）。图片来源：成都全兴花园居住小区的屋顶绿化，毕凌岚拍摄。

214. 图 7-4：查加林下城镇示意图。图片来源：毕凌岚自绘。

215. 图 7-5：湄公河流域水上城镇鸟瞰图。图片来源：《鸟瞰大地——杨．阿尔蒂斯作品集》。

216. 图 7-6：自发的都市农业。图片来源：毕凌岚摄影、制作。

217. 图 7-7：日本著名漫画大师宫崎骏几步里工作室的植草屋顶。图片来源：景观设计杂志，2003 年 6 月第 3 期，第 77 页。

218. 图 7-8：传承文化的生态改造。图片来源：景观设计杂志，大连理工大学出版社，2003 年第 1 期，第 76 ~ 81 页。

主要参考文献

书籍

[1] 《城市规划导论》…………邹德慈主编，中国建筑工业出版社，2002 年 10 月第一版.

[2] 《山地城市学》…………黄光宇著，中国建筑工业出版社，2002 年 9 月第一版.

[3] 《地下城市》…………钱七虎、卓衍荣著，清华大学出版社、暨南大学出版社，2002 年 9 月第一版。P37页.

[4] 《中国城市发展与建设史》………庄林德、张京祥编著，东南大学出版社，2002 年 8 月第一版.

[5] 《生态城市理论与规划设计方法》………黄光宇、陈勇著，科学出版社，2002 年 8 月第一版.

[6] 《人居环境科学导论》…………吴良镛著，中国建筑工业出版社，2001 年 10 月第一版.

[7] 《生态学》…………常杰、葛滢编著，浙江大学出版社，2001 年 9 月第一版.

[8] 《城市人居与环境》…………李丽萍著，中国轻工业出版社，2001 年 6 月第一版.

[9] 《全国注册城市规划师执业考试应试指南》…………同济大学出版社，2001 年 5 月第一版.

[10] 《生态学》…………李振基、陈小麟、郑海雷、连玉武编著，科学出版社，2000 年 9 月第一版，2001 年 6 月第 2 次印刷.

[11] 《城市生态学》…………杨小波、吴庆书等编著，科学出版社，2000 年 8 月第一版，2001 年 4 月第 2 次印刷.

[12] 《城市生态环境建设与保护规划》…………孔繁德、张明顺等著，中国环境科学出版社，2001 年 3 月第一版.

[13] 《平遥——古城与民居》…………宋昆主编，天津大学出版社，2000 年 11 月第一版.

[14] 《城市生态学》…………宋永昌、由文辉、王祥荣主编，华东师范大学出版社，2000 年 10 月第一版.

[15] 《城市规划设计手册》…………郑毅主编，中国建筑工业出版社，2000 年 10 月第一版.

[16] 《四川历史文化名城》…………应金华、樊丙庚主编，四川人民出版社 2000 年 10 月第一版.

[17] 《中国城市社会空间结构研究》…………王兴中等著，科学出版社，2000 年 6 月第一版.

[18] 《今日水世界》…………刘昌明、傅国斌著，清华大学出版社、暨南大学出版社，2000 年 5 月第一版.

[19] 《中国羌族建筑》…………季富政著，西南交通大学出版社，2000 年 2 月第一版.

[20] 《生态土地使用规划》…………[台湾]黄书礼著，詹氏书局，2000 年 1 月第一版，2002 年 3 月第二次印刷.

[21] 《韩城村寨与党家村民居》…………周若祁、张光主编，陕西科学技术出版社，1999 年 10 月第一版.

[22] 《城市空间发展论》…………段进著，城市及建筑形态研究丛书，齐康主编。江苏科技出版社，1999 年 8 月第一版.

[23] 《新叶村》…………陈志华、楼庆西、李秋香著，重庆出版社，1999 年 7 月第一版.

[24] 《诸葛村》…………陈志华、楼庆西、李秋香著，重庆出版社，1999 年 7 月第一版.

[25] 《理想景观探源——风水的文化意义》…………俞孔坚著，商务印书馆，1998 年 12 月第一版.

[26]《城市生态与城市环境》…………沈清基编著，同济大学出版社，1998 年 12 月第一版.
[27]《城镇生态空间理论——城市与城镇群空间发展规律研究》…………张宇星著，中国建筑工业出版社，1998 年 10 月第一版.
[28]《资源短缺条件下的城市规划探索》…………中国城市规划学会主编，同济大学出版社 1998 年 6 月第一版.
[29]《国外历史环境的保护与规划》…………王瑞珠著，中国建筑工业出版社，1997.
[30]《上海百年建筑史》…………伍江编著，同济大学出版社，1997 年 5 月第一版.
[31]《可持续发展论》…………张坤民主笔，中国环境科学出版社，1997 年 3 月第一版，1999 年 6 月第 3 次印刷.
[32]《中国 21 世纪议程——中国 21 世纪人口、环境与发展白皮书》…………国家环保总局主编，中国环境科学出版社，1996 年第一版.
[33]《城市文化学》…………陈凯峰著，同济大学出版社，1996 年第一版.
[34]《城市生态环境学》…………杨士弘等著，科学出版社，1996 年 5 月第一版.
[35]《城市植物生态学》…………冷平生编著，中国建筑工业出版社，1995 年 7 月第一版.
[36]《城市地理学》………周一星著，商务印书馆，1995 年 7 月第 1 版，1999 年 10 月第 3 次印刷.
[37]《城市：模式与演进》…………胡俊著，北京：中国建筑工业出版社，1995 年.
[38]《世界名城》…………荆其敏、张丽安编著，天津大学出版社，1995 年 2 月第 1 版.
[39]《城市环境规划规范及方法指南》…………刘天齐、孔繁德、刘常海等编著，中国环境科学出版社，1994 年 3 月第一版.
[40]《名城文化鉴赏与保护》…………董鉴泓、阮仪三编著，同济大学出版社，1993 年 9 月第一版.
[41]《21 世纪议程》…………国家环保总局译，中国环境科学出版社，1993 年第一版.
[42]《绿化环境效益研究》…………主编：冯采芹，责任编辑：张维平，中国环境科学出版社，1992 年 12 月第一版.
[43]《城市生态调控的决策支持系统》…………杨邦杰、王如松、吕永龙等著，中国科学技术出版社，1992 年 11 月第一版.
[44]《城市规划原理》…………同济大学主编，中国建筑工业出版社，1991 年 11 月第 2 版，1995 年 11 月第 8 次印刷.
[45]《城市生态经济研究方法及实例》…………周纪纶、王如松、郑师章编译，复旦大学出版社，1990 年 9 月第一版.
[46]《新华词典》（修订版）商务印书馆，1989 年第二版、1991 年 11 月第 16 次印刷.
[47]《中国大百科全书——建筑、园林、城市规划卷》，中国大百科全书出版社，1988 年 5 月第一版，1995 年 4 月第 2 次印刷.
[48]《城市气候与城市规划》…………中国地理学会编，责任编辑：刘卓澄，科学出版社 1985 年 6 月第一版.
[49]《城市气候学导论》…………周淑贞、张超编著，华东师范大学出版社 1985 年 6 月第一版.
[50]《考工记营国制度研究》…………贺业矩著，中国建筑工业出版社，1985 年 3 月第一版，1987 年 9 月第二次印刷.
[51]《中国城市建设史》…………中国建筑工业出版社，1982 年 12 月第一版，1987 年第 3 次印刷.
[52]《城市道路与交通》…………建筑工业出版社，1981 年 12 月第 1 版，1989 年 7 月第

4 次印刷.
[53]《深圳一个新兴的现代都市》和《寻求快速而平衡的发展——深圳城市规划而十年的演进》。…………深圳市规划国土局申报 UIA 专项奖材料中文版.
[54]《城市生态，乡村生态》…………[法]克洛德·阿莱格尔著，陆东亚译，商务印书馆，2003 年 7 月第一版.
[55]《明日的田园城市》…………[英]埃比尼泽·霍华德著，金经元译，商务印书馆，2000 年 12 月第一版.
[56]《自然资本论》…………Paul Hawken、Amory Lovins、L.Hunter Lovins 著，王乃立、诸大建、龚义台译，上海科学普及出版社，2000 年 7 月第一版.
[57]《社会学》(第十版) …………[美]戴维·波普诺著，李强等译，中国人民大学出版社，1999 年 8 月第一版.
[58]《城市化的世界》(An Urbanizing World) …………联合国人居中心（生境）编著，沈建国、于立、董立等译，中国建筑工业出版社，1999 年 8 月第一版.
[59]《垃圾之歌》…………[美]威廉·拉什杰、库仑·默菲著，周文萍、连惠幸译，中国社会科学出版社，1999 年 7 月第 1 版.
[60]《工业生态学》…………[瑞士]苏伦·埃尔克曼（Suren Erkman）著，徐兴元译，经济日报出版社，1999 年 4 月第一版.
[61]《环境、空间和生活质量——可持续性的时间》[荷兰]玛格丽萨·德波尔（Margaretha De Boer）著，王德辉、金增林等译，中国环境科学出版社，1998 年 6 月第一版.
[62]《城市交通》…………[法]皮埃尔·梅兰著，高煜译，商务印书馆，1996 年 10 月第 1 版.
[63]《西方现代建筑史》…………[意]L·本奈沃洛著，邹德侬、巴竹师、高军译，天津科学技术出版社，1996 年 9 月第 1 版.
[64]《交往与空间》…………[丹麦]杨·盖尔著，何人可译，中国建筑工业出版社，1992 年第一版.
[65]《城市布局与交通规划》…………M·汤姆逊著，倪文彦、陶吴馨译，中国建筑工业出版社，1992 年.
[66]《大地景观——环境规划指南》…………西蒙兹著，程里尧译，中国建筑工业出版社，1990 年第一版.
[67]《设计结合自然》…………麦克哈格（Lan L.McHarg）著，倪文彦、宋俊岭译，中国建筑工业出版社，1989 年第一版.
[68]《城市发展史》…………刘易斯·芒福德著，中国建筑工业出版社，1989 年第一版.
[69]《城市水文学》…………[英] M. J. 霍尔（M. J. Hall）著，詹道江等译，海河大学出版社 1989 年 9 月第一版.
[70]《人类环境和自然系统》(第二版) …………[美]N·J·格林伍德、J·M·B·爱德华兹著，刘之光等译、陈静生等校，化学工业出版社，1987 年 7 月北京发行第一版.
[71] 城市生态学…………[日]中野尊正、沼田真、半谷高久、安部喜也著，孟德政、刘得新译，科学出版社出版，1986 年 4 月第一版.
[72]《城市，它的发展、衰败与未来》…………沙里宁著，顾启源译，中国建筑工业出版社，1986 年第一版.
[73]《硬质景观设计》…………[英]M. 盖奇、M. 凡登堡著，中国建筑工业出版社，1985 年 3 月第 1 版，1991 年 6 月第 3 次印刷.
[74]《景观生态学》…………Richard T.T.Forman and Michel Godron 著，[台湾]张启德译，田园城市文化实业有限公司.